CATALOGUE

DES

COLÉOPTÈRES

OBSERVÉS DANS

LE DÉPARTEMENT DE MAINE-ET-LOIRE

PAR

G. ABOT

PAUL LECHEVALIER

ÉDITEUR

12, rue de Tournon

PARIS VIe

1928

CATALOGUE DES COLÉOPTÈRES

DU

DÉPARTEMENT DE MAINE-ET-LOIRE

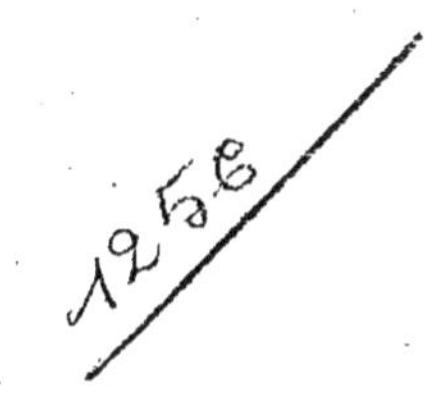

PRINCIPALES PUBLICATIONS DE G. ABOT

PARUES DANS LE *Bulletin de la Société d'Études Scientifiques d'Angers*

1904. Note sur *Coptosoma scutellatum* Fourc.

1904. Note sur *Lasiocoris anomalus* Kol.

1905. Note sur *Nabis boops* Sch.

1907. Note sur *Phyllomorpha laciniata* Vill. et *Mantispa pagana* F.

1908. Note sur *Bruchidius pygmaeus* Boh.

1913. Notes entomologiques sur *Lachnus pineti* Koch, *Lecanium persicæ* Geoff., *Polymitarcys virgo* Ol. et sur deux papillons nouveaux pour l'Anjou.

1914. Note sur le Puceron lanigère.

1915. Note sur *Termes lucifugus* (*in* procès-verbaux).

1915. Note sur une nouvelle capture en Maine-et-Loire de *Coscinia cribrum* (Lépidopt) (*in* procès-verbaux).

1916. Note sur de nouvelles captures intéressantes de Lépidoptères faites aux environs de Clefs (M.-et-L.) par M. Th. VALOTAIRE, en août et septembre 1916.

1919. Notes entomologiques concernant les captures en 1919 de *Leucodonta bicoloria* Schiff (Lépid.) et de *Cassida inquinata* Brulé (Coléopt.)

1923. Note sur le Doryphore, célèbre ravageur de la pomme de terre

1925. Note sur *Eriocampoides limacina* Retz (Hyménopt.).

CATALOGUE

DES

COLÉOPTÈRES

OBSERVÉS DANS

LE DÉPARTEMENT DE MAINE-ET-LOIRE

PAR

G. ABOT

Paul LECHEVALIER

ÉDITEUR

12, rue de Tournon

PARIS VIe

1928

PRÉFACE

Ce *Catalogue des Coléoptères de Maine-et-Loire* devait paraître depuis quelques années déjà, mais l'Auteur en retardait toujours la publication, attendant une occasion favorable, ou voulant compléter encore certaines informations qui lui semblaient manquer de précision. La mort est venue, inexorable, ruiner ses projets ; mais sa famille, en voulant rendre un suprême hommage à sa mémoire a tenu à publier elle-même cet important travail, véritable document scientifique dont il eût tant aimé, de son vivant, assurer la diffusion. C'est également pour moi un pieux devoir de reconnaissance et de fidèle amitié de rendre hommage, dans cette Préface, au naturaliste éclairé qui, il y a bientôt vingt-cinq ans, guida mes premiers pas en Entomologie.

La rédaction de ce Catalogue fut longue et hérissée de difficultés: les précédents catalogues (principalement celui de GALLOIS) étaient anciens et incomplets ; certaines régions assez mal connues devaient être plus minutieusement explorées ; enfin, des recherches s'imposaient nombreuses dans les collections, éparses, intéressant l'Anjou. G. Abot surmonta tous les obstacles que présente un tel travail par l'inlassable persévérance et le soin méticuleux qui caractérisaient, d'ailleurs, l'activité de toute son existence. Le travail fut complètement achevé et rédigé en 1915, mais chaque année, G. Abot intercalait des notes dans le texte, qui fut mis ainsi à jour jusqu'au moment de sa mort, en avril 1926.

Tel qu'il est, ce Catalogue peut être considéré comme l'expression même de la Faune des Coléoptères de Maine-et-Loire. Il présente donc un gros intérêt pour l'étude de la répartition géographique des espèces. C'est une pierre de plus qui servira à la construction de l'édifice de la Faune de France et, à ce titre, le nom de notre regretté Collègue et ami, G. Abot, restera attaché à la science à laquelle il avait donné tout son cœur.

R. POUTIERS,
Directeur de l'Insectarium de Menton.

INTRODUCTION

Le Catalogue des Coléoptères de Maine-et-Loire de l'Entomologiste
J. Gallois, publié de 1888 à 1890, avait réuni tous les travaux effectués
jusqu'à ce moment par une phalange d'amateurs. Il constituait un
travail précieux sur notre faune coléoptérologique et marquait une
époque dans l'étude de nos intéressants insectes. En plus des travaux
personnels de M. J. Gallois, ce Catalogue avait donc englobé toutes
les recherches et notes de collaborateurs zélés, que je crois utile de
citer à nouveau, car ils ont été les premiers à doter notre région d'une
énumération précise, fruit de multiples recherches dans le département
et de minutieux travaux d'analyses.

Ce sont : MM. Ackerman, Courtiller et P. Lambert, qui ont étudié
la riche contrée du Saumurois ; MM. Piogé, de la Perraudière, l'intéressant Baugeois ; Mme de Buzelet, les communes de Blaison, Saint-
Sulpice et Saint-Rémy-la-Varenne ; M. Millet, Thorigné et les communes voisines ; M. de Romans, Martigné-Briand et ses environs ; M. l'abbé
Rochard, Combrée et la forêt d'Ombrée ; MM. de Joannis, Raffray,
G. Allard, et le docteur Trouessart, les environs d'Angers.

Depuis l'apparition du Catalogue Gallois, l'étude des Coléoptères de
l'Anjou a été poursuivie par de nouveaux chercheurs, qui sont venus
donner une nouvelle impulsion aux travaux précédents et augmenter le
nombre de nos espèces. Afin de tenir à jour l'état de nos connaissances
de cet ordre, dans notre contrée, j'ai pris l'initiative de centraliser
tout ce qui a été découvert et noté dans ces dernières années. Le
Catalogue que je présente aujourd'hui sera donc une nouvelle étape,
mettant à jour tout ce que nous connaissons actuellement sur les
Coléoptères de l'Anjou.

Je me suis adressé à tous ceux qui ont chassé en Maine-et-Loire,
à tous ceux qui ont su réunir d'importantes et intéressantes collections.
Ils ont tous accueilli ma proposition favorablement, et ils ont été pour
moi de précieux collaborateurs. C'est à eux surtout que revient le mérite
du travail que je présente aujourd'hui.

Je me fais un devoir de citer ces personnes, amies des Sciences naturelles, qui ont apporté, par leurs persévérantes recherches, les matériaux qui m'ont permis d'établir le présent Catalogue, et je leur adresse ici toute ma reconnaissance pour l'excellent accueil qu'ils ont fait à ma proposition et pour toutes les facilités qu'ils m'ont données pour noter leurs observations :

M. le docteur Maisonneuve m'a très aimablement donné accès au Cabinet d'Histoire naturelle de l'Université catholique d'Angers, où j'ai pu noter, dans ses riches collections, les observations intéressant l'Anjou, et dont la majeure partie est le résultat des travaux de M. le docteur Maisonneuve lui-même, ainsi que dans la collection de M. du Brossay, achetée récemment par cet établissement.

M. le Supérieur de l'Institution libre de Combrée m'a donné fort gracieusement toute liberté pour prendre les renseignements consignés dans l'importante collection de ce Collège.

M. R. de la Perraudière, qui a réuni en son château de Lué une magnifique collection, a bien voulu lui-même me fournir toutes explications, en mettant sous mes yeux les preuves de ses observations. Il a publié récemment un résumé de ses travaux dans un opuscule intitulé *Notes sur les Coléoptères de l'Anjou*, qu'il a eu l'amabilité de m'offrir. J'y ai puisé des documents de grande valeur, qui constituent une grande part dans l'intérêt du présent Catalogue.

M. G. Retailliau, de Chênehutte-les-Tuffeaux, a eu l'aimable attention de me résumer aussi toutes ses observations faites dans ses environs et dans le Choletais, produit de nombreuses années de chasse faites par lui et sa famille, en entomologistes expérimentés. Le détail de son travail fournit aussi un appoint très important dans l'inventaire de nos coléoptères.

M. Th. Surrault, ancien professeur à l'Ecole normale d'Instituteurs d'Angers, m'a donné le plaisir de pouvoir pointer sur sa collection les espèces qu'il a capturées aux environs d'Angers avec ses élèves.

M. E. de l'Isle, à La Haie-Fouassière, qui, quoique demeurant dans la Loire-Inférieure, a fait de nombreuses excursions dans la partie du Choletais avoisinant ce département, m'a fourni aussi un bon contingent d'espèces, pour la plupart assez rares, ce coin ayant encore été peu fouillé.

M. A. Papin, instituteur au Pin-en-Mauges, qui a profité de résidences successives pour rechercher, en chasseur infatigable, les insectes de diverses communes, ce qui a permis d'augmenter le nombre des localités déjà connues.

M. J. Hervé-Bazin, professeur à l'Université catholique d'Angers, qui, non content de me communiquer le résultat de ses recherches, a eu l'aimable désintéressement de se déposséder de nombreuses espèces pour enrichir mes collections personnelles.

M. l'abbé Th. Thuau, de Baugé, dont nous avons eu malheureusement à déplorer le décès pendant l'établissement de mon travail, m'avait promis son bienveillant concours. Ses collections avaient été laissées aux soins de M. l'abbé Hérissé, curé de Baugé, auquel j'offre toute ma gratitude pour l'autorisation qu'il m'a donnée de prendre les notes de cette importante collection concernant l'Anjou. Depuis, cette splendide collection a été vendue et dispersée, aussi j'ai la satisfaction d'avoir pu sauver d'une perte irréparable toutes les observations qu'il avait pu accumuler pendant toute sa vie de chercheur d'insectes, principalement du Saumurois et du Baugeois.

M. H. Venet, diligent et expérimenté coléoptériste, qui n'a malheureusement fait qu'un court séjour à Angers, a bien voulu aussi me communiquer les notes de ses chasses en Anjou, que j'ai été heureux de pouvoir enregistrer.

Enfin j'ai tenu compte de mes recherches personnelles, des observations inscrites dans mes collections, résultat d'environ vingt années de chasses, faites surtout dans le Saumurois et aux environs d'Angers.

Un catalogue, comme je le présente aujourd'hui, ne peut être considéré comme définitif. Il ne représente qu'une période dans le développement des recherches. De nouvelles investigations dans des endroits encore peu explorés donneront certainement des espèces nouvelles, et il sera utile de le remanier dans un temps plus ou moins long. Je compte mentionner chaque année ce qui pourra constituer des nouveautés, tout en laissant par la suite aux jeunes adeptes de l'Entomologie le soin de compléter l'œuvre de leurs devanciers. Certaines localités se modifient avec le temps, notamment près des villes, des bois se défrichent, des marais s'assèchent, de nouvelles plantations provoquent l'importation et quelquefois la fixation de nouvelles espèces ; le transport de marchandises et matières premières de l'industrie et du commerce deviennent la cause d'invasion d'insectes provenant de départements limitrophes ou plus éloignés.

La nomenclature a malheureusement subi de nombreux remaniements depuis plusieurs années ; l'encombrement de la synonymie et la création de noms nouveaux pour des variétés et aberrations souvent assez peu définies, le démembrement de certains genres, m'ont occasionné une grosse part de besogne, car ils sont venus troubler les habitudes et l'ordre précédemment établis dans la systématique. Il était nécessaire cependant de se tenir au courant du mouvement scientifique, c'est pourquoi j'ai suivi l'ordre du *Catalogus Coleopterorum* de L. V. Heyden, E. Reitter et J. Weise, édition 1906, aujourd'hui dans toutes les mains des Entomologistes. Cet ordre semble aussi devoir être suivi dans le *Coleopterorum Catalogus* de W. Junk, actuellement en cours de publication et qui doit donner les noms de tous les Coléoptères connus aujourd'hui.

Dans la liste des localités, je ne me suis pas borné à suivre les limites exactes du département de Maine-et-Loire, qui ne représente pas d'ailleurs l'étendue de l'ancienne province d'Anjou. J'ai souvent cité des localités de départements limitrophes dans leurs parties avoisinant le Maine-et-Loire. Il est en effet présumable que les espèces ainsi visées pourront se rencontrer un jour dans notre département.

Gustave ABOT.

Vice-Président
de la Société d'Études Scientifiques d'Angers.

Angers, le 15 novembre 1915.

DOCUMENTS IMPRIMÉS ET ÉCRITS CONSULTÉS

1º Béraud : Liste des Coléoptères trouvés par Mme de Buzelet. (*Mém. de la Société d'Agric. Sciences et Arts.*) (1853.)

2º Courtiller, Ackerman, P. Lambert : Catalogue des Coléoptères du Saumurois. (*Ann. de la Soc. linnéenne de Maine-et-Loire.*) (1857).

3º De Romans : Liste des Coléoptères de sa collection et de celle de M. de la Perraudière (*Ann. de la Soc. linn.* (1863-64-65).

4º Millet de la Turtaudière : Notes sur les insectes de tous ordres. (*Indicateur de Maine-et-Loire*, 1864.)

5º Millet de la Turtaudière : Faune des invertébrés de Maine-et-Loire. (Angers, 1870-73.)

6º J. Gallois : Matériaux pour une Faune entomologique de Maine-et-Loire. (*Bull. de la Soc. d'Etudes scientif.*, Angers 1872-85).

7º J. Gallois : Catalogue des Coléoptères de Maine-et-Loire. (*Bull. de la Société d'Études Scientifiques*, Angers 1888-90.)

8º R. de la Perraudière : Mes notes de chasses. (Le Mans 1910.)

9º G. Retailliau : Manuscrit.

10º A. Papin : Manuscrit.

11º E. de l'Isle : Manuscrit.

COLLECTIONS CONSULTÉES

1º Collections de l'Université catholique d'Angers.

2º   —   de l'Institution libre de Combrée.

3º   —   M. R. de la Perraudière (Lué).

4º   —   M. l'abbé Thuau (Baugé).

5º   —   M. Th. Surrault (Angers).

6º   —   M. J. Hervé-Bazin (Angers).

7º   —   M. H. Venet (Angers).

8º   —   M. du Brossay (Un. cath. d'Angers).

9º   —   M. G. Allard.

10º   —   M. G. Abot (Angers).

ABRÉVIATIONS ET SIGNES SPÉCIAUX

(U. A.)   Université catholique d'Angers.
(I. C.)   Institution libre de Combrée.
(Perr.)   R. de la Perraudière.
(Thu.)   L'abbé Thuau.
(Surr.)   Th. Surrault.
(H. Baz.)   J. Hervé-Bazin.
(Ven.)   H. Venet.
(Br.)   Du Brossay.
(All.)   G. Allard.
(Ret.)   G. Retailliau
(Pap.)   A. Papin.
(E. de I.) E. de l'Isle.
(Ber.)   Béraud.
(Court.)   Courtiller.
(Rom.)   De Romans.
(Mill.)   Millet de la Turtaudière.
(Gall.)   J. Gallois.
(Abot)   G. Abot.

C. C. Très commun (dans ce cas, les multiples localités mentionnées ne seront pas indiquées).

C.   Commun.

A. R. Assez rare.

R.   Rare.

R. R. Très rare.

× Espèce importée, mais acclimatée.

[ ] Le nom d'une espèce entre deux crochets indique que la variété seulement a été prise dans le Maine-et-Loire.

! indique l'affirmation de la capture de l'espèce en Maine-et-Loire, mais devant être considérée comme fortuite et accidentelle, comme n'appartenant pas à la faune normale du département.

? indique le doute sur la présence de l'espèce en Maine-et-Loire, et demande de nouvelles observations pour en fixer l'authenticité.

RÉCAPITULATION ARRÊTÉE A LA DATE DE 1915

— Espèces et variétés mentionnées dans le catalogue de J. Gallois...   2.416
— Espèces et variétés mentionnées dans le présent catalogue...,....   3.109
   (Celles marquées ? non comprises.)
Nombre d'espèces et variétés nouvelles............................   693

CATALOGUE DES COLÉOPTÈRES

OBSERVÉS DANS LE

DÉPARTEMENT DE MAINE-ET-LOIRE

CICINDELIDÆ

Cicindela (Linné) Dejean

C. sylvatica L. Mai à juillet. Lieux sablonneux des forêts, le long des bruyères. Volé bien.

A. R. *Tiercé (tertre Montchaux)* (Mill.). — *Soucelles ; Baugé ; La Breille ; Gennes (dans les vignes) ; Fontevrault ; Saint-Cyr-en-Bourg ; Combrée (forêt d'Ombrée)* (Gall.). — *Durtal* (Br.). — *Saumur* (Thu.). — *Fontaine-Guérin (butte des Landes)* (Pap.). — *Gennes (bois sablonneux)* (Abot).

C. hybrida L. Avril à septembre. Endroits sablonneux. Vole bien.

A. C. *Saint-Jean-de-la-Croix, Sainte-Gemmes (grèves de la Loire)* (Gall.). — *Les Ponts-de-Cé* (All.). — *Champtoceaux* (Br.). — *Chênehutte (îles de la Loire)* (Ret.). — *Lué (landes de Saint-Victor) ; Beaufort-en-Vallée ; route de Seiches à Jarzé ; Fontaine-Milon* (Perr.). — *Env. d'Angers* (Surr.). — *Anjou ; Pontigné* (U. A.). — *Anjou* (I. C.). — *Fontaine-Guérin, landes, sablonnière près de la butte du cimetière* (Pap.). — *Angers ; Dampierre ; Rou-Marson ; Distré* (Abot).

C. campestris L. Avril à juillet. Clairières et chemins des bois ; routes dans les terrains sablonneux. Vole facilement au soleil.

C. *Bords de la Loire* (Gall.). — *Angers (Saint-Nicolas) ; Le Lion-d'Angers ; Saint-Georges-sur-Loire* (Br.). — *Saint-Laurent-des-Autels (forêt de la Foucaudière)* (E. de I.). — *Cholet ; Chênehutte* (Ret.). — *Lué* (Perr.). — *Env. d'Angers* (Surr.). — *Anjou* (U. A.). — *Pontigné ; Anjou* (Thu.). — *Anjou* (I. C.). — *Fontaine-Guérin (allées de bois de Pins)* (Pap.). — *Distré ; Rou-Marson ; Allonnes (bois autour de l'étang du Bellay). — Le Guédéniau (forêt de Chandelais)* (Abot).

1

C. campestris L. ab. 5-maculata Beuth.

R. *Avoise (Sarthe) (forêt de Pescheseul)* (Abot).

C. germanica L. Juin à août. Dans les chemins, dans les prés, dans les champs, sous les gerbes. Court sans voler.

A. R. *Sainte-Gemmes* (Gall.). — *Bouchemaine* (Bér.). — *Baugé (Piogé).* — *Saumur* (Court.). — *Anjou* (U. A.). — *Anjou* (Br.). — *Anjou* (Thu.). — *Anjou* (I. C.). — *Saumur* (Abot).

C. germanica L. ab. obscura F.

R. *Anjou* (Thu.).

CARABIDÆ

Cychrus Fabricius

C. rostratus L. Juillet, août. Dans les bois, sous les mousses : sous les foins fauchés.

R. R. *Baugé (forêt de Chandelais)* (Gall.). — *Combrée (forêt d'Ombrée)* (abbé Rochard et de Joannis).

Calosoma Weber

C. inquisitor L. Mai, juin. Dans les bois.

A. R. *Angers ; Saint-Barthélemy ; Trélazé ; Gennes ; Thorigné ; Saumur ; forêt de Fontevrault ; Combrée (forêt d'Ombrée)* (Mill.). — *Cholet ; Chênehutte* (Ret.). — *Anjou* (Thu.). — *Anjou* (I. C.). — *Souzay (à Champigny-le-Sec)* (Abot).

C. sycophanta L. Mai à juillet. Dans les bois de chênes habités par les chenilles processionnaires (*Thaumetopœa processionea* L.), dans les nids desquelles sa larve vit.

A. C. *Angers (bois de la Haye, près de l'Etang Saint-Nicolas)* (Gall.). — *Saint-Christophe-la-Couperie et Saint-Georges-sur-Loire* (E. de I.). — *Cholet ; Chênehutte* (Ret.). — *Fontaine-Milon (bois de la Houssière) ; Lué* (Perr.). — *Env. d'Angers* (Surr.). — *Angers (à la Maulévrie)* (All.). — *Anjou* (U. A.). — *Anjou ; Pontigné* (Thu.). — *Anjou* (I. C.). — *Mozé (forêt de Beaulieu) ; La Chaussaire* (Pap.). — *Dampierre (bois de Fourneux)* (Abot).

C. auropunctatum Herbst. Avril à juin. Dans les bois et les champs, principalement dans les prés tourbeux.

R. *Angers (prairies de la Maine, sous les foins fauchés)* (Mill.). — *Beaufort-en-Vallée* (Perr. et Rom.). — *Angers (bords de la Maine)* (U. A.). — *Un exemplaire pris dans une rue d'Angers, communiqué par M. G. Bouvet* (Abot).

— 3 —

Carabus (Linné) Latreille

C. coriaceus L. Toute l'année. Partout, sous les pierres, les mousses, les fagots, les herbes en tas, sur les troncs d'arbres.

C. *Cholet ; Chênehutte* (Ret.). — *Chemillé ; Château-Gontier (Mayenne)* (Br.). — *Lué* (Perr.). — *Env. d'Angers* (Surr.). — *Anjou* (U. A.). — *Pontigné ; Anjou* (Thu.). — *Anjou* (I. C.). — *La Chaussaire ; Mazé ; Le Pin-en-Mauges* (Pap.). — *Saumur ; Dampierre* (Abot).

! C. irregularis F. (Espèce des régions montagneuses d'Europe.)

R. R. *Trois exemplaires recueillis en Loire à Chênehutte sur les détritus flottants pendant une crue, le 12 mai 1905* (Ret.). — (Capture accidentelle, l'insecte ayant dû être amené par le courant du fleuve.)

C. [violaceus L.] var. purpurascens F. Mai à novembre. Dans les bois, les champs, sous les pierres, les mousses, les gerbes.

C. *Angers ; Trélazé ; Baugé ; Gennes* (Mill.). — *Sainte-Gemmes ; Le May-sur-Evre* (Gall.). — *Landemont (forêt de la Foucaudière, sous des pierres, au bord de la Divatte)* (E. de I.). — *Chênehutte (au Petit-Puits)* (Ret.). — *Lué (sous gerbes ou courant à terre) ; Corzé* (Perr.). — *Env. d'Angers* (Surr.). — *Anjou* (U. A.). — *Anjou ; Pontigné* (Thu.). — *Anjou* (I. C.). — *Le Vieil-Baugé ; Ambillou ; La Chaussaire ; Mozé* (Pap.). — *Souzay (à Champigny-le-Sec)* (Abot).

C. intricatus L. Mai, novembre. Dans les forêts, sous les fagots, les planches sciées.

R. *Le Guédéniau (forêt de Chandelais)* (All. et Gall.). — *Soulanger* (Mill.). — *Le Lion-d'Angers* (Ber.). — *Combrée (forêt d'Ombrée)* (abbé Rochard). — *Château-Gontier (Mayenne) (forêt de Val)* (Perr.). — *Env. d'Angers* (Surr.). — *Anjou* (Thu.). — *Anjou* (I. C.).

C. catenulatus Scop. Avril à octobre. Dans les bois, au pied des arbres, sous la mousse, sous les pierres, sur les chemins.

A. R. *Forêt de Baugé ; Gennes (à Milly) ; Vezins ; Lué ; Saumur ; Saint-Martin-du-Fouilloux* (Mill.). — *Baugé* (Gall.). — *Cholet ; Chênehutte* (Ret.). — *Lué* (Perr.). — *Env. d'Angers* (Surr.). — *Anjou* (U. A.). — *Anjou* (I. C.). — *Le Vieil-Baugé ; La Chaussaire ; Le Pin-en-Mauges ; Saint-Quentin-en-Mauges ; Gesté ; Fontaine-Guérin ; Ambillou* (Pap.). — *Gennes ; Dampierre* (Abot).

C. auronitens F. Toute l'année. Dans les grands bois, sous la mousse des arbres et sous les feuilles mortes.

R. R. *La Chapelle-Hulin (à la lisière de la forêt d'Ombrée)* (Gall.). — *Env. de Combrée* (abbé Rochard).

C. convexus F. Toute l'année. Dans les bois et les plaines, sous les mousses, les pierres, les détritus, sur les routes.

A. C. *Baugé* (All. et Gall.). — *Forêt de Juigné* (Bastard). — *Landemont (forêt de la Foucaudière, lit de la Divatte, sous les pierres)* (E. de I.). — *Cholet ; Chênehutte* (Ret.). — *Lué* (Perr.). — *Env. d'Angers* (Surr.). — *Anjou ; Pontigné* (Thu.). — *Anjou* (I. C.). — *Le Vieil-Baugé ; Mozé* (Pap.). — *Dampierre* (Abot).

C. auratus L. Avril à septembre. Dans les champs cultivés, les jardins, sous les pierres, les herbes en tas.

C. C. *Répandu partout dans le département.*

C. auratus L. var. **lotharingus** Dej. Avec le type.

R. *Angers ; Dampierre* (Abot).

C. granulatus L. Toute l'année. Dans les marais, sous l'écorce des arbres, les foins coupés, les détritus, au pied des saules.

A. C. *Sainte-Gemmes* (Gall.). — *Champtoceaux* (Br.). — *Landemont (forêt de la Foucaudière et près de la Divatte, sous des pierres)* (E. de I.). — *Cholet ; Chênehutte* (Ret.). — *Anjou* (Thu.). — *Anjou* (I. C.). — *Mozé (prairies sur les bords de l'Aubance)* (Pap.). — *Sainte-Gemmes ; Distré (prairies de Munet) ; Dampierre (prairies du bord de la Loire)* (Abot).

C. cancellatus Ill. Juin à octobre. Dans les bois, sous la mousse.

A. R. *Rou-Marson ; forêt de Cholet* (Mill.). — *Lué* (Perr.). — *Sainte-Gemmes ; Le May-sur-Evre* (Gall.). — *Landemont (forêt de la Foucaudière, lit de la Divatte, sous les pierres) ; forêt de Fontevrault* (E. de I.). — *Cholet ; Chênehutte* (Ret.). — *Env. d'Angers* (Surr.). — *Anjou ; Pontigné* (Thu.). — *Anjou* (I. C.). — *Dampierre* (Abot).

C. cancellatus Ill. ab. **femoralis** Géh. Comme le type.

R. R. *Baugé* (Gall.). — *Le Guédéniau (forêt de Chandelais)* (Abot).

C. arvensis Herbst. Juillet. Bois et sous les foins coupés ; au pied des peupliers.

R. *Chênehutte (au Marais)* (Ret.). — *Env. d'Angers* (Surr.). — *Anjou ; Pontigné* (Thu.). — *Dampierre* (Abot).

C. monilis F. Avril à octobre. Dans les bois, les champs, sous la mousse. (Coloration variée.)

C. *Lué ; Saint-Cyr-en-Bourg ; Saumur ; Saint-Lambert-des-Levées ; Fontevrault* (Mill.). — *Sainte-Gemmes* (Gall.). — *Cholet ; Chênehutte* (Ret.). — *Env. d'Angers* (Surr.). — *Saumur* (U. A.). — *Anjou ; Pontigné* (Thu.). — *Anjou* (I. C.). — *La Possonnière (sous les détritus de la Loire)* (Pap.). — *Dampierre* (Abot).

C. monilis F. **var. consitus** Panz. Avec le type.

A. R. *Sainte-Gemmes* (Gall.). — *Landemont (forêt de la Foucaudière, près de la Divatte, sous les pierres)* (E. de I.). — *Cholet ; Chênehutte* (Ret.). — *Saumur* (U. A.). — *Dampierre* (Abot).

C. monilis F. **ab. Kronii** Hoppe. Comme le type.

R. *Baugé* (Gall.). — *Cholet ; Chênehutte* (Ret.).

C. monilis F. **var. Schartowi** Heer. Comme le type.

R. *Cholet ; Chênehutte* (Ret.). — *Dampierre* (Abot).

C. nemoralis Müll. Toute l'année. Dans les bois et les marais, sous les pierres, les mousses, les feuilles mortes, au pied des arbres.

C. *Sainte-Gemmes ; Le May-sur-Evre* (Gall.). — *Baugé ; Fontevrault* (Mill.). — *Env. de Saumur* (Mme de Buzelet). — *Cholet ; Chênehutte* (Ret.). — *Lué* (Perr.). — *Env. d'Angers* (Surr.). — *La Meignanne* (U. A.). — *Anjou ; Saumur* (Thu.). — *Anjou* (I. C.). — *Mozé* (Pap.). — *Dampierre* (Abot).

Leïstus Frölich

L. ferrugineus L. Toute l'année. Dans les bois humides, les marais, surtout dans les fossés, sous les feuilles décomposées, les mousses.

R. *Blaison* (Mme de Buzelet). — *Saint-Cyr-en-Bourg* (Court.). — *Vezins* (Rom.). — *Angers (Saint-Nicolas)* (Br.). — *Saint-Christophe-la-Couperie (sous une pierre, dans un ruisseau desséché, et au fauchoir dans les bois)* (E. de I.). — *Anjou* (Thu.). — *Brézé (1 ex.)* (Abot).

L. spinibarbis F. Toute l'année. Dans les bois, les marais, les jardins, les carrières, sous les mousses, les pierres, les écorces et au pied des arbres.

C. *Sainte-Gemmes* (Gall.). — *Les Gardes ; Soulaines ; Saint-Florent-le-Vieil* (Br.). — *Cholet ; Chênehutte* (Ret.). — *Lué* (Perr.). — *Env. d'Angers* (Surr.). — *Anjou* (U. A.). — *Anjou ; Pontigné* (Thu.). — *Anjou* (I. C.). — *Angers ; Dampierre* (Abot).

L. spinibarbis F. **var. rufipes** Chd. Comme le type.

R. *Anjou ; Pontigné* (Thu.).

! L. montanus Steph. En hiver. Lieux frais, dans les jardins. Espèce des régions montagneuses.

R. *Chênehutte (au Petit-Puits)* (Ret.).

L. fulvibarbis Dej. Janvier à septembre. Dans les bois, les marais, les jardins, les carrières, sous les mousses, les pierres, les écorces et au pied des arbres.

A. C. *Blaison* (Mme de Buzelet). — *Sainte-Gemmes* (Gall.). —

Cholet (Ret.). — *Sainte-Gemmes* (U. A.). — *Anjou* (I. C.). — *Forêt de Beaulieu* (Pap.). — *Les Ponts-de-Cé* (Abot).

Nebria Latreille, Ganglbauer

! N. livida L. Toute l'année. Lieux humides. Espèce de l'Europe septentrionale et orientale.

R. R. *Chênehutte (aux Fontaines, dans un fossé humide et sablonneux près du ruisseau de la fontaine de l'Enfer)* (Ret.).

N. brevicollis F. Toute l'année. Partout, sous les pierres, les mousses, les écorces. Lieux humides.

C. *Cholet ; Chênehutte* (Ret.). — *Lué* (Perr.). — *Env. d'Angers* (Surr.). — *Anjou ; Pontigné* (Thu.). — *Angers (Saint-Nicolas) ; Château-Gontier (Mayenne)* (Br.). — *Sainte-Gemmes* (U. A.). — *Anjou* (I. C.). — *Forêt de Beaulieu* (Pap.). — *Saumur ; Soulaire-et-Bourg* (Abot).

? N. rubripes Dej. Toute l'année. Terrains humides. Espèce plutôt méridionale, rencontrée cependant en Auvergne.

R. R. *Anjou* (U. A.).

Notiophilus Duméril

N. aquaticus L. Juillet. Sous les mousses, les pierres, les détritus, les feuilles mortes.

A. C. *Sainte-Gemmes* (Gall.). — *Cholet* (Ret.). — *Lué* (Perr.). — *Env. d'Angers* (Surr.). — *Anjou* (U. A.). — *Anjou ; Pontigné* (Thu.). — *Anjou* (I. C.). — *Mûrs* (Abot).

N. palustris Duft. Toute l'année. Sous les mousses, les pierres, les détritus, au pied des arbres.

C. *Chênehutte* (Ret.). — *Saint-Florent-le-Vieil* (Br.). — *Saint-Christophe-la-Couperie (forêt de la Foucaudière)* (E. de I.). — *Lué* (Perr.). — *Saumur* (Abot).

N. substriatus Waterh. Avril à octobre. Dans les bois, les marais, les sablonnières, sous les débris végétaux.

A. C. *Montreuil-Belfroy* (Raffray). — *Sainte-Gemmes* (Gall.). — *Saumur* (Court.). — *Saint-Christophe-la-Couperie (forêt de la Foucaudière)* (E. de I.). — *Env. d'Angers* (Surr.). — *Angers* (Ven.). — *Saint-Barthélemy* (Abot).

N. rufipes Curt. Avril à décembre. Dans les bois, sous les mousses, les feuilles mortes, dans le terreau, au pied des arbres.

A. R. *Martigné-Briand* (Rom.). — *Sainte-Gemmes* (Gall.). — *Chênehutte* (Ret.). — *Lué* (Perr.). — *Env. d'Angers* (Surr.). — *Anjou ; Pontigné* (Thu.). — *Saumur* (Abot).

N. biguttatus F. Toute l'année. Sous les feuilles humides, les mousses, les pierres, au pied des arbres.

A. R. *Chênehutte* (Ret.). — *Le Lion-d'Angers ; Château-Gontier (Mayenne)* (Br.). — *Lué* (Perr.). — *Env. d'Angers* (Surr.). — *Anjou* (U. A.). — *Anjou ; Pontigné* (Thu.). — *Anjou* (I. C.). — *Saumur* (Abot).

N. quadripunctatus Dej. Juillet. Sous les pierres. Dans les bois, au pied des arbres.

A. R. *Montreuil-Belfroy* (Raffray). — *Saumur* (Court.). — *Chênehutte (sables de la Loire)* (Ret.). — *Le Lion-d'Angers : Beaupréau* (Br.). — *Lué* (Perr.). — *Env. d'Angers* (Surr.). — *Anjou ; Pontigné* (Thu.). — *Anjou* (I. C.). — *La Chaussaire* (Pap.). — *Angers* (Ven.). — *Les Ponts-de-Cé* (Abot).

Omophron Latreille

O. limbatum F. Mai à septembre. Bords des eaux, enfoncé dans les sables humides, d'où on le fait sortir en piétinant.

A. R. *Saumur* (Mme de Buzelet). — *Les Ponts-de-Cé* (Raffray). — *Sainte-Gemmes ; Juigné-sur-Loire* (Gall.). — *Chênehutte (à la Mimerolle)* (Ret.). — *Anjou ; Les Ponts-de-Cé* (Thu.). — *Anjou* (U. A.). — *Anjou* (I. C.). — *Les Ponts-de-Cé* (Abot).

Blethisa Bonelli

B. multipunctata L. Mai à juillet. Sables humides ; endroits marécageux.

R. *Angers (bords de la Maine)* (Gall.). — *Angers (près le pont de Brionneau)* (Raffray). — *La Breille* (Mill.). — *Saumur* (P. Lambert). — *Anjou ; Saumur (bords du Thouet)* (Thu.). — *Angers* (Abot).

Elaphrus Fabricius

E. uliginosus F. Mai à septembre. Dans les marais, sous les feuilles mortes, dans les fossés vaseux.

R. *Sainte-Gemmes* (Gall.). — *Montreuil-Belfroy* (Raffray). — *Les Ponts-de-Cé (étang de Sorges)* (Mill.). — *Saumur* (Court.). — *Seiches* (U. A.). — *Les Ponts-de-Cé* (Thu.). — *Anjou* (I. C.).

E. cupreus Duft. Mars à septembre. Au bord des étangs, dans les fossés vaseux, au bord des mares dans les bois, sous les feuilles décomposées.

C. *Anjou* (Gall.). — *Angers (étang Saint-Nicolas)* (Br.). — *Anjou* (U. A.). — *Anjou ; Les Ponts-de-Cé* (Thu.). — *Anjou* (I. C.). — *Rou-Marson (étang de Marson)* (Abot).

E. riparius L. Avril à septembre. Marais, sous les détritus, aux bords des rivières.

C. *Anjou* (Gall.). — *Les Ponts-de-Cé* (Br.). — *Saint-Crespin (au bord de l'étang de la Settière)* (E. de I.). — *Chênehutte (bords de la Loire)* (Ret.). — *Lué (au bord d'une mare)* (Perr.). — *Env. d'Angers* (Surr.). — *Anjou ; Les Ponts-de-Cé* (Thu.). — *Anjou* (U. A.). — *Anjou* (I. C.). — *Mûrs (au Pont-qui-tremble) ; Denée (bords du Louet)* (Pap.). — *Saumur ; Les Ponts-de-Cé* (Abot).

E. aureus Müll. Avril à août. Dans les endroits marécageux, au bord des rivières.

R. *Sainte-Gemmes* (Gall.). — *Blaison* (Perr. et Rom.). — *Anjou ; Les Ponts-de-Cé* (Thu.). — *Les Ponts-de-Cé* (Abot).

Lorocera Latreille

L. pilicornis F. Toute l'année. Bois et marais, au bord des mares, sous les mousses, les détritus, au pied des saules, dans la vase.

A. R. *Forêt de Vezins* (Rom.). — *Baugé* (Mill.). — *Angers ; Sainte-Gemmes* (Gall.). — *Angers (étang Saint-Nicolas) ; Saint-Mathurin* (Br.). — *Chaumont (étang de Malaguet)* (Perr.). — *Anjou ; Pontigné* (Thu.). — *Anjou* (I. C.). — *Sainte-Gemmes ; Saumur (bords du Thouet)* (Abot).

Clivina Latreille

C. fossor L. Toute l'année. Bords des eaux, des mares dans les bois, sous les pierres, les arbres abattus, au pied des arbres.

C. *Baugé ; Beaufort-en-Vallée ; Martigné-Briand* (Mill.). — *Sainte-Gemmes ; Les Ponts-de-Cé* (Gall.). — *Angers* (Br.). — *Chênehutte* (Ret.). — *Lué* (Perr.). — *Sainte-Gemmes* (U. A.). — *Anjou ; Pontigné* (Thu.). — *Anjou* (I. C.). — *Saumur ; Les Ponts-de-Cé ; Sainte-Gemmes* (Abot).

C. collaris Herbst. Toute l'année. Bords des eaux, des mares dans les bois, sous les pierres, les arbres abattus.

C. *Sainte-Gemmes* (Gall.). — *Chênehutte* (Ret.). — *Lué* (Perr.). — *Env. d'Angers* (Thu.). — *Env. d'Angers* (Surr.). — *Saumur* (Abot).

Dyschirius Bonelli

D. politus Dej. Mai. Sables humides, marais, bords des eaux.

A. R. *Martigné-Briand ; Beaufort-en-Vallée ; Saumur* (Mill.). — *Sainte-Gemmes* (Gall.). — *Chênehutte (rives de la Loire)* (Ret.). — *Lué* (Perr.). — *Anjou* (Thu.). — *Anjou* (I. C.). — *Les Ponts-de-Cé* (Abot).

D. nitidus Dej. Avril à août. Marais, sous les détritus, bords des eaux.

A. R. *Angers ; Blaison ; Saumur* (Mill.). — *Sainte-Gemmes* (Gall.). — *Saint-Florent-le-Vieil ; Les Ponts-de-Cé* (Br.). — *Chênehutte (rives de la Loire)* (Ret.). — *Lué* (Perr.). — *Env. d'Angers* (Surr.). — *Anjou* (Thu.). — *Anjou* (I. C.). — *Angers (étang Saint-Nicolas)* (Abot).

D. angustatus Ahr. Avril à juin. Bords des étangs, sous les croûtes de limon.

R. *Angers (bords de la Maine)* (Gall.). — *Chênehutte (rives de la Loire)* (Ret.).

D. æneus Dej. Mai à septembre. Bords des étangs, des rivières, des mares des bois, bords des rivières, sous les croûtes de limon.

A. R. *Sainte-Gemmes ; Les Ponts-de-Cé* (Gall., Mme de Buzelet). — *La Meignanne* (Perr. ex. coll. de Joannis). — *Env. d'Angers* (Surr.). — *Angers ; Sainte-Gemmes ; Les Ponts-de-Cé* (Br.). — *Angers ; Les Ponts-de-Cé* (Ven.). — *Anjou* (Thu.). — *Anjou* (I. C.). — *Les Ponts-de-Cé* (Abot).

D. globosus Herbst. Toute l'année. Partout, au bord des eaux.

C. C. *Répandu dans tout le Maine-et-Loire.*

Broscus Panzer

B. cephalotes L. Avril à septembre. Dans les terrains sablonneux et sur les routes, sous les pierres.

R. R. *Saumur ; Sainte-Gemmes ; Saint-Jean-de-la-Croix* (Gall.). — *Anjou* (Thu.).

Asaphidion Gozis

A. caraboides Schrank. Avril à juin. Bords des rivières, sous les croûtes de limon.

A. R. *Sainte-Gemmes ; Saint-Jean-de-la-Croix* (Gall.). — *Chênehutte* (Ret.). — *Anjou* (I. C.). — *Les Ponts-de-Cé* (Abot).

A. pallipes Duft. Avril à juin. Bords des rivières, dans les vases desséchées.

A. R. *Sainte-Gemmes* (Gall.). — *Les Ponts-de-Cé* (Abot).

A. flavipes L. Toute l'année. Partout sous les détritus, les mousses, la paille, sous les vases desséchées.

C. *Anjou* (Gall.). — *Le Lion-d'Angers ; Saint-Florent-le-Vieil* (Br.). — *Env. d'Angers* (Surr.). — *Anjou ; Sainte-Gemmes* (U. A.). — *Anjou* (I. C.). — *Les Ponts-de-Cé* (Abot).

Bembidion Latreille

B. striatum F. Mai. Au bord des mares, des cours d'eau.

A. C. *Anjou* (Gall.). — *La Ménitré* (Perr.). — *Env. d'Angers* (Surr.). — *Les Ponts-de-Cé ; Saint-Mathurin* (Br.). — *Saint-Rémy-la-Varenne* (R. du Buysson). — *Sainte-Gemmes* (U. A.). — *Anjou* (I. C.). — *Les Ponts-de-Cé ; Mozé ; Saint-Jean-de-la-Croix ; Juigné-sur-Loire ; La Possonnière* (Pap.). — *Les Ponts-de-Cé* (Abot).

B. foraminosum Sturm. Janvier à juillet. Bords des eaux, détritus, vases desséchées.

R. *Chênehutte* (Ret.). — *Sainte-Gemmes* (H. Baz.). — *Sainte-Gemmes* (Abot).

B. velox L. Avril à octobre. Bords des rivières.

A. R. *Saumur* (Chevrolat). — *Martigné-Briand* (Rom.). — *Sainte-Gemmes* (Gall.). — *Les Ponts-de-Cé* (Br.). — *La Ménitré* (Perr.). — *Sainte-Gemmes* (U. A.). — *Anjou* (I. C.). — *Les Ponts-de-Cé* (Abot).

B. argenteolum Ahr. Mai à juillet. Bords des rivières et des mares.

A. R. *Sainte-Gemmes* (Gall.). — *Saumur* (de la Ferté). — *Anjou ; Sainte-Gemmes* (U. A.). — *Les Ponts-de-Cé* (Abot).

B. littorale Oliv. Mai. Bords des rivières, sables humides.

R. *Anjou* (Mme de Buzelet). — *Sainte-Gemmes* (Gall.). — *Env. d'Angers* (Surr.). — *Saint-Mathurin ; Les Ponts-de-Cé* (Br.). — *Anjou* (I. C.). — *Les Ponts-de-Cé* (Abot).

B. lampros Herbst. Toute l'année. Bords des rivières, sous les vases desséchées.

C. *Anjou (grèves de la Loire)* (Gall.). — *Les Ponts-de-Cé ; Le Lion-d'Angers* (Br.). — *Chênehutte* (Ret.). — *Lué* (Perr.). — *Env. d'Angers* (Surr.). — *Anjou ; Sainte-Gemmes* (U. A.). — *Anjou* (I. C.). — *Les Ponts-de-Cé ; Mozé ; Saint-Jean-de-la-Croix ; Juigné-sur-Loire ; La Possonnière* (Pap.). — *Angers* (Ven.). — *Les Ponts-de-Cé* (Abot).

B. lampros Herbst. **var. properans** Steph. Comme le type.

A. R. *Angers (Saint-Nicolas) ; Montfaucon-sur-Moine* (Br.). — *Les Ponts-de-Cé ; Montreuil-sur-Loir* (Ven.). — *Les Ponts-de-Cé* (Abot).

B. punctulatum Drap. Juin, juillet. Bords des rivières, des mares.

C. *Anjou* (Gall.). — *Les Ponts-de-Cé ; Champtoceaux* (Br.). — *Chênehutte* (Ret.). — *La Ménitré* (Perr.). — *Env. d'Angers* (Surr.). — *Saint-Rémy-la-Varenne* (R. du Buysson). — *Anjou ; Sainte-Gemmes*

(U. A.). — *Les Ponts-de-Cé ; Mozé ; Saint-Jean-de-la-Croix ; Juigné-sur-Loire ; La Possonnière* (Pap.). — *Les Ponts-de-Cé* (Abot).

! B. bipunctatum L. Mai à juillet. Sables et fossés humides, sous les détritus. Espèce des régions montagneuses.

R. R. *Saint-Jean-de-la-Croix* (Mill.). — *Sainte-Gemmes* (Gall.). — *Sainte-Gemmes* (U. A.).

B. dentellum Thunbg. Toute l'année. Au bord des eaux, sous les feuilles mortes et les détritus.

A. C. *Anjou* (Gall.). — *Angers (Saint-Nicolas) ; Le Lion-d'Angers* (Br.). — *Anjou* (Perr.). — *Anjou ; Sainte-Gemmes* (U. A.). — *Anjou* (I. C.). — *Angers ; Les Ponts-de-Cé ; Sainte-Gemmes ; Montreuil-sur-Loir* (Ven.). — *Les Ponts-de-Cé ; Soulaire-et-Bourg* (Abot).

B. varium Ol. Mars à août. Au bord des eaux, sous les feuilles mortes, les détritus, sous la vase.

C. *Anjou* (Gall.). — *Angers (Saint-Nicolas)* (Br.). — *Chênehutte* (Ret.). — *Env. d'Angers* (Surr.). — *Anjou ; Sainte-Gemmes* (U. A.). — *Anjou* (I. C.). — *Angers ; Sainte-Gemmes* (Ven.). — *Angers* (Abot).

B. adustum Schaum. Mars à août. Au bord des eaux, sous les détritus.

R. R. *Anjou* (I. C.). — *Saint-Mathurin ; Les Ponts-de-Cé* (Br.). — *Angers ; Sainte-Gemmes ; Les Ponts-de-Cé ; La Daguenière* (Ven.). — *Les Ponts-de-Cé* (Abot).

! B. obliquum Sturm. Mai à juillet. Marais et bords des eaux. Espèce du Nord et de l'Est de la France.

R. R. *Sainte-Gemmes* (Gall.). — *Anjou* (Mme de Buzelet et Rom.). — *Anjou* (I. C.).

B. fasciolatum Duft. Mars à juin. Bords des eaux, sous les pierres et les graviers.

A. R. *Sainte-Gemmes* (Gall.). — *Anjou ; Sainte-Gemmes* (U. A.). — *Les Ponts-de-Cé ; Mozé ; Saint-Jean-de-la-Croix ; Juigné-sur-Loire ; La Possonnière* (Pap.). — *Les Ponts-de-Cé* (Abot).

B. fasciolatum Duft. **var. ascendens** K. Comme le type.

R. *Angers* (Ven.).

! B. cœruleum Serv. Toute l'année. Au bord des eaux, sous les pierres et les graviers.

R. R. *Anjou* (I. C.). — *Champtoceaux* (Br.).

! B. atrocœruleum Steph. Toute l'année. Bords des eaux ; détritus.

R. R. *Champtoceaux* (Br.).

! **B. tibiale** Duft. Toute l'année. Bord des eaux, sous les détritus.
R. R. *Mûrs* (Abot).

? **B. ripicola** Duf. Printemps. Bord des eaux. Espèce de l'Europe centrale plutôt orientale.
R. R. *Env. d'Angers* (Surr.).

B. testaceum Duft. Printemps. Bords des cours d'eau.
R. R. *Saint-Mathurin* (Br.). — *Saumur (trois exemplaires pris sur les bords de la Loire)* (Abot).

B. fluviatile Dej. Toute l'année. Bords des cours d'eau.
R. R. *Baugé* (Mill.). — *Anjou (bords de la Loire)* (Gall.). — *Saint-Rémy-la-Varenne* (R. du Buysson). — *Mayenne* (I. C.).

B. Andreæ F. Toute l'année. Bords des eaux.
A. R. *Anjou (bords de la Loire)* (Gall.). — *Anjou* (I. C.). — *Les Ponts-de-Cé ; Saint-Mathurin* (Br.). — *Les Ponts-de-Cé ; Mozé ; Saint-Jean-de-la-Croix ; Juigné-sur-Loire ; La Possonnière* (Pap.). — *Les Ponts-de-Cé* (Abot).

B. Andreæ F. var. **femoratum** Sturm. Toute l'année. Bords des eaux.
A. R. *Anjou (bords de la Loire)* (Gall.). — *Env. d'Angers* (Surr.). — *Anjou ; Sainte-Gemmes* (U. A.). — *Rou-Marson (bords de l'étang de Marson)* (Abot).

B. ustulatum L. Toute l'année. Dans les marais, au bord des rivières, sous les détritus, les vases desséchées.
C. C. *Partout dans le département.*

B. rupestre L. Mars à octobre. Au bord des eaux ; marais et fossés.
R. *Env. d'Angers* (Surr.). — *Saint-Rémy-la-Varenne* (R. du Buysson). — *Anjou* (I. C.). — *Sainte-Gemmes ; Mûrs* (Abot).

B. modestum F. Toute l'année. Bord des eaux, sous les détritus.
R. R. *Sainte-Gemmes (dans les détritus d'inondations)* (Gall.). — *Les Ponts-de-Cé* (Abot).

B. decorum Panz. Mai. Bords des eaux, sous les pierres submergées.
A. C. *Anjou (bords de la Loire)* (Mill.). — *Martigné-Briand ; Sainte-Gemmes* (Gall.). — *Chênehutte* (Ret.). — *Chaumont (au bord de l'étang de Malaguet)* (Perr.). — *Anjou ; Sainte-Gemmes* (U. A.). — *Anjou* (I. C.). — *Les Ponts-de-Cé ; Mozé ; Saint-Jean-de-la-Croix ; Juigné-sur-Loire ; La Possonnière* (Pap.). — *Les Ponts-de-Cé* (Abot).

B. nitidulum Marsh. Avril à août. Bords des eaux, dans les marais : bords des mares dans les bois.

A. R. *Martigné-Briand* (Rom.). — *Lué* (Perr.). — *Angers (Saint-Nicolas)* ; *Le Champ* (Br.). — *Env. d'Angers* (Surr.). — *Anjou ; Sainte-Gemmes* (U. A.). — *Anjou* (I. C.).

B. elongatum Dej. Mai à juillet. Au bord des mares.

A. R. *Saint-Jean-de-la-Croix* (Mill.). — *Sainte-Gemmes* (Gall.). — *Chaumont (étang de Malaguet)* (Perr.). — *Montreuil-sur-Loir* (Ven.). — *Les Ponts-de-Cé* (Abot).

B. minimum F. Mai à septembre. Au bord des mares et sous les détritus.

R. *Anjou* (Mme de Buzelet). — *Sainte-Gemmes* (Gall.). — *Lué* (Perr.). — *Env. d'Angers* (Surr.). — *Sainte-Gemmes* (U. A.).

B. laterale Dej. Printemps. Bords des eaux, dans les marais.

A. R. *Sainte-Gemmes* (Gall.). — *Env. d'Angers* (Surr.). — *Sainte-Gemmes ; Montfaucon-sur-Moine* (Br.). — *Anjou ; Sainte-Gemmes* (U. A.). — *Anjou* (I. C.). — *Angers* (Ven.). — *Sainte-Gemmes ; Rou-Marson (étang de Marson)* (Abot).

B. quadriguttatum F. Mars à octobre. Bords des eaux. marais.

A. C. *Anjou (bords de la Loire)* (Gall.). — *Lué* (Perr.). — *Les Ponts-de-Cé ; Champtoceaux ; Château-Gontier (Mayenne)* (Br.). — *Env. d'Angers* (Surr.). — *Anjou ; Sainte-Gemmes* (U. A.). — *Anjou* (I. C.). — *Angers ; Sainte-Gemmes* (Ven.). — *Angers (bords de la Maine)* (Abot).

B. quadrimaculatum L. Toute l'année. Bords des eaux, des fossés, dans les champs, au pied des arbres.

A. C. *Anjou* (Gall.). — *Chênehutte* (Ret.). — *Saint-Florent-le-Vieil* (Br.). — *Env. d'Angers* (Surr.). — *Anjou ; Sainte-Gemmes* (U. A.). — *Anjou* (I. C.). — *Les Ponts-de-Cé* (Ven.). — *Angers (bords de la Maine) Marcé (à Chaloché)* (Abot).

B. tenellum Er. Toute l'année. Bords des rivières.

R. R. *Sainte-Gemmes* (Gall.). — *Les Ponts-de-Cé ; Saint-Mathurin* (Br.). — *Sainte-Gemmes* (Abot).

B. tenellum Rr. ab. triste Schilsky. Comme le type.

R. R. *Les Ponts-de-Cé* (Ven.).

B. Doris Gyllh. Printemps. Au bord des mares, dans les bois.

A. R. *Baugé* (Gall.). — *Chênehutte* (Ret.). — *Chaumont (étangs de Malaguet et du Ménil)* (Perr.). — *Env. d'Angers* (Surr.). — *Anjou* (I. C.).

B. articulatum Gyllh. Toute l'année. Au bord des eaux, sous les détritus et au pied des arbres.

C. *Anjou* (Gall.). — *Angers (Saint-Nicolas)* ; *Maulévrier* ; *Les Ponts-de-Cé* (Br.). — *Chênehutte* (Ret.). — *Lué* ; *La Ménitré* (Perr.). — *Env. d'Angers* (Surr.). — *Anjou* ; *Sainte-Gemmes* (U. A.). — *Anjou* (I. C.). — *Angers* ; *Juigné-sur-Loire* (Ven.). — *Saumur* ; *Les Ponts-de-Cé* (Abot).

B. octomaculatum Göze. Mai. Bords des étangs, sous les détritus, bords des cours d'eau.

A. C. *Angers* ; *Sainte-Gemmes* (Gall.). — *Angers (Saint-Nicolas)* (Br.). — *Chaumont (étang de Malaguet)* (Perr.). — *Anjou* ; *Sainte-Gemmes* (U. A.). — *Anjou* (I. C.). — *Les Ponts-de-Cé* ; *Mozé* ; *Saint-Jean-de-la-Croix* ; *Juigné-sur-Loire* ; *La Possonnière* (Pap.). — *Angers* ; *Juigné-sur-Loire* ; *Sainte-Gemmes* (Ven.). — *Angers* (Abot).

? B. maculatum Dej. Toute l'année. Bord des cours d'eau. Espèce de la région méditerranéenne.

R. R. *Sainte-Gemmes (au bord de la Loire)* (Gall.).

B. fumigatum Duft. Mai à septembre. Bords des étangs, des mares, fossés à demi desséchés.

R. *Anjou* (Mme de Buzelet). — *Saumur* (Court.). — *Sainte-Gemmes* (Gall.). — *Anjou* (I. C.). — *Les Ponts-de-Cé* (Abot).

B. assimile Gyllh. Toute l'année. Dans les marais, au bord des eaux, sous les détritus, parfois sous les foins coupés.

R. *Blaison* (Rom.). — *Angers (Saint-Nicolas)* ; *Montfaucon-sur-Moine* (Br.). — *Sainte-Gemmes* (Gall.). — *Anjou* (I. C.). — *Angers* (Ven.). — *Saumur* ; *Sainte-Gemmes* ; *Les Ponts-de-Cé* (Abot).

B. obtusum Serv. Toute l'année. Au bord des eaux, sous les débris végétaux.

A. R. *Saumur* (P. Lambert). — *Martigné-Briand* (Rom.). — *Saumur* (Gall.). — *Sainte-Gemmes* (Br.). — *Env. d'Angers* (Surr.). — *Les Ponts-de-Cé* (Ven.). — *Angers (bords de la Maine)* ; *Ecouflant* (Abot).

B. guttula F. Février à juin. Endroits humides, marais et au pied des arbres.

A. R. *Angers (bords de la Maine, à La Baumette)* (Mill.). — *Sainte-Gemmes* (Gall.). — *Saint-Florent-le-Vieil* ; *Champtoceaux* (Br.). — *Chênehutte* (Ret.). — *Anjou* (I. C.). — *Soulaire-et-Bourg* (Ven.). — *Sainte-Gemmes* ; *Les Ponts-de-Cé* (Abot).

B. biguttatum F. Toute l'année. Bords des eaux, sous les détritus et vases desséchées, fossés humides.

A. R. *Angers (à La Baumette) ; Saint-Jean-de-la-Croix ; Martigné-Briand ; Combrée (forêt d'Ombrée)* (Gall.). — *Champtoceaux* (Br.). — *Chênehutte* (Ret.). — *Env. d'Angers* (Surr.). — *Anjou ; Sainte-Gemmes* (U. A.). — *Anjou* (I. C.). — *Soulaire-et-Bourg ; Angers ; La Daguenière ; Le Fief-Sauvin ; Montreuil-sur-Loir ; Les Ponts-de-Cé* (Ven.). — *Angers ; Sainte-Gemmes ; Mûrs* (Abot).

B. iricolor Bed. Mai à septembre. Au bord des eaux, sous les détritus.

R. R. *Angers* (Ven.).

B. lunulatum Fourcr. Mai à septembre. Endroits humides, sous les débris.

R. *Angers ; Les Ponts-de-Cé ; Juigné-sur-Loire ; Montreuil-sur-Loir ; Soulaire-et-Bourg* (Ven.).

Ocys Stephens

O. harpaloides Serv. Avril à novembre. Marais, sur les saules ; dans les mousses, sous les écorces.

R. *Anjou* (Gall.). — *Angers* (Abot).

O. quinquestriatus Gyllh. Avril à janvier. Dans les marais, les jardins, sous les mousses, les débris végétaux, les écorces.

R. *Sainte-Gemmes* (Gall.). — *Martigné-Briand* (Rom.). — *Anjou ; Sainte-Gemmes* (U. A.). — *Angers* (Ven.). — *Angers (coteaux de l'étang Saint-Nicolas)* (Abot).

Tachys Stephens

T. bistriatus Duft. Toute l'année. Dans les marais, au bord des eaux, sous les détritus, dans les mousses au pied des arbres.

A. C. *Anjou* (Gall.). — *Angers ; Montfaucon-sur-Moine ; Champtoceaux* (Br.). — *Chênehutte* (Ret.). — *Lué* (Perr.). — *Anjou* (I. C.). — *La Daguenière ; Angers ; Les Ponts-de-Cé ; Soulaire-et-Bourg* (Ven.). — *Angers* (Abot).

T. parvulus Dej. Toute l'année. Bords des eaux, sous les détritus, vases desséchées.

A. R. *Anjou* (Mme de Buzelet). — *Sainte-Gemmes* (Br.). — *Sainte-Gemmes* (Gall.). — *Angers ; Les Ponts-de-Cé* (Abot).

T. quadrisignatus Duft. Toute l'année. Bords des eaux, sous le limon.

R. *Sainte-Gemmes* (Gall.). — *Les Ponts-de-Cé* (Abot).

T. sexstriatus Duft. Toute l'année. Au bord des eaux.

R. R. *Sainte-Gemmes* (Ven.).

Tachyta Kirby

T. nana Gyllh. Presque toute l'année. Au bord des eaux et sous l'écorce des arbres, surtout des pins.

R. *Anjou* (Mme de Buzelet). — *Baugé* (Gall.). — *Chênehutte* (Ret.). — *Sainte-Gemmes* (U. A.).

Anillus Jacquelin-Duval

A. cœcus Duv. Toute l'année. Sous les pierres en terrains humides.

R. R. *Montréuil-Belfroy* (*quatre exemplaires capturés par* Raffray). Cette capture a été mentionnée par Fauvel.

Perileptus Schaum

P. areolatus Creutz. Printemps et été. Au bord des eaux, dans le sable.

R. R. *Beaulieu, au Pont-Barré ; Sainte-Gemmes* (Gall.). — *Les Ponts-de-Cé ; Saint-Mathurin* (Br.). — *Env. d'Angers* (Surr.). — *Les Ponts-de-Cé* (Abot).

Thalassophilus Wollaston

T. longicornis Sturm. Juillet. Marais, endroits humides.

R. R. *Sainte-Gemmes* (Gall.). — *Les Ponts-de-Cé* (Abot).

Trechus Clairville

T. micros Herbst. Printemps. Endroits humides, sous les pierres.

R. R. *Anjou* (Gall.). — *Anjou* (I. C.).

T. quadristriatus Schrnk. Toute l'année. Dans les mousses, les herbes, sous les pierres, les détritus. Bois humides, au pied des arbres.

C. *Anjou* (Gall.). — *Montfaucon-sur-Moine* (Br.). — *Chênehutte* (Ret.). — *Lué* (Perr.). — *Env. d'Angers* (Surr.). — *Angers ; Saint-Barthélemy* (Abot).

T. quadristriatus Schrnk. **var. obtusus** Er. Toute l'année. Mêmes endroits.

A. R. *Sainte-Gemmes* (Gall.). — *Angers ; Montrevault ; Les Ponts-de-Cé ; Juigné-sur-Loire ; Chalonnes-sur-Loire* (Ven.). — *Bouchemaine* (Abot).

Patrobus Stephens

P. excavatus Payk. Août et novembre. Bords des rivières et des marais ; dans les fossés desséchés, sous les herbes, les feuilles mortes, les pierres.

R. R. *Combrée* (abbé Rochard). — *Ile de Blaison* (Perr. et Rom.). — *Longué* (Abot).

Pagonus Dejean

? **P. chalceus** Marsh. Toute l'année. Bord des eaux, surtout salées. Espèce des bords de la mer.

R. R. *Anjou* (U. A.).

Apotomus Illiger

? **A. rufus** Rossi. Toute l'année, au bord des étangs salés, au pied des Tamarix. Espèce des bords de la Méditerranée et de l'Océan.

R. R. *Brézé* (Baill.).

Panagæus Latreille

P. crux-major L. Toute l'année. Dans les marais, sous les pierres, au pied des arbres et dans les foins coupés.

A. C. *Baugé ; Saumur ; Rou-Marson* (Mill.). — *Sainte-Gemmes* (Gall.). — *Trèves-Cunault (étang de Cunault)* (Br.). — *Cholet ; Chênehutte* (Ret.). — *Env. d'Angers* (Surr.). — *Anjou* (Thu.). — *Anjou* (I. C.). — *Mozé ; La Chaussaire ; Le Pin-en-Mauges ; Saint-Quentin-en-Mauges* (Pap.). — *Rou-Marson (étang de Marson)* (Abot).

P. bipustulatus F. Toute l'année. Dans les bois, sous les mousses, les feuilles mortes, au pied des arbres.

R. *Saumur* (Court.). — *Martigné-Briand* (Rom.). — *Sainte-Gemmes* (Gall.). — *Chênehutte (au Petit-Puits)* (Ret.). — *Jarzé ; Lué* (Perr.). — *Anjou* (Thu.). — *Anjou* (I. C.). — *La Chaussaire ; Le Pin-en-Mauges ; Saint-Quentin-en-Mauges* (Pap.). — *Les Ponts-de-Cé* (H. Baz.).

Chlænius Bonelli

? **C. decipiens** Dufour. Au bord des fleuves et des mares, sous les pierres. Espèce méridionale.

R. R. *Doué-la-Fontaine ; Martigné-Briand* (Gall.). — *Le Coudray-Macouard* (Juignet). — *Lué* (Perr.).

! **C. chrysocephalus** Rossi. Printemps. Bords des eaux, dans la vase. Espèce plutôt maritime.

R. R. *Sainte-Gemmes ; Les Ponts-de-Cé* (Gall.). — *Les Ponts-de-Cé* (1 ex.) (Abot).

C. velutinus Duft. Printemps. Bords des eaux, dans la vase.

C. *Sainte-Gemmes (bords de la Loire)* (Gall). — *Chênehutte (bords de la Loire)* (Ret.). — *Env. d'Angers* (Surr.). — *Anjou* (U. A.). — *Anjou* (Thu.). — *Anjou* (I. C.). — *Saint-Jean-de-la-Croix* (Pap.). — *Les Ponts-de-Cé* (Abot).

C. vestitus Payk. Avril à août. Marais ; bords des eaux, sous les détritus, sous les pierres.

C. *Anjou (bords de la Loire)* (Gall.). — *Champtoceaux ; Saint-Florent-le-Vieil ; Les Ponts-de-Cé* (Br.). — *Chênehutte* (Ret.). — *Env. d'Angers* (Surr.). — *Anjou* (U. A.). — *Anjou* (Thu.). — *Anjou* (I. C.). — *Saint-Jean-de-la-Croix* (Pap,) — *Saumur ; Les Ponts-de-Cé* (Abot).

C. variegatus Fourcr. Mai, juin. Au bord des étangs, sous les détritus et la vase.

A. C. *Anjou (bords de la Loire)* (Gall.). — *Angers ; Les Ponts-de-Cé* (Br.). — *Cholet ; Chênehutte* (Ret.). — *Env. d'Angers* (Surr.). — *Anjou* (U. A.). — *Anjou ; Pontigné* (Thu.). — *Anjou* (I. C.). — *Saint-Jean-de-la-Croix* (Pap.). — *Saumur ; Ecouflant* (Abot).

C. nitidulus Schrnk. Mai à août. Endroits marécageux, bords des cours d'eau et des mares.

A. C. *Martigné-Briand ; Saumur* (Mill.). — *Sainte-Gemmes (bords de la Loire)* (Gall.). — *Les Ponts-de-Cé* (Br.). — *Cholet ; Chênehutte* (Ret.). — *Denée ; Saint-Jean-de-la-Croix ; Mozé* (Pap.). — *Les Ponts-de-Cé ; Ecouflant ; Saumur ; Angers ; Mûrs* (Abot).

C. nitidulus Schrnk. **var. tibialis** Dej. Printemps et été. Endroits marécageux, bords des rivières et des étangs.

A. C. *Angers (aux bords de la Maine)* (Mill.). — *Saumur* (Court.). — *Sainte-Gemmes* (Gall.). — *Les Ponts-de-Cé* (Br.). — *Cholet ; Chênehutte* (Ret.). — *Saint-Rémy-la-Varenne* (du Buysson). — *Anjou ; Ingrandes* (Thu.). — *Anjou* (I. C.).

C. nigricornis F. Avril à septembre. Marais, sous les feuilles décomposées des fossés, bords des rivières et des étangs ; quelquefois sur les coteaux calcaires, sous les pierres.

A. C. *Angers (bords de la Maine)* (Mill.). — *Saumur* (Court.). — *Sainte-Gemmes* (Gall.). — *Cholet ; Chênehutte* (Ret.). — *Chemillé (à La Ferté)* (Perr.). — *Saint-Rémy-la-Varenne* (du Buysson). — *Env. d'Angers* (Surr.). — *Anjou* (U. A.). — *Anjou ; Ingrandes* (Thu.). — *Anjou* (I. C.). — *Saint-Jean-de-la-Croix ; Denée ; Mozé* (Pap.). — *Saumur ; Sainte-Gemmes* (Abot).

C. nigricornis F. var. **melanocornis** Dej. Mêmes époques et mêmes stations que le type.

R. *Anjou ; Saumur* (Thu.). — *Saint-Florent-le-Vieil* (Br.). — *Anjou* (I. C.). — *Pruniers* (Abot).

C. tristis Schall. Mai à octobre. Dans les foins coupés, baignant dans l'eau ou dans les endroits très humides.

R. *Angers (étang Saint-Nicolas)* (Raffray). — *Saumur* (Court.). — *Anjou (bords de la Loire)* (Gall.). — *Angers (Saint-Nicolas)* (Br.). — *Cholet ; Chênehutte* (Ret.). — *Lué* (Perr.). — *Env. d'Angers* (Surr.). — *Saint-Rémy-la-Varenne* (du Buysson). — *Anjou ; Pontigné* (Thu.). — *Anjou* (I. C.). — *Angers (étang Saint-Nicolas)* (Abot).

Callistus Bonelli

C. lunatus F. Toute l'année. Dans les terrains calcaires ; dans les fossés ou au bord des bois, dans les endroits secs et bien abrités, sous les pierres, parmi les herbes ; quelquefois en société sous la mousse, au pied des arbres.

A. R. *Angers ; La Meignanne ; Cheffes ; Juigné-sur-Loire ; Baugé ; Martigné-Briand* (Mill.). — *Sainte-Gemmes* (Gall.). — *Le Champ ; Thorigné* (Br.). — *Chênehutte (au Petit-Puits)* (Ret.). — *Lué* (Perr.). — *Anjou* (I. C.). — *La Chaussaire ; Saint-Quentin-en-Mauges ; La Salle et Chapelle-Aubry ; Le Pin-en-Mauges* (Pap.). — *Marans* (H. Baz.).

Oodes Bonelli

O. helopioides F. Toute l'année. Aux bords des marais, sous les foins coupés, les détritus.

A. R. *Saumur* (Mme de Buzelet). — *Baugé* (All.). — *Rou-Marson (étang de Marson)* (Mill.). — *Angers (étang Saint-Nicolas)* (Br.). — *Angers (étang Saint-Nicolas)* (Raffray et Gall.). — *Lué (aux Fontaines du Bourg)* (Perr.). — *Env. d'Angers* (Surr.). — *Anjou ; Pontigné* (Thu.). — *Anjou* (I. C.). — *Angers ; Saumur* (Abot).

O. gracilis Villa. Août à octobre. Aux bords des étangs, des marais.

R. *Saumur* (P. Lambert et Ackerman). — *Rou-Marson (étang de Marson)* (Gall.). — *Chanzeaux (à la Chauvellière)* (Perr.). — *Anjou ; Saumur* (Thu.). — *Angers ; Rou-Marson (étang de Marson)* (Abot).

Badister (Clairville) Dejean

B. unipustulatus Bon. Toute l'année. Dans les marais, au bord des fossés et sous les pierres et vases desséchées.

A. R. *Cheffes ; Brain-sur-Allonnes* (Mill.). — *Sainte-Gemmes* (Gall.).

— *Chênehutte* (Ret.). — *Env. d'Angers* (Surr.). — *Anjou* (I. C.). — *Saint-Hilaire-Saint-Florent* (Abot).

B. bipustulatus F. Toute l'année. Dans les bois et les marais, sous les pierres, les feuilles mortes, les mousses.

C. *Saumur ; Baugé ; Martigné-Briand ; Sainte-Gemmes* (Mill. et Gall.). — *Angers (étang Saint-Nicolas)* (Br.). — *Cholet ; Chênehutte* (Ret.). — *Lué* (Perr.). — *Env. d'Angers* (Surr.). — *Anjou* (U. A.). — *Anjou ; Pontigné* (Thu.). — *Anjou* (I. C.). — *Longué ; Saint-Barthélemy ; Rou-Marson (étang de Marson)* (Abot).

B. bipustulatus F. **ab. lacertosus** Sturm. Mêmes époques et même habitat.

A. R. *Angers ; Les Ponts-de-Cé ; Avoise (Sarthe)* (Abot).

B. sodalis Duft. Toute l'année. Aux bords des étangs, des rivières et des mares, dans les bois, sous les feuilles mortes et les détritus.

A. C. *Saumur* (Court.). — *Angers (bords de la Maine) ; Sainte-Gemmes* (Gall.). — *Chênehutte* (Ret.). — *Lué* (Perr.). — *Anjou ; Pontigné* (Thu.). — *Les Ponts-de-Cé* (Abot).

B. peltatus Panz. Toute l'année. Dans les marais, sous les détritus.

A. R. *Saumur (bords de la Loire)* (Court.). — *Martigné-Briand* (Rom.). — *Sainte-Gemmes* (Gall.). — *Lué* (Perr.). — *Anjou ; Pontigné* (Thu.). — *Saint-Hilaire-Saint-Florent* (Abot).

Licinus Latreille

? **L. silphoides** Rossi. Presque toute l'année. Endroits secs et arides ; terrains calcaires.

R. *Aubigné-Briand* (Mill.). — *Env. de Saumur* (Mme de Buzelet). — *Martigné-Briand* (Rom.). — *Env. d'Angers* (Surr.). — *Anjou ; Montreuil-Bellay* (Thu.). — *Anjou* (I. C.). — *Chênehutte* (Ret.).

Malgré ces citations de localités, l'existence de cette espèce en Anjou paraît bien douteuse, étant plutôt répandue dans la région méditerranéenne ; n'y aurait-il pas confusion avec la suivante ?

L, granulatus Dej. Juin à août. Endroits secs ; coteaux calcaires ; sous les pierres.

A. R. *Beaulieu (rochers de Servières) ; Saint-Hilaire-Saint-Florent ; Env. de Saumur* (Mill.). — *Sainte-Gemmes* (Gall.). — *Chênehutte (au Petit-Puits)* (Ret.). — *Lué* (Perr.). — *Anjou ; Saumur* (Thu.). — *Angers ; Saumur* (Abot).

L. depressus Payk. Mars à octobre. A la lisière des bois, sous les pierres et les foins coupés des marais.

R. *Chênehutte (au Petit-Puits)* (Ret.). — *Anjou* (I. C.). — *Parcé (Sarthe)* (Abot).

L. cassideus F. Mai. Dans les marais.

R. *Env. de Saumur* (Mill., Mme de Buzelet). — *Chênehutte (au Petit-Puits)* (Ret.).

Amblystomus Erichson

! **A. niger** Heer. Été et automne. Endroits humides ; sous le limon. Espèce plutôt méridionale.

R. R. *Saumur (sables de la Loire)* (Court., d'après Mill.). — *Angers* (Br.). — *Angers ; Juigné-sur-Loire ; Les Ponts-de-Cé* (Ven.). — *Angers* (1 ex.) (Abot).

Ditomus Bonelli

? **D. capito** Serv. Été et automne. Endroits arides, sous les pierres. Espèce de la région méditerranéenne.

R. R. *Saint-Cyr-en-Bourg* (Court.). — *Env. d'Angers* (Surr.).

D. clypeatus Rossi. Eté et automne. Endroits sablonneux, sous les pierres, les mousses, les écorces. Espèce plutôt méridionale.

A. R. *Saumur* (Court.). — *Martigné-Briand* (Mme de Buzelet). — *Le Coudray-Macouard* (Juignet). — *Cholet ; Chênehutte* (Ret.). — *Lué ; Chanzeaux (la Chauvellière)* (Perr.). — *Saint-Rémy-la-Varenne* (du Buysson). — *Anjou* (U. A.). — *Le Guédéniau (forêt de Chandelais)* (Abot).

? **D. sphærocephalus** Oliv. Été et automne. Endroits secs, sous les pierres, les mousses, les écorces. Espèce de la région méditerranéenne.

R. R. *Cholet ; Chênehutte* (Ret.).

Carterus Dejean et Boisduval

C. fulvipes Latr. Printemps et été. Lieux arides et sablonneux, sous les pierres.

R. *Saumur* (Court.). — *Martigné-Briand* (Rom.). — *Sainte-Gemmes* (Gall.). — *Cholet ; Chênehutte* (Ret.). — *Lué* (Perr.). — *Saint-Rémy-la-Varenne* (du Buysson). — *Anjou* (I. C.). — *Saumur* (1 ex.) (Abot).

Acinopus Dejean

A. picipes Oliv. Printemps et été. Terrains calcaires, sous les pierres. Espèce plutôt méridionale.

R. R. *Anjou* (Mme de Buzelet, Mill.). — *Cholet* (Ret.). — *Anjou* (I. C.). — *Montreuil-Bellay ; Doué-la-Fontaine* (E. de I.).

A. megacephalus Rossi. Printemps et été. Terrains calcaires, sous les pierres. Espèce plutôt méridionale.

R. R. *Montreuil-Bellay* (Mill., Perr.). — *Martigné-Briand* (Rom.). — *Anjou* (I. C.). — *Le Vaudelnay-Rillé* (1 ex.) (Abot).

Ophonus Stephens

O. sabulicola Panz. Mars à septembre. Dans les champs, sous les pierres, les herbes en tas, au pied des arbres.

A. C. *Bouchemaine* (Mill.). — *Saumur* (Court.). — *Cholet ; Chêne-hutte* (Ret.). — *Lué* (Perr.). — *Env. d'Angers* (Surr.). — *Anjou ; Pontigné* (Thu.). — *Anjou* (I. C.). — *Marans* (H. Baz.). — *Saumur ; Dampierre* (Abot).

O. diffinis Dej. Juin à septembre. Dans les plaines sablonneuses et calcaires, sous les pierres. Souvent aussi dans les fleurs d'Ombellifères.

A. R. *Saumur* (Court.). — *Sainte-Gemmes* (Gall.). — *Lué* (Perr.). — *Fontaine-Guérin ; Beaufort-en-Vallée ; Saint-Georges-du-Bois* (Pap.). — *Saumur* (Abot).

O. diffinis Dej. **var. rotundicollis** Fairm. Juin, juillet. Même habitat que le type.

R. *Sainte-Gemmes* (Gall.). — *Saumur* (Court.). — *Env. d'Angers* (Surr.). — *Sainte-Gemmes* (U. A.). — *Dampierre (à Fourneux)* (Abot).

O. rupicola Sturm. Mars à octobre. A la lisière des bois, sous les herbes, les pierres, les détritus, surtout dans les terrains calcaires.

A. R. *Martigné-Briand* (Rom.). — *Sainte-Gemmes* (Gall.). — *Lué* (Perr.). — *Sainte-Gemmes* (U. A.). — *Anjou ; Pontigné* (Thu.). — *Anjou* (I. C.). — *Saint-Sylvain ; Saumur ; Dampierre* (Abot).

O. punctatulus Duft. Juin à août. Dans les bois, sous les pierres, dans les carrières.

R. *Baugé* (Gall.). — *Lué* (Perr.). — *Marans* (H. Baz.). — *Fontaine-Guérin* (Abot).

O. cordatus Duft. Juin à septembre. Dans les champs calcaires, les bois, sous les pierres, dans les carrières.

R. *Saumur* (Court.). — *Martigné-Briand* (Rom.). — *Saumur ; Dampierre* (Abot).

O. puncticollis Payk. Avril à octobre. Collines arides et calcaires. Sous les pierres, au pied des arbres. Aussi sur les fleurs d'Ombellifères.

A. C. *Saumur* (Court.). — *Martigné-Briand* (Rom.). — *Anjou ;*

(Gall.). — *Chênehutte* (Ret.). — *Lué ; Chemillé* (Perr.). — *Env. d'Angers* (Surr.). — *Anjou ; Pontigné* (Thu.). — *Anjou* (I. C.). — *Angers* (Abot).

O. brevicollis Serv. Avril à juillet. Dans les champs, sous les pierres et les herbes, au pied des arbres ; quelquefois au vol.

R. *Saumur* (Court.). — *Sainte-Gemmes* (Gall.). — *Anjou ; Pontigné ;* (Thu.). — *Anjou* (I. C.). — *Saumur* (Abot).

O. azureus F. Avril à octobre. Terrains sablonneux et calcaires, dans les champs, sous les pierres, les herbes.

C. *Sainte-Gemmes* (Gall.). — *Chênehutte* (Ret.). — *Lué* (Perr.). — *Env. d'Angers* (Surr.). — *Anjou ; Pontigné* (Thu.). — *Anjou* (I. C.). — *Fontaine-Guérin ; Beaufort-en-Vallée ; Saint-Georges-du-Bois* (Pap.). — *Saumur* (Abot).

O. azureus F. **var. similis** Dej. Mêmes époques et même habitat que le type.

R. R. *Sainte-Gemmes* (Gall.).

? **O. subquadratus** Dej. Avril à octobre. Terrains secs, friches arides. Insecte méridional.

R. R. *Martigné-Briand* (Perr. et Rom.). — *Lué* (Perr.).

O. signaticornis Duft. Avril à octobre. Endroits secs, sous les pierres.

R. *Sainte-Gemmes* (Gall.). — *Brézé* (1 sujet) (Abot).

O. mendax Rossi. Automne et hiver. Sous les pierres ; à la base des plantes, dans les mousses et les débris végétaux.

R. *Saumur* (Court.). — *Sainte-Gemmes* (Gall.). — *Anjou* (I. C.).

O. maculicornis Duft. Avril à octobre. Terrains sablonneux, sous les pierres ; quelquefois au vol.

A. R. *Saumur* (Court.). — *Martigné-Briand* (Rom.). — *Sainte-Gemmes* (Gall.). — *Beaupréau* (Br.). — *Lué* (Perr.). — *Env. d'Angers* (Surr.). — *Anjou* (I. C.). — *Saint-Georges-du-Bois* (Pap.). — *Marans* (H. Baz.). — *Saint-Hilaire-Saint-Florent* (Abot).

O. griseus Panz. Avril à septembre. Dans les bois, les plaines, sous les feuilles sèches, les pierres ; à la base des plantes. Vole souvent le soir.

C. *Anjou (bords de la Loire) ; Martigné-Briand ; Saumur ; Sainte-Gemmes* (Gall.). — *Les Ponts-de-Cé* (Br.). — *Chênehutte* (Ret.). — *Lué* (Perr.). — *Env. d'Angers* (Surr.). — *Sainte-Gemmes* (U. A.). — *Anjou ; Pontigné* (Thu.). — *Anjou* (I. C.). — *Saumur* (Abot).

O. pubescens Müll. Avril à octobre. Sous les pierres, les détritus, au pied des plantes. Vole souvent le soir.

C. C. *Répandu partout dans le département.*

O. calceatus Duft. Juin à octobre. Sous les pierres, les mottes de terre, dans les champs.

A. R. *Saumur (Court.). — Sainte-Gemmes (Gall.). — Cholet ; Chênehutte (Ret.). — Lué (Perr.). — Anjou ; Pontigné (Thu.). — Anjou (I. C.). — Saint-Hilaire-Saint-Florent (Abot).*

Harpalus Latreille

H. æneus F. Toute l'année. Sous les pierres, les détritus, dans les tas de terreau, au pied des plantes et aux racines des arbres.

C. C. *Partout dans le département.*

H. æneus F. **var. confusus** Dej. Printemps et été. Mêmes lieux que le type.

A. C. *Cholet ; Chênehutte (Ret.). — Anjou ; Pontigné (Thu.). — Anjou (I. C.). — Les Ponts-de-Cé (Ven.).*

H. distinguendus Duft. Mars à août. Dans les bois, les champs, sous les pierres, les souches. Vole le soir.

C. *Martigné-Briand ; Saumur ; Sainte-Gemmes (Gall.). — Angers ; Les Ponts-de-Cé ; Le Lion-d'Angers (Br.). — Cholet ; Chênehutte (Ret.). — Lué (Perr.). — Env. d'Angers (Surr.). — Anjou (U. A.). — Anjou ; Pontigné (Thu.). — Mozé (Pap.). — Marans (H. Baz.). — Angers ; Les Ponts-de-Cé ; Le Fief-Sauvin (Ven.). — Angers ; Les Ponts-de-Cé ; Saumur (Abot).*

H. smaragdinus Duft. Août, septembre. Terrains sablonneux, sous les fagots ou sous les pierres.

R. *Saumur (Court.). — Sainte-Gemmes (Gall.). — Lué (Perr.). — Anjou (I. C.).*

H. cupreus Dej. Printemps. Endroits humides, sous les pierres, les détritus.

A. C. *Saumur (P. Lambert et Court.). — Martigné-Briand (Rom.). — Sainte-Gemmes (Gall.). — Sainte-Gemmes ; Les Ponts-de-Cé (Br.). — Lué (Perr.). — Anjou ; Saumur (Thu.). — Anjou (I. C.). — Marans (H. Baz.). — La Daguenière ; Angers ; Les Ponts-de-Cé (Ven.). — Angers ; Les Ponts-de-Cé (Abot).*

H. dimidiatus Rossi. Avril à octobre. Dans les bois et les champs, sous les pierres, dans les endroits frais ou secs.

C. C. *Partout en Anjou.*

H. rufus Brüggm. Printemps et août à octobre. Endroits secs, sous les pierres et au pied des plantes.

R. R. *Martigné-Briand ; Aubigné-Briand* (Mill.). — *Baugé* (Gall.). — *Chênehutte* (Ret.). — *Marans* (1 ex.) (H. Baz.).

H. attenuatus Steph. Juin, juillet. Terrains arides, sous les pierres,

R. R. *Saumur* (Court.). — *Lué* (Perr.). — *Anjou ; Pontigné* (Thu.). — *Angers (la Paperie)* (Br.).

H. atratus Latr. Avril à septembre. Dans les endroits frais, sous les détritus, dans les jardins.

A. R. *Saumur* (Court.). — *Martigné-Briand* (Rom.). — *Sainte-Gemmes* (Gall.). — *Angers ; Château-Gontier (Mayenne)* (Br.). — *Lué* (Perr.). — *Env. d'Angers* (Surr.). — *Saint-Rémy-la-Varenne* (du Buysson). — *Anjou ; Saumur* (Thu.). — *Anjou* (I. C.). — *Angers ; Juigné-sur-Loire* (Ven.). — *Angers ; Beaulieu* (Abot).

H. atratus Latr. **var. subsinuatus** Duft. Mêmes époques et mêmes lieux que le type.

R. R. *Beaulieu (rochers de Servières)* (2 ex.) (Abot). — *Juigné-sur-Loire* (Ven.).

H. tenebrosus Dej. Mai à septembre. Terrains calcaires et sablonneux, sous les pierres.

R. *Saumur* (Court.). — *Saint-Jean-de-la-Croix* (Gall.). — *Lué* (Perr.). — *Saint-Barthélemy ; Les Ponts-de-Cé ; Ecouflant* (Abot).

H. latus L. Toute l'année. Dans les bois, sous les pierres, les détritus, les mousses.

A. C. *Martigné-Briand* (Perr. et Rom.). — *Anjou* (Gall.). — *Champtoceaux* (Br.). — *Lué* (Perr.). — *Anjou ; Pontigné* (Thu.). — *Anjou* (I. C.). — *Marans* (H. Baz.). — *Trélazé ; Saumur* (Abot).

H. luteicronis Duft. Printemps et été. Sous les pierres, les mousses, au pied des arbres.

R. *Saumur* (Court.). — *Martigné-Briand* (Rom.). — *Saumur* (3 sujets) (Abot).

H. rubripes Duft. Avril à août. Terrains sablonneux et calcaires, sous les mousses, les pierres, au pied des arbres, souvent dans les carrières.

A. C. *Sainte-Gemmes* (Gall.). — *Montfaucon-sur-Moine* (Br.). — *Cholet ; Chênehutte* (Ret.). — *Lué* (Perr.). — *Env. d'Angers* (Surr.). — *Anjou ; Pontigné* (Thu.). — *Anjou* (I. C.). — *Marans* (H. Baz.). — *Angers ; Trélazé* (Abot).

H. rubripes Duft. **var. sobrinus** Dej. Mêmes époques et mêmes lieux que le type.

R. *Trélazé* (H. Baz.).

H. sulphuripes Germ. Printemps et été. Terrains arides ; sous les pierres.

R. *Sainte-Gemmes* (Gall.). — *Env. d'Angers* (Surr.). — *Saint-Georges-sur-Loire* (Br.). — *Env. d'Angers* (Abot).

H. honestus Duft. Mars à septembre. A la lisière des bois, dans les champs, surtout calcaires, sous les pierres.

A. R. *Saumur* (Court.). — *Martigné-Briand* (Rom.). — *Sainte-Gemmes* (Gall.). — *Chênehutte* (Ret.). — *Lué* (Perr.). — *Env. d'Angers* (Surr.). — *Sainte-Gemmes* (U. A.). — *Anjou ; Pontigné* (Thu.). — *Anjou* (I. C.). — *Juigné-sur-Loire* (Ven.). — *Les Ponts-de-Cé ; La Flèche (Sarthe)* (Abot).

H. rufitarsis Duft. Avril à août. Dans les bois, les champs, les carrières, sous les pierres.

A. R. *Sainte-Gemmes ; Saint-Florent-le-Vieil ; Durtal* (Br.). — *Chênehutte* (Ret.). — *Env. d'Angers* (Surr.). — *Forêt de Beaulieu* (Pap.). — *Angers* (Abot).

! **H. decipiens** Dej. Avril à octobre. Sous les pierres, au pied des arbres, les mousses. (Espèce plutôt méridionale.)

R. R. *Mûrs ; Marans* (H. Baz.). — *Angers ; Le Fief-Sauvin* (Ven.).

H. neglectus Serv. Avril à août. Dans les champs, sous les pierres et à la base des arbres.

A. R. *Sainte-Gemmes* (Gall.). — *Chênehutte* (Ret.). — *Env. d'Angers* (Surr.). — *Saumur* (Abot).

H. fuscipalpis Sturm. Avril à octobre. Dans les champs, sous les pierres, les mousses, au pied des arbres.

R. R. *Saumur* (2 ex.) (Abot).

H. Frœlichi Sturm. Avril à octobre. Dans les champs, sous les pierres, talus.

R. R. *Saumur* (Court.). — *Sainte-Gemmes* (Gall.). — *Env. d'Angers* (Abot).

H. autumnalis Duft. Printemps et été. Dans les bois, au pied des graminées, sous les pierres.

R. *Saumur* (Court.). — *Anjou* (Gall.). — *Anjou* (I. C.).

H. melancholicus Dej. Printemps et été. Terrains sablonneux, au pied des plantes.

R. *Anjou* (Gall.). — *Anjou* (I. C.). — *Marans* (H. Baz.). — *Parcé (Sarthe)* (Abot).

H. servus Duft. Mai à août. Terrains sablonneux, sous les pierres.

A. R. *Saumur* (Court.). — *Anjou* (Gall.). — *Anjou* (I. C.). — *Saumur* (Abot).

H. tardus Panz. Mai à août. Terrains calcaires et sablonneux, sous les pierres, dans les champs et à la bordure des bois.

C. *Saumur* (Court.). — *Sainte-Gemmes* (Gall.). — *Cholet ; Chênehutte* (Ret.). — *Anjou* (U. A.). — *Anjou ; Pontigné* (Thu.). — *Anjou* (I. C.). — *La Daguenière* (Ven.). — *Juigné-sur-Loire ; Saumur ; Gennes* (Abot).

H. tardus Panz. **var. angustior** J. Sahlbg. Mêmes époques et même habitat que le type.

R. R. *Saumur* (4 individus) (Abot).

H. modestus Dej. Avril, mai. Terrains arides et sablonneux, sous les pierres et sur les chemins.

A. R. *Anjou* (Perr., Rom. et Gall.). — *Cholet ; Chênehutte* (Ret). — *Anjou* (I. C.). — *Saumur* (Abot).

H. anxius Duft. Avril à septembre. Terrains arides et sablonneux, sous les pierres et sur les chemins.

C. *Anjou* (Gall.). — *Les Ponts-de-Cé* (Br.). — *Cholet ; Chênehutte* (Ret.). — *Lué* (Perr.). — *Anjou ; Pontigné* (Thu.). — *Anjou* (I. C.). — *Les Ponts-de-Cé* (Abot).

H. anxius Duft. **var. pumilus** Dej. Mêmes mois et même habitat.

R. *Marans* (H. Baz.). — *Saint-Barthélemy* (Abot).

H. serripes Quens. Avril à août. Terrains de plaines calcaires et sablonneux, sous les pierres.

C. *Saumur* (Court.). — *Sainte-Gemmes* (Gall.). — *Cholet ; Chênehutte* (Ret.). — *Angers (la Paperie)* (Br.). — *Lué* (Perr.). — *Env. d'Angers* (Surr.). — *Anjou ; Pontigné* (Thu.). — *Anjou* (I. C.). — *Marans* (H. Baz.). — *Angers* (Ven.). — *Saumur ; Les Ponts-de-Cé* (Abot).

H. picipennis Duft. Printemps et été. Terrains sablonneux, sous les pierres, au pied des arbres.

A. R. *Saumur* (Court.). — *Sainte-Gemmes* (Gall.). — *Chênehutte* (Ret.). — *Lué* (Perr.). — *Anjou* (I. C.). — *Saumur* (Abot).

Trichotichnus A. Morawitz

! **T. lævicollis** Duft. Juillet. Bois frais, sous les feuilles, les champignons. Espèce des régions montagneuses.

R. R. *Saumur* (Court.). — *Baugé* (Gall.). — *Saumur* (1 ex.) (Abot).

Stenolophus Dejean

S. teutonus Schrnk. Février à novembre. Au bord des étangs, dans les marais, et des mares dans les bois, sous les pierres, les détritus, les foins coupés.

C. *Baugé ; Saumur ; Sainte-Gemmes* (Gall.). — *Chênehutte* (Ret.). — *Les Ponts-de-Cé ; Saint-Mathurin* (Br.). — *Lué* (Perr.). — *Env. d'Angers* (Surr.). — *Anjou* (U. A.). — *Anjou ; Pontigné* (Thu.). — *Anjou* (I. C.). — *Mûrs ; Ecouflant ; Sainte-Gemmes* (Abot).

S. teutonus Schrnk. **ab. abdominalis** Gené. Mêmes époques. Endroits humides, sous les pierres et les détritus. Espèce plutôt méridionale.

A. R. *Baugé ; Saumur ; Sainte-Gemmes* (Gall.). — *Denée* (*bords du Louet*) (Pap.). — *Mûrs* (1 ex.) (Abot).

S. Skimshiranus Steph. Mai à juillet. Au bord des étangs, dans les marais, et des mares dans les bois, sous les pierres, les détritus, les foins coupés.

R. *Angers* (*bords de l'Étang Saint-Nicolas*) (Raffray). — *Sainte-Gemmes* (Gall.). — *Angers* (1 ex.) (Abot).

S. discophorus Fisch. Printemps et été. Bords des eaux, sous les détritus. Espèce plutôt méridionale.

R. *Env. d'Angers* (Surr.). — *Saumur* (Révelière, *d'après* Fairm. et Lab.). — *Saint-Mathurin ; Sainte-Gemmes* (Br.). — *Sainte-Gemmes* (U. A.). — *Anjou ; Saumur* (Thu.). — *Denée* (Pap.).

S. mixtus Herbest. Février à novembre. Bords des étangs, marais, mares dans les bois, sous les pierres et les débris végétaux.

A. R. *Baugé* (All.). — *Saumur* (Court.). — *Martigné-Briand* (Rom.). — *Angers* (*la Baumette et Saint-Nicolas*) (Br.). — *Chênehutte* (Ret.). — *Env. d'Angers* (Surr.). — *Sainte-Gemmes* (U. A.). — *Anjou ; Pontigné* (Thu.). — *Anjou* (I. C.). — *Angers* (Abot).

Acupalpus Dejean

A. flavicollis Sturm. Toute l'année. Dans les marais, sous les détritus, les mousses, au bord des mares, aux endroits très humides, sous les feuilles mortes.

C. *Anjou* (*bords de la Loire*) (Gall.). — *Anjou* (Br.). — *Lué* (Perr.). — *Env. d'Angers* (Surr.). — *Anjou* (I. C.). — *Les Ponts-de-Cé* (Abot).

A. brunnipes Sturm. Mai à juillet. Au bord des eaux, sous les détritus. Se prend aussi au vol.

C. *Saumur ; Sainte-Gemmes* (Court., Gall.). — *Lué* (Perr.). — *Saint-
Mathurin ; Les Ponts-de-Cé* (Br.). — *Env. d'Angers* (Surr.). — *Anjou*
(I. C.). — *Angers* (Ven.). — *Angers ; Les Ponts-de-Cé ; Ecouflant ;
Sainte-Gemmes* (Abot).

A. meridianus L. Janvier à juillet. Endroits humides, sous les
mousses, les pierres, les détritus.

C. C. *Répandu en Anjou partout dans les endroits humides.*

A. dorsalis F. Mars et septembre. Bords des mares, et des cours
d'eau, dans les détritus. Insecte plutôt méridional.

R. *Saumur* (Court.). — *Sainte-Gemmes* (Gall.). — *Env. d'Angers*
(Surr.). — *Angers* (Br.). — *La Flèche (Sarthe)* (Thu.). — *Saumur*
(2 ex.) (Abot).

A. luridus Dej. Printemps et été. Bords des mares, dans les
détritus.

R. *Sainte-Gemmes* (Gall.). — *Angers* (Br.). — *Anjou* (I. C.). —
Gennes ; Andard (H. Baz.). — *Angers ; Juigné-sur-Loire* (Ven.).

A. luteatus Duft. Toute l'année. Sous les détritus, au bord des eaux.

R. *Angers* (Ven.).

A. exiguus Dej. Toute l'année. Sous les détritus, au bord des étangs,
des rivières ; au bord des mares, dans les bois.

A. C. *Saumur* (Court.). — *Sainte-Gemmes* (Gall.). — *Chênehutte*
(Ret.). — *Angers* (Br.). — *Lué* (Perr.). — *Env. d'Angers* (Surr.). —
Anjou ; Pontigné (Thu.). — *Anjou* (I. C.). — *Angers* (Abot).

Anthracus Motschulsky

A. consputus Duft. Mai à octobre. Endroits marécageux, sous les
détritus.

A. R. *Sainte-Gemmes (bois de Vernusson, au pied des chênes)* (Gall.).
— *Sainte-Gemmes* (Br.). — *Env. d'Angers* (Surr.). — *Anjou* (I. C.).
— *Juigné-sur-Loire* (Ven.). — *Les Ponts-de-Cé (2 sujets)* (Abot).

Tetraplatypus Tschitscherin

T. similis Dej. Mai à juillet. Clairières des bois ; bords des fossés.

R. *Saumur* (Court.). — *Soucelles* (Gall.). — *Anjou* (I. C.). —
Marcé (à Chaloché) (E. de I.). — *Saint-Hilaire-Saint-Florent* (1 ex.)
(Abot).

Bradycellus Erichson

B. Verbasci Duft. Toute l'année. Bois et marais, sous les mousses, les détritus, les foins coupés.

A. R. *Saumur* (Court.). — *Sainte-Gemmes* (Gall.). — *Saint-Laurent-des-Autels (forêt de la Foucaudière)* (E. de I.). — *Lué* (Perr.). — *Anjou* (Thu.). — *Anjou* (I. C.). — *Distré ; Sainte-Gemmes* (Abot).

B. harpalinus Serv. Mars à novembre. Sous les mousses, les feuilles mortes, dans les bois et sous les détritus, dans les marais.

A. C. *Anjou* (Gall.). — *Saint-Laurent-des-Autels (forêt de la Foucaudière)* (E. de I.). — *Lué* (Perr.). — *Anjou ; Sainte-Gemmes* (U. A.). — *Anjou* (I. C.).

B. collaris Payk. Printemps et été. Dans les bois, dans le terreau et souvent dans les touffes de bruyères. Espèce plutôt septentrionale.

R. *Soucelles* (Gall.). — *Rou-Marson ; Lasse* (Abot).

Trichocellus Ganglbauer

T. placidus Gyllh. Mai à août. Endroits humides des marais, sous les détritus. Espèce plutôt septentrionale.

R. *Saumur* (Court.). — *Anjou* (Gall.).

Diachromus Erichson

D. germanus L. Mai à août. Dans les marais, sous les pierres, au bord des étangs ou enterré au pied des herbes. Monte quelquefois le long de la tige des graminées.

C. C. *Répandu dans toute la région d'Anjou.*

Gynandromorphus Dejean

G. etruscus Quens. Printemps et automne. Endroits humides, sous les pierres.

A. R. *Combrée (forêt d'Ombrée)* (abbé Rochard). — *Martigné-Briand* (Gall.). — *Chênehutte* (Ret.). — *Lué* (Perr.). — *Anjou* (I. C.). — *Angers ; Les Ponts-de-Cé* (Abot).

Scybalicus Schaum

S. oblongiusculus Dej. Septembre. Terrains secs, sous les pierres.

R. R. *Saumur* (Court.). — *Sainte-Gemmes ; Saint-Jean-de-la-Croix (dans les détritus d'inondations)* (Gall.). — *Lué* (Perr.). — *Juigné-sur-Loire* (Abot).

Anisodactylus Dejean

A. pœciloides Steph. Mai à septembre. Marais, sous les mottes de terre humides ; au bord des mares.

R. *Sainte-Gemmes (bords de la Loire)* (Gall.). — *Mozé* (Pap.). — *Les Ponts-de-Cé* (Abot).

A. binotatus F. Mars à octobre. Dans les marais, au bord des étangs, dans les détritus, les foins coupés.

C. C. *Dans toute la région angevine.*

A. binotatus F. **var. spurcaticornis** Dej. Mêmes époques et mêmes endroits.

C. *Sainte-Gemmes* (Gall.). — *Lué* (Perr.). — *Angers ; Les Ponts-de-Cé ; Saint-Mathurin* (Br.). — *Env. d'Angers* (Surr.). — *Anjou ; Pontigné* (Thu.). — *Anjou* (I. C.). — *Marans* (H. Baz.). — *Angers ; Saumur ; Sainte-Gemmes* (Abot).

A. nemorivagus Duft. Avril. Bois humides, dans les mousses.

R. *Sainte-Gemmes ; Baugé* (Gall.). — *Mûrs* (Abot).

A. signatus Panz. Mai. Sables et endroits humides. Vole le soir.

A. R. *Sainte-Gemmes* (Gall.). — *Chênehutte* (Ret.). — *Env. d'Angers* (Surr.). — *Anjou* (Thu.). — *Les Ponts-de-Cé* (Abot).

Zabrus Clairville

Z. curtus Serv. Printemps et été. Terrains sablonneux, sous les pierres. Insecte surtout méridional.

A. R. *Aubigné-Briand (dans les bois)* (Mill.). — *Combrée* (abbé Rochard). — *Saumur* (Mme de Buzelet). — *Cholet ; Chênehutte* (Ret.). — *Marans* (H. Baz.).

Z. tenebrioides Göze. Juin à octobre. Dans les plaines cultivées, sous les pierres. Souvent sur les épis des graminées.

A. C. *Saumur* (Court.). — *Martigné-Briand (coteau des Noyers)* (Mill.). — *Cholet* (Ret.). — *Lué* (Perr.). — *Env. d'Angers* (Surr.). — *Anjou* (I. C.). — *Marans* (H. Baz.). — *Saumur* (Abot).

Amara Bonelli

A. fulvipes Serv. Août. Sous les pierres amoncelées, en terrains sablonneux et humides. Aussi sur les graminées.

A. R. *Saumur ; Martigné-Briand* (Court.). — *Montreuil-Belfroy* (Raffray). — *Sainte-Gemmes* (Gall.). — *Seiches* (Perr.). — *Env. d'Angers* (Surr.). — *Marans* (H. Baz.). — *Avoise (Sarthe)* (Abot).

A. rufipes Dej. Terrains sablonneux humides, sous les pierres et sur les graminées.

R. *Saumur* (Court. et P. Lambert). — *Martigné-Briand* (Perr. et Rom.). — *Sainte-Gemmes* (Gall.). — *Angers* (Perr.). — *Anjou* (I. C.). — *Angers ; Sainte-Gemmes ; Les Ponts-de-Cé* (Ven.). — *Angers ; Les Ponts-de-Cé* (Abot).

A. concinna Zimm. Eté et automne. Bords des étangs ; prairies marécageuses, à fond de sable.

R. R. *Saumur* (Court.). — *Angers* (Ven.).

A. strenua Zimm. Juillet. Endroits marécageux sur fond de sable.

R. *Martigné-Briand ; Saumur* (Court.). — *Lué* (Perr.). — *Saumur* (1 ex.) (Abot). — *Angers ; Sainte-Gemmes ; Béhuard ; Juigné-sur-Loire ; Les Ponts-de-Cé* (Ven.).

A. tricuspidata Dej. Juillet. Endroits frais ; sur les graminées.

A. R. *Saumur ; Sainte-Gemmes* (Gall.). — *Lué* (Perr.). — *Angers* (Ven.). — *Angers ; Les Ponts-de-Cé ; Sainte-Gemmes* (Abot).

A. plebeja Gyllh. Février à novembre. Bois et marais, sous les mousses, les écorces, les détritus.

R. *Baugé ; Angers ; Martigné-Briand* (Gall.). — *Angers* (Abot).

A. similita Gyllh. Mars à juillet. Dans les bois, sous les mousses, au bord des mares ; dans les marais, sous les détritus.

C. *Saumur* (Court.). — *Martigné-Briand* (Perr. et Rom.). — *Cholet ; Chênehutte* (Ret.). — *Lué* (Perr.). — *Env. d'Angers* (Surr.). — *Anjou* (I. C.). — *Angers* (Ven.). — *Saumur ; Les Ponts-de-Cé ; Brézé* (Abot).

A. ovata F. Toute l'année. Prairies humides, sous les mousses, les pierres, les détritus.

C. *Anjou* (Gall.). — *Cholet ; Chênehutte* (Ret.). — *Lué* (Perr.). — *Env. d'Angers* (Surr.). — *Anjou* (I. C.). — *La Chaussaire ; Mozé* (Papin). — *Saumur ; Parcé (Sarthe)* (Abot).

A. montivaga Sturm. Avril à octobre. Sous les mousses, les pierres, les détritus ; dans les sablonnières.

R. *Sainte-Gemmes* (Gall.). — *Gennes* (Abot).

A. nitida Sturm. Printemps. Terrains secs, sous les pierres, sur les chemins.

R. *Anjou* (Mme de Buzelet). — *Chênehutte ; Cholet* (Ret.). — *Lué* (Perr.).

A. communis Panz. Toute l'année. Sous les mousses, les pierres, les détritus.

C. *Baugé* (Mill.). — *Saumur* (Court.). — *Anjou (détritus d'inonda-tions)* (Gall.). — *Saint-Laurent-des-Autels (forêt de la Foucaudière)* (E. de I.). — *Cholet ; Chênehutte* (Ret.). — *Env. d'Angers* (Surr.). — *Anjou* (I. C.). — *Les Ponts-de-Cé; Marans* (H. Baz.). — *Les Ponts-de-Cé,* (Abot).

A. convexior Steph. Toute l'année. Sous les pierres, les mousses, dans les détritus.

A. R. *Lué* (Perr.). — *Sainte-Gemmes* (U. A.). — *Avoise (Sarthe)* (Abot).

A. lunicollis Schiôdte. Mars à juillet. Bois et marais, au pied des arbres, sous les pierres et dans les mousses.

R. *Saumur* (Court.). — *Sainte-Gemmes* (Gall.). — *Lué* (Perr.). — *Anjou* (I. C.). — *Saint-Quentin-en-Mauges ; Le Pin-en-Mauges* (Pap.). — *Saumur* (Abot).

A. curta Dej. Printemps. Endroits frais, sous les mousses et les détritus.

R. R. *Saumur* (Court.).

A. ænea Deg. Toute l'année. Sous les pierres, les mousses, les détritus.

C. C. *Partout en Anjou.*

A. spreta Dej. Avril à août. Sables ; bords des mares dans les bois, sous les mousses.

R. *Martigné-Briand ; Lué ; Saumur* (Gall.). — *Lué* (Perr.). — *Marans* (H. Baz.). — *Saumur ; Sainte-Gemmes* (Abot).

A. eurynota Panz. Février à novembre. Terrains sablonneux et calcaires, sous les pierres, les mousses.

A. R. *Martigné-Briand ; Baugé ; Saumur* (Gall.). — *Chênehutte* (Ret.). — *Lué* (Perr.). — *Anjou* (U. A.). — *Anjou* (I. C.). — *Marans* (H. Baz.). — *Angers* (Ven.). — *Saumur ; Trélazé* (Abot).

A. familiaris Duft. Toute l'année. Terrains sablonneux, sous les pierres, les mousses.

C. C. *Dant tout le département.*

! **A. anthobia** Villa. Toute l'année. Terrains sablonneux, sous les pierres et les mousses. Espèce plutôt méridionale.

R. R. *Lué* (Perr.). — *Marans* (H. Baz.).

A. lucida Duft. Mars à octobre. Dans les bois, les carrières, sous les pierres, les mousses.

A. C. *Saumur* (Court.). — *Anjou* (Gall.). — *Lué* (Perr.). — *Montfaucon-sur-Moine ; Beaupréau ; Le Mesnil-en-Vallée* (Br.). — *La Chaussaire* (Pap.). — *Marans* (H. Baz.). — *Angers* (Ven.). — *Saint-Hilaire-du-Bois* (Abot).

A. tibialis Payk. Mai à août. Terrains sablonneux, au pied des plantes et sous les détritus.

R. R. *Anjou* (Gall.). — *Trélazé* (1 sujet) (Abot).

A. fusca Dej. Terrains calcaires, secs, sous les pierres, sur les chemins.

A. R. *Angers* (Gall.). — *Cholet ; Chênehutte* (Ret.). — *Lué ; Cornillé* (Perr.).

? A. erratica Duft. Mai à septembre. Endroits secs, sous les pierres. Insecte surtout de l'Europe septentrionale et centrale.

R. *Cholet ; Chênehutte* (Ret.).

A. bifrons Gyllh. Mai à septembre. Terrains sablonneux et calcaires, au pied des plantes et sous les pierres.

A. R. *Anjou* (Mme de Buzelet ; Rochard ; Perr. ; Rom.). — *Saumur* (Court.). — *Lué* (Perr.). — *Anjou* (I. C.). — *Juigné-sur-Loire* (Ven.). — *Saumur* (Abot).

A. infima Duft. Juillet à décembre. Terrains sablonneux, sous les pierres.

R. *Sainte-Gemmes* (Gall.). — *Lué* (Perr.). — *Château-Gontier (Mayenne)* (Br.). — *Sainte-Gemmes* (3 ex.) (Abot).

? A. prætermissa Sahlbg. Été. Terrains sablonneux, sous les pierres. Insecte surtout de l'Europe septentrionale et centrale.

R. R. *Lué* (Perr.).

? A. brunnea Gyllh. Printemps et été. Terrains sablonneux, sous les pierres. Insecte surtout de l'Europe septentrionale et centrale.

R. R. *Lué* (Perr.).

! A. eximia Dej. Juillet, août. Dans les carrières, sous les pierres. Terrains calcaires. Espèce plutôt méridionale.

R. R. *Anjou* (Perr. et Rom.).

A. apricaria Payk. Février à novembre. Terrains sablonneux et calcaires, sous les pierres.

A. C. *Martigné-Briand ; Vezins ; Coutures ; Combrée* (Gall.). — *Lué*

(Perr.). — *Anjou* (I. C.). — *Marans* (H. Baz.). — *Angers ; Saumur* (Abot).

A. fulva Deg. Mai à septembre. Terrains sablonneux.

A. R. *Saumur ; Martigné-Briand ; Sainte-Gemmes* (Gall.). — *Angers (la Paperie) ; Montfaucon-sur-Moine* (Br.). — *Chênehutte* (Ret.). — *Fontaine-Milon ; Chaumont ; Lué* (Perr.). — *Env. d'Angers* (Surr.). — *Anjou* (U. A.). — *Anjou* (I. C.). — *Saumur ; Sainte-Gemmes* (Abot).

A. consularis Duft. Avril à novembre. Terrains sablonneux et calcaires, bois et plaines, sous les pierres, les mousses.

A. R. *Saumur* (Court.). — *Martigné-Briand* (Rom.). — *Baugé* (Mill.). — *Sainte-Gemmes* (Gall.). — *Chênehutte* (Ret.). — *Lué* (Perr.). — *Gonnord* (E. de I.). — *Angers* (Abot).

A. aulica Panz. Avril à septembre. Marais, sous les pierres ; dans les capitules des Carduacées et sur les fleurs en ombelles ; dans les champs de sarrasin.

A. R. *Saumur* (Court.). — *Martigné-Briand* (Rom.). — *Sainte-Gemmes* (Gall.). — *Cholet ; Chênehutte* (Ret.). — *Saint-Cyr-en-Bourg* (1 ex.) (Abot).

A. convexiuscula Marsh. Mai à septembre. Dans les fossés, au pied des plantes ou sur leurs tiges.

A. R. *Sainte-Gemmes* (Gall.). — *Lué* (Perr.). — *Marans* (H. Baz.). — *Les Ponts-de-Cé* (1 ex.) (Abot).

! A. equestris Duft. Été et automne. Endroits secs, sous les pierres, sur les chemins.

R. R. *Chênehutte* (Ret.). — *Avoise (Sarthe)* (1 ex.) (Abot).

Stomis Clairville

S. pumicatus Panz. Toute l'année. Bois et marais, au pied des arbres, sous les mousses, les détritus, les foins coupés, les vieilles souches.

A. C. *Sainte-Gemmes* (Gall.). — *Chênehutte* (Ret.). — *Lué ; Brain-sur-l'Authion (aux Landes)* (Perr.). — *Env. d'Angers* (Surr.). — *Sainte-Gemmes* (U. A.). — *Anjou ; Pontigné* (Thu.). — *Anjou* (I. C.). — *Les Ponts-de-Cé* (Ven.). — *Saumur ; Les Ponts-de-Cé* (Abot).

Abax Bonelli

A. ater Vill. Avril à novembre. Dans les bois, sous les pierres, les mousses, les feuilles sèches, dans les souches.

C. *Angers* (Gall.). — *Cholet ; Chênehutte* (Ret.). — *Lué* (Perr.). — *Anjou* (I. C.). — *Forêt de Beaulieu* (Pap.). — *Saumur* (Abot).

A. parallelus Duft. Mars à octobre. Dans les bois, sous les pierres, les mousses, les feuilles sèches, dans les souches ; au pied des arbres.

A. C. *Saumur* (Court.). — *Anjou* (P. Lambert). — *Anjou* (Gall.). — *Cholet ; Chênehutte* (Ret.). — *Saint-Laurent-des-Autels (forêt de la Foucaudière)* (E. de I.). — *Lué* (Perr.). — *Anjou* (I. C.).

A. ovalis Duft. Avril à septembre. Dans les bois, sous les pierres, les mousses, les feuilles sèches, dans les souches.

A. R. *Baugé* (All. ; Gall. ; Mme de Buzelet). — *Anjou* (I. C.).

Molops Bonelli

M. piceus Panz. Toute l'année. Dans les bois, sous les mousses, les feuilles mortes, les pierres ; dans les carrières ; dans les caves.

R. *Anjou* (Mme de Buzelet). — *Saumur* (Court.). — *Baugé* (Mill.). — *Sainte-Gemmes* (Gall.). — *Dampierre* (2 ex.) (Abot).

Pterostichus Bonelli

P. macer Marsh. Mai, juin. Sous les pierres, dans les souches, parmi les herbes ; au pied des arbres.

R. *Anjou (bords de la Loire)* (Mme de Buzelet). — *Blaison* (Rom.). — *Chênehutte (au pied des peupliers, sur les bords du ruisseau de la Fontaine d'Enfer)* (Ret.). — *Lué (au pied des peupliers)* (Perr.). — *Bouchemaine (2 sujets)* (Abot).

P. punctulatus Oliv. Mai à septembre. Sous les pierres, et au pied des arbres. Terrains sablonneux.

R. *Saumur* (Court.). — *Anjou* (Perr. et Rom. ; abbé Rochard). — *Juigné-sur-Loire (1 ex.)* (Abot).

P. dimidiatus Oliv. Avril à octobre. Dans les bois, les champs, sous les mousses, les pierres. Endroits secs.

A. R. *Baugé ; Écouflant* (Mill.). — *Saumur* (Court.). — *Sainte-Gemmes* (Gall.). — *Montfaucon-sur-Moine* (Br.). — *Cholet ; Chênehutte* (Ret.). — *Env. d'Angers* (Surr.). — *Anjou ; Sainte-Gemmes* (U. A.). — *Anjou ; Pontigné* (Thu.). — *Anjou* (I. C.). — *Écouflant* (Abot).

P. Koyi Germ. Juin à octobre. Terrains calcaires sous les pierres. Sur les chemins, dans les friches et les chaumes.

C. *Saumur* (Court.). — *Cholet ; Chênehutte* (Ret.). — *Env. d'Angers* (Surr.). — *Anjou* (U. A.). — *Anjou ; Pontigné* (Thu.). — *Saumur* (Abot).

P. lepidus Leske. Avril à juillet. Terrains sablonneux ; champs, sous les pierres ; sur les routes.

A. R. *Baugé ; Cheffes ; Saumur* (Mme de Buzelet ; Court. ; *d'après*

Mill.). — *Martigné-Briand* (Gall.). — *Marcé (à Chaloché)* (E. de I.). — *Chênehutte* (Ret.). — *Lué* (Perr.). — *Anjou* (U. A.). — *Anjou ; Pontigné* (Thu.). — *Saumur ; Gennes* (Abot).

P. cupreus L. Février à septembre. Bois et marais, sous les pierres, les débris végétaux, sous les feuilles mortes, aux endroits humides.

C. C. *Partout en Anjou, dans les endroits humides.*

P. cœrulescens L. Avril à novembre. Dans les bois, sous les mousses.

A. R. *Anjou* (I. C.). — *Trélazé* (H. Baz.). — *Saumur* (Abot).

P. inæqualis Marsh. Mai. Prairies humides, sous les pierres, les croûtes de vase, dans les détritus d'inondations.

R. *Sainte-Gemmes* (Gall.).

P. vernalis Panz. Toute l'année. Dans tous les marais, sous les détritus et les foins coupés.

C. C. *Répandu partout en Anjou.*

P. aterrimus Herbst. Mars à octobre. Marais, dans les détritus, les foins fauchés, surtout ceux baignant dans l'eau ; au pied des roseaux. Espèce plutôt septentrionale.

R. *Martigné-Briand ; Baugé* (Gall.). — *Anjou ; Pontigné* (Thu.). — *Anjou* (I. C.). — *Distré (prairies marécageuses de Munet)* (1 ex.) (Abot).

P. oblongopunctatus F. Toute l'année. Dans les bois, sous les mousses, les feuilles mortes, dans les souches.

R. *Anjou* (Mme de Buzelet). — *Martigné-Briand* (Perr. et Rom.). — *Anjou* (I. C.). — *Dampierre* (Abot).

P. niger Schall. Toute l'année. Dans les grands bois, sous les pierres, les souches, les feuilles mortes.

R. R. *Forêt de Baugé* (Gall.).

P. vulgaris L. Toute l'année. Partout, sous les pierres, les mousses, dans les débris végétaux.

C. C. *Dans tout l'Anjou.*

P. nigrita F. Toute l'année. Au bord des étangs, des rivières, des mares dans les bois, sous les feuilles mortes et dans les foins fauchés.

C. C. *Dans tout l'Anjou.*

P. anthracinus Illig. Avril à août. Dans les marais, sous les détritus, les pierres, les foins coupés.

C. *Saumur* (Court.). — *Baugé* (Mill.). — *Martigné-Briand* (Rom.). — *Sainte-Gemmes* (Gall.). — *Angers* (Br.). — *Chênehutte* (Ret.). —

Lué ; La Ménitré (Perr.). — *Anjou ; Sainte-Gemmes* (U. A.). — *Anjou* (I. C.). — *Les Ponts-de-Cé ; Angers ; La Daguenière ; Le Fief-Sauvin* (Ven.). — *Angers ; Sainte-Gemmes ; Pruniers* (Abot).

P. gracilis Dej. Mars à novembre. Dans les marais, sous les détritus, dans les foins coupés, sous les croûtes de limon.

A. R. *Sainte-Gemmes* (Gall.). — *Env. d'Angers* (Surr.). — *Angers* (Ven.). — *Angers ; Saumur* (Abot).

P. minor Gyllh. Toute l'année. Au bord des étangs, des mares, dans les bois, sous les feuilles mortes, les détritus.

A. C. *Saumur* (Court.). — *Sainte-Gemmes* (Gall.). — *Champtoceaux* (Br.). — *Chênehutte* (Ret.). — *Lué* (Perr.). — *Anjou* (I. C.). — *Les Ponts-de-Cé* (H. Baz.). — *Saumur* (Abot).

P. interstinctus Sturm. Toute l'année. Dans les bois, sous les mousses, les pierres.

R. *Saumur* (Court.). — *Anjou* (I. C.).

P. strenuus Panz. Toute l'année. Au bord des étangs et des mares dans les bois, sous les détritus, les feuilles mortes, dans les foins coupés, sous les croûtes de limon.

A. C. *Sainte-Gemmes* (Gall.). — *Champtoceaux* (Br.). — *Env. d'Angers* (Surr.). — *Anjou ; Pontigné* (Thu.). — *Les Ponts-de-Cé ; Angers* (Ven.). — *Sainte-Gemmes ; Les Ponts-de-Cé* (Abot).

! **P. æthiops** Panz. Eté. Dans les bois, sous les feuilles mortes, sous les pierres. C'est plutôt une espèce de l'Europe centrale montagneuse.

R. *Anjou* (Mme de Buzelet ; Perr. et Rom.). — *Cholet ; Chênehutte* (Ret.). — *Anjou* (I. C.). — *Mûrs* (1 ex.) (Abot).

P. madidus F. Toute l'année. Dans les bois, sous les pierres, les détritus, les mousses, les feuilles mortes.

C. *Baugé* (All.). — *Saumur ; Combrée (forêt d'Ombrée)* (Mill.). — *Saint-Georges-sur-Loire ; Angers ; Beaupréau* (Br.). — *Sainte-Gemmes* (Gall.). — *Cholet* (Ret.). — *Lué* (Perr.). — *Env. d'Angers* (Surr.). — *Anjou* (U. A.). — *Anjou* (I. C.). — *Angers ; Saumur* (Abot).

P. madidus F. **var. concinnus** Sturm. Toute l'année. Sous les pierres, les mousses, les détritus, dans les bois, avec le type.

C. *Baugé ; Saumur ; Sainte-Gemmes* (Gall.). — *Angers* (Br.). — *Lué* (Perr.). — *Anjou* (I. C.). — *Angers* (Abot).

P. melas Creutz. Eté. Endroits plutôt secs, sous les pierres.

R. *Cholet ; Chênehutte* (Ret.). — *Anjou ; Pontigné* (Thu.). — *(Signalé aussi d'Anjou, par Mme de Buzelet, d'après Fairm. et Lab.).*

P. cristatus Duf. Février à juin. Bois et marais, sous les mousses, au pied des arbres.

R. *Saumur* (Court.). — *Baugé* (Gall.). — *Saint-Laurent-des-Autels (forêt de la Foucaudière)* (E. de I.). — *Env. d'Angers* (Surr.). — *Saumur* (1 ex.) (Abot).

Sphodrus Clairville

S. leucophthalmus L. Mai à octobre. Dans les caves, les granges, les hangars, les celliers. Lieux frais et obscurs.

A. C. *Angers (dans la halle aux grains)* (Toupiolle). — *Baugé ; Saumur ; Saint-Lambert-des-Levées* (Gall.). — *Chênehutte* (Ret.). — *Env. d'Angers* (Surr.). — *Anjou* (I. C.). — *Fontaine-Guérin* (Pap.). — *Angers* (Abot).

Lœmostenus Bonelli

L. terricola Herbst. Toute l'année. Dans les caves, les celliers, les granges, les bûchers, les sablonnières. Lieux frais et obscurs. Chasse les cloportes (Bedel).

C. *Saumur* (Court.). — *Sainte-Gemmes* (Gall.). — *Cholet ; Chênehutte* (Ret.). — *Lué* (Perr.). — *Env. d'Angers* (Surr.). — *Anjou ; Sainte-Gemmes* (U.A.). — *Anjou* (I. C.). — *Angers ; Saumur* (Abot).

Platyderus (Steph.) Schaum

P. ruficollis Marsh. Printemps et automne. Dans les prairies froides, sous les pierres, les pièces de bois abattu.

R. *Sainte-Gemmes* (Gall.). — *Angers (Saint-Nicolas)* (Br.). — *Marcé (à Chaloché)* (E. de I.). — *Lué* (Perr.). — *Angers* (1 ex.) (Ven.). — *Les Ponts-de-Cé* (1 ex.) (Abot).

Calathus Bonelli

C. luctuosus Latr. Été. Dans les bois et les champs, sous les pierres et les détritus.

R. R. *Marans* (H. Baz.).

C. fuscipes Gôze. Toute l'année. Dans les bois, les champs, sous les mousses, les pierres, la paille au pied des meules.

C. *Baugé ; Saumur ; Sainte-Gemmes* (Gall.). — *Cholet ; Chênehutte* (Ret.). — *Lué* (Perr.). — *Env. d'Angers* (Surr.). — *Angers* (U. A.). — *Anjou* (I. C.). — *La Possonnière* (Pap.). — *Marans* (H. Baz.). — *Saumur* (Abot).

C. erratus Sahlb. Avril à septembre. Dans les bois, les plaines, surtout les terrains sablonneux, sous les pierres, les détritus.

A. R. *Saumur* (P. Lambert). — *Martigné-Briand* (Gall.). — *Chênehutte* (Ret.). — *Marans* (H. Baz.).

C. ambiguus Payk. Toute l'année. Dans les bois, les plaines, surtout les terrains sablonneux, sous les pierres, les détritus.

A. C. *Anjou* (Mme de Buzelet). — *Chênehutte* (Ret.). — *Lué* (Perr.). — *Saint-Hilaire-Saint-Florent* (Abot).

? **C. mollis** Marsh. Mai à septembre. Terrains sablonneux, sous les pierres, les détritus. Cette espèce semble être plutôt exclusivement maritime.

R. *Anjou* (Mme de Buzelet). — *Env. d'Angers* (Surr.). — *Anjou* (I. C.). — *Lué* (Perr.).

C. melanocephalus L. Toute l'année. Sous les détritus, la mousse les pierres, les croûtes de limon.

C. *Anjou* (bords de la Loire) (Gall.). — *Chênehutte* (Ret.). — *Lué* (Perr.). — *Chênehutte* (Ret.). — *Lué* (Perr.). — *Env. d'Angers* (Surr.). — *Anjou* (I. C.). — *Saumur ; Angers* (Abot).

C. melanocephalus F. **ab. parisiensis** Gaut. Toute l'année. Terrains sablonneux.

R. *Avoise (Sarthe)* (1 ex.) (Abot).

C. piceus Marsh. Mai à novembre. Dans les bois, sous les pierres, les détritus, les fagots, les feuilles mortes.

A. R. *Martigné-Briand ; Vezins ; Saumur* (Gall.). — *Chênehutte* (Ret.). — *Marans* (H. Baz.). — *Saint-Hilaire-Saint-Florent* (1 ex.) (Abot).

Synuchus Gyllenhal

S. nivalis Panz. Juin à septembre. Dans les bois, les marais, sous les mousses, les pierres, les feuilles mortes.

A. R. *Anjou* (Mme de Buzelet, *d'après* Fairm. et Lab.). — *Le Fief-Sauvin (forêt de Leppo) ; Chaumont (bois de Rouvane)* (E. de I.). — *Saint-Barthélemy* (1 ex.) (Abot).

Olisthopus Dejean

O. rotundatus Payk. Toute l'année. Endroits sablonneux, sous les feuilles, les pierres ; dans les herbes, les mousses, à la bordure des bois.

R. *Saint-Jean-de-la-Croix* (Mill.). — *La Possonnière* (Piogé). — *Sainte-Gemmes* (Gall.). — *Saint-Laurent-des-Autels (forêt de la Foucaudière, dans un ruisseau desséché)* (E. de I.). — *Lué* (Perr.). — *Anjou* (I. C.).

? O. fuscatus Dej. Printemps. Endroits sablonneux et secs, sous les feuilles, les pierres. C'est une espèce méridionale, citée à tort d'Anjou, je crois.

R. *Anjou (bords de la Loire)* (Mme de Buzelet et J. Gall.).

Agonum Bonelli

A. ruficorne Gôze. Toute l'année. Au bord des eaux, sous les pierres, les détritus, les mousses, les écorces.

C. *Anjou* (Gall.). — *Cholet ; Chênehutte* (Ret.). — *La Ménitré ; Lué* (Perr.). — *Env. d'Angers* (Surr.). — *Angers (étang Saint-Nicolas)* (Br.). — *Sainte-Gemmes* (U. A.). — *Anjou* (I. C.). — *Saumur ; Les Ponts-de-Cé* (Abot).

A. obscurum Herbst. Toute l'année. Au bord des eaux, sous les détritus, les pierres, au pied des arbres.

A. R. *Angers (prairies de Brionneau)* (Raffray). — *Saumur* (Court.). — *Sainte-Gemmes* (Gall.). — *Chênehutte* (Ret.). — *Env. d'Angers* (Surr.). — *Anjou* (I. C.). — *Mûrs ; Les Ponts-de-Cé ; Rou-Marson* (Abot).

A. assimile Payk. Avril à juillet. Bois et prés humides, sous les mousses des arbres et sous les écorces.

A. C. *Baugé* (All.). — *Martigné-Briand* (Rom.). — *Sainte-Gemmes* (Gall.). — *Sainte-Gemmes* (Br.). — *Cholet ; Chênehutte* (Ret.). — *Sainte-Gemmes* (U. A.). — *Anjou* (I. C.). — *La Daguenière ; Les Ponts-de-Cé ; Sainte-Gemmes* (Ven.). — *Mûrs ; Les Ponts-de-Cé* (Abot).

? A. longiventre Mannh. Printemps et automne. Dans les bois humides, au pied des arbres, sous les pierres, les mousses, les écorces. (Espèce de l'Europe orientale et de Sibérie, probablement confondue avec A. assimile Payk.).

R. *Le Guédéniau (forêt de Chandelais)* (All.).—*Saumur* (P. Lambert.) — *Cholet ; Chênehutte* (Ret.).

A. livens Gyllh. Printemps et été. Marais, sous les feuilles mortes, dans les troncs d'arbres creux et sous les mousses.

A. C. *Anjou* (Gall.). — *Vezins* (Perr. et Rom.). — *Anjou* (Mme de Buzelet, *d'après* Fairm. et Lab.). — *Liré* (E. de I.). — *Anjou* (U. A.). — *Les Ponts-de-Cé* (Ven.). — *Mûrs ; Les Ponts-de-Cé* (Abot).

! A. impressum Panz. Printemps. Bords des eaux, sous les pierres, au pied des arbres. Se trouve plus spécialement dans l'Europe orientale.

R. *Chênehutte-les-Tuffeaux* (Ret.).

A. sexpunctatum L. Avril à octobre. Dans les bois humides et les marais, sous les mousses, les détritus.

A. R. *Bouchemaine ; Baugé* (Mill.). — *Saumur* (Court.). — *Champtoceaux* (Br.). — *Chênehutte* (Ret.). — *Anjou* (I. C.). — *Bouchemaine ; Les Ponts-de-Cé* (Abot).

A. viridicupreum Göze. Janvier à juin. Bord des eaux, dans les marais, sous les feuilles mortes, les croûtes de limon.

A. R. *Saumur* (Court.). — *Sainte-Gemmes* (Gall.). — *Angers ; Écouflant* (Br.). — *Chênehutte* (Ret.). — *Lué* (Perr.). — *Anjou* (U. A.). — *Anjou* (I. C.). — *Les Ponts-de-Cé ; Écouflant* (Abot).

A. viridicupreum Göze. **var. austriacum** F. Mêmes dates et mêmes endroits que le type.

A. R. *Anjou* (Mme de Buzelet, *d'après* Fairm. et Lab.). — *Angers* (Br.). — *Env. d'Angers* (Surr.). — *Sainte-Gemmes* (U. A.). — *Saumur ; Écouflant* (Abot).

A. marginatum L. Mars à septembre. Bords des eaux, sous les mousses, les détritus.

C. *Anjou* (Gall.). — *Cholet ; Chênehutte* (Ret.). — *Sainte-Gemmes* (Br.). — *Chaumont (étang de Malaguet)* (Perr.). — *Env. d'Angers* (Surr.). — *Anjou* (I. C.). — *La Possonnière* (Pap.). — *Saumur ; Mûrs ; Pruniers ; Écouflant* (Abot).

A. Mulleri Herbst. Toute l'année. Marais, dans les foins coupés ou en bottes, sous les mousses des bois, sous les pierres des endroits humides.

C. *Anjou (bords de la Loire)* (Gall.). — *Cholet ; Chênehutte* (Ret.). — *Angers ; Écouflant ; Saint-Florent-le-Vieil* (Br.). — *Lué ; Chaumont (étang de Malaguet)* (Perr.). — *Env. d'Angers* (Surr.). — *Sainte-Gemmes* (U. A.). — *Anjou* (I. C.). — *Angers ; Sainte-Gemmes* (Ven.). — *Les Ponts-de-Cé ; Écouflant ; Saumur* (Abot).

A. lugens Duft. Avril à octobre. Marais, dans les foins coupés ou en bottes ; sous les mousses des bois.

R. *Martgné-Briand* (abbé Rochard). — *Rou-Marson* (Gall.). — *Saint-Florent-le-Vieil* (Br.). — *Lué* (Perr.). — *Anjou* (I. C.). — *Angers* (Ven.). — *Angers* (Abot).

A. versutum Gyllh. Printemps et été. Dans les bois, et au bord des étangs, des flaques d'eau.

A. R. *Baugé* (Gall.). — *Anjou* (I. C.). — *Le Lion-d'Angers* (Br.). — *Seiches ; Les Ponts-de-Cé* (Abot).

A. viduum Panz. Toute l'année. Bords des eaux et des mares des bois, sous les feuilles mortes, les mousses, les foins coupés.

C. C. *Répandu dans toute la zone angevine.*

A. viduum Panz. **var. mœstum** Duft. Toute l'année, en mêmes lieux que le type.

C. *Chênehutte* (Ret.). — *Saint-Lambert-des-Levées* (Perr.). — *Angers ; Saint-Florent-le-Vieil* (Br.). — *Anjou* (I. C.). — *Les Ponts-de-Cé* (Ven.). — *Rou-Marson* (*étang de Marson*) *; Les Ponts-de-Cé* (Abot).

A. atratum Duft. Juillet à septembre. Bords des eaux, sous les détritus et la mousse au pied des arbres.

A. R. *Martigné-Briand ; Saumur* (Court.). — *Anjou* (Gall.). — *Angers* (*Saint-Nicolas*) *; Saint-Florent-le-Vieil* (Br.). — *Cholet* (Ret.). — *Sainte-Gemmes* (U. A.). — *Anjou* (I. C.). — *Saumur* (Abot).

A. scitulum Dej. Printemps et été. Bords des eaux, dans les détritus.

R. *Angers* (*étang Saint-Nicolas*) (Br.).

A. micans Nicol. Janvier à juin. Bords des eaux, sous les écorces des saules.

C. *Saumur* (P. Lambert). — *Blaison* (Mme de Buzelet). — *Vezins* (Perr. et Rom.). — *Angers* (*étang Saint-Nicolas*) *; Champtoceaux* (Br.). — *Chênehutte* (Ret.). — *Anjou* (I. C.). — *Angers ; La Daguenière ; Les Ponts-de-Cé* (Ven.). — *Angers ; Mûrs ; Saumur* (Abot).

A. fuliginosum Panz. Printemps et été. Bords des étangs et marécages.

R. R. *Anjou* (I. C.).

A. piceum L. Mai à septembre. Sous les détritus, les foins fauchés, dans les marais, sur la vase.

R. R. *Anjou* (Gall.). — *Angers* (Ven.).

A. gracile Gyllh. Sous les débris végétaux, dans les endroits marécageux.

R. R. *Env. d'Angers* (Surr.). — *Anjou* (I. C.).

A. Thoreyi Dej. Toute l'année. Dans tous les marais, sous les détritus, les foins coupés.

A. R. *Sainte-Gemmes* (*détritus d'inondations*) (Gall.). — *Saumur* (Ackerman et Court.). — *Les Ponts-de-Cé* (Abot).

A. Thoreyi Dej. **var. puellum** Dej. Toute l'année. Mêmes lieux que le type.

A. R. *Saumur* (Ackerman et Court.). — *Andard* (H. Baz.). — *Saumur* (Abot).

A. dorsale Pontopp. Toute l'année. Sous les tas de pierres, dans les mousses, sous les écorces, les pièces de bois à terre.

C. C. *Partout en Maine-et-Loire.*

Masoreus Dejean

M. Wetterhalli Gyllh. Mai à août. Sables humides ; parfois sous les croûtes de vase desséchées ; sur le talus des fossés humides.

R. R. *Saumur (Court., d'après Mill.).*

Lebia Latreille

? L. fulvicollis F. Printemps. Sous les mousses au pied des arbres, aussi sur les fleurs. Cette espèce se trouve en Italie, en Dalmatie, en Sicile et en Afrique. Sa présence en Anjou est des plus douteuses.

R. R. *Beaufort-en-Vallée (Mill. et Perr.). — Saumur (Court.). — Saumur (Thu.).*

? L. pubipennis Duft. Sous les mousses, au pied des arbres. Signalé sous les lierres grimpants et enveloppant les chênes dans les bois. Espèce de la région méditerranéenne, absolument douteuse pour l'Anjou.

R. R. *Beaufort-en-Vallée (Perr.). — Saumur (Court.). — Meigné (Baill.).*

L. cyanocephala L. Toute l'année. Sous les mousses, au pied des arbres ; sous les pierres, sous les écorces ; aussi sur les fleurs.

A. R. *Baugé ; Martigné-Briand ; Gennes (Mill.). — Saumur (Court.). — Saint-Jean-de-la-Croix ; Sainte-Gemmes (Gall.). — Saint-Mélaine (Br.). — Chênehutte (au Petit-Puits) (Ret.). — Env. d'Angers (Surr.). — Anjou (U. A.). — Pontigné (Thu.). — Anjou (I. C.). — Fontaine-Guérin ; La Chaussaire (Pap.). — Les Ponts-de-Cé (Abot).*

! L. cyanocephala L. **ab. violaceipennis** Motsch. Toute l'année, en mêmes places que le type.

R. *Chênehutte (au Petit-Puits) (Ret.).*

L. chlorocephala Hoffm. Mai à octobre. Dans les bois, sous les mousses, les pierres, les tas d'herbes, et sur les genêts en fleurs.

A. R. *Saint-Jean-de-la-Croix ; Baugé ; Martigné-Briand (Mill.). — Sainte-Gemmes (Gall.). — Le Fief-Sauvin (forêt de Leppo) (E. de I.). — Chênehutte (au Petit-Puits) (Ret.). — Anjou ; Pontigné (Thu.). — Anjou (I. C.). — Les Ponts-de-Cé (Abot).*

L. rufipes Dej. Printemps et été. Sous les mousses, les pierres, les écorces, au pied des arbres.

R. R. *Saint-Jean-de-la-Croix (Mill.). — Sainte-Gemmes (Gall.). — Parcé (Sarthe) (Abot).*

L. crux-minor L. Mai à novembre. Au pied des arbres, dans les mousses, sous les pierres ; dans les fossés, à la bordure des bois.

R. *Saint-Jean-de-la-Croix (sur les saules)* (Mill.). — *Sainte-Gemmes* (Gall.). — *Chênehutte (au Petit-Puits)* (Ret.). — *Pontigné* (Thu.). — *Les Ponts-de-Cé* (Abot).

L. marginata Geoffr. Avril à octobre. Bois et coteaux boisés, sur les genêts, les aubépines en fleurs, les bruyères, les fougères, les génévriers.

C. *Saint-Jean-de-la-Croix* (Mill.). — *Baugé (bords du Couesnon) ; Rou-Marson* (Gall.). — *Saumur* (Court.). — *Angers* (Br.). — *Saint-Laurent-des-Autels (forêt de la Foucaudière) ; Le Fief-Sauvin (forêt de Leppo)* (E. de I.). — *Chênehutte (au Petit-Puits)* (Ret.). — *Lué (sur groseilliers et sur osiers)* (Perr.). — *Env. d'Angers* (Surr.). — *Anjou ; Pontigné* (Thu.). — *Anjou* (I. C.). — *Saint-Quentin-en-Mauges ; Le Pin-en-Mauges* (Pap.). — *Saumur ; Gennes ; Dampierre* (Abot).

L. scapularis Geoffr. Avril à octobre. Au pied des arbres, sous les écorces, les débris végétaux. Chasse les larves de Galerucella, sur les ormes ; vole l'été en plein soleil (Bedel).

R. *Saumur* (Court.). — *Sainte-Gemmes* (Gall.). — *Chênehutte (au Petit-Puits)* (Ret.). — *Saint-Quentin-en-Mauges ; Le Pin-en-Mauges* (Pap.). — *Saumur* (Abot).

L. scapularis Geoffr. **ab. quadrimaculata** Dej. Mêmes époques et mêmes endroits que le type.

R. R. *Saumur* (Abot).

Lionychus Wissmann

L. quadrillum Duft. Printemps et été. Sous les écorces, les détritus, au pied des arbres.

R. *Sainte-Gemmes* (Gall.). — *Chênehutte* (Ret.). — *Angers ; Saint-Florent-le-Vieil ; Les Ponts-de-Cé* (Br.). — *Env. d'Angers* (Surr.). — *Saint-Rémy-la-Varenne* (R. du Buysson). — *Sainte-Gemmes* (U. A.). — *Anjou* (Thu.). — *Sainte-Gemmes* (Abot).

Metabletus Schmidt-Gôbel

M. obscuroguttatus Duft. Printemps. Sous les écorces, dans les détritus, sous les gerbes.

C. *Sainte-Gemmes* (Gall.). — *Lué* (Perr.). — *Angers ; Sainte-Gemmes* (Br.). — *Sainte-Gemmes* (U. A.). — *Anjou* (Thu.). — *Anjou* (I. C.). — *Angers ; Juigné-sur-Loire ; Montrevault* (Ven.). — *Angers ; Mûrs ; Soulaire-et-Bourg* (Abot).

M. pallipes Dej. Printemps. Au pied des haies, au bord des fossés, sous les débris végétaux.

R. *Sainte-Gemmes* (Gall.). — *Chênehutte (au Petit-Puits)* (Ret.). — *Anjou* (I. C.).

M. truncatellus L. Mars à septembre. Au pied des arbres, sous les pierres, dans la mousse, sous les foins coupés et les feuilles mortes.

R. *Sainte-Gemmes* (Gall.). — *Chênehutte* (Ret.). — *Sainte-Gemmes* (Br.). — *Anjou ; Pontigné* (Thu.). — *Angers* (Abot).

M. foveatus Geoffr. Février à novembre. Terrains secs et sablonneux, sous les plantes, les détritus ; champs.

R. *Baugé* (Mill.). — *Saumur* (Court.). — *Sainte-Gemmes* (Gall.). — *Saint-Florent-le-Vieil ; Angers* (Br.). — *Lué (au Tertre)* (Perr.). — *Anjou* (U. A.). — *Anjou ; Pontigné* (Thu.). — *Anjou* (I. C.). — *Angers ; Les Ponts-de-Cé ; Juigné-sur-Loire* (Ven.). — *Anjou* (Abot).

Microlestes Schmidt-Göbel

M. minutulus Gôze. Toute l'année. Courant sur le sol ou dans les détritus ; dans les mousses, sous les écorces, les pierres.

C. *Saumur* (Court.). — *Sainte-Gemmes* (Gall.). — *Saint-Georges-sur-Loire ; Saint-Florent-le-Vieil* (Br.). — *Chênehutte (au Petit-Puits)* (Ret.). — *Lué* (Perr.). — *Anjou* (U. A.). — *Anjou ; Pontigné* (Thu.). — *Anjou* (I. C.). — *Angers ; Saumur* (Abot).

M. maurus Sturm. Printemps. Endroits humides sous les pierres, les détritus. Espèce surtout méridionale.

R. *Chênehutte (au Petit-Puits)* (Ret.). — *Angers ; Maulévrier ; Château-Gontier (Mayenne)* (Br.). — *Saumur* (Abot).

Dromius Bonelli

D. linearis Ol. Toute l'année. Sous les écorces, les mousses, les détritus, dans les fagots, les herbes des prairies.

C. *Anjou* (Gall.). — *Lué* (Perr.). — *Anjou ; Pontigné* (Thu.). — *Saint-Georges-sur-Loire ; Soulaines ; Angers* (Br.). — *Anjou* (I. C.). — *La Chaussaire ; Le Pin-en-Mauges* (Pap.). — *Les Ponts-de-Cé ; Mûrs* (Abot).

D. agilis F. Novembre à mars. Dans les bois, les plaines, les marais, au pied des arbres et sous les écorces.

C. *Anjou* (Gall.). — *Sainte-Gemmes* (U. A.). — *Anjou ; Pontigné* (Thu.). — *Anjou* (I. C.). — *Saumur* (Abot).

D. fenestratus F. Printemps. Dans les bois, au pied des arbres, sous les écorces, dans les fagots.

R. *Les Ponts-de-Cé* (*bois de Pouillé*) (Gall.). — *Anjou* (U. A.).

D. quadrimaculatus L. Toute l'année. Sous les écorces et les mousses des arbres.

C. *Baugé* (Mill.). — *Saumur* (Court.). — *Sainte-Gemmes* (Gall.). — *Champtoceaux* (Br.). — *Chênehutte* (*au Petit-Puits*) (Ret.). — *Anjou* (U. A.). — *Anjou ; Pontigné* (Thu.). — *Anjou* (I. C.). — *La Possonnière ; Mozé* (Pap.). — *Angers ; Saint-Barthélemy* (Abot).

D. quadrinotatus Panz. Toute l'année. Sous les écorces, les mousses des arbres.

C. *Sainte-Gemmes* (Gall.). — *Cholet* (Br.). — *Chênehutte* (*au Petit-Puits*) (Ret.). — *Sainte-Gemmes* (U. A.). — *Anjou ; Pontigné* (Thu.). — *Anjou* (I. C.). — *La Possonnière ; Mozé* (Pap.). — *Saumur* (Abot).

D. bifasciatus Dej. Septembre à mars. Dans les bois, les jardins ; sous les écorces des pins, des platanes, des pommiers.

A. R. *Saumur* (Court.). — *Sainte-Gemmes* (Gall.). — *Cholet ; Soulaines ; Saint-Barthélemy* (Br.). — *Saumur* (Abot).

D. quadrisignatus Dej. Février. Dans les bois, les jardins, sous les écorces des pins, des platanes, des pommiers.

R. *Anjou* (Gall.). — *Anjou* (Thu.). — *Anjou* (I. C.).

D. nigriventris Thoms. Avril, août. Sous les pierres, dans les fossés, dans les tas de vieilles pailles.

R. R. *Saumur* (Court.). — *Lué* (Perr.). — *Saumur* (Abot).

D. sigma Rossi. Printemps. Sous les écorces ; au pied des arbres, dans les buissons.

A. R. *Saumur* (Court.). — *Sainte-Gemmes* (Gall.). — *Sainte-Gemmes ; Saint-Barthélemy* (Br.). — *Lué ; Marcé* (à Chaloché) (Perr.). — *Anjou* (U. A.). — *Anjou* (Thu.). — *Saint-Barthélemy* (Abot).

D. melanocephalus Dej. Toute l'année. Sous les détritus, les mousses, la paille, au pied des meules et dans les fagots.

R, *Angers* (*bois de la Haye*) (Mill.). — *Montreuil-Belfroy* (Raffray). — *Sainte-Gemmes ; Saint-Barthélemy* (Br.). — *Saumur ; Fontevrault* (Court.). — *Lué* (Perr.). — *Saint-Rémy-la-Varenne* (R. du Buysson). — *Anjou ; Pontigné* (Thu.). — *Anjou* (I. C.). — *Angers ; Saumur* (Abot).

Demetrias Bonelli

D. imperialis Germ. Toute l'année. Dans les roseaux, sur pied, coupés ou en bottes.

R. *Saumur* (Court.). — *Rou-Marson ; Sainte-Gemmes* (Gall.). — *Anjou ; Sainte-Gemmes* (Thu.). — *Rou-Marson (étang de Marson) ; Avoise (Sarthe)* (Abot).

D. imperialis Germ. **var. ruficeps** Schaum. Mêmes époques et mêmes lieux que le type. Variété plutôt méridionale.

R. R. *Sainte-Gemmes* (Br.). — *Saumur* (Abot).

D. monostigma Sam. Toute l'année. Marais, dans les roseaux sur pied, coupés ou en bottes.

A. C. *Baugé (aux bords du Couasnon)* (Mill.). — *Saumur* (Court.). — *Sainte-Gemmes* (Gall.). — *Sainte-Gemmes* (Br.). — *Chênehutte* (Ret.). — *Anjou* (I. C.). — *La Chaussaire* (Pap.). — *Saumur* (Abot).

D. atricapillus L. Toute l'année. Sous les herbes, les feuilles mortes, dans les foins coupés, les fagots et sur les arbustes.

A. C. *Martigné-Briand* (Perr. et Rom.). — *Sainte-Gemmes* (Gall.). — *Juigné-sur-Loire* (Br.). — *Chênehutte* (Ret.). — *Lué* (Perr.). — *Env. d'Angers* (Surr.). — *Anjou* (U. A.). — *Anjou ; Pontigné* (Thu.). — *Anjou* (I. C.). — *La Chaussaire ; Chaudron-en-Mauges* (Pap.). — *Sainte-Gemmes ; Saint-Barthélemy ; Angers ; Ingrandes* (Abot).

Cymindis Latreille

C. humeralis Geoffr. Avril à juillet. Terrains calcaires, sous les pierres, à la racine des plantes.

R. *Collines entre Saint-Georges-sur-Loire et Saint-Augustin-des-Bois* (Mme de Buzelet). — *Brain-sur-Allonnes ; Saint-Cyr-en-Bourg* (Mill.). — *Chênehutte (au Petit-Puits)* (Ret.). — *Anjou* (Thu.).

C. axillaris F. Juillet, août. Sous les pierres, à la racine des plantes.

R. R. *Saumur* (P. Lambert). — *Martigné-Briand* (Rom.). — *Anjou ; Saumur* (Thu.). — *Dampierre (à Fourneux)* (Abot).

C. scapularis Schaum. Juin à septembre. Mêmes endroits que les précédents. Espèce plus particulièrement méridionale.

R. R. *Martigné-Briand (coteau des Noyers)* (Mill.).

! **C. variolosa** D. Eté. Sous les pierres, dans les terrains sablonneux et calcaires. Plus spécialement dans la région méridionale.

R. R. *Thouarcé* (Perr.).

Polystichus Bonelli

P. connexus Geoffr. Printemps. Sous les pierres, au pied des arbres.
A. R. *Saumur* (Court.). — *Angers ; Bouchemaine ; Sainte-Gemmes Saint-Jean-de-la-Croix* (Gall.). — *Sainte-Gemmes* (Br.). — *Chênehutte* (Ret.). — *Lué* (Perr.). — *Env. d'Angers* (Surr.). — *Sainte-Gemmes* (U. A.). — *Saumur* (Thu.). — *Anjou* (I. C.). — *Chaudron-en-Mauges ; Le Pin-en-Mauges* (Pap.). — *Les Ponts-de-Cé* (Abot).

Odacantha Paykull

O. melanura L. Toute l'année. Marais, dans les roseaux coupés ou en bottes ; sous les détritus au bord des eaux.
R. R. *Env. de Saumur* (Mme de Buzelet). — *La Meignanne* (de Joannis). — *Vezins* (Rom.). — *Rou-Marson (étang de Marson)* (Gall.). — *Anjou* (U. A.). — *Anjou* (Thu.). — *Rou-Marson (étang de Marson)* (1 seul ex.) (Abot).

Drypta Latreille

D. dentata Rossi. Printemps et automne. Sous les pierres, sous les roseaux.
A. R. *Baugé ; Angers* (Mill.). — *Anjou (bords de la Loire)* (Mme de Buzelet). — *Sainte-Gemmes* (Gall.). — *Saint-Georges-sur-Loire* (E. de I.). — *Chênehutte (au Petit-Puits)* (Ret.). — *Anjou* (U. A.). — *Anjou* (Thu.). — *Anjou* (I. C.). — *La Chaussaire ; Saint-Quentin-en-Mauges (au Breuillatz)* (Pap.). — *Juigné-sur-Loire* (Abot).

Brachynus Weber, Chaudoir

B. crepitans L. Mars à novembre. A la bordure des bois, sous les pierres, les détritus, dans les mousses.
C. *Baugé ; Saumur ; Aubigné-Briand ; Combrée* (Mill.). — *Sainte-Gemmes* (Gall.). — *Angers ; Saint-Barthélemy* (Br.). — *Chênehutte (au Petit-Puits)* (Ret.). — *Lué* (Perr.). — *Env. d'Angers* (Surr.). — *Anjou ; Pontigné* (Thu.). — *Anjou* (I. C.). — *Mozé ; La Chaussaire ; Le Pin-en-Mauges ; Saint-Quentin-en-Mauges* (Pap.). — *Marans* (H. Baz.). — *Angers* (Abot).

B. psophia Serv. Au printemps, sous les pierres.
A. R. *Saumur* (Court.). — *Sainte-Gemmes* (Gall.). — *Montsoreau* (de Joannis). — *Saint-Barthélemy* (Br.). — *Angers* (Perr.). — *Env. d'Angers* (Surr.). — *Sainte-Gemmes* (U. A.). — *Anjou* (Thu.). — *Anjou* (I. C.). — *La Chaussaire* (Pap.). — *Angers ; Les Ponts-de-Cé ; Sainte-Gemmes* (Abot).

? B. incertus Brullé. Au printemps. Sous les pierres ; au pied des plantes. Espèce de la région méditerranéenne.
R. R. *Chênehutte (au Petit-Puits)* (Ret.). — *Anjou ; Pontigné* (Thu.).

B. explodens Duft. Toute l'année. A la bordure des bois, sous les pierres, les détritus, dans les mousses.

C. *Baugé ; Saumur ; Sainte-Gemmes* (Gall.). — *Chênehutte* (Ret.). — *Saint-Barthélemy ; Beaupréau ; Thorigné* (Br.). — *Lué* (Perr.). — *Env. d'Angers* (Surr.). — *Seiches* (U. A.). — *Anjou ; Pontigné* (Thu.). — *Anjou* (I. C.). — *Angers* (Abot).

! **B. explodens** Duft. **var. glabratus** Dej. Toute l'année. Sous les pierres, les détritus, les mousses. (Variété surtout méridionale.)

R. *Saumur* (Court.). — *Angers ; Sainte-Gemmes* (Br.). — *Anjou* (I. C.)

B. sclopeta F. Au printemps. Sous les pierres.

C. *Anjou* (Gall.). — *Chênehutte* (Ret.). — *Env. d'Angers* (Surr.). — *Anjou* (U. A.). — *Anjou ; Pontigné* (Thu.). — *Anjou* (I. C.). — *La Chaussaire ; Saint-Quentin-en-Mauges* (Pap.). — *Angers ; Saumur ; Saint-Barthélemy* (Abot).

HALIPLIDÆ

Brychius Thomson

B. elevatus Panz. Avril à novembre. Dans les eaux courantes, sous les pierres et les herbes aquatiques.

R *Anjou* (Mme de Buzelet). — *Sainte-Gemmes* (Gall.). — *Mûrs* (Abot).

Haliplus Latreille

H. obliquus F. Mars à octobre. Dans les eaux stagnantes et herbeuses.

R. *Anjou* (Mme de Buzelet). — *Martigné-Briand* (Perr. et Rom.). — *Champtoceaux* (Br.) — *Angers* (Abot.).

H. confinis Steph. Mars à septembre. Marais, parmi les herbes des eaux stagnantes et courantes. Insecte surtout septentrional.

R. *Saumur* (Court.). — *Sainte-Gemmes* (Gall.). — *Anjou* (I. C.). — *Saint-Georges-sur-Loire (étang de Chevigné)* (Br.). — *Mûrs* (Abot).

! **H. mucronatus** Steph. Printemps et été. Eaux douces ou saumâtres. Insecte plutôt méridional.

R. R. *Seiches ; Turquant* (de Joannis). — *Anjou* (U. A.).

? **H. guttatus** Aubé. Printemps et été. Dans les eaux courantes parmi les herbes. Insecte méridional ; sa présence est peu probable en Anjou.

R. R. *Martigné-Briand* (Mill.).

H. variegatus Sturm. Mars à septembre. Eaux, dans les fossés, les étangs, les petites rivières.

A. R. *Beaufort-en-Vallée* (abbé Rochard). — *Saumur* (Mill.). — *Env. d'Angers* (Surr.). — *Les Ponts-de-Cé* (Abot).

H. fulvus F. Mars à octobre. Eaux stagnantes des marais.

R. *Les Ponts-de-Cé (à Sorges)* (Mill.). — *Martigné-Briand* (Perr. et Rom.). — *La Meignanne* (de Joannis). — *Anjou* (I. C.). — *Angers* (Abot).

H. flavicollis Sturm. Mars à octobre. Eaux, dans les fossés et les rivières ; étangs et mares.

A. C. *Sainte-Gemmes (fossés de l'Authion)* (Gall.). — *Angers (étang Saint-Nicolas)* (Br.). — *Les Ponts-de-Cé* (Abot).

H. ruficollis Degeer. Février à octobre. Dans toutes les eaux, surtout stagnantes.

C. *Anjou* (Gall.). — *Chênehutte* (Ret.). — *Le Lion-d'Angers* (Br.). — *Env. d'Angers* (Surr.). — *Anjou* (U. A.). — *Angers* (Abot).

H. fluviatilis Aubé. Mai à octobre. Dans les eaux courantes.

R. *La Meignanne* (Mill. et de Joannis). — *Écouflant* (Br.). — *Les Ponts-de-Cé* (Abot).

H. lineatocollis Marsh. Mars à novembre. Dans toutes les eaux.

C. C. *Dans toutes les eaux en Anjou.*

Cnemidotus Illiger, Erichson

C. rotundatus Aubé. Printemps. Dans les étangs et les mares.

R. *La Meignanne* (de Joannis). — *Martigné-Briand* (Rom.). — *Sainte-Gemmes* (Gall.). — *Saumur* (Abot).

C. impressus Panz. Mars à octobre. Dans toutes les eaux.

C. *Anjou* (Mme de Buzelet ; Perr. et Rom.). — *La Meignanne* (de Joannis). — *Angers (étang Saint-Nicolas)* ; *Le Lion-d'Angers* (Br.). — *Lué* (Perr.). — *Anjou* (U. A.). — *Anjou* (I. C.). — *Angers* (Abot).

HYGROBIIDÆ

Hygrobia Latreille

H. tarda Herbst. Mai à août. Mares et fossés à fond vaseux ou sablonneux. Ces insectes produisent un bruit très distinct, au moyen d'un appareil situé sur la face inférieure de l'élytre.

A. C. *Les Ponts-de-Cé (à Sorges)* ; *Martigné-Briand* (Mill.). —

Sainte-Gemmes (Gall.). — *Sainte-Gemmes* (Br.). — *Cholet ; Chênehutte* (Ret.). — *Env. d'Angers* (Surr.). — *Anjou* (U. A.). — *Anjou* (I. C.). — *Angers* (Abot).

DYTISCIDÆ

Oxynoptilus Schaum

O. cuspidatus Kunze. Avril à juin. Dans les mares. Insecte plutôt méridional.

R. R. *La Meignanne* (Mill.). — *Sainte-Gemmes* (Gall.). — *Tilliers* (E. de I.).

? O. clypealis Scharp. Mai à août. Dans les mares. Insecte méridional, très douteux pour l'Anjou.

R. R. *La Meignanne* (de Joannis).

Hyphydrus Illiger

H. ovatus L. Mars à octobre. Dans toutes les eaux, au milieu des plantes aquatiques.

C. *La Meignanne* (de Joannis). — *Anjou* (Gall.). — *Anjou* (U. A.). — *Longué ; Le Lion-d'Angers* (Br.). — *Anjou* (I. C.). — *Angers ; Bouche-maine* (Abot).

H. ovatus L. **var. variegatus** Steph. Comme le type.

R. R. *Beaufort-en-Vallée* (Perr.). — *Martigné-Briand* (Rom.). — *Chênehutte* (Ret.).

Hygrotus Stephens

H. inæqualis F. Mars à octobre. Dans toutes les eaux.

C. *Sainte-Gemmes (fossés de l'Authion)* (Gall.). — *Chênehutte* (Ret.). — *Env. d'Angers* (Surr.). — *Angers (étang Saint-Nicolas) ; Lasse (étang du Bouchet)* (Br.). — *Anjou* (U. A.). — *Anjou* (Thu.). — *Anjou* (I. C.). — *Saumur ; Angers ; Pruniers* (Abot).

H. versicolor Schall. Mars à octobre. Dans toutes les eaux.

R. *Montreuil-Belfroy* (Raffray). — *Sainte-Gemmes* (Gall.). — *Angers ; Écouflant ; Sainte-Gemmes ; Champtoceaux* (Br.). — *La Meignanne* (de Joannis). — *Anjou* (U. A.). — *Anjou* (I. C.). — *Saumur* (Abot).

Cœlambus Thomson

C. impressopunctatus Schall. Avril à septembre. Eaux stagnantes.

A. R. *Saumur* (Mill.). — *Anjou* (abbé Rochard, Perr. et Rom. ; Mme de Buzelet). — *Écouflant* (Br.). — *Anjou* (Thu.). — *Anjou* (I. C.). *Saumur* (Abot).

C. confluens F. Mars à septembre. Eaux, surtout dans les mares alimentées d'eaux pluviales, dans les terrains sablonneux.

R. *Anjou* (Mme de Buzelet). — *La Meignanne* (de Joannis). — *Seinte-Gemmes* (*à Patience*) (Gall.). — *Anjou* (Thu.). — *Anjou* (I. C.). — *Sainte-Gemmes* (Abot).

C. bicarinatus Clairv. Juin à août. Dans toutes les eaux. Insecte surtout méridional.

R. R. *Sainte-Gemmes* (*mare de Patience*) (Gall.). — *Chênehutte* (Ret.).

Bidessus Sharp

B. unistriatus Illig. Mars à septembre. Dans toutes les eaux.

R. *Beaufort-en-Vallée ; Martigné-Briand* (Rom.). — *Sainte-Gemmes* (Gall.). — *Angers* (*étang Saint-Nicolas*) (Br.). — *Chênehutte* (Ret.). — *La Meignanne* (de Joannis). — *Anjou* (I. C.).

B. minutissimus Germ. Printemps et été. Dans toutes les eaux.

R. *Sainte-Gemmes* (Gall.). — *Anjou* (U. A.). — *Saumur* (Abot).

B. geminus F. Mars à août. Mares d'eaux stagnantes, et rivières à fond de gravier.

A. R. *Saumur ; Martigné-Briand ; Sainte-Gemmes* (Gall.). — *La Meignanne* (de Joannis). — *Ecouflant* (Br.). — *Anjou* (U. A.). — *Anjou* (Thu.). — *Anjou* (I. C.). — *Ecouflant* (Abot).

Hydroporus Clairville

? H. opatrinus Germ. Printemps et été. Dans les eaux claires. Espèce paraissant limitée aux régions méridionales.

R. R. *Saumur* (Mme de Buzelet). — *Chemillé* (*à la Ferté*) (Perr.).

H. duodecimpustulatus F. Juin à octobre. Dans les rivières, sur les herbes flottantes.

R. *La Possonnière ; Les Ponts-de-Cé* (*à Sorges*) *; Saumur ; Beaufort-en-Vallée ; Martigné-Briand* (Mill.). — *Sainte-Gemmes* (*abondant en 1866, dans les foins de l'Authion*) (Gall.). — *Landemont* (*dans le lit de la Divatte*) (E. de I.). — *Anjou* (Thu.). — *Ingrandes* (Abot).

H. canaliculatus Lac. Printemps et été. Eaux claires, carrières inondées ; voisinage des rivières.

R. *Saumur* (Court.). — *Anjou* (Thu.). — *Saumur* (Abot).

H. elegans Sturm. Mai à août. Dans les eaux courantes, parmi les plantes immergées.

R. *Les Ponts-de-Cé* (*à Sorges*) (Mill. et Mme de Buzelet). — *Anjou* (Thu.). — *Mûrs* (Abot).

H. depressus F. Printemps et été. Eaux courantes, parmi les plantes aquatiques.

R. R. *Anjou* (Thu.).

H. lepidus Oliv. Printemps et été. Dans les mares.

A. R. *Les Ponts-de-Cé (à Sorges)* (Mill.). — *Martigné-Briand* (Perr.). — *Beaufort-en-Vallée* (abbé Rochard). — *Sainte-Gemmes* (Gall.). — *Montfaucon-sur-Moine* (Br.). — *La Meignanne* (de Joannis). — *Chênehutte* (Ret.). — *Anjou* (U. A.). — *Anjou* (Thu.). — *Anjou* (I. C.). — *Angers* (Abot).

H. pictus F. Mars à octobre. Dans les eaux stagnantes.

A. R. *Martigné-Briand ; La Meignanne* (de Joannis). — *Sainte-Gemmes* (Gall.). — *Anjou* (U. A.). — *Anjou* (Thu.). — *Anjou* (I. C.). — *Angers* (Abot).

H. varius Aubé. Printemps. Rivières, ruisseaux, mares, étangs.

A. R. *La Meignanne* (Mill. et Mme de Buzelet). — *Le Lion-d'Angers* (Br.). — *Chênehutte* (Ret.). — *Anjou* (U. A.).

H. granularis L. Février à octobre. Eaux stagnantes.

R. *Beaufort-en-Vallée ; Martigné-Briand* (Perr.). — *Sainte-Gemmes* (Gall.). — *Pruniers ; Mûrs* (Abot).

H. flavipes Oliv. Mai. Dans les mares, les fossés.

R. *Les Ponts-de-Cé (à Sorges) ; Baugé* (Mill.). — *Sainte-Gemmes (mare de Patience et fossés de l'Authion)* (Gall.). — *La Meignanne* (de Joannis). — *Trélazé (bois de Verrières)* (Br.). — *Chênehutte* (Ret.). — *Anjou* (U. A.). — *Anjou* (Thu.). — *Anjou* (I. C.). — *Saumur* (Abot).

H. lineatus Deg. Mars à octobre. Dans toutes les eaux.

C. *Beaufort-en-Vallée* (abbé Rochard). — *La Meignanne* (de Joannis). — *Sainte-Gemmes (fossés de l'Authion)* (Gall.). — *Anjou* (U. A.). — *Angers ; Le Lion-d'Angers* (Br.). — *Anjou* (I. C.). — *Saumur ; Longué ; Sainte-Gemmes* (Abot).

H. halensis F. Mars à octobre. Dans toutes les eaux.

A. R. *Saumur* (Court.). — *Martigné-Briand* (Perr. et Rom.). — *Sainte-Gemmes (fossés de l'Authion)* (Gall.). — *Anjou* (Thu.).

H. dorsalis F. Mars à octobre. Dans les fossés vaseux, les mares des bois.

R. *Les Ponts-de-Cé (à Sorges) ; Beaufort-en-Vallée ; Martigné-Briand* (Mill.). — *La Meignanne* (de Joannis). — *Anjou* (I. C.). — *Angers* (Abot).

H. erythrocephalus L. Mars à septembre. Eaux stagnantes des marais ; mares des bois.

A. R. *Les Ponts-de-Cé* (*à Sorges*) ; *Saumur* ; *Martigné-Briand* (Perr. ; Rom. et Mill.). — *Angers* (*étang Saint-Nicolas*) (Br.). — *Anjou* (Thu.). — *Anjou* (I. C.). — *Angers* (Abot).

H. rufifrons Duft. Printemps et été. Ruisseaux, étangs et mares. R. R. *Chênehutte* (Ret.). — *Anjou* (I. C.).

H. angustatus Sturm. Mars à octobre. Mares et fossés d'eaux stagnantes, dans les marais, dans les bois.

A. C. *Beaufort-en-Vallée* (abbé Rochard). — *Martigné-Briand* (Rom.). — *La Meignanne* (de Joannis). — *Angers* (*étang Saint-Nicolas*) (Br.). — *Chênehutte* (Ret.). — *Env. d'Angers* (Surr.). — *Anjou* (I. C.). — *Angers* (Abot).

H. neglectus Schaum. Mars à octobre. Mares et fossés. R. *Angers* (*Bourg-la-Croix*) (Br.).

H. palustris L. Toute l'année. Dans toutes les eaux. C. C. *Répandu partout en Anjou.*

H. palustris L. **var. lituratus** Panz. Toute l'année. Dans toutes les eaux.

R. *Chênehutte* (Ret.). — *Saumur* (Abot).

? H. striola Gyllh. Mai, juin. Dans les mares sablonneuses. Espèce septentrionale, ne doit pas se trouver en Anjou. R. R. *Martigné-Briand* (Perr. et Rom.).

H. tristis Payk. Eté. Dans les mares froides des bois. R. R. *Sainte-Gemmes ; Beaufort-en-Vallée ; La Meignanne* (Gall.). — *Angers* (*Bourg-la-Croix*) (Br.). — *Angers* (Abot).

H. piceus Steph. Mai à juillet. Mares des bois, dans les terrains sablonneux.

R. *Forêt de Baugé* (Gall.). — *La Meignanne* (de Joannis). — *Angers* (*Bourg-la-Croix*) (Br.). — *Angers* (Abot).

H. marginatus Duft. Avril à juin. Dans les petites rivières ; près des sources.

R. *Anjou* (abbé Rochard). — *Martigné-Briand* (Perr. et. Rom.). — *Sainte-Gemmes* (Abot).

H. planus F. Février à octobre. Dans les eaux des fossés, les étangs, les eaux peu courantes.

A. C. *Anjou* (Mme de Buzelet ; abbé Rochard ; Perr. et Rom.).

— *Chênehutte* (Ret). — *La Meignanne* (de Joannis). — *Env. d'Angers* (Surr.). — *Angers (étang Saint-Nicolas) (Bourg-la-Croix)* (Br.). — *Anjou* (U. A.). — *Anjou* (Thu.). — *Anjou* (I. C.). — *Angers* (Abot).

H. pubescens Gyllh. Mars à octobre. Dans les eaux des fossés, les étangs, les eaux peu courantes.

R. *Anjou (abbé Rochard).* — *Martigné-Briand* (Perr. et Rom.). — *Angers (étang Saint-Nicolas ; Bourg-la-Croix) ; Sainte-Gemmes* (Br.). — *Chênehutte* (Ret.). — *La Meignanne* (de Joannis).

H. tessellatus Drapiez. Eté. Eaux stagnantes et fossés. Espèce surtout méridionale.

R. *Sainte-Gemmes* (Gall.). — *La Meignanne* (de Joannis). — *Lué* (Perr.).

H. nigrita F. Mars à septembre. Eaux stagnantes.

R. *Beaufort-en-Vallée* (Perr. et Rom.). — *Chênehutte* (Ret.). — *Anjou* (I. C.). — *Avrillé* (Abot).

H. memnonius Nicolai. Mars à octobre. Eaux stagnantes des marais ; mares des bois.

R. *Saumur* (Ackerman).

? H. mennonius Nicolai. **var. incertus** Aubé. Printemps et été. Eaux stagnantes ; mares. Variété particulière à l'Italie, absolument douteuse pour l'Anjou.

R. R. *La Meignanne* (Mill.).

! H. ferrugineus Steph. Printemps et été. Ruisseaux, étangs, fossés.

R. R. *Saint-Laurent-des-Autels (forêt de la Foucaudière)* (E. de I.).

Noterus Clairville

N. crassicornis Müll. Février à octobre. Bords des étangs, parmi les plantes submergées.

C. *Les Ponts-de-Cé (à Sorges) ; Beaufort-en-Vallée ; Saumur ; La Meignanne* (Mill.). — *Chênehutte* (Ret.). — *Anjou* (U. A.). — *Anjou* (Thu.). — *Allonnes (étang du Bellay) ; Sainte-Gemmes* (Abot).

N. clavicornis Deg. Février à octobre. Bords des étangs, parmi les plantes submergées.

A. C. *Saumur* (Court.). — *Sainte-Gemmes* (Gall.). — *Angers (étang Saint-Nicolas) ; Saint-Jean-de-la-Croix* (Br.). — *Anjou* (U. A.). — *Anjou* (I. C.). — *Saumur* (Abot).

Laccophilus Leach

L. variegatus Sturm. Mars à août. Dans les eaux stagnantes des marais.

A. R. *Martigné-Briand* (Perr. et Rom.). — *La Meignanne* (de Joannis).

L. obscurus Panz. Printemps. Dans les mares, les étangs, les rivières.

C. *Martigné-Briand* (Rom.). — *La Meignanne* (de Joannis). — *Les Ponts-de-Cé* (à *Sorges*) (Mill.). — *Sainte-Gemmes* (Gall.). — *Angers* (Br.). — *Chênehutte* (Ret.). — *Env. d'Angers* (Surr.). — *Anjou* (Thu.). — *Saumur* : *Les Ponts-de-Cé* (Abot).

L. virescens Brahm. Mars à septembre. Dans les eaux stagnantes des marais ; aussi dans les eaux courantes.

A. R. *Anjou* (Mme de Buzelet ; abbé Rochard ; Perr. et Rom.). — *Angers* (*étang Saint-Nicolas*) ; *Le Lion-d'Angers* (Br.). — *Anjou* (U. A.). — *Anjou* (I. C.).

? L. virescens Brahm. **var. testaceus** Aubé. Mêmes dates et mêmes emplacements que le type. Variété plus spécialement méridionale.

R. *Beaufort-en-Vallée* (abbé Rochard). — *La Meignanne* (de Joannis). *Sainte-Gemmes* (Gall.). — *Anjou* (I. C.).

Agabus Leach

A. brunneus F. Printemps et été. Dans les ruisseaux, les cours d'eau. Espèce surtout méridionale.

R. *Les Ponts-de-Cé* (à *Sorges*) (Mill.). — *Saumur* (P. Lambert). — *Martigné-Briand* (Rom.). — *Env. d'Angers* (Surr.). — *Anjou* (Thu.). — *Montfaucon-sur-Moine* (Br.). — *Anjou* (I. C.). — *Mûrs* ; *Sainte-Gemmes* (Abot).

A. didymus Oliv. Mars à octobre. Eaux stagnantes et courantes, au milieu des plantes aquatiques.

A. C. *Les Ponts-de-Cé* (à *Sorges*) ; *Baugé* ; *Saumur* (Mill.). — *Sainte-Gemmes* (*fossés des bords de l'Authion*) (Gall.). — *Chênehutte* (Ret.). — *Angers* (*étang Saint-Nicolas*) (Br.). — *Anjou* (Thu.). — *Anjou* (I. C.). — *Sainte-Gemmes* (Abot).

! A. guttatus Payk. Avril à octobre. Dans les étangs et les ruisseaux. Espèce principalement boréale et des montagnes.

R. *Beaufort-en-Vallée* (abbé Rochard). — *Anjou* (I. C.). — *Saumur* (Abot).

! **A. biguttatus** Oliv. Avril à juillet. Petites rivières, près des sources, sous les petites pierres. Espèce surtout méridionale.

R. *Anjou* (Mme de Buzelet ; Perr. et Rom.). — *Chênehutte* (Ret.). — *Anjou* (Thu.). — *Angers* (1 ex.) (Abot).

A. bipustulatus L. Mars à octobre. Dans toutes les eaux.

C. *Anjou* (Perr. et Rom.). — *Sainte-Gemmes* (Gall.). — *Cholet ; Chênehutte* (Ret.). — *Lué ; Chaumont (étang de Malaguet)* (Perr.). — *Anjou* (U. A.). — *Anjou* (Thu.). — *Anjou* (I. C.). — *Saumur* (Abot).

A. chalconotus Panz. Avril à juillet. Eaux stagnantes, mares des bois.

R. *Les Ponts-de-Cé (à Sorges) ; Saumur* (Mill.). — *Beaufort-en-Vallée* (abbé Rochard). *Montfaucon-sur-Moine* (Br.). — *Martigné-Briand* (Rom.). — *Saint-Laurent-des-Autels (forêt de la Foucaudière, dans un ruisseau à sec)* (E. de I.). — *Chênehutte* (Ret.). — *Anjou* (Thu.). — *Anjou* (I. C.). — *Angers* (1 ex.) (Abot).

A. paludosus F. Mars à octobre. Dans les eaux claires des marais, les petites rivières, au milieu des plantes immergées.

R. *Les Ponts-de-Cé (à Sorges)* (Mill.). — *Martigné-Briand* (Rom.). — *Sainte-Gemmes (dans l'Authion)* (Gall.). — *La Meignanne* (de Joannis). — *Anjou* (I. C.). — *Écouflant* (Abot).

A. uliginosus L. Printemps. Dans les mares.

R. *Les Ponts-de-Cé (à Sorges)* (Mill.). — *Beaufort-en-Vallée* (abbé Rochard). — *Sainte-Gemmes* (Gall.). — *Angers* (Br.). — *Sainte-Gemmes* (Abot).

! **A. unguicularis** Thoms. Printemps et été. Étangs et fossés marécageux. Espèce surtout boréale.

R. R. *Angers* (Ven.).

! **affinis** Payk. Printemps et été. Dans les étangs marécageux. Espèce plus spécialement boréale.

R. *La Meignanne* (Mill.). — *Vivy* (1 ex.) (Abot).

A. nebulosus Forster. Mars à septembre. Mares à fond sablonneux ; eaux pluviales sur les côtés des chemins, mares des bois.

A. R. *Angers ; Sainte-Gemmes (fossés marécageux des bords de la Maine et de l'Authion)* (Gall.). — *Angers (étang Saint-Nicolas)* (Br.). — *Chênehutte* (Ret.). — *Anjou* (U. A.). — *Anjou* (Thu.).

A. Sturmi Gyll. Mars à septembre. Eaux stagnantes ou courantes.

A. C. *Anjou* (abbé Rochard ; Mme de Buzelet ; Perr. et Rom.). —

Lué (Perr.). — *Anjou* (Thu.). — *Anjou* (I. C.). — *Sainte-Gemmes ;
Angers ; Les Ponts-de-Cé* (Abot).

A. undulatus Schrank. Janvier à septembre. Eaux stagnantes ou
courantes ; mares des bois.

A. R. *Les Ponts-de-Cé (à Sorges) ; Martigné-Briand ; Sainte-Gemmes*
(Gall.). — *Anjou* (U. A.). — *Anjou* (Thu.). — *Anjou* (I. C.). — *Angers*
(Abot).

A. labiatus Brahm. Mai à septembre. Dans les marais et les mares.

R. *Beaufort-en-Vallée* (abbé Rochard et Mme de Buzelet). —
Sainte-Gemmes (bords de l'Authion) (Gall.). — *Angesr (étang Saint-
Nicolas)* (Br.). — *Chênehutte* (Ret.). — *Anjou* (I. C.). — *Angers* (Abot).

Platambus Thomson

P. maculatus L. Toute l'année. Dans les eaux courantes, les ruisseaux et les rivières.

A. R. *Les Ponts-de-Cé (à Sorges)* (Mill.). — *Sainte-Gemmes (dans
la Loire et l'Authion)* (Gall.). — *Anjou* (Thu.). — *Anjou* (I. C.). — *Les
Ponts-de-Cé* (Abot).

Copelatus Erichson

C. ruficollis Schall. Avril à septembre. Marais ; eaux stagnantes ;
mares des bois.

C. *Angers ; Martigné-Briand ; Les Ponts-de-Cé (à Sorges)* (Mill.).
— *Saumur* (P. Lambert). —*Sainte-Gemmes* (Gall.). — *Saint-Jean-de-
la-Croix* (Br.). — *Anjou* (U. A.). — *Anjou* (Thu.). — *Anjou* (I. C.). —
Angers (Abot).

Ilybius Erichson

I. fenestratus F. Avril à octobre. Eaux courantes ou stagnantes,
parmi les plantes aquatiques.

A. R. *Les Ponts-de-Cé (à Sorges)* (Mill.). — *Saumur* (Court.). —
Beaufort-en-Vallée (abbé Rochard). — *Sainte-Gemmes* (Gall.). — *La
Meignanne* (de Joannis). — *Angers (étang Saint-Nicolas)* (Br.). —
Chênehutte (Ret.). — *Anjou* (U. A.). — *Anjou* (Thu.). — *Anjou* (I. C.).
— *Saumur* (Abot).

I. fuliginosus F. Mars à octobre. Eaux courantes ou stagnantes,
parmi les plantes aquatiques.

A. R. *Les Ponts-de-Cé (à Sorges) ; Baugé ; Saumur* (Mill.). — *Angers
(étang Saint-Nicolas)* (Br.). — *Chênehutte* (Ret.). — *Anjou* (U. A.).
— *Anjou* (I. C.). — *Angers* (Abot).

? I. meridionalis Aubé. Printemps. Dans les mares. Espèce absolument méridionale.

R. R. *Beaufort-en-Vallée* (abbé Rochard).

I. subæneus Er. Printemps. Eaux courantes, parmi les plantes aquatiques.

R. R. *Saumur* (1 ex.) (Abot).

I. ater Degeer. Mars à octobre. Mares et rivières.

A. R. *Les Ponts-de-Cé* (à *Sorges*) (Mill.). — *Saumur ; Combrée (mares dans la forêt d'Ombrée) ; Sainte-Gemmes* (Gall.). — *La Meignanne* (de Joannis). — *Angers* (Br.). — *Chênehutte* (Ret.). — *Env. d'Angers* (Surr.). — *Anjou* (I. C.).

I. obscurus Marsh. Mars à octobre. Eaux, au milieu des plantes aquatiques.

A. R. *Les Ponts-de-Cé* (à *Sorges*) (Mill. et Rom.). — *La Meignanne* (de Joannis). — *Chênehutte* (Ret.). — *Anjou* (Thu.). — *Anjou* (I. C.). — *Saumur* (Abot).

Rhantus Lacordaire

R. Grapi Gyll. Avril à octobre. Fossés, dans les marais et mares des bois.

R. *Beaufort-en-Vallée* (abbé Rochard). — *Juigné-sur-Loire* (Ven.).

R. punctatus Geoffr. Mars à septembre. Dans les fossés des marais, les étangs, les petites rivières.

A. R. *Lué* (Perr.). — *Sainte-Gemmes* (Gall.). — *La Meignanne* (de Joannis). — *Angers* (Abot).

R. notatus F. Printemps. Dans les mares. Espèce surtout boréale

R. *Les Ponts-de-Cé* (à *Sorges*) (Mill.). — *Beaufort-en-Vallée* (abbé Rochard). — *Sainte-Gemmes* (Gall.). — *Anjou* (Thu.). — *Anjou* (I. C.).

R. bistriatus Bergst. Printemps. Dans les mares.

A. R. *Anjou* (Perr. et Rom.). — *Les Ponts-de-Cé* (à *Sorges*) (Mill.). *Beaufort-en-Vallée* (abbé Rochard). — *La Meignanne* (de Joannis). — *Anjou* (I. C.).

R. adspersus F. Printemps. Dans les mares.

R. *Angers ; Pruniers ; Sainte-Gemmes* (Abot).

R. exoletus Forster. Mars à septembre. Dans les eaux claires des fossés, dans les marais et les rivières.

A. C. *Beaufort-en-Vallée* (abbé Rochard). — *Martigné-Briand*

(Rom.). — *La Meignanne* (de Joannis). — *Sainte-Gemmes* (Gall.). — *Angers (étang Saint-Nicolas)* ; *Le Lion-d'Angers* (Br.). — *Angers (étang Saint-Nicolas)* (U. A.). — *Anjou* (Thu.). — *Anjou* (I. C.). — *Les Ponts-de-Cé* (Abot).

R. exoletus Forster. **var. latitans** Sharp. Mêmes époques et mêmes endroits.

R. *Angers* (2 ex.) (Abot).

Colymbetes Clairville

C. fuscus L. Toute l'année. Dans toutes les eaux.

C. C. *Partout en Anjou.*

C. striatus L. Toute l'année. Dans les petits cours d'eau, les fontaines, les eaux claires. Espèce plutôt septentrionale.

R. *Les Ponts-de-Cé (à Sorges)* (Mill.). — *Saumur* (Court.). — *Dampierre (dans la fontaine de Fourneux)* (Abot).

Hydaticus Leach

H. seminiger Deg. Mars à octobre. Dans les étangs, les fossés des marais, les mares des bois.

A. C. *Les Ponts-de-Cé (à Sorges)* (Mill.). — *Anjou* (Perr. et Rom.). — *La Meignanne* (de Joannis). — *Anjou* (Thu.). — *Anjou* (I. C.).

H. transversalis Pontopp. Février à octobre. Dans les étangs et les fossés d'eaux stagnantes.

C. *Les Ponts-de-Cé (à Sorges)* ; *Angers (étang Saint-Nicolas)* ; *Le Lion-d'Angers* (Br.). — *Baugé* ; *Saumur* ; *Combrée (forêt d'Ombrée)* ; (Mill.). — *Beaufort-en-Vallée* (abbé Rochard). — *Anjou* (U. A.). — *Anjou* (Thu.). — *Anjou* (I. C.). — *Saumur* (Abot).

Graphoderes Thomson

G. bilineatus Degeer. Mars à septembre. Dans les étangs, les mares, les fossés.

R. R. *Anjou* ; *Saint-Mathurin?* (du Buysson).

G. cinereus L. Mars à septembre. Etangs et fossés des marais.

A. R. *Angers* ; *Les Ponts-de-Cé (à Sorges)* ; *Fontaine-Guérin* ; *Martigné-Briand* ; *Beaufort-en-Vallée* (Mill.). — *Montsoreau* (de Joannis). — *Anjou* (U. A.). — *Saumur* (Abot).

Acilius Leach

A. sulcatus L. Mars à septembre. Dans les petites rivières, les mares des villages.

C. *Anjou* (Gall.). — *Angers (étang Saint-Nicolas) ; Château-Gontier* (Br.). — *Cholet ; Chênehutte* (Ret.). — *Lué* (Perr.). — *Env. d'Angers* (Surr.). — *Anjou* (U. A.). — *Anjou* (Thu.). — *Anjou* (I. C.). — *Angers ; Les Ponts-de-Cé* (Abot).

Dytiscus Linné

D. marginalis L. Mars à décembre. Dans les eaux stagnantes ou courantes.

C. *Angers ; Les Ponts-de-Cé (à Sorges) ; Baugé ; Saumur* (Gall.). — *Angers (étang Saint-Nicolas) ; Écouflant* (Br.). — *Cholet ; Chênehutte* (Ret.). — *Lué* (Perr.). — *Anjou* (U. A.). — *Anjou* (Thu.). — *Anjou* (I. C.). — *Angers ; Sainte-Gemmes ; Les Ponts-de-Cé* (Abot).

D. dimidiatus Bergstr. Mars à septembre. Dans les fossés des marais, et les rivières.

C. *Angers (fossés des prairies de la Maine) ; Sainte-Gemmes* (Gall.). — *Cholet ; Chênehutte* (Ret.). — *Anjou* (Thu.). — *Anjou* (I. C.). — *Angers ; Saumur (fossés du Thouet)* (Abot).

D. punctulatus F. Mars à octobre. Dans les eaux, surtout les petites rivières froides.

C. *Les Ponts-de-Cé (à Sorges) ; Baugé ; Saumur* (Mill.). — *Sainte-Gemmes* (Gall.). — *Angers ; Montfaucon-sur-Moine* (Br.). — *Cholet ; Chênehutte* (Ret.). — *Lué* (Perr.). — *Env. d'Angers* (Surr.). — *Anjou* (U. A.). — *Anjou* (Thu.). — *Anjou* (I. C.). — *Angers ; Saumur ; Les Ponts-de-Cé* (Abot).

D. circumcinctus Ahr. Printemps et été. Étangs et marais.

R. *La Meignanne* (de Joannis). — *Sainte-Gemmes* (Gall.). — *Lué* (Perr.).

D. circumflexus F. Avril à juin. Fossés des marais ; petites rivières.

R. *Angers ; Les Ponts-de-Cé (à Sorges)* (Mill.). — *La Meignanne ; Saumur* (Mill.). — *Cholet ; Chênehutte* (Ret.). — *Anjou* (Thu.). — *Saumur* (Abot).

Cybister Curtis

C. laterimarginalis Deg. Avril à juillet. Dans les étangs, les petites rivières, au milieu des plantes aquatiques.

C. *Saumur ; Sainte-Gemmes* (Gall.). — *Angers (étang Saint-Nicolas)* (Br.). — *Cholet ; Chênehutte* (Ret.). — *Fontaine-Milon (mare sous bois entre la Plesse et la Grange*) (Perr.). — *Env. d'Angers* (Surr.). — *Anjou ; Sainte-Gemmes* (U. A.). — *Anjou* (Thu.). — *Angers ; Saumur ; Sainte-Gemmes* (Abot).

GYRINIDÆ

Aulonogyrus Régimbart

A. concinnus Klug. Mars à septembre. Dans les eaux courantes, rivières et ruisseaux.

R. *Angers (fossés de la Maine)* (Gall.). — *Anjou (fossés de l'Authion)* (Mill.). — *Beaufort-en-Vallée* (abbé Rochard). — *Anjou* (U. A.).

Gyrinus Geoffroy

G. minutus G. Juin à septembre. Dans les mares.

C. *Saumur ; Martigné-Briand* (Perr. et Rom.). — *Anjou ; Pontigné* (Thu.). — *Anjou* (I. C.). — *Angers* (Abot).

G. bicolor Payk, Mai à septembre. Fossés des marais et rivières.

R. *Martigné-Briand* (Perr. et Rom.). — *Saumur* (1 ex.) (Abot).

G. élongatus Aubé. Juin à août. Dans les fossés, les mares.

R. *Anjou* (Gall.). — *Lué* (Perr.). — *Anjou ; Pontigné* (Thu.).

G. colymbus Er. Août ; septembre. Dans les eaux courantes.

R. *Baugé* (Mill.).

G. natator L. Février à novembre. Dans toutes les eaux.

C. C. *Répandu partout en Maine-et-Loire.*

G. urinator Ill. Mars à septembre. Dans les eaux courantes.

A. R. *Saumur* (Mill.). — *Cholet ; Chênehutte* (Ret.). — *Anjou ; Pontigné* (Thu.). — *Saumur* (Abot).

? G. Dejeani Brull. Mars à octobre. Dans les eaux courantes. Espèce méridionale, peu probable en Anjou.

R. R. *Anjou* (U. A.). — *Longué* (Br.).

G. marinus Gyll. Printemps et été. Dans les étangs, les marais.

A. R. *Anjou* (U. A.). — *Anjou ; Pontigné* (Thu.). — *Ingrandes* (Abot).

G. marinus Gyll. **var. dorsalis** Gyll. Mêmes époques et mêmes lieux.

R. R. *Anjou ; Pontigné* (Thu.).

Orectochilus Lacordaire

O. villosus Müll. Mai à octobre. Sous les plantes immergées dans les rivières, les étangs à eaux courantes.

A. R. *Sainte-Gemmes (fossés de l'Authion)* (Gall.). — *Anjou ; Pontigné* (Thu.). — *Louerre (source de l'Aubance)* (Abot).

STAPHYLINIDÆ

Micropeplus Latreille

M. staphylinoides Marsh. Printemps et automne. Dans les forêts, les bois humides, sous les feuilles, en battant les fagots, dans les champignons, quelquefois dans les fourmilières.

A. R. *Angers* (Perr. et Rom.). — *Baugé* (Gall.). — *Saint-Barthélemy* (Abot).

M. fulvus Er. Toute l'année. Au pied des meules, sous les mousses, les foins coupés, les fruits gâtés, les débris végétaux.

A. C. *Martigné-Briand* (Perr. et Rom.). — *La Meignanne ; Sainte-Gemmes* (Gall.). — *Château-Gontier (Mayenne)* (Br.). — *Angers* (Abot).

M. porcatus F. Automne et hiver. Dans les marcs de raisin en décomposition, et fumiers.

R. *Chênehutte (au Petit-Puits)* (Ret.).

Pseudopsis Newman

P. sulcata Newm. Printemps et automne surtout. Sous les vieux fagots ayant séjourné à terre, sous les meules de foin et de paille.

R. R. *Sainte-Gemmes (dans le magasin à fourrage de l'asile d'aliénés)* (Gall.). — *Saumur* (Abot.)

Metopsia Wollaston

M. clypeata Müll. Mars à novembre. Dans les mousses, les fagots, les champignons, au pied des meules.

R. *Martigné-Briand* (Perr. et Rom.). — *Sainte-Gemmes* (Gall.). — *La Meignanne* (de Joannis). — *Anjou* (I. C.).

Megarthrus Stephens

M. depressus Payk. Février à septembre. Dans les foins coupés, les mousses, les champignons, les vieux fagots au pied des meules.

R. *Martigné-Briand* (Perr. et Rom.). — *Sainte-Gemmes* (Gall.). — *Anjou* (I. C.). — *Angers* (Abot).

M. hemipterus Illig. Mars à novembre. Sous les écorces, dans les bolets, dans les fagots, les détritus.

R. *Baugé* (Gall.). — *Anjou* (I. C.).

Proteinus Latreille

P. ovalis Steph. Toute l'année. Dans les champignons, les fruits pourris, les détritus, les fossés, les petits cadavres.

R. *Sainte-Gemmes* (Gall.). — *Angers* (Abot).

P. brachypterus F. Toute l'année. Dans les champignons, les fruits pourris, les détritus, les fagots, les petits cadavres.

A. C. *Baugé* (Gall.). — *Cholet* (Br.). — *Chênehutte* (*au Petit-Puits*) (Ret.). — *Anjou* (I. C.). — *Saumur* (Abot).

P. limbatus Mäkl. Automne et hiver. Dans les marcs de raisin en décomposition, dans les détritus végétaux, les champignons.

R. R. *Chênehutte* (*au Petit-Puits*) (Ret.).

P. macropterus Gyll. Toute l'année. Dans les champignons, en battant les fagots, les fruits pourris, les détritus, les petits cadavres.

R. *Sainte-Gemmes* (Gall.). — *Anjou* (I. C.).

P. atomarius Er. Mars à septembre. Dans les champignons, les fruits pourris, les détritus, les fagots, les petits cadavres.

R. *Anjou* (Fauvel). — *Avoise* (*Sarthe*) (Abot).

Anthobium Stephens

A. ophthalmicum Payk. Printemps et été. Sur les fleurs d'ombellifères.

A. R. *Baugé* (Gall.). — *Montfaucon-sur-Moine* (Br.). — *Lué* (Perr.). — *Saint-Barthélemy* (Abot).

A. torquatum Marsh. Mai à juillet. Sur les fleurs des arbustes et des plantes basses.

A. R. *Sainte-Gemmes* (Gall.). — *Champtoceaux* (Br.). — *Saumur* (Abot).

A. abdominale Grav. Avril à juin. Sur les arbres en fleurs et surtout sur les Rosacées.

A. R. *Sainte-Gemmes* (Gall.). — *Env. d'Angers* (Surr.). — *Anjou* (I. C.). — *Angers* (Abot).

A. minutum F. Mai à juillet. Sur les arbustes et les fleurs basses.

A. R. *Anjou* (Perr. et Rom.). — *Saumur* (Abot).

? A. oblitum Fairm. Mai à juillet. Sur les fleurs, et le long des murs. Insecte de la région méridionale montagneuse.

R. R. *Chênehutte (au Petit-Puits)* (Ret.).

A. atrum Heer. Avril à juin. Sur les arbustes et les fleurs basses.

A. R. *Sainte-Gemmes* (Gall.). — *Chênehutte* (Ret.). — *Saumur* (Abot).

Pycnoglypta Thomson

? P. lurida Gyll. Toute l'année. Sous les écorces. Insecte propre aux régions du Nord et de l'Est.

R. R. *Anjou* (I. C.).

Acrolocha Thomson

A. striata Grav. Octobre à mars. Dans les fumiers, au pied des meules, dans les détritus d'inondation, les bottes de foin, les débris végétaux, les bouses.

R. *Sainte-Gemmes* (Gall.).

Phyllodrepa Thomson

P. floralis Payk. Toute l'année. Dans les fumiers, les détritus, les bolets pourris, les mousses, au pied des meules ; aussi sur les arbustes en fleur.

A. C. *Anjou* (Perr. et Rom.). — *Sainte-Gemmes* (Gall.). — *Env. d'Angers* (Surr.). — *Pruniers* (Abot).

P. floralis Payk. **var. nigra** Grav. Mêmes époques et mêmes lieux que le type. Variété surtout de l'Est.

A. C. *Sainte-Gemmes* (Gall.). — *Angers* (Abot).

? P. melanocephala F. Toute l'année. Dans les mousses, sous les écorces. Espèce plutôt des montagnes de l'Est, des Alpes et des Pyrénées.

R. R. *Anjou* (abbé Rochard). — *Anjou* (I. C.).

P. ioptera Steph. Janvier à octobre. Sous les écorces, les mousses, les détritus, au pied des meules ; aussi sur les fleurs.

A. C. *Anjou* (Mill.). — *Champtoceaux* (Br.). — *Martigné-Briand* (Perr. et Rom.). — *Lué* (Perr.) (sur *Amanita rubescens*).

P. vilis Er. Avril. Dans les bois, avec *Formica rufa* L.

A. R. *Baugé* (Gall.).

P. pygmæa Gyll. Mars à octobre. Sous les écorces, dans les plaies des arbres, les débris végétaux, les champignons.

A. C. *Anjou (sur fleurs de Spiræa)* (Rom.). — *Angers* (Gall.). — *Martigné-Briand* (Perr. et Rom.). — *Angers* (Abot).

? P. rufula Er. Mars à octobre. Sous les écorces, les mousses, dans les débris végétaux. Espèce plus particulière au Midi.

R. R. *Anjou* (Fauvel).

Omalium Gravenhorst

O. rivulare Payk. Toute l'année. Dans les fagots, les détritus, les champignons, les mousses, les foins coupés ; au pied des arbres, au vol ; sur les couches humides.

C. *Anjou* (Perr. et Rom.). — *Chênehutte (au Petit-Puits)* (Ret.). — *Env. d'Angers* (Surr.). — *Anjou* (U. A.). — *Angers (Saint-Nicolas) ; Soulaines ; Trélazé (bois de Verrières)* (Br.). — *Anjou* (I. C.). — *Mûrs* (Abot).

O. oxyacanthæ Grav. Toute l'année. Dans les mousses, les détritus, les fumiers, quelquefois sur les fleurs. Espèce surtout méridionale.

R. R. *Env. d'Angers* (Surr.). — *Anjou* (I. C.). —

O. cæsum Grav. Toute l'année. Sous les détritus, les roseaux, dans les fumiers, les mousses, les champignons.

A. R. *Sainte-Gemmes* (Gall.). — *Env. d'Angers* (Surr.).

Phlœonomus Heer

P. pusillus Grav. Avril à septembre. Sous les écorces d'arbres abattus.

R. *Baugé* (Gall.). — *Lüé* (Perr.).

Xylodromus Heer

X. concinnus Marsh. Toute l'année. Dans les fagots, les mousses, au pied des arbres, sous les détritus des caves, au pied des meules et sur les fleurs.

A. C. *Sainte-Gemmes* (Gall.). — *Chênehutte (au Petit-Puits)* (Ret.). — *Anjou* (I. C.). — *Angers* (Abot).

X. depressus Grav. Mai, juin. Au pied des arbres et sous les écorces.

R. *Anjou* (Perr. et Rom.). — *Anjou* (I. C.). — *Saumur* (Abot).

X. testaceus Er. Automne et hiver. Dans les détritus des caves, au pied des arbres et sous les écorces.

R. *Chênehutte (au Petit Puits)* (Ret.). — *Anjou* (I. C.)

Philorinum Kraatz

P. sordidum Steph. Mai et juin. Sur les fleurs de genêt et d'*Ulex europæus*.

R. *Sainte-Gemmes* (Gall.). — *Angers ; Parcé (Sarthe)* (Abot).

Deliphrum Erichson

? D. tectum Payk. Été. Sous les écorces, dans les fagots, les bolets. Cette espèce habite l'Alsace et les Alpes.

R. R. *Env. d'Angers* (Surr.).

Lathrimæum Erichson

L. atrocephalum Gyll. Toute l'année. Dans les mousses, les feuilles mortes, les fagots, les champignons pourris.

R. *Martigné-Briand* (Perr. et Rom.). — *Baugé* (Gall.). — *Env. d'Angers* (Surr.).

L. unicolor Marsh. Toute l'année. Dans les feuilles mortes, les vieux troncs, les champignons.

R. *Lué* (Perr.).

Olophrum Erichson

O. piceum Gyll. Mars à octobre. Sous les mousses et les feuilles mortes.

R. *Sainte-Gemmes (bois de Vernusson)* (Gall.). — *Env. d'Angers* (Surr.). — *Anjou* (I. C.).

O. assimile Payk. Mars à octobre. Sous les mousses et les feuilles mortes.

R. *Anjou* (I. C.).

Lesteva Latreille

L. pubescens Mannh. Septembre. Dans les cavités des pierres submergées, sous les mousses et les détritus au bord des eaux.

R. *Martigné-Briand* (Perr. et Rom.). — *Anjou* (I. C.).

L. longelytrata Gôze. Février à octobre. Au bord des eaux, sous les pierres, les mousses humides, les détritus.

A. C. *Martigné-Briand* (Rom.).

Geodromicus Redtenbacher

! G. plagiatus F. Juillet à septembre. Sous les mousses et les feuilles mortes. Espèce des régions montagneuses.

R. R. *Lasse (étang du Bouchet)* (Br.).

! G. plagiatus F. **ab. nigrita** Müll. Mêmes dates et mêmes endroits que le type.

R. R. *Montfaucon-sur-Moine* (Br.).

Anthophagus Gravenhorst

A. bicornis Block. Mai à septembre. Sur les fleurs, les feuilles, les herbes, les arbrisseaux.

R. *Vezins* (Perr. et Rom.).

A. præustus Müll. Mai à septembre. Sur les fleurs, dans les détritus.

A. R. *Sainte-Gemmes* (Gall.). — *Château-Gontier (Mayenne)* (Br.). — *Les Ponts-de-Cé* (Abot).

Coryphium Stephens

C. augusticolle Steph. Toute l'année. Sous les écorces et dans la mousse, au pied des arbres.

R. *Montreuil-Belfroy* (Raffray).

Deleaster Erichson

D. dichrous Grav. Avril à juin. Sur la vase et dans les détritus au bord des eaux. Au vol, le soir.

R. *Martigné-Briand* (Perr. et Rom.). — *Sainte-Gemmes* (Gall.). — *Env. d'Angers* (Surr.).

Coprophilus Latreille

C. striatulus F. Toute l'année. Sous les mousses, les feuilles sèches, les détritus, au pied des arbres ; dans les cours, au pied des murailles.

A. R. *Anjou* (Perr. et Rom.). — *Anjou (bords de la Loire)* (Gall.). — *Montfaucon-sur-Moine* (Br.). — *Env. d'Angers* (Surr.). — *Anjou* (I. C.). — *Les Ponts-de-Cé* (Abot).

Acrognathus Erichson

A. mandibularis Gyll. Avril. Sous la vase des mares desséchées, les détritus au bord des eaux stagnantes.

R. *Angers* (Gall.). — *Les Ponts-de-Cé (bois de Pouillé)* (All.). — *Anjou* (U. A.).

Trogophlœus Mannerheim

T. bilineatus Steph. Janvier à novembre. Sous les détritus, les pierres au bord des eaux, les mousses, sur la vase.

C. *Anjou* (Perr. et Rom.). — *Sainte-Gemmes* (Gall.). — *Env. d'Angers* (Surr.). — *Anjou* (I. C.). — *Les Ponts-de-Cé ; Sainte-Gemmes* (Abot).

T. rivularis Motsch. Mars à décembre. Sous les détritus, les pierres, au bord des eaux, les mousses, sur la vase.

R. *Sainte-Gemmes* (Gall.). — *Angers ; Sainte-Gemmes* (Abot).

T. elongatulus Er. Toute l'année. Sous les détritus, les pierres, au bord des eaux, les mousses ; sur la vase.

A. C. *Sainte-Gemmes* (Gall.). — *Anjou* (I. C.). — *Saumur* (Abot).

T. impressus Lac. Toute l'année. Sous les détritus, les pierres, au bord des eaux, les mousses ; sur la vase.

R. *Anjou* (Fauvel).

T. corticinus Grav. Toute l'année. Sous les débris végétaux, les feuilles sèches, les mousses, au pied des arbres.

C. *Anjou (détritus d'inondations)* (Gall.). — *Sainte-Gemmes* (Br.). — *Les Ponts-de-Cé ; Sainte-Gemmes* (Abot).

T. pusillus Grav. Mai à décembre. Dans le fumier des couches, es détritus, les mousses.

A. C. *Anjou (bords de la Loire)* (Gall.).

T. gracilis Mannh. Avril à octobre. Dans le terreau des couches, au bord des eaux, dans la vase.

A. R. *Sainte-Gemmes (bords de la Loire)* (Gall.). — *Env. d'Angers* (Surr.).

Haploderus Stephens

H. cœlatus Grav. Toute l'année. Dans les détritus, les bouses, les champignons, les mousses.

A. R. *Sainte-Gemmes* (Gall.). — *Sainte-Gemmes ; Pruniers* (Abot).

Oxytelus Gravenhorst

O. rugosus F. Toute l'année. Dans les bouses, les fumiers, sous les feuilles, les mousses, les détritus, au pied des meules.

C. C. *Partout en Anjou.*

O. insecatus Grav. Avril à juillet. Sous les mousses, les feuilles mortes, les détritus ; dans les plaies d'ormes.

R. *Anjou* (Perr. et Rom.). — *Anjou* (I. C.). — *Les Ponts-de-Cé ; Dampierre* (Abot).

O. laqueatus Marsh. Toute l'année. Dans les fumiers, les détritus, les feuilles mortes.

R. *Chênehutte (au Petit-Puits)* (Ret.).

O. piceus L. Mai à septembre. Dans les crottins, les bouses, les détritus ; sur les plantes basses.

A. R. *Martigné-Briand* (Perr. et Rom.). — *Lué* (Perr.). — *Env. d'Angers* (Surr.). — *Anjou* (U. A.). — *Anjou* (I. C.).

O. sculptus Grav. Avril à septembre. Dans les crottins, les bouses, les détritus ; sur les plantes basses.

A. C. *Anjou* (Perr. et Rom.). — *Lué* (Perr.). — *Anjou* (I. C.).

O. inustus Grav. Toute l'année. Dans les crottins, les excréments, les bouses, les détritus ; aussi avec *Formica rufa* L. Dans les plaies des arbres.

C. *Anjou* (Gall.). — *Saint-Florent-le-Vieil ; Château-Gontier (Mayenne)* (Br.). — *Chênehutte (au Petit-Puits)* (Ret.). — *Env. d'Angers* (Surr.). — *Angers* (Abot).

O. sculpturatus Grav. Toute l'année. Dans les détritus, les crottins, les bouses, les cadavres, les fumiers ; au vol, sur les chemins.

C. *Anjou* (Gall.). — *Chênehutte (au Petit-Puits)* (Ret.). — *Champtoceaux* (Br.). — *Lué* (Perr.). — *Env. d'Angers* (Surr.). — *Anjou* (U. A.). — *Anjou* (I. C.). — *Sainte-Gemmes* (Abot).

O. nitidulus Grav. Toute l'année. Dans les détritus, les crottins, les bouses, les cadavres, les fumiers ; au vol, sur les chemins.

C. *Martigné-Briand* (Perr. et Rom.). — *Anjou* (I. C.). — *Saumur* (Abot).

O. complanatus Er. Toute l'année. Dans les détritus, les crottins, les bouses, les cadavres, les fumiers ; au vol, sur les chemins.

C. *Anjou* (Gall.). — *Env. d'Angers* (Surr.). — *Anjou* (I. C.).

O. tetracarinatus Block. Toute l'année. Dans les bouses, les crottins, les cadavres, les détritus, les champignons ; sur la vase, au bord des eaux ; au vol, le soir.

C. *Angers* (Gall.). — *Anjou* (Perr. et Rom.). — *Chênehutte (au Petit-Puits)* (Ret.). — *Les Ponts-de-Cé ; Sainte-Gemmes* (Abot).

Platystethus Mannerheim

P. arenarius Geoffr. Toute l'année. Dans les bouses, les crottins, es détritus, sur la vase ; au vol, le soir.

C. *Vezins* (Rom.). — *Sainte-Gemmes* (Gall.). — *Chênehutte (au Petit-Puits)* (Ret.). — *Anjou* (I. C.). — *Saint-Florent-le-Vieil* (Br.). — *Parcé (Sarthe)* (Abot).

P. cornutus Grav. Avril à septembre. Dans les bouses, les crottins, les détritus ; sur la vase ; au vol, le soir.

A. C. *Vezins* (Rom.). — *Sainte-Gemmes* (Gall.). — *Chênehutte (au Petit-Puits)* (Ret.). — *Lué* (Perr.). — *Sainte-Gemmes* (Br.). — *Env. d'Angers* (Surr.). — *Anjou* (U. A.). — *Anjou* (I. C.). — *Saumur* (Abot).

P. cornutus Grav. **var. alutaceus** Thoms. Mêmes dates et mêmes endroits que le type.

A. R. *Chênehutte (au Petit-Puits)* (Ret.). — *Écouflant ; Sainte-Gemmes* (Br.). — *Pruniers ; Sainte-Gemmes ; Les Ponts-de-Cé* (Abot).

! P. capito Heer. Avril à septembre. Dans les bouses, les crottins, les détritus, sur la vase. Espèce plutôt de l'Est et du Midi.

R. R. *Sainte-Gemmes* (1 ex.) (Abot).

! P. spinosus Er. Toute l'année. Dans les détritus au bord des eaux, les crottins. Espèce plutôt aussi de l'Est et du Midi.

R. R. *Pruniers* (2 ex.) (Abot).

P. nitens Sahlb. Mai à septembre. Dans les détritus, les bouses, sous les pierres, au bord des eaux ; aussi avec *Formica rufa* L.

A. R. *Sainte-Gemmes (bords de la Loire)* (Gall.). — *Anjou* (I. C.). — *Les Ponts-de-Cé ; Sainte-Gemmes* (Abot).

Bledius Mannerheim

B. spectabilis Kr. Mai à septembre. Sous les pierres, les détritus.
R. *Angers* (Gall.).   (*Plus spécialement au bord de la mer.*)

B. unicornis Germ. Avril à août. Sous les pierres, les détritus.
A. R. *Sainte-Gemmes (bords de la Loire)* (Gall.). — *Env. d'Angers* (Surr.).

B. pallipes Grav. Mai à août. Sur le sable et la vase, au bord des rivières.
R. *Sainte-Gemmes (bords de la Loire)* (Gall.). — *Martigné-Briand* (Perr. et Rom.). — *Env. d'Angers* (Surr.).

B. opacus Block. Mai à septembre. Dans le sable, au bord des mares, marais, dans les débris de roseaux, les détritus : au vol. le soir.
R. *Saumur ; Sainte-Gemmes ; Martigné-Briand* (Perr. et Rom.). — *Anjou (bords de la Loire)* (Gall.). — *Env. d'Angers* (Surr.).

B. fracticornis Payk. Mai à septembre. Au bord des eaux, dans le sable et la vase.
R. *Anjou* (I. C.).

! B. femoralis Gyll. Avril à septembre. Dans le sable et la vase, au bord des eaux. Espèce surtout répandue dans le centre et la Provence.

R. R. *Chênehutte (bords de la Loire)* (Ret.).

! B. cribricollis Heer. Mai à octobre. Au bord des rivières, dans les sables et les vases. Espèce habitant surtout l'Est et le Midi.

R. R. *Lué* (Perr.).

B. pusillus Er. Printemps et été. Au bord des eaux courantes, dans les sables humides.

R. R. *Anjou* (Fauvel).

B. subterraneus Er. Printemps et été. Dans le sable des grèves, au bord des cours d'eau.

R. *Saumur* (Court.). — *Sainte-Gemmes (bords de la Loire)* (Gall.).

? B. arenarius Payk. Printemps et été. Sables et vases au bord des eaux. C'est une espèce des contrées du Nord et de l'Allemagne. Il est bien douteux qu'elle puisse se rencontrer en Anjou.

R. R. *Env. d'Angers* (Surr.).

! B. tristis Aub. Printemps et été. Dans les sables et les vases au bord des cours d'eaux. Appartient aux régions méridionales. Sa capture en Anjou paraît bien accidentelle.

R. *Chênehutte (dans le sable au bord de la Loire)* (Ret.).

Oxyporus Fabricius

O. rufus L. Mars à octobre. Bois et marais, dans les bolets et les agarics.

C. *Sainte-Gemmes ; Angers ; Baugé* (Gall.). — *Cholet ; Chênehutte (au Petit-Puits)* (Ret.). — *Lué (principalement sur Pholiota ægerita)* (Perr.). — *Anjou* (I. C.). — *Saint-Georges-sur-Loire ; Saint-Barthé-lemy (à Pignerolles)* (Br.). — *Saumur* (Abot).

O. maxillosus F. Mars à octobre. Bois, dans les bolets et les agarics (principalement dans *Pleurotus geogenius*).

A. R. *Soucelles ; Baugé* (Gall.).

Stenus Latreille

S. biguttatus L. Toute l'année. Sur la vase, au bord de l'eau, sous les pierres, les mousses, les détritus, dans les foins coupés.

C. *Sainte-Gemmes (bords de la Loire) ; Angers (bords de la Maine)* (Gall.). — *Env. d'Angers* (Surr.). — *Anjou* (I. C.). — *Saumur* (Abot).

S. bipunctatus Er. Mai à octobre. Sur la vase, près de l'eau, sous les détritus végétaux, dans les foins coupés.

A. R. *Anjou* (Perr. et Rom.). — *Sainte-Gemmes* (Gall.). — *Anjou* (U. A.). — *Anjou* (I. C.). — *Angers* (Abot).

S. longipes Heer. Mars à octobre. Dans les détritus au bord des eaux courantes. Espèce surtout de l'Est et du Midi.

R. *Sainte-Gemmes* (Gall.). — *Saumur* (Abot).

? S. ocellatus Faur. Mars à octobre. Au bord des eaux courantes. Espèce du Sud-Ouest de la France et de Portugal.

R. *Chênehutte (bords de la Loire)* (Ret.).

S. guttula Müll. Janvier à octobre. Marais ; au bord des eaux et sous les détritus, les foins coupés.

C. *Saumur* (Court.). — *Anjou* (Perr. et Rom.). — *Sainte-Gemmes* (Gall.). — *Anjou* (I. C.). — *Les Ponts-de-Cé* (Abot).

S. stigmula Er. Printemps et été. Au bord des mares, dans les bois, sur le sable au bord des eaux.

R. *Sainte-Gemmes* (Gall.). — *Chênehutte* (Ret.).

S. bimaculatus Gyll. Toute l'année. Sous les mousses, les pierres, les écorces, les débris végétaux, les bottes de roseaux.

A. R. *Anjou* (Perr. et Rom.). — *Chênehutte* (Ret.). — *Env. d'Angers* (Surr.). — *Angers ; Les Ponts-de-Cé* (Abot).

S. juno Payk. Toute l'année. Bois et marais, sous les débris végétaux, les mousses.

A. C. *Martigné-Briand* (Perr. et Rom.). — *Chênehutte* (Ret.). — *Anjou* (I. C.). — *Angers* (Abot).

S. ater Mannh. Toute l'année. Sous les pierres, les mousses, les feuilles mortes, les fagots.

C. *Anjou* (Gall.). — *Lué* (Perr.). — *Anjou* (I. C.). — *Pruniers ; Sainte-Gemmes ; Saint-Barthélemy* (Abot).

! S. longitarsis Thoms. Toute l'année. Sous les pierres, les mousses, les détritus. Espèce du Nord, de l'Est et du Midi.

R. *Env. d'Angers* (Surr.).

S. clavicornis Scop. Toute l'année. Au bord des eaux, sous les mousses et les détritus.

R. *Anjou ; Combrée* (I. C.). — *Saint-Florent-le-Vieil* (Br.).

S. providus Er. Toute l'année. Sous les mousses, les pierres, au pied des arbres, dans les détritus, au bord des eaux.

A. C. *Env. d'Angers* (Surr.). — *Saint-Barthélemy ; Sainte-Gemmes* (Abot).

? S. silvester Er. Mars à octobre. Bois humides, sous les détritus, les mousses, les feuilles mortes. Espèce plus particulière au Nord et à l'Est.

R. R. *Env. d'Angers* (Surr.). — *Anjou* (I. C.).

S. lustrator Er. Printemps et été. Sur la vase des mares desséchées et sous les détritus, souvent parmi les *sphagnum*.

R. *Anjou* (Fauvel). — *Martigné-Briand* (Rom.). — *Anjou* (I. C.). — *Les Ponts-de-Cé* (1 ex.) (Abot).

? S. proditor Er. Printemps et été. Au bord des eaux, sur la vase et sous le détritus. C'est une espèce de l'Est et de Suisse.

R. R. *Anjou* (I. C.).

S. aterrimus Er. Mars à octobre. Bois ; dans les fourmilières, avec *Formica rufa* L.

R. *Sainte-Gemmes* (Gall.). — *Env. d'Angers* (Surr.). — *Parcé* (*Sarthe*) (Abot).

S. buphthalmus Grav. Toute l'année. Sous les détritus, les mousses, les foins coupés.

C. *Anjou* (Gall.). — *Ecouflant* (Br.). — *Angers ; Sainte-Gemmes* (Abot).

S. morio Grav. Mars à décembre. Dans les bottes de roseaux, les mousses, les débris végétaux.

A. R. *Sainte-Gemmes* (Gall.). — *Chênehutte* (Ret.).

S. melanarius Stephens. Mars à octobre. Au bord des eaux, sous les débris végétaux. Surtout au centre de la France.

R. *Anjou* (I. C.).

S. atratulus Er. Mars à octobre. Au pied des roseaux, sous les mousses, au pied des arbres.

R. *Anjou* (Mill.). — *Angers* (Abot).

! S. subdepressus Rey. Juin à novembre. Sous les mousses, les détritus, au pied des arbres.

R. *Chênehutte* (*au Petit-Puits*) (Ret.).

S. melanopus Marsh. Toute l'année. Dans les détritus d'inondations, les mousses humides ; aussi sur les arbustes en fleur.

A. C. *Anjou* (Gall.). — *Angers* (Abot).

S. pusillus Steph. Toute l'année. Dans les mousses humides ; sous les détritus, au bord des eaux.

C. *Anjou* (Perr. et Rom.). — *Anjou* (I. C.). — *Angers* (Abot).

S. vafellus Er. Mars à décembre. Détritus d'inondations ; sous les mousses et les débris au bord des eaux.

R. *Sainte-Gemmes* (Gall.). — *Saumur* (Abot).

S. fuscipes Grav. Toute l'année. Dans les bottes de roseaux, les détritus, sous les pierres, dans les prairies humides.

A. C. *Anjou* (Gall.). — *Angers ; Les Ponts-de-Cé* (Abot).

S. humilis Er. Janvier à novembre. Sous les détritus, dans les marais.

R. R. *Anjou* (Mill ; Perr. et Rom).

S. crassus Steph. Toute l'année. Sous les débris végétaux, les bottes de roseaux, les foins coupés.

A. C. *Anjou* (Gall.). — *Anjou* (I. C.). — *Angers* (Abot).

S. brunniques Steph. Toute l'année. Sous les débris végétaux, les mousses, les détritus, les vieux bois, les feuilles mortes.

A. C. *Anjou* (Gall.). — *Saint-Barthélemy* (Abot).

S. latifrons Er. Toute l'année. Sur la vase, sous les détritus, les feuilles mortes, les bottes de roseaux.

R. *Anjou* (I. C.). — *Ingrandes* (Abot).

S. tarsalis Ljungh. Toute l'année. Sur la vase, sous les mousses humides, les détritus, au bord des eaux.

C. *Anjou* (Gall.). — *Anjou* (U. A.). — *Écouflant* (Br.). — *Anjou* (I. C.). — *Angers ; Ingrandes* (Abot).

S. similis Herbst. Toute l'année. Dans les débris végétaux, les fagots, les détritus, les foins.

C. *Anjou* (Gall.). — *Angers ; Sainte-Gemmes* (Abot).

S. cicindeloides Schall. Toute l'année. Marais, sous les mousses, les débris végétaux, les bottes de roseaux.

C. *Anjou* (Gall.). — *Écouflant ; Saint-Florent-le-Vieil* (Br.). — *Anjou* (I. C.). — *Angers ; Sainte-Gemmes* (Abot).

S. pubescens Steph. Toute l'année. Marais, sous les mousses, les détritus.

R. R. *Avoise (Sarthe)* (1 ex.) (Abot).

S. binotatus Ljungh. Février à décembre. Dans les débris de roseaux, les foins coupés.

C. *Anjou* (Gall.). — *Lué* (Perr.). — *Env. d'Angers* (Surr.). — *Saint-Florent-le-Vieil* (Br.). — *Sainte-Gemmes* (Abot).

S. pallitarsis Steph. Toute l'année. Dans les bottes de roseaux, les foins, les détritus, au bord des eaux.

A. C. *Anjou* (Gall.). — *Les Ponts-de-Cé* (Abot).

S. niveus Fauv. Juin à août. Sur la vase, dans les marais ; endroits marécageux des lieux boisés.

R. *Anjou* (Fauvel).

S. picipes Steph. Printemps et été. Prairies humides, au bord des cours d'eau.

A. C. *Anjou (bords de la Loire)* (Gall.). — *Saumur* (Abot).

S. bifoveolatus Gyll. Printemps et été. Dans les bois marécageux, parmi les herbes et les détritus.

A. R. *Env. d'Angers* (Surr.).

S. picipennis Er. Février à novembre. Sous les foins coupés, les roseaux.

R. *Avoise (Sarthe)* (1 ex.) (Abot).

S. flavipes Steph. Toute l'année. Dans les détritus, les mousses, les bottes de roseaux, sur les plantes basses, dans les fagots.

C. *Anjou* (Gall.). — *Martigné-Briand* (Perr. et Rom.). — *Anjou* (I. C.). — *Saumur* (Abot).

S. subæneus Er. Avril à novembre. Dans les détritus, les vieilles souches, sous les mousses humides, les fagots, les foins.

C. *Anjou* (Gall.). — *Anjou* (I. C.). — *Angers* (Abot).

S. aceris Steph. Mai à août. Sous les débris végétaux, les fagots.

A. C. *Angers* (Gall.). — *Angers* (Br.). — *Sainte-Gemmes ; Dampierre* (Abot).

S. impressus Germ. Toute l'année. Sous les feuilles mortes, les mousses, les écorces, les fagots.

A. C. *Anjou* (Gall.). — *Soulaines* (Br.). — *Anjou* (I. C.). — *Les Ponts-de-Cé* (Abot).

S. pallipes Grav. Toute l'année. Dans les fagots, les mousses, les détritus.

R. *Anjou* (Gall.). — *Saint-Florent-le-Vieil* (Br.). — *Saint-Barthé-lemy* (Abot).

Dianous Samouelle

? D. cœrulescens Gyll. Mai. Sur la vase, au bord des rivières. Cette espèce du Nord et du Centre de l'Europe est douteuse en Anjou.

R. R. *Anjou* (Mill.).

Euæsthetus – Gravenhorst

E. ruficapillus Lac. Toute l'année. Sous les foins coupés, les bottes de roseaux, les mousses humides ; au pied des arbres.

R. *Angers (bords de l'étang Saint-Nicolas)* (Raffray et Gall.).

Astenus – Stephens

! A. uniformis Duv. Avril à septembre. Sous les foins coupés, les mousses, les détritus, au pied des arbres. Son habitat est surtout l'Europe méridionale occidentale.

R. R. *Anjou* (U. A.).

A. filiformis Latr. Mai à octobre. Sous les foins coupés, les détritus ; sous la mousse au pied des arbres ; au pied des meules.

C. *Anjou* (Gall.). — *Lué* (Perr.). — *Anjou* (U. A.). — *Angers (la Paperie)* (Br.). — *Anjou* (I. C.). — *Mûrs* (Abot).

A. pulchellus Heer. Printemps et été. Sous les pierres, dans les fagots, sous les feuilles mortes.

A. R. *Sainte-Gemmes* (Gall.). — *Dampierre* (Abot).

A. bimaculatus Er. Juillet à octobre. Dans le terreau, au pied des plantes, sous les pierres. Espèce surtout méridionale.

R. *Sainte-Gemmes* (Gall.). — *Angers* (Abot).

A. angustatus Payk. Toute l'année. Sous les mousses, les feuilles mortes, les pierres, les foins coupés, les détritus.

C. *Anjou* (Gall.). — *Lué* (Perr.). — *Anjou* (I. C.). — *Angers (Saint-Nicolas)* ; *Saint-Barthélemy* (Br.). — *Angers* ; *Saint-Barthélemy* (Abot).

A. immaculatus Steph. Toute l'année. Sous les mousses, les feuilles mortes, les pierres, les foins coupés, les détritus,

C. *Anjou* (Perr. et Rom.). — *Angers (Saint-Nicolas)* (Br.). — *Angers ; Saint-Barthélemy* (Abot).

Pæderus Fabricius

P. ruficollis F. Avril à novembre. Bords des eaux courantes et stagnantes, dans les sables.

C. *Anjou (bords de la Loire)* (Mill.). — *Saint-Florent-le-Vieil* (Chevrolat). — *Chênehutte (grèves de la Loire)* (Ret.). — *Champtoceaux* (Br.). — *Turquant* (de Joannis). — *Chaumont (étang de Malaguet)* (Perr.). — *Env. d'Angers* (Surr.). — *Anjou* (U. A.). — *Anjou* (I. C.), — *Angers ; Les Ponts-de-Cé ; Ingrandes* (Abot).

P. gemellus Kr. Toute l'année. Bords des eaux ; marais.

R. *Saint-Mathurin ; Champtoceaux* (Br.).

P. riparius L. Toute l'année. Marais, sous les détritus, les mousses, les pierres, les foins coupés, les roseaux en tas ; aux bords des cours d'eau.

C. C. *Dant tout le département de Maine-et-Loire.*

P. caligatus Er. Toute l'année. Marais et bords des cours d'eau ; au pied des arbres, sous les mousses humides, les détritus.

R. *Sainte-Gemmes* (Gall.). — *Les Ponts-de-Cé* (Abot).

P. fuscipes Curt. Mars à juillet. Marais et bords des rivières ; au pied des arbres, dans les mousses, les détritus, les débris végétaux.

C. *Martigné-Briand* (Perr. et Rom.). — *Sainte-Gemmes* (Gall.). — *Cholet ; Chênehutte* (Ret.). — *Saint-Florent-le-Vieil ; Angers (Bourg-la-Croix ; Saint-Nicolas) ; Champtoceaux* (Br.). — *Env. d'Angers* (Surr.). — *Anjou* (U. A.). — *Angers ; Les Ponts-de-Cé* (Abot).

P. litoralis Grav. Toute l'année. Bois et plaines ; sous les pierres, les mousses, les détritus, les feuilles mortes.

C. C. *Répandu partout en Maine-et-Loire.*

P. brevipennis Lac. Printemps et automne. Sous les pierres, les détritus, les mousses humides.

R. *Sainte-Gemmes* (Gall.).

Stilicus Serville

S. angustatus Geoffr. Février à novembre. Dans les bottes de roseaux, les foins coupés, les détritus.

R. *Sainte-Gemmes* (Gall.). — *Lué* (Perr.). — *Anjou* (I. C.). — *Angers* (Abot).

S. subtilis Er. Toute l'année. Sous les pierres, les mousses, les feuilles mortes, les détritus ; dans les fagots, les foins coupés.

A. R. *Sainte-Gemmes.* (Gall.). — *Env. d'Angers* (Surr.). — *Anjou* (U. A.). — *Saint-Barthélemy* (Abot).

S. rufipes Germ. Toute l'année. Sous les mousses, les bottes de roseaux, les foins coupés.

A. R. *Anjou* (Perr. et Rom.). — *Lué* (Perr.). — *Env. d'Angers* (Surr.). — *Anjou* (I. C.). — *Angers* (Abot).

S. similis Er. Toute l'année. Sous les détritus, les feuilles mortes, les mousses.

A. R. *Lué* (Perr.). — *Champtoceaux* (Br.).

S. geniculatus Er. Toute l'année. Sous les mousses, les pierres, les feuilles tombées.

R. *Martigné-Briand* (Perr. et Rom.). — *Anjou* (I. C.).

S. orbiculatus Payk. Toute l'année. Sous les mousses, les bottes de roseaux, les foins coupés.

R. *Anjou* (Gall.). — *Sainte-Gemmes ; Avoise (Sarthe)* (Abot).

? S. Erichsoni Fauv. Toute l'année. Sous les mousses, les pierres, les détritus. Espèce de l'Europe centrale et d'Italie.

R. *Chênehutte (au Petit-Puits)* (Ret.).

Scopæus Kraatz

? S. didymus Er. Printemps et été. Sous les pierres, les mousses, les détritus, au bord des eaux. Espèce de l'Europe centrale et méridionale.

R. *Sainte-Gemmes* (Gall.).

! S. rubidus Rey. Printemps et été. Sous les mousses, les pierres, les détritus. Espèce surtout centrale et méridionale.

R. *Sainte-Gemmes* (Gall.).

S. sulcicollis Steph. Mars à novembre. Sous les débris végétaux, avec *Formica rufa* L. ; *Formica cinerea* Mayr. ; *Ponera contracta* Latr. ; sous les pierres.

R. *Sainte-Gemmes* (Gall.). — *Sainte-Gemmes* (Abot).

S. lævigatus Gyll. Mars à octobre. Sous les pierres, les mousses, les écorces d'arbres abattus ; dans les foins coupés.

A. R. *Martigné-Briand* (Perr. et Rom.). — *Chênehutte (au Petit-Puits)* (Ret.). — *Env. d'Angers* (Surr.).

Lithocharis Lacordaire

L. ochracea Grav. Mai à octobre. Sous les pierres, les débris végétaux.

A. C. *Martigné-Briand* (Perr. et Rom.).—*Montreuil-Belfroy* (Raffray). — *Env. d'Angers* (Surr.). — *Anjou* (I. C.).

Medon Stephens

M. dilutus Er. Printemps et été. Dans la mousse, les plaies des arbres, sous les pierres, les feuilles mortes.

R. *Sainte-Gemmes* (Gall.).

M. fusculus Mannh. Août et septembre. Sous les feuilles mortes, les mousses, les fagots.

R. *Sainte-Gemmes* (Gall.). — *Lué* (Perr.).

! **M. rufiventris** Nordm. Avril à octobre. Sous les mousses et les écorces.

R. *Anjou* (Raffray.)

M. ripicola Kr. Mars à novembre. Dans les foins coupés, les détritus, les bottes de roseaux ; au pied des arbres.

R. *Sainte-Gemmes* (Gall.).

M. apicalis Kr. Avril à juin. Dans les bottes de roseaux, sous les croûtes de limon.

R. *Sainte-Gemmes* (Gall.).

M. nigritulus Er. Avril à octobre. Sous les détritus, les croûtes de limon.

R. *Anjou (bords de la Loire)* (Gall.).

M. propinquus Bris. Toute l'année. Sous les pierres, les détritus en terrains vaseux.

R. *Sainte-Gemmes* (Gall.). — *Chênehutte* (Ret.).

M. melanocephalus F. Toute l'année. Sous les pierres, les mousses, les feuilles mortes, les détritus.

A. C. *Montreuil-Belfroy* (Raffray). — *Martigné-Briand* (Rom.). — *Les Ponts-de-Cé (à Sorges)* ; *Soulaines* ; *Angers* ; *Sainte-Gemmes* (Br.). — *Anjou* (I. C.). — *Saumur* (Abot).

M. obsoletus Nordm. Toute l'année. Dans les bottes de roseaux, les débris végétaux.

A. C. *Anjou* (Gall.). — *Lué* (Perr.). — *Anjou* (U. A.). — *Anjou* (I. C.).

Lathrobium Gravenhorst

L. multipunctum Grav. Toute l'année. Sous les mousses, les détritus, les feuilles mortes, les pierres.

A. C. *Anjou (bords de la Loire)* (Mill.). ; *Angers (bords de la Maine)* (Raffray). — *Saint-Florent-le-Vieil* (Br.). — *Env. d'Angers* (Surr.). — *Saumur* (Abot).

L. punctatum Zett. Toute l'année. Dans les bottes de roseaux, les feuilles mortes, les débris végétaux. Surtout du nord de l'Europe.

R. *Angers* (Fauvel). — *Angers* (1 ex.) (Abot).

L. quadratum Payk. Toute l'année. Dans les bottes de roseaux, les feuilles mortes, les débris végétaux.

A. C. *Montreuil-Belfroy* (Raffray). — *Anjou* (I. C.). — *Trélazé* (H. Baz.). — *Angers (Saint-Nicolas)* (Br.).

L. terminatum Grav. Toute l'année. Sous les mousses, les pierres, les détritus.

R. *Saint-Mathurin* (Br.).

! **L. rufipenne** Gyll. Toute l'année. Dans les fossés vaseux, dans les marécages, parmi les Sphagnum. Espèce plus particulière au nord et au centre de l'Europe.

R. R. *Lué* (Perr.). — *Env. d'Angers* (Surr.).

L. elongatum L. Printemps et été. Au bord des eaux, dans la vase.

A. C. *Montreuil-Belfroy* (Raffray). — *Sainte-Gemmes* (Gall.). — *Lué* (Perr.). — *Env. d'Angers* (Surr.). — *Anjou* (U. A.). — *Angers (Saint-Nicolas)* (Br.). — *Anjou* (I. C.). — *Angers ; Les Ponts-de-Cé* (Abot).

L. geminum Kr. Printemps et été. Au bord des eaux, dans la vase. R. *Anjou* (Gall.).

L. fulvipenne Grav. Mars à août. Dans les foins coupés, les débris végétaux, au bord des eaux.

C. *Martigné-Briand* (Perr. et Rom.). — *Montreuil-Belfroy* (Raffray). *Chênehutte* (Ret.). — *Env. d'Angers* (Surr.). — *Angers (Saint-Nicolas) ; Saint-Florent-le-Vieil* (Br.). — *Anjou* (I. C.).

L. brunnipes F. Toute l'année. Sous les mousses, au pied des arbres, les débris végétaux.

A. C. *Angers (bords de la Maine) ; Sainte-Gemmes (bords de la Loire)* (Gall.). — *Montreuil-Belfroy* (Raffray). — *Angers* (Abot).

L. filiforme Grav. Toute l'année. Dans les foins coupés, les débris de roseaux, au pied des arbres.

A. C. *Sainte-Gemmes* (Gall.).

L. longulum Grav. Toute l'année. Dans les foins coupés, les débris de roseaux, au pied des arbres.

A. C. *Anjou* (Perr. et Rom.). — *Anjou* (Fauvel). — *Env. d'Angers* (Surr.). — *Angers* (Abot).

Achenium Curtis

A. depressum Grav. Juin à août. Dans les détritus au bord des eaux.

A. R. *Sainte-Gemmes* (Gall.). — *Lué* (Perr.). — *Anjou* (U. A.). — *Angers ; Les Ponts-de-Cé* (Abot).

Cryptobium Mannerheim

C. fracticorne Payk. Toute l'année. Sous les feuilles mortes, les foins coupés, les détritus, au bord des eaux.

A. C. *Martigné-Briand* (Rom.). — *Sainte-Gemmes* (Gall.). — *Saint-Barthélemy* (Abot).

Leptolinus Kraatz

L. nothus Er. Mars à octobre. Dans la mousse au pied des arbres, sous les écorces, dans les détritus végétaux.

R. *Vezins* (Perr. et Rom.). — *Sainte-Gemmes* (Gall.). — *Angers* (*Saint-Nicolas*) ; *Saint-Florent-le-Vieil* (Br.).

Leptacinus Erichson

L. bathychrus Gyll. Toute l'année. Sous les pierres, les mousses, les débris végétaux.

A. R. *Anjou* (Gall.). — *Anjou ; Pontigné* (Thu.). — *Champtoceaux* (Br.). — *Angers ; Parcé* (*Sarthe*) (Abot).

L. bathychrus Gyll. **var. linearis** Grav. Toute l'année. Dans les fumiers, les matières végétales en décomposition.

A. R. *Sainte-Gemmes* (Gall.). — *Env. d'Angers* (Surr.). — *Chéne-hutte* (*au Petit-Puits*) (Ret.).

L. formicetorum Märk. Toute l'année. Sous les feuilles mortes et dans les fourmilières de *Formica rufa* L.

R. *Anjou* (Gall.). — *Env. d'Angers* (Surr.). — *Saint-Barthélemy* (*à Pignerolles*) (Br.).

Xantholinus Serville

X. punctulatus Payk. Toute l'année. Sous les bouses, les mousses, les pierres, les détritus, les champignons.

C. *Anjou* (Perr. et Rom.). — *Chênehutte* (Ret.). — *Lué* (Perr.). — *Env. d'Angers* (Surr.). — *Anjou ; Pontigné* (Thu.). — *Anjou* (I. C.). — *Les Ponts-de-Cé ; Champtoceaux ; Le Plessis-Grammoire ; Château-Gontier (Mayenne)* (Br.). — *Angers ; Sainte-Gemmes ; Les Ponts-de-Cé* (Abot).

X. glabratus Grav. Mai à novembre. Sous les pierres, les bouses, les détritus, au pied des arbres.

C. *Martigné-Briand* (Perr. et Rom.). — *Lué* (Perr.). — *Env. d'Angers* (Surr.). — *Anjou* (U. A.). — *Anjou ; Pontigné* (Thu.). — *Anjou* (I. C.). — *Angers ; Parcé (Sarthe)* (Abot).

X. glaber Nordm. Mars à juillet. Dans le terreau des arbres creux, sous les débris de roseaux (avec *Lasius brunneus*, Perr.).

R. *Lué* (Perr.). — *Env. d'Angers* (Surr.). — *Saumur* (1 ex.) (Abot).

X. tricolor F. Mai à octobre. Dans les mousses, au pied des arbres, sous les pierres ; au pied des meules, avec *Lasius fuliginosus* Latr.

A. C. *Martigné-Briand* (Perr. et Rom.). — *Lué* (Perr.). — *Env. d'Angers* (Surr.). — *Anjou ; Pontigné* (Thu.). — *Anjou* (I. C.). — *Marans* (H. Baz.). — *Avoise (Sarthe)* (Abot).

X. linearis Oliv. Toute l'année. Sous les pierres, les mousses, les feuilles mortes, dans les bouses et les détritus ; avec *Formica rufa* L. et *Lasius fuliginosus* Latr.

C. *Anjou* (Perr. et Rom.). — *Chênehutte (au Petit-Puits)* (Ret.). — *Lué* (Perr.). — *Env. d'Angers* (Surr.). — *Anjou ; Pontigné* (Thu.). — *Saint-Florent-le-Vieil ; Champtoceaux* (Br.). — *Anjou* (I. C.). — *Angers ; Trélazé* (H. Baz.). — *Angers ; Sainte-Gemmes* (Abot).

Gauropterus Thomson

G. fulgidus F. Avril à octobre. Dans les jardins, sous les couches, les fumiers, sous les pierres.

A. R. *Martigné-Briand* (Perr. et Rom.). — *Lué* (Perr.). — *Montrevault* (Br.). — *Angers* (Abot).

Baptolinus Kraatz

? B. pilicornis Payk. Avril à octobre. Sous les mousses, les pierres, les détritus végétaux. Se rencontre surtout dans les montagnes de l'Est de la France et en Auvergne.

R. *Anjou ; Pontigné* (Thu.).

Othius Stephens

O. punctulatus Gôze. Toute l'année. Sous les pierres, les détritus, la mousse, au pied des arbres, dans les fagots.

A. C. *Martigné-Briand* (Perr. et Rom.). — *Chênehutte (au Petit-Puits)* (Ret.). — *Env. d'Angers* (Surr.). — *Anjou ; Pontigné* (Thu.). — *Angers ; Parcé (Sarthe)* (Abot).

O. læviusculus Steph. Mars à septembre. Dans les mousses, sous les détritus, au bord des eaux, dans les foins coupés.

A. C. *Anjou* (Gall.). — *Chênehutte (au Petit-Puits)* (Ret.). — *Anjou* (U. A.).

O. myrmecophilus Kiesw. Toute l'année. Sous les feuilles mortes, les mousses, avec *Formica rufa* L. et *Lasius fuliginosus* Latr.

R. *Baugé* (Gall.). — *Chênehutte (au Petit-Puits)* (Ret.).

Actobius Fauvel

A. cinerascens Grav. Toute l'année. Sous les débris végétaux, les feuilles mortes, les foins coupés, au bord des eaux.

A. C. *Anjou* (Gall.). — *Angers ; Ingrandes* (Abot).

A. signaticornis Rey. Printemps et été. Sous les pierres, les détritus, au bord des eaux.

R. *Anjou* (Gall.). — *Dampierre* (Abot).

Neobisnius Ganglbauer

R. procerulus Grav. Avril à septembre. Sous les mousses, les détritus, au bord des eaux.

R. *Sainte-Gemmes* (Gall.).

N. procerulus Grav. **var. prolixus** Er. Mêmes époques et mêmes endroits que le type.

R. *Sainte-Gemmes* (Gall.).

Hesperus Fauvel

! **H. rufipennis** Grav. Toute l'année. Sous les détritus, les écorces, au pied de arbres et dans les champignons. Espèce surtout méridionale.

R. *Marans* (H. Baz.) (3 ex.).

Philonthus Stephens

P. splendens F. Mai à août. Dans les bouses, les cadavres, les débris végétaux, les crottes de mouton.

A. R. *Saumur* (Court.). — *Martigné-Briand* (Rom.). — *Sainte-Gemmes*

(Gall.). — *Chênehutte (au Petit-Puits)* (Ret.). — *Anjou ; Pontigné* (Thu.).
— *Anjou* (I. C.).

P. intermedius Lac. Avril à novembre. Dans les bouses, les détritus, les fumiers.

A. C. *Montreuil-Belfroy* (Raffray). — *Martigné-Briand* (Rom.). —
Chênehutte (au Petit-Puits) (Ret.). — *Lué* (Perr.). — *Les Ponts-de-Cé*
(Br.). — *Env. d'Angers* (Surr.). — *Anjou ; Pontigné* (Thu.). — *Anjou*
(I. C.). — *Marans* (H. Baz.). — *Angers ; Saumur* (Abot).

P. laminatus Creutz. Avril à décembre. Dans les bouses, les
détritus, les fumiers.

A. R. *Montreui-Belfroy* (Raffray) — *Saint-Laurent-des-Autels (forêt
de la Foucaudière)* (E. de I.). — *Chênehutte (au Petit-Puits)* (Ret.). —
Anjou (I. C.). — *Saumur* (Abot).

P. nitidus F. Printemps. Dans les fumiers, le terreau, les détritus.

R. *Chênehutte (au Petit-Puits)* (Ret.).

P. cyanipennis F. Juin à octobre. Sous les mousses, les vieilles
souches, dans les agarics en décomposition.

R. *Martigné-Briand* (Rom.). — *Baugé* (All. et Gall.). — *Lué* (Perr.).
— *Anjou* (I. C.). — *Saumur* (Abot).

P. æneus Rossi. Toute l'année. Dans les bois, sous les cadavres,
les champignons, les détritus, les mousses.

C. *Sainte-Gemmes (à l'Asile, sous le dépôt d'os)* (Gall.). — *Anjou ;
Pontigné* (Thu.). — *Les Ponts-de-Cé* (Br.). — *Anjou* (I. C.). — *Saumur ;
Saint-Barthélemy* (Abot).

P. chalceus Steph. Mars à octobre. Dans les bois, sous les cadavres,
dans les champignons pourris.

A. R. *Anjou* (Gall.). — *Cholet* (Ret.). — *Env. d'Angers* (Surr.).
— *Les Ponts-de-Cé ; Le Lion-d'Angers* (Br.). — *Pruniers ; Parcé (Sarthe)*
(Abot).

P. carbonarius Gyll. Mars à août. Dans les détritus, les champignons pourris, sous les mousses.

A. R. *Sainte-Gemmes* (Gall.). — *Chênehutte* (Ret.). — *Lué* (Perr.).

P. atratus Grav. Avril à octobre. Sous les bouses, les mousses, les
débris végétaux.

A. C. *Martigné-Briand* (Rom.). — *Sainte-Gemmes* (Gall.). — *Chênehutte (au Petit-Puits)* (Ret.). — *Anjou* (U. A.). — *Anjou ; Pontigné*
(Thu.). — *Angers* (Abot).

P. rotundicollis Mén. Printemps et été. Prairies marécageuses, sous les détritus, les mousses.

R. *Sainte-Gemmes* (Gall.). — *Lué* (Perr.).

P. ebeninus Grav. Toute l'année. Dans les bouses, les fumiers, les détritus.

C. *Anjou* (Perr. et Rom.). — *Chênehutte (au Petit-Puits)* (Ret.). — *Lué* (Perr.). — *Anjou ; Pontigné* (Thu.). — *Les Ponts-de-Cé, Montrevault ; Montfaucon-sur-Moine* (Br.). — *Anjou* (I. C.). — *Angers* (Abot).

P. coruscus Grav. Toute l'année. Sous les mousses, les détritus, les fumiers.

R. *Lué* (Perr.). — *Les Ponts-de-Cé* (Br.). — *Anjou* (I. C.). — *Angers ; Saumur ; Parcé (Sarthe)* (Abot).

P. concinnus Grav. Toute l'année. Sous les détritus, le terreau des jardins.

R. *Chênehutte (au Petit-Puits)* (Ret.). — *Angers* (Abot).

P. sanguinolentus Grav. Toute l'année. Dans les bouses, les crottins, les débris végétaux, les mousses.

A. C. *Martigné-Briand* (Perr. et Rom.). — *Chênehutte (au Petit-Puits)* (Ret.). — *Lué* (Perr.). — *Anjou ; Pontigné* (Thu.). — *Anjou* (I. C.).

P. sanguinolentus Grav. **ab. contaminatus** Grav. Mêmes dates et mêmes lieux que le type.

R. *Anjou ; Pontigné* (Thu.).

P. immundus Gyll. Toute l'année. Dans les bouses, les débris de roseaux, sous les mousses, les feuilles mortes.

A. C. *Anjou* (Gall.). — *Anjou ; Pontigné* (Thu.). — *Angers (Saint-Nicolas)* (Br.). — *Saint-Hilaire-du-Bois* (Abot).

P. debilis Grav. Toute l'année. Sous les débris végétaux, les mousses.

R. *Saumur* (Abot).

P. decorus Grav. Toute l'année. Sous les mousses, les feuilles mortes, les détritus.

R. *Anjou ; Pontigné* (Thu.).

P. fuscipennis Mannh. Toute l'année. Sous les mousses, les feuilles mortes, les bouses, les champignons, les détritus.

C. *Montreuil-Belfroy* (Raffray). — *Chênehutte (au Petit-Puits)* (Ret.).

— *Lué* (Perr.). — *Anjou ; Pontigné* (Thu.). — *Anjou* (I. C.). — *Angers* (Abot).

P. varius Gyll. Toute l'année. Sous les mousses, les feuilles mortes, les bouses, les champignons, les détritus.

C. *Anjou* (Perr. et Rom.). — *Chênehutte (au Petit-Puits)* (Ret.). — *Les Ponts-de-Cé ; Saint-Mathurin* (Br.). — *Anjou ; Pontigné* (Thu.). — *Angers ; Ecouflant* (Abot).

P. varius Gyll. **ab. bimaculatus** Grav. Mêmes époques et mêmes endroits que le type.

A. C. *Anjou ; Pontigné* (Thu.). — *Anjou* (I. C.). — *Sainte-Gemmes* (Abot).

P. marginatus Strœm. Mars à octobre. Dans les bouses, les détritus, les foins coupés, les mousses.

A. R. *Sainte-Gemmes* (Gall.). — *Anjou* (I. .C). — *Angers (Saint-Nicolas)* (Br.).

P. lepidus Grav. Mars à octobre. Dans les bouses, les fumiers, les détritus.

R. *Chênehutte (au Petit-Puits)* (Ret.).

P. longicornis Steph. Mars à octobre. Sous les détritus, les feuilles mortes, les bouses, les mousses.

R. *Anjou ; Pontigné* (Thu.).

P. cruentatus Gmel. Février à octobre. Dans les bouses et les crottins.

A. R. *Anjou* (Perr. et Rom.). — *Lué* (Perr.). — *Sainte-Gemmes* (Br.). — *Anjou ; Pontigné* (Thu.). — *Marans* (H. Baz.). — *Angers* (Abot).

P. varians Payk. Toute l'année. Dans les bouses, les détritus, sous les mousses.

C. *Martigné-Briand* (Perr. et Rom.). — *Lué* (Perr.). — *Env. d'Angers* (Surr.). — *Anjou ; Pontigné* (Thu.). — *Anjou* (I. C.). — *Angers* (Abot).

P. varians Payk. **var. agilis** Grav. Toute l'année, en mêmes lieux.

A. R. *Anjou ; Pontigné* (Thu.).

P. albipes Grav. Toute l'année. Sous les bouses, les fumiers, les détritus.

A. R. *Martigné-Briand* (Perr. et Rom.). — *Chênehutte (au Petit-Puits)* (Ret.). — *Anjou* (I. C.).

P. fimetarius Grav. Toute l'année. Sous les bouses, les fumiers, les détritus.

A. C. *Anjou* (Perr. et Rom.). — *Chênehutte (au Petit-Puits)* (Ret.). — *Anjou ; Pontigné* (Thu.) — *Le Plessis-Grammoire ; Angers (Saint-. Nicolas) ; Château-Gontier (Mayenne)* (Br.). — *Angers* (Abot).

P. sordidus Grav. Mars à octobre. Dans les bouses, les crottins, les mousses, les détritus, les cadavres.

A. C. *Anjou* (Perr. et Rom.). — *Chênehutte (au Petit-Puits)* (Ret.). — *Angers* (Abot).

P. umbratilis Grav. Mars à octobre. Sous les bouses, les détritus, les mousses.

R. *Cholet* (Ret.). — *Anjou* (Thu.).

P. ventralis Grav. Avril à septembre. Sous les mousses, les fumiers, les débris de roseaux.

A. R. *Anjou* (Gall.). — *Chênehutte (au Petit-Puits)* (Ret.). — *Env. d'Angers* (Surr.).

P. discoideus Grav. Janvier à septembre. Dans les crottins, les fumiers, les champignons pourris, les débris végétaux.

A. R. *Anjou* (Gall.). — *Dampierre* (Abot).

P. quisquiliarius Gyll. Toute l'année. Sous les détritus, les fumiers ; sur la vase, au bord des eaux.

A. C. *Anjou* (Gall.). — *Chênehutte (au Petit-Puits)* (Ret.). — *Les Ponts-de-Cé* (Br.). — *Anjou ; Pontigné* (Thu.). — *Anjou* (I. C.). — *Saumur* (Abot).

P. rufimanus Er. Eté et automne. Sous les détritus, au bord des rivières.

A. R. *Sainte-Gemmes* (Gall.). — *Saumur* (Abot).

P. fumarius Grav. Printemps. Sous les détritus, dans les fumiers.

A. R. *Chênehutte (au Petit-Puits)* (Ret.). — *Lué* (Perr.). — *Angers (la Paperie) (Saint-Nicolas)* (Br.).

P. micans Grav. Avril à octobre. Sous les détritus, les mousses, au bord des eaux.

A. D. *Anjou* (Perr. et Rom.). — *Anjou* (I. C.). — *Les Ponts-de-Cé ; Saint-Mathurin ; Soulaines* (Br.). — *Saumur* (Abot).

P. fulvipes F. Avril à septembre. Sous les détritus et dans la vase, au bord des eaux.

A. C. *Anjou* (Perr. et Rom.). — *Chênehutte (bords de la Loire)* (Ret.). — *Saint-Florent-le-Vieil* (Br.). — *Env. d'Angers* (Surr.).

P. punctus Grav. Mai à septembre. Dans les mousses, les débris végétaux, les détritus, dans les mares desséchées.

R. *Anjou* (I. C.). — *Angers (la Baumette) ; Ecouflant* (Br.). — *Saumur ; Saint-Barthélemy* (Abot).

P. pullus Nordm. Avril à juillet. Sous les mousses, au pied des arbres.

R. *Sainte-Gemmes* (Gall.). — *Angers* (Abot).

P. vernalis Grav. Avril à novembre. Dans les débris végétaux.

A. R. *Anjou (bords de la Loire)* (Mill.). — *Saumur* (Court.). — *Chênehutte* (Ret.). — *Lué* (Perr.). — *Ecouflant* (Br.). — *Anjou ; Pontigné* (Thu.). — *Angers* (Abot).

P. astutus Er. Printemps et été. Sous les pierres, les mousses, les débris végétaux, au bord des eaux.

R. *Sainte-Gemmes* (Gall.). — *Saumur* (Abot).

P. nigritulus Grav. Toute l'année. Sous les mousses, les débris végétaux, dans les bouses.

A. C. *Anjou* (Gall.). — *Chênehutte (au Petit-Puits)* (Ret.). — *Env. d'Angers* (Surr.). — *Anjou ; Pontigné* (Thu.). — *Sainte-Gemmes ; Saumur* (Abot).

Orthidus Rey

! **O. cribratus** Er. Printemps. Sous les débris végétaux, au bord des eaux saumâtres. Espèce des côtes maritimes.

R. R. *Chênehutte, dans un chargement de bois, amené par bateau* (Ret.), *capture accidentelle.* M. E. de L'Isle *signale la prise de cet insecte à Bourgneuf-en-Retz (Loire-Inférieure)*.

Staphylinus Linné

S. flavocephalus Gôze. Printemps et été. Dans les fumiers, les excréments, sous les cadavres d'animaux.

A. R. *Angers ; Sainte-Gemmes ; La Meignanne ; Montreuil-Belfroy* (Mill.). — *Saint-Laurent-des-Autels (forêt de la Foucaudière) ; Soulanger* (E. de I.). — *Cholet ; Chênehutte (au Petit-Puits)* (Ret.). — *Lué* (Perr.). — *Anjou ; Pontigné* (Thu.). — *Anjou* (I. C.).

S. pubescens Degeer. Mai à novembre. Sous les cadavres, les fumiers, les bouses, les champignons.

A. R. *Saumur* (Mill.). — *Montreuil-Belfroy* (Raffray). — *Chênehutte (au Petit-Puits)* (Ret.). *Anjou ; Pontigné* (Thu.).

S. chloropterus Panz. Printemps surtout, et été. Dans les forêts, sous les pierres, les tas de copeaux.

R. R. *Environs de Baugé (forêt de Chandelais)* (Gall. et All.). — *Chênehutte (au Petit-Puits)* (Ret.).

S. fossor Scop. Mars à mai. Au pied des arbres, sous les pierres et dans les mousses.

R. *Anjou* (Perr. et Rom.). — *Baugé* (Gall.).

S. fulvipes Scop. Mai à septembre. Sous les pierres, les feuilles mortes, les mousses.

A. R. *Saumur* (P. Lambert). — *Martigné-Briand; Beaufort-en-Vallée* (Rom.). — *Baugé* (Gall.). — *Lué* (Perr.). — *Anjou; Pontigné* (Thu.). — *Anjou* (I. C.). — *Saint-Barthélemy* (Abot).

S. stercorarius Ol. Avril à octobre. Sous les mousses, les pierres, les petits cadavres.

A. C. *Baugé* (Mill.). — *Montreuil-Belfroy* (Raffray). — *Cholet* (Ret.). — *Lué* (Perr.). — *Env. d'Angers* (Surr.). — *Anjou; Pontigné* (Thu.). — *Anjou* (I. C.). — *Saumur* (Abot).

! S. flavopunctatus Latr. Printemps et été. Sous les pierres, les bouses. L'espèce est plutôt méridionale.

R. *Martigné-Briand* (Rom.).

S. chalcocephalus F. Mai à octobre. Dans les bois, sous les feuilles mortes, les mousses, les champignons pourris, les crottins, sur les souches fraiches.

A. R. *Martigné-Briand* (Rom.). — *Cholet* (Ret.). — *Lué* (Perr.). — *Saint-Georges-sur-Loire* (Br.). — *Anjou; Pontigné* (Thu.). — *Anjou* (I. C.).

S. latebricola Grav. Été. Sous les pierres, au bord des eaux. Habite aussi avec *Formica rufa*.

R. R. *Montfaucon-sur-Moine (bords de la Moine)* (E. de I.). — *Cholet* (Ret.).

S. cæsareus Cederh. Avril à octobre. Dans les détritus, les bouses, sous les mousses et les pierres.

C. *Anjou* (Perr. et Rom.). — *Sainte-Gemmes* (Gall.). — *Saumur; Cholet; Chênehutte* (Ret.). — *Lué* (Perr.). — *Anjou* (U. A.). — *Anjou; Pontigné* (Thu.). — *Anjou* (I. C.). — *Angers; Saumur* (Abot).

S. erythropterus L. Avril à juin. Sous les détritus, les feuilles mortes.

A. R. *Combrée* (abbé Rochard). — *Montreuil-Belfroy* (Raffray). — *Chênehutte* (Ret.).

S. olens Müll. Toute l'année. Sous les pierres, les débris végétaux, au pied des arbres.

C. C. *Répandu dans tout l'Anjou.*

S. ophthalmicus Scop. Avril à septembre. Sous les pierres, les débris végétaux, sur les chemins.

C. *Anjou* (Gall.). — *Chênehutte (au Petit-Puits)* (Ret.). — *Lué* (Perr.). — *Les Ponts-de-Cé* (Br.). — *Env. d'Angers* (Surr.). — *Anjou; Pontigné* (Thu.). — *Anjou* (I. C.). — *Allonnes; Saumur* (Abot).

S. similis F. Avril à septembre. Sous les feuilles humides, les débris végétaux.

A. R. *Beaufort-en-Vallée* (Mill.). — *Montreuil-Belfroy* (Raffray). — *Sainte-Gemmes* (Gall.). — *Le Puiset-Doré* (E. de I.). — *Chênehutte (au Petit-Puits)* (Ret.). — *Anjou; Pontigné* (Thu.). — *Anjou* (I. C.). — *Angers; Saint-Barthélemy* (Abot).

S. æthiops Waltl. Printemps et été. Sous les débris végétaux, dans les fagots.

R. *Baugé* (Gall.). — *Lué; Chemillé* (Perr.). — *Anjou* (I. C.). — *Angers; Saint-Barthélemy; Saumur* (Abot).

S. brunnipes F. Mai à octobre. Sous les pierres, les mousses, les débris végétaux.

A. R. *Saumur* (P. Lambert). — *Montreuil-Belfroy* (Raffray). — *Sainte-Gemmes* (Gall.). — *Chênehutte (au Petit-Puits)* (Ret.). — *Lué* (Perr.). — *Anjou; Saumur* (Thu.). — *Anjou* (I. C.).

S. fuscatus Grav. Printemps et été. Dans les bouses, les crottins.

A. R. *Beaufort-en-Vallée* (abbé Rochard). — *Lué* (Perr.). — *Env. d'Angers* (Surr.). — *Anjou* (U. A.). — *Anjou* (I. C.).

S. picipennis F. Avril à octobre. Sous les bouses, les débris végétaux, les champignons pourris.

R. *Saumur* (P. Lambert). — *Sainte-Gemmes* (Gall.). — *Anjou; Pontigné* (Thu.).

S. æneocephalus Degeer. Avril à octobre. Sous les mousses, les feuilles mortes, les pierres, les bouses.

A. R. *Angers* (Mill.). — *Vezins* (Rom.). — *Landemont (coteaux de la Divatte)* (E. de I.). — *Cholet* (Ret.). — *Lué* (Perr.). — *Anjou* (I. C.). — *Trélazé* (H. Baz.). — *Saumur* (Abot).

S. pedator Grav. Mai à septembre. Sous les pierres, les feuilles tombées, les débris végétaux.

A. R. *Saumur* (P. Lambert). — *Montreuil-Belfroy* (Raffray). —

Sainte-Gemmes (Gall.). — *Beaupréau* (Br.). — *Chênehutte (au Petit-Puits)* (Ret.). — *Lué* (Perr.).

S. ater Grav. Mai à septembre. Sous les pierres, les détritus, les feuilles mortes.

A. R. *Anjou* (Gall.). — *Chênehutte ; Cholet* (Ret.). — *Montfaucon-sur-Moine* (Br.). — *Anjou ; Pontigné* (Thu.). — *Anjou* (I. C.).

S. minax Rey. Avril à octobre. Sous les pierres, les feuilles mortes, dans les fumiers.

R. *Le Fief-Sauvin (forêt de Leppo)* (E. de I.). — *Chênehutte (au Petit-Puits)* (Ret.).

S. globulifer Geoffr. Toute l'année. Sous les détritus, les mousses, les bouses, les pierres.

A. C. *Anjou* (Gall.). — *Saint-Laurent-des-Autels (forêt de la Foucaudière)* (E. de I.). — *Sainte-Gemmes* (Br.). — *Lué* (Perr.). — *Anjou ; Pontigné* (Thu.). — *Anjou* (I. C.). — *Marans* (H. Baz.). — *Saint-Barthélemy* (Abot).

S. compressus Marsh. Mai à octobre. Sous les mousses, les pierres, dans les détritus, les champignons.

A. R. *Sainte-Gemmes* (Gall.). — *Cholet* (Ret.). — *Env. d'Angers* (Surr.). — *Anjou* (I. C.). — *Parcé (Sarthe)* (Abot).

Ontholestes Ganglbauer

O. tessellatus Geoffr. Mai à octobre. Sous les fumiers, les bouses, les champignons, les cadavres.

A. R. *Env. de Baugé* (All.). — *Sainte-Gemmes* (Gall.). — *Saint-Laurent-des-Autels (forêt de la Foucaudière)* (E. de I.). — *Cholet ; Chênehutte (au Petit-Puits)* (Ret.). — *Lué* (Perr.). — *Anjou ; Pontigné* (Thu.). — *Anjou* (I. C.). — *Angers* (Abot).

O. murinus L. Mars à novembre. Dans les bouses, les champignons, sous les pierres, les mousses.

C. C. *Dans toute l'étendue du département.*

Emus Curtis

E. hirtus L. Mai à septembre. Sous les bouses, les crottins ; quelquefois au vol.

R. *Baugé ; Saumur ; Bagneux* (Mill.). — *Montreuil-Belfroy* (Raffray). — *Chênehutte (au Petit-Puits)* (Ret.). — *Pontigné* (Thu.). — *Angers (prairies de l'abattoir) ; Lué* (Perr.). — *Env. d'Angers* (Surr.). *Anjou* (I. C.).

Creophilus Mannerheim

C. maxillosus L. Mars à décembre. Sous les cadavres, les fumiers.

C. *Baugé ; Saumur* (Mill.). — *Sainte-Gemmes* (Gall.). — *Cholet ; Chênehutte* (Ret.). — *Lué* (Perr.). — *Sainte-Gemmes* (Br.). — *Env. d'Angers* (Surr.). — *Anjou* (U. A.). — *Anjou ; Pontigné* (Thu.). — *Anjou* (I. C.). — *Angers ; Saumur* (Abot).

Quedius Stephens

Q. curtus Er. Avril à octobre. Sous les pierres, les mousses, les détritus ; quelquefois sous les écorces.

R. R. *Lué* (Perr.). — *Parcé (Sarthe)* (Abot).

Q. lateralis Grav. Mai à octobre. Dans les mousses, les champignons, les feuilles mortes.

A. C. *Anjou* (Perr. et Rom.). — *Le Fief-Sauvin (forêt de Leppo) ; Saint-Laurent-des-Autels (forêt de la Foucaudière)* (E. de I.). — *Lué* (Perr.). — *Anjou* (I. C.). — *Env. d'Angers* (Surr.). — *Avoise (Sarthe)* (Abot).

Q. fulgidus F. Mars à novembre. Dans les mousses, les champignons, les détritus, les vieux fumiers, les vieux nids de guêpes.

A. C. *Anjou* (Perr. et Rom.). — *Montreuil-Belfroy* (Raffray). — *Sainte-Gemmes* (Gall.). — *Lué* (Perr.). — *Anjou* (I. C.). — *Parcé (Sarthe)* (Abot).

Q. cruentus Ol. Toute l'année. Dans les mousses, les vieux troncs d'arbres, les écorces, les feuilles mortes.

A. R. *Sainte-Gemmes* (Gall.). — *Chênehutte (au Petit-Puits)* (Ret.). — *Angers ; Juigné-sur-Loire* (Br.). —

Q. mesomelinus Marsh. Printemps et été. Dans les mousses, les détritus, les feuilles mortes, les champignons pourris.

R. *Saint-Laurent-des-Autels (forêt de la Foucaudière)* (E. de I.), — *Saint-Barthélemy (à Pignerolles)* (Br.).

Q. scitus Grav. Avril à septembre. Dans les mousses, les champignons, les feuilles mortes.

R. *Baugé* (Gall.). — *Montreuil-Belfroy* (Raffray). — *Anjou* (I. C.).

Q. infuscatus Er. Avril à septembre. Dans les feuilles mortes, les détritus, les champignons.

R. R. *Anjou* (I. C.).

Q. cinctus Payk. Toute l'année. Dans les détritus, les champignons pourris, les excréments.

C. *Anjou* (Gall.). — *Chênehutte (au Petit-Puits)* (Ret.). — *Sainte-Gemmes ; Champtoceaux ; Montrevault* (Br.). — *Lué* (Perr.). — *Env. d'Angers* (Surr.). — *Anjou* (I. C.). — *Andard ; Trélazé* (H. Baz.). — *Angers ; Saint-Barthélemy* (Abot).

Q. fuliginosus Grav. Toute l'année. Dans les mousses, les feuilles mortes, les débris végétaux, les champignons, les bouses.

A. C. *Anjou* (Perr. et Rom.). — *Montreuil-Belfroy* (Raffray). — *Lué* (Perr.). — *Anjou* (I. C.). — *Saumur ; Sainte-Gemmes* (Abot).

Q. tristis Grav. Mars à décembre. Sous les pierres, les détritus.

A. R. *Vézins* (Perr. et Rom.). — *Chênehutte* (Ret.). *Lué* (Perr.). — *Env. d'Angers* (Surr.). — *Anjou* (I. C.). — *Angers ; Les Ponts-de-Cé ; Avoise (Sarthe)* (Abot).

Q. molochinus Grav. Mars à novembre. Sous les foins coupés, les débris végétaux, les mousses.

A. C. *Martigné-Briand* (Rom.). — *Montreuil-Belfroy* (Raffray). — *Lué* (Perr.). — *Angers (la Paperie)* (Br.). — *Anjou* (I. C.). — *Les Ponts-de-Cé ; Avrillé ; Saint-Barthélemy ; Saint-Hilaire-Saint-Florent* (Abot).

Q. picipes Mannh. Avril à octobre. Sous les mousses, les feuilles mortes, les détritus végétaux.

R. R. *Lué* (Perr.).

Q. nigriceps Kr. Mars à novembre. Dans les mousses.

R. R. *Avoise (Sarthe) (forêt de Pescheseul)* (Abot).

Q. præcox Grav. Mars à novembre. Sous les pierres, les mousses, les fagots.

R. R. *Baugé* (Mill.).

Q. maurorufus Grav. Toute l'année. Dans les mousses, les débris végétaux, les fagots.

R. R. *Anjou* (Mill.). — *Angers (coteaux de l'étang Saint-Nicolas)* (1 ex.) (Abot).

Q. scintillans Grav. Août. Sous les mousses, les débris végétaux, au pied des arbres, où la larve vit au milieu des excréments des insectes xylophages.

R. R. *Sainte-Gemmes* (Gall.).

Q. rufipes Grav. Mars à décembre. Sous les pierres, les mousses, les crottins, les détritus.

R. *Anjou* (Perr. et Rom.). — *Lué* (Perr.). — *Anjou* (I. C.). — *Saint-Barthélemy* (Abot).

Q. semiæneus Steph. Toute l'année. Dans les mousses, les vieux bois ; au pied des arbres, sous les fagots.

R. *Anjou* (Gall.).

Q. picipennis Heer. Toute l'année. Sous les mousses et les feuilles mortes.

R. *Landemont (forêt de la Foucaudière) ; Saint-Christophe-la-Couperie* (E. de I.). — *Lué* (Perr.). — *Anjou* (I. C.).

Q. boops Grav. Toute l'année. Sous les mousses, les feuilles mortes, les détritus.

A. C. *Montreuil-Belfroy* (Raffray). — *Sainte-Gemmes* (Gall.). — *Angers* (Abot).

Velleius Mannerheim

V. dilatatus F. Mai à octobre. Dans les nids de *Vespa crabro* L., sous les écorces, les mousses.

R. R. *Angers (à la Maulévrie)* (All.). — *La Meignanne* (de Joannis). — *Lué* (Perr.).

Heterothops Stephens

H. prævia Er. Toute l'année. Dans les foins coupés, le terreau des vieux arbres, dans les caves et les celliers.

A. R. *Sainte-Gemmes* (Gall.).

H. dissimilis Grav. Toute l'année. Dans les bottes de roseaux, les débris végétaux, au pied des meules.

A. R. *Sainte-Gemmes* (Gall.).

Astrapæus Gravenhorst

A. Ulmi Rossi. Mars à septembre. Au pied des arbres, dans le terreau ; dans les plaies des ormes.

A. R. *Baugé* (Mill.). — *Vezins* (Rom.). — *Sainte-Gemmes* (Gall.). — *Lué* (Perr.). — *Anjou* (I. C.).

Mycetoporus Mannerheim

M. splendidus Grav. Toute l'année. Sous les mousses, les feuilles mortes ; au pied des arbres et sur les arbustes.

A. R. *Sainte-Gemmes (bois de Vernusson)* (Gall.). — *Env. d'Angers* (Surr.). — *Anjou ; Pontigné* (Thu.).

M. Baudueri Rey. Avril à novembre. Sous les mousses, les feuilles mortes, les détritus, principalement au bord des ruisseaux.

R. *Sainte-Gemmes* (Gall.).

M. brunneus Marsh. Toute l'année. Dans les mousses, les débris végétaux, sur les arbustes en fleur.

A. R. *Sainte-Gemmes* (Gall.). — *Saint-Georges-sur-Loire* (à *Chevigné*) ; *Cholet* (Br.). — *Distré* (Abot).

M. angularis Rey. Toute l'année ; sous les feuilles mortes, les mousses, au pied des arbres.

R. *Champtoceaux* (Br.).

M. splendens Marsh. Toute l'année. Dans les mousses et sur les arbustes.

A. R. *Sainte-Gemmes* (Gall.). — *Saint-Georges-sur-Loire* (Br.). — *Sainte-Gemmes* (Abot).

M. rufescens Steph. Septembre à novembre. Sous les mousses et les feuilles mortes.

R. *Sainte-Gemmes* (Gall.).

Bolitobius Mannerheim

B. striatus A. Mars à octobre. Dans les mousses et les champignons.

R. *Saint-Georges-sur-Loire* (Br.).

B. trimaculatus Payk. Mars à octobre. Dans les mousses, les champignons.

R. R. *Anjou ; Pontigné* (Thu.).

B. trinotatus Er. Février à octobre. Dans les champignons pourris et les mousses.

C. *Vezins* (Rom.). — *Montreuil-Belfroy* (Raffray). — *Sainte-Gemmes* (Gall.). — *Angers* (*Saint-Nicolas*) ; *Château-Gontier* (*Mayenne*) (Br.). — *Anjou* (U. A.). — *Anjou ; Pontigné* (Thu.). — *Anjou* (I. C.).

B. exoletus Er. Mai à octobre. Dans les champignons pourris et les mousses.

A. C. *Anjou* (Gall.). — *Anjou ; Pontigné* (Thu.). — *Anjou* (I. C.). — *Angers* (*Saint-Nicolas*) ; *Saint-Georges-sur-Loire* (Br.).

B. thoracicus F. Toute l'année. Dans les champignons pourris et les mousses.

C. *Anjou* (Gall.). — *Lué* (Perr.). — *Anjou* (U. A.). — *Angers* (*Saint-*

Nicolas); *Saint-Georges-sur-Loire* (Br.). — *Anjou*; *Pontigné* (Thu.). — *Combrée* (*dans une ruche!*) (I. C.).

B. lunulatus L. Toute l'année. Dans les champignons pourris et les mousses.

C. *Anjou* (Gall.). — *Saint-Georges sur-Loire* (Br.). — *Chênehutte* (*au Petit-Puits*) (Ret.). — *Lué* (Perr.). — *Anjou* (U. A.). — *Anjou*; *Pontigné* (Thu.). — *Anjou* (I. C.).

B. pulchellus Mannh. Toute l'année. Dans les champignons pourris et les mousses.

R. *Montreuil-Belfroy* (Raffray).

Bryocharis Lacordaire

B. analis Payk. Février à septembre. Dans les mousses, sous les feuilles mortes, les écorces ; avec *Formica rufa* L.

A. R. *Baugé* (Mill.). — *Martigné-Briand* (Rom.). — *Les Ponts-de-Cé* (*bois de Pouillé*) (Gall.). — *Anjou* (I. C.). — *Château-Gontier* (*Mayenne*) (Br.). — *Angers* (Abot).

Conosoma Kraatz

C. littoreum L. Février à septembre. Dans les foins, les fagots, les détritus.

A. R. *Anjou* (Mill.). — *Anjou* (Gall.). — *Angers* (*Saint-Nicolas*) (Br.). — *Chênehutte* (*au Petit-Puits*) (Ret.). — *Lué* (Perr.).

C. pubescens Grav. Toute l'année. Sous les débris de roseaux, les vieux fagots, les mousses, les feuilles mortes, les champignons.

A. R. *Martigné-Briand* (Rom.). — *Montreuil-Belfroy* (Raffray). — *Château-Gontier* (*Mayenne*) (Br.). — *Sainte-Gemmes* (Gall.). — *Lué* (Perr.). — *Anjou*; *Pontigné* (Thu.). — *Saumur*; *Avoise* (*Sarthe*) (Abot).

C. immaculatum Steph. Avril à octobre. Sous les mousses, les fagots, les feuilles mortes, les champignons.

R. *Anjou*; *Pontigné* (Thu.). — *Anjou* (I. C.).

C. pedicularium Grav. Toute l'année. Sous les débris de roseaux, les vieux fagots, les mousses, les feuilles mortes, les champignons.

A. R. *Vezins* (Rom.). *Montreuil-Belfroy* (Raffray). — *Angers* (*étang Saint-Nicolas*) (Br.). — *Angers* (Abot).

C. pedicularium Grav. **var. lividum** Er. Toute l'année. Même habitat que le type.

R. R. *Anjou* (I. C.).

Tachyporus Gravenhorst

T. nitidulus F. Toute l'année. Sous les pierres, les mousses, les écorces, les détritus.

C. *Anjou* (Gall.). — *Angers ; Saint-Mathurin ; Champtoceaux ; Saint-Barthélemy* (Br.). — *Anjou* (U. A.). — *Anjou ; Pontigné* (Thu.). — *Anjou* (I. C.). — *Saint-Barthélemy ; Sainte-Gemmes* (Abot).

! T. macropterus Steph. Toute l'année. Sous les pierres, les mousses, les détritus. Espèce plutôt méridionale.

R. R. *Montreuil-Belfroy* (Raffray).

T. pusillus Grav. Toute l'année. Sous les pierres, les mousses, les écorces, les détritus.

A. C. *Baugé* (Mill.). — *Montreuil-Belfroy* (Raffray). — *Chênehutte (au Petit-Puits)* (Ret.). — *Anjou ; Pontigné* (Thu.). — *Anjou* (I. C.). — *Saint-Barthélemy ; Sainte-Gemmes* (Abot).

T. ruficollis Grav. Avril à octobre. Dans les mousss, les feuilles mortes.

A. R. *Vezins* (Rom.). — *Angers (la Paperie) ; Longué* (Br.).

T. atriceps Steph. Toute l'année. Dans les mousses, les débris de roseaux, les vieux bois.

A. C. *Sainte-Gemmes* (Gall.). — *Anjou ; Pontigné* (Thu.). — *Saint-Barthélemy* (Abot).

T. chrysomelinus L. Toute l'année. Sous les détritus, les mousses, les écorces, les vieux bois.

C. *Anjou* (Gall.). — *Chênehutte (au Petit-Puits)* (Ret.). — *Angers (Saint-Nicolas) ; Saint-Georges (à Chevigné)* (Br.). — *Anjou ; Pontigné* (Thu.). — *Dampierre ; Saumur ; Sainte-Gemmes* (Abot).

T. hypnorum F. Toute l'année. Sous les détritus, les mousses, les écorces.

C. C. *Partout en Anjou.*

T. solutus Er. Toute l'année. Sous les détritus, les mousses, les écorces.

A. C. *Montreuil-Belfroy* (Raffray). — *Anjou ; Pontigné* (Thu.). — *Angers ; Champtoceaux ; Saint-Melaine ; Château-Gontier (Mayenne)* (Br.). — *Anjou ; Combrée* (I. C.). — *Avoise (Sarthe)* (Abot).

T. formosus Matth. Toute l'année. Sous les détritus, les pierres, les feuilles mortes, les écorces.

A. C. *Anjou* (Mill.). — *Chênehutte (au Petit-Puits)* (Ret.). — *Angers ;*

Saint-Barthélemy (à Pignerolles); Champtoceaux (Br.). — *Anjou* (U. A.).
— *Anjou ; Pontigné* (Thu.). — *Angers* (Abot).

T. obtusus L. Toute l'année. Sous les détritus, les mousses, les écorces, les feuilles mortes.

C. *Anjou* (Gall.). — *Chênehutte (au Petit-Puits)* (Ret.). — *Trèves-Cunault ; Sainte-Gemmes ; Champtoceaux* (Br.). — *Anjou* (U. A.). — *Anjou ; Pontigné* (Thu.). — *Angers* (Abot).

Tachinus Gravenhorst

T. flavipes F. Toute l'année. Dans les mousses, les crottins, les bouses, les champignons, les cadavres, les débris végétaux.

A. R. *Saint-Jean-de-la-Croix* (Mill.). — *Sainte-Gemmes* (Gall.). — *Chênehutte* (Ret.). — *Anjou* (I. C.).

T. humeralis Grav. Mai à novembre. Dans les mousses, les crottins, les bouses, les champignons, les cadavres, les débris végétaux.

C. *Baugé ; Montreuil-Belfroy* (Raffray). — *Chênehutte* (Ret.). — *Lué* (Perr.). — *Anjou : Pontigné* (Thu.). — *Anjou* (I. C.). — *Saint-Barthélemy* (Abot).

T. subterraneus L. Toute l'année. Dans les mousses, les crottins, les bouses, les champignons, les cadavres, les débris végétaux.

C. *Martigné-Briand* (Rom.). — *Montreuil-Belfroy* (Raffray). — — *Sainte-Gemmes* (Gall.). — *Chênehutte* (Ret.). — *Angers* (Br.). — *Lué* (Perr.). — *Anjou ; Pontigné* (Thu.). — *Anjou* (I. C.). — *Trélazé* (H. Baz.). — *Angers* (Abot).

T. subterraneus L. **var. bicolor** Grav. Mêmes époques et même habitat que le type.

R. *Anjou ; Pontigné* (Thu.).

T. scapularis Steph. Mai à novembre. Sous les champignons, les débris végétaux, les foins coupés; au pied des meules.

A. R. *Martigné-Briand* (Rom.). — *Sainte-Gemmes* (Gall.).

! **T. pallipes** Grav. Mai à novembre. Dans les matières végétales et animales en décomposition.

R. *Chênehutte* (Ret.).

T. fimetarius Grav. Printemps. Dans les matières végétales et animales en décomposition ; parfois sur les fleurs.

R. *Chênehutte* (Ret.).

T. rufipes Degeer. Toute l'année. Bois et marais, dans les mousses, les crottins, les bouses, les fumiers.

A. C. *Anjou* (Gall.). *Lué* (Perr.). — *Anjou ; Pontigné* (Thu.). — *Le Lion-d'Angers* (Br.). — *Anjou* (I. C.). — *Angers* (Abot).

T. laticollis Grav. Mars à octobre. Sur les matières végétales et animales en décomposition.

R. *Montreuil-Belfroy* (Raffray).

T. marginellus F. Juin à octobre. Dans les mousses, les foins coupés, les excréments, les débris végétaux.

A. C. *Anjou* (Gall.). — *Anjou* (Mill.). — *Anjou ; Pontigné* (Thu.). — *Anjou* (I. C.). — *Avoise* (*Sarthe*) (Abot).

T. flavolimbatus Pand. Printemps et automne. Sous les mousses, les détritus de jardins.

R. *Martigné-Briand* (Rom.). — *Baugé ; Sainte-Gemmes* (Gall.). — *Anjou* (Mill.).

T. rufipennis Gyll. Printemps. Sur les matières animales et végétales en décomposition.

R. *Chênehutte* (Ret.).

Leucoparyphus Kraatz

L. silphoides L. Avril à octobre. Dans les fumiers, les basses-cours.

A. C. *Sainte-Gemmes* (Gall.). — *Lué* (Perr.). — *Anjou ; Pontigné* (Thu.).

Hypocyptus Mannerheim

H. longicornis Payk. Toute l'année. Bois et marais, sous les débris végétaux et dans les mousses.

C. *Anjou* (Gall.). — *Lué* (Perr.). — *Anjou ; Pontigné* (Thu.). — *Anjou* (I. C.). — *Angers ; Les Ponts-de-Cé ; Saint-Melaine* (Br.).

H. læviusculus Mannh. Toute l'année. Sous les mousses et les débris végétaux.

R. *Anjou ; Pontigné* (Thu.).

H. seminulum Er. Printemps. Dans les fumiers, les détritus, les vieux fagots.

A. R. *Sainte-Gemmes* (Gall.). — *Lué* (Perr.).

Habrocerus Erichson

H. capillaricornis Grav. Avril à octobre. Dans les feuilles mortes, les tas de roseaux, les vieux fagots.

A. R. *Montreuil-Belfroy* (Raffray). — *Baugé* (All.). — *Lué* (Perr.).

Dinopsis Matthews.

D. erosa Steph. Mai, octobre. Sous les mousses, au bord des eaux.

R. *Vezins* (Rom.). — *Montreuil-Belfroy* (Raffray).

Myllæna Erichson

M. dubia Grav. Mars à septembre. Au bord des eaux, sous les débris de roseaux, les foins coupés, les feuilles mortes.

R. *Anjou* (Mill.).

M. intermedia Er. Toute l'année. Au bord des eaux, sous les débris de roseaux, les foins coupés, les feuilles mortes.

A. R. *Sainte-Gemmes (bords de la Loire)* (Gall.).

M. minuta Grav. Toute l'année. Au bord des eaux, sous les foins coupés, les débris de roseaux.

A. R. *Anjou (bords de la Loire)* (Mill.). — *Anjou ; Pontigné* (Thu.).

Pronomæa Erichson

P. rostrata Er. Toute l'année. Sous les mousses, les feuilles mortes, les détritus.

R. *Anjou ; Pontigné* (Thu.).

Hygronoma Erichson

H. dimidiata Grav. Toute l'année. Marais, sous les débris de roseaux, sur les plantes aquatiques.

R. *Anjou* (Mill.). — *Anjou ; Pontigné* (Thu.).

Oligota Mannerheim

O. inflata Mannh. Toute l'année. Sous les débris végétaux, les fagots, les feuilles mortes ; dans les poulaillers, les vieux bois.

R. *Baugé* (Gall.). — *Anjou* (I. C.).

O. pusillima Grav. Toute l'année. Sous les débris végétaux, dans les foins, les mousses ; au pied des arbres ; dans les caves ; avec *Formica rufa* L.

A. C. *Anjou* (Gall.). — *Anjou ; Pontigné* (Thu.).

Brachida Rey

B. exigua Heer. Toute l'année. Dans les mousses, les vieux fagots, dans les champignons.

R. *Anjou* (Fauvel).

Encephalus Westwood

E. complicans Westw. Toute l'année. Dans les mousses, sous les feuilles mortes, dans les foins coupés ; avec *Formica rufa* L., et *Myrmica lævinodis* Nyl.

R. *Anjou* (Fauvel).

Gyrophæna Mannerheim

G. affinis Sahlb. Mai à novembre. Dans les champignons.

C. *Anjou* (Gall.). — *Saint-Georges-sur-Loire ; Champtoceaux* (Br.).

G. nana Payk. Mai à octobre. Dans les champignons.

C. *Anjou* (Gall.). — *Anjou; Pontigné* (Thu.).

G. lucidula Er. Mars à septembre. Dans les champignons.

R. *Saint-Jean-de-la-Croix* (Fauvel). — *Anjou; Pontigné* (Thu.). — *Angers (Saint-Nicolas) ; Champtoceaux* (Br.).

Placusa Erichson

P. pumilio Grav. Avril à juin. Sous les écorces humides de chêne, hêtre, orme, bouleau, pin.

R. *Martigné-Briand* (Rom.).

Thectura Thomson

T. cuspidata Er. Printemps. Sous les écorces ; sur les graminées.
R. *Cholet ; Chênehutte* (Ret.).

Silusa Erichson

S. rubiginosa Er. Février à juin. Sur les plaies d'orme, de peuplier, de marronnier d'Inde. Hiverne quelquefois dans les mousses.
R. *Martigné-Briand* (Rom.).

Leptusa Kraatz

L. angusta Aubé. Printemps. Sous les écorces, dans les vieux fagots.
R. *Chênehutte* (Ret.).

L. hæmorrhoidalis Heer. Printemps. Sous les écorces, dans les vieux fagots.

R. *Martigné-Briand* (Rom.).

L. ruficollis Er. Printemps. Dans les plaies des arbres, sous le écorces, dans les fagots.

R. *Martigné-Briand* (Perr. et Rom.).

Euryusa Erichson

E. castanoptera Kr. Printemps. Sous les écorces, habite avec les fourmis.

R. *Angers* (Abot).

Bolitochara Mannerheim

B. lucida Grav. Printemps et été. Dans les champignons, principalement dans les bolets des sapins.

R. *Vezins* (Rom.). — *Sainte-Gemmes* (Gall.). — *Anjou* (U. A.).

B. lunulata Payk. Automne. Dans les champignons.

A. R. *La Meignanne* (de Joannis). — *Montreuil-Belfroy* (Raffray). — *Sainte-Gemmes* (Gall.). — *Anjou ; Pontigné* (Thu.).

Autalia Mannerheim

A. impressa Ol. Mars à décembre. Dans les champignons.

A. C. *Montreuil-Belfroy* (Raffray). — *Martigné-Briand* (Perr. et Rom.). — *Sainte-Gemmes* (Gall.). — *Chênehutte* (Ret.). — *Lué* (Perr.). — *Anjou ; Pontigné* (Thu.).

A. rivularis Grav. Mai à octobre. Sous les détritus et dans les champignons.

A. C. *Martigné-Briand* (Rom.). — *Sainte-Gemmes* (Gall.). — *Chênehutte* (Ret.). — *Anjou ; Pontigné* (Thu.).

Falagria Mannerheim

F. sulcata Payk. Toute l'année. Sous les pierres, les détritus, les mousses.

R. *Anjou* (I. C.).

F. sulcatula Grav. Toute l'année. Marais, et dans les jardins, sous les débris végétaux.

C. *Montreuil-Belfroy* (Raffray). — *Martigné-Briand* (Perr. et Rom.). — *Sainte-Gemmes* (Gall.). — *Anjou ; Pontigné* (Thu.). — *Anjou* (I. C.). — *Montrevault* (Br.).

F. thoracica Curt. Mai à octobre. Dans les champignons et sous les détritus.

C. *Montreuil-Belfroy ; Sainte-Gemmes ; Martigné-Briand* (Gall.). — *Anjou* (Thu.).

F. obscura Grav. Toute l'année. Bois et marais. Dans les champignons, les débris végétaux.

C. *Anjou* (Perr. et Rom.). — *Chênehutte* (Ret.). — *Angers* (*Saint-Nicolas*) (Br.). — *Lué* (Perr.). — *Anjou* (U. A.). — *Anjou* (Thu.). — *Ingrandes* (Abot).

Tachyusa Erichson

T. atra Grav. Mars à août. Au bord des eaux courantes, sur la vase.

A. R. *Sainte-Gemmes* (Gall.). — *Anjou* (Thu.).

T. umbratica Er. Avril à août. Au bord des eaux courantes, sur la vase.

A. C. *Blaison* (Mme de Buzelet). — *Sainte-Gemmes* (Gall.). — *Anjou* (Thu.).

T. coarctata Er. Mai à août. Au bord des eaux courantes, sur la vase.

A. C. *Sainte-Gemmes* (Gall.). — *Anjou ; Pontigné* (Thu.).

T. constricta Er. Avril à septembre. Au bord des eaux courantes, sur la vase.

R. *Martigné-Briand* (Rom.). — *Sainte-Gemmes* (Gall.). — *Anjou* (Thu.). — *Anjou* (Br.).

Gnypeta Thomson

G. carbonaria Mannh. Avril à septembre. Marais, au bord des eaux, dans le sol des berges et dans les détritus.

R. *Martigné-Briand ; Beaufort-en-Vallée* (Perr. et Rom.). — *Anjou* (Thu.).

Atheta Thomson

A. gregaria Er. Printemps. Sous les pierres, les détritus, les feuilles mortes, les mousses, les champignons ; quelquefois avec les fourmis.

R. *Cholet ; Chênehutte* (Ret.). — *Anjou ; Pontigné* (Thu.).

A. insecta Thoms. En mars.

R. *Sainte-Gemmes* (Abot).

A. elongatula Grav. Printemps et automne. Lieux humides, sous les détritus.

R. *Anjou ; Pontigné* (Thu.).

A. angustula Gyll. Toute l'année. Sous les mousses, les pierres, les détritus.

R. *Mûrs* (Abot).

A. nigella Er. Toute l'année. Marais, dans les débris de róseaux, les foins coupés.

R. *Angers* (1 ex.) (Abot).

A. incana Er. Toute l'année. Au bord des eaux, sous les détritus.
R. *Anjou ; Pontigné* (Thu.).

A. brunnea F. Mars à octobre. Bois et marais, sur les plantes et dans les mousses, les feuilles mortes.
A. C. *Sainte-Gemmes* (Gall.). — *Cholet ; Chênehutte* (Ret.). — *Anjou* (I. C.).

A. palustris Kiesw. Avril à octobre. Sous les débris végétaux, les crottes de mouton, les plaies d'orme ; avec *Formica rufa* L. et *Lasius fuliginosus* Latr.
A. C. *Anjou* (Gall.). — *Anjou* (I. C.).

A. inquinula Grav. Avril à novembre. Dans les fumiers, les crottins, les excréments, les champignons.
A. C. *Anjou* (Gall.).

A. amicula Steph. Avril à décembre. Sous les mousses, les débris végétaux, les crottins, les cadavres, les écorces d'arbres abattus.
A. C. *Anjou* (Gall.).

A. palleola Er. Février, octobre. Dans les agarics, sous les vieux bois, les mousses, les écorces.
R. *Martigné-Briand ; Vezins* (Rom.).

A. gagatina Baudi. Mars à octobre. Dans les champignons, les excréments, les détritus, les mousses, les fagots.
R. *Parcé (Sarthe)* (1 ex.) (Abot).

A. trinotata Kr. Toute l'année. Bois et marais. Dans les mousses, les détritus, les champignons, les feuilles mortes.
C. *Anjou* (Perr. et Rom.). — *Anjou ; Pontigné* (Thu.). — *Anjou* (I. C.). — *Saumur* (Abot).

A. euryptera Steph. Mars à juillet. Sur les plaies de chêne, d'orme, de marronnier d'Inde, dans les fagots, les fourmilières.
A. R. *Martigné-Briand* (Rom.). — *Chênehutte (au Petit-Puits)* (Ret.). — *Angers ; Sainte-Gemmes* (Abot).

A. Pertyi Heer. Mars à septembre. Dans les fumiers, les champignons, les mousses, les détritus.

R. *Chênehutte* (Ret.). — *Saumur* (Abot).

A. longiuscula Grav. Toute l'année. Dans les détritus, les bouses,
les vieux fagots.

A. C. *Martigné-Briand* (Rom.). — *Angers* (H. Baz.). — *Angers ;
Les Ponts-de-Cé ; Rou-Marson* (Abot).

A. graminicola Grav. Toute l'année. Marais, dans les foins coupés,
sous les détritus.

A. R. *Martigné-Briand ; Beaufort-en-Vallée* (Rom.). — *Anjou* (I.
C.). — *Les Ponts-de-Cé* (Abot).

A. celata Er. Mai à décembre. Dans les champignons, les mousses.

A. C. *Sainte-Gemmes* (Gall.). — *Chênehutte* (Ret.). — *Anjou* (Thu.).

A. Zosteræ Thoms. Toute l'année. Dans les détritus végétaux, les
champignons, les mousses au pied des meules.

R. *Baugé* (Gall.). — *Angers* (Abot).

A. longicornis Grav. Toute l'année. Dans les champignons, les
cadavres, les fumiers, les crottes de mouton, les excréments.

A. C. *Anjou* (Perr. et Rom.). — *Anjou ; Pontigné* (Thu.).

A. sordida Marsh. Toute l'année. Dans les cadavres, les fumiers,
les excréments, les champignons.

R. *Anjou ; Pontigné* (Thu.).

A. pygmæa Grav. Toute l'année. Dans les détritus, les fumiers,
les feuilles mortes.

A. R. *Anjou* (Gall.).

A. aterrima Grav. Avril à octobre. Dans les mousses, les détritus,
les feuilles mortes.

A. R. *Cholet ; Chênehutte* (Ret.).

A. parva Sahlb. Juillet à octobre. Dans les bouses, les détritus, les
champignons.

R. *Anjou* (Gall.).

A. orphana Er. Avril à septembre. Dans les débris de roseaux,
les feuilles mortes, en terrains marécageux.

R. *Vezins* (Rom.).

A. fungi Grav. Toute l'année. Dans les détritus, les mousses, les
champignons, les foins coupés, les feuilles mortes.

C. *Anjou* (Perr. et Rom.).

A. analis Grav. Toute l'année. Dans les mousses, les champignons, les détritus, les vieux fagots.

C. *Martigné-Briand* (Rom.). — *Anjou ; Pontigné* (Thu.). — *Anjou ; Combrée* (I. C.). — *Angers ; Saumur ; Saint-Barthélemy* (Abot).

A. cavifrons Sharp. En mars.

R. *Sainte-Gemmes* (Abot).

A. talpa Heer. Toute l'année. Dans les détritus, les mousses, les champignons.

R. *Anjou ; Combrée* (I. C.).

Nothotecta Thomson

N. flavipes Grav. Toute l'année. Dans les fourmilières de *Formica rufa* L.

R. *Martigné-Briand* (Rom.). — *Anjou* (Thu.).

Astilbus Stephens

A. canaliculatus F. Toute l'année. Au pied des arbres, sous les feuilles sèches, les mousses, les pierres, dans les fagots.

C. *Montreuil-Belfroy* (Raffray). — *Sainte-Gemmes* (Gall.). — *Champtoceaux ; Saint-Florent-le-Vieil ; Beaupréau* (Br.). — *Cholet ; Chêne-hutte* (Ret.). — *Lué* (Perr.). — *Anjou* (U. A.). — *Anjou ; Pontigné* (Thu.). — *Anjou* (I. C.). — *Angers* (Abot).

Zyras Stephens

Z. collaris Payk. Mars à décembre. Dans les mousses des bois, des marais, avec diverses fourmis.

A. C. *Montreuil-Belfroy* (Raffray). — *Sainte-Gemmes* (Gall.).

Z. funestus Grav. Mars à septembre. Dans les fourmilières de *Lasuis fuliginosus* Latr.

A. R. *Montreuil-Belfroy* (Raffray). — *Vezins* (Rom.).

Z. cognatus Mark. Mars à octobre. Dans diverses fourmilières.

R. *Lué* (Perr.).

Z. humeralis Grav. Mars à octobre. Dans diverses fourmilières, principalement celles de *Formica rufa* L.

A. C. *Vezins* (Rom.). — *Montreuil-Belfroy* (Raffray). — *Anjou ; Pontigné* (Thu.). — *Saumur* (Abot).

Z. limbatus Payk. Mars à juillet. Avec *Lasius flavus* Deg., dans les mousses des bois et des marais; dans les débris de roseaux, au pied des arbres.

A. C. *Montreuil-Belfroy* (Raffray). — *Saint-Florent-le-Vieil* (Br.). — *Vezins* (Rom.). — *Cholet ; Chênehutte* (Ret.). — *Saumur* (Abot).

Z. laticollis Mark. Mars à octobre. Dans diverses fourmilières.
R. *Anjou ; Pontigné* (Thu.).

Lomechusa Gravenhorst

L. strumosa Grav. Mai à juillet. Dans les fourmilières de *Formica sanguinea* Latr., *F. rufa, flava, auricularia* et *Myrmica rubra*.
R. *Montreuil-Belfroy* (Raffray). — *Lué* (Perr.).

Atemeles Stephens

A. emarginatus Payk. Avril à octobre. Dans les mousses, avec *Myrmica lævinodis* Nyl., *Lasius flavus* Deg., et *Formica fusca* L.
R. *Montreuil-Belfroy* (Raffray). — *Martigné-Briand* (Rom.). — *Lué* (Perr.). — *Anjou* (I. C.).

A. paradoxus Grav. Avril à septembre. Dans les mousses, avec *Formica fusca* L., *F. rufa* et *fuliginosa*.
R. *Montreuil-Belfroy* (Raffray). — *Martigné-Briand* (Rom.). — *Lué* (Perr.). — *Angers* (Abot).

Phlœopora Erichson

P. testacea Mannh. Février, mars. Sous les écorces d'arbres abattus.
R. *Martigné-Briand* (Rom.).

P. corticalis Grav. Toute l'année. Sous les écorces d'arbres abattus.
R. *Baugé* (Drouet). — *Lué* (Perr.).

Hyobates Kraatz

I. nigricollis Payk. Mai à août. Sous les détritus, dans la mousse, au pied des arbres.
R. *Anjou* (Gall.).

Chilopora Kraatz

C. longitarsis Er. Toute l'année. Bois et marais. Endroits humides
R. *Vezins* (Perr. et Rom.).

Amarochara Thomson

A. forticornis Lac. Avril, mai. Au pied des arbres, et dans les mousses.

R. *Blaison* (Rom.).

Ocalea Erichson

O badia Er. Eté. Sous les détritus, au bord des eaux, sous les mousses, dans les lieux humides.

R. *Chênehutte* (bords de la Loire) (Ret.).

O. picata Steph. Juin. Dans les herbes, parmi les mousses, au bord des eaux.

R. *Vezins* (Rom.).

Ocyusa Kraatz

O. maura Er. Mars à novembre. Dans les foins coupés.

A. R. *Martigné-Briand* (Rom.). — *Anjou ; Pontigné* (Thu.). — *Les Ponts-de-Cé* (2 ex.) (Abot).

Oxypoda Mannerheim

O. lividipennis Mannh. Mai à décembre. Sous les feuilles mortes, les mousses, les détritus.

A. C. *Anjou* (Perr. et Rom.). — *Sainte-Gemmes* (Gall.). — *Cholet ; Chênehutte* (Ret.). — *Anjou* (U. A.). — *Mûrs* (Abot).

O. opaca Grav. Toute l'année. Dans les détritus, les fagots, les feuilles mortes, les mousses, les champignons.

C. *Anjou* (Gall.). — *Anjou ; Pontigné* (Thu.). — *Chênehutte* (Ret.). — *Anjou* (I. C.).

O. vittata Mark. Toute l'année. Dans les foins coupés, les mousses, les détritus d'inondations, la vermoulure des arbres creux.

R. *Vezins* (Perr. et Rom.).

O. umbrata Gyllh. Toute l'année. Dans les détritus, les feuilles mortes, les fumiers.

R. *Cholet ; Chênehutte* (Ret.).

O. sericea Heer. Toute l'année. Dans les détritus, les vieux fagots, les mousses.

R. *Cholet ; Chênehutte* (Ret.).

O. exoleta Er. Mai, juin. Bois et marais ; sous les écorces, les vieux fagots, les feuilles mortes, les fumiers.

A. C. *Anjou* (Gall.). — *Chênehutte* (Ret.).

O. alternans Grav. Mai à novembre. Dans les champignons.

A. C. *Anjou* (Gall.). — *Anjou ; Pontigné* (Thu.).

O. hæmorrhoa Mannh. Janvier à septembre. Dans les mousses, les feuilles mortes, au pied des meules, avec *Formica rufa* L.

A. R. *Martigné-Briand* (Rom.). — *Anjou ; Pontigné* (Thu.).

Stichoglossa Fairmaire

S. prolixa Grav. Toute l'année. Sous les écorces et dans les plaies des arbres.

R. *Sainte-Gemmes* (Gall.).

Thiasophila Kraatz

T. angulata Er. Toute l'année. Avec *Formica rufa* L. ; parfois dans les mousses et les débris végétaux.

R. *Angers* (*coteaux de l'étang Saint-Nicolas*) (Gall.). — *Saint-Barthélemy* (*à Pignerolles*) (Br.).

Homœusa Kraatz

H. acuminata Mârk. Avril à juin. Septembre. Dans les mousses, et sous les pierres, avec *Lasius niger* L.

A. R. *Martigné-Briand* (Rom.). — *Chênehutte* (Ret..)

Dinarda Mannerheim

D. dentata Grav. Printemps et été. Habite dans les fourmilières, principalement celles de *Formica rufa* L. Insectes lents.

R. *Martigné-Briand* (Rom.). — *Lué* (Perr.). — *Champtoceaux* (Br.).

D. dentata Grav. **var. Markeli** Kiesw. Toute l'année. Dans les fourmilières de *Formica rufa* L., et *Formica cunicularia*.

R. *Montreuil-Belfroy* (Raffray). — *Saint-Barthélemy* (*à Pignerolles*) (Br.).

Aleochara Gravenhorst

A. curtula Gôze. Toute l'année. Dans les fumiers, les matières animales, les végétaux décomposés, la vase, les poissons en décomposition.

C. *Sainte-Gemmes* (*sur les grèves de la Loire*) (Gall.). — *Cholet ;*

Chênehutte (Ret.). — *Lué* (Perr.). — *Anjou* (U. A.). — *Anjou ; Pontigné* (Thu.). — *Anjou* (I. C.). — *Saint-Barthélemy* (H. Baz.). — *Avoise* (*Sarthe*) (Abot).

A. crassicornis Lac. Avril à octobre. Bois et marais, dans les champignons, les détritus.

A. C. *Sainte-Gemmes* (*grèves de la Loire*) (Gall.). — *Cholet ; Chênehutte* (Ret.). — *Lué* (Perr.). — *Anjou ; Pontigné* (Thu.). — *Angers* (Abot).

A. lata Grav. Toute l'année. Dans les détritus, les champignons, les mousses.

R. *Avoise* (*Sarthe*) (Abot).

A. brevipennis Grav. Avril à décembre. Marais et pâturages, dans les bouses, les fumiers. Passe l'hiver dans les mousses.

A. R. *Anjou* (Perr. et Rom.). — *Cholet ; Chênehutte* (Ret.). — *Anjou ; Pontigné* (Thu.).

A. intricata Mannh. Toute l'année. Dans les fumiers, les bouses, les détritus animaux et végétaux.

A. C. *Anjou* (Perr. et Rom.). — *Anjou ; Pontigné* (Thu.). — *Anjou* (I. C.). — *Marans* (H. Baz.). — *Angers ; Saint-Barthélemy* (Abot).

A. tristis Grav. Touté l'année. Dans les détritus, les bouses, les fumiers.

A. R. *Martigné-Briand* (Rom.). — *Anjou* (I. C.).

A. mœsta Grav. Toute l'année. Dans les fumiers, les matières décomposées.

A. R. *Chênehutte* (*au Petit-Puits*) (Ret.). — *Anjou ; Pontigné* (Thu.). — *Trélazé* (H. Baz.). — *Angers* (Abot).

A. lanuginosa Grav. Mars à novembre. Dans les bouses, les champignons, sous les feuilles mortes.

C. *Anjou* (Gall.). — *Cholet ; Chênehutte* (Ret.). — *Anjou ; Pontigné* (Thu.). — *Anjou* (I. C.). — *Angers* (Abot).

A. fumata Grav. Toute l'année. Dans les détritus, les fumiers, dans les matières végétales et animales.

R. *Sainte-Gemmes* (Gall.).

A. mœrens Gyllh. Toute l'année. Dans les fumiers, les détritus, les matières végétales et animales.

R. *Chênehutte* (Ret.). — *Anjou* (I. C.).

A. bilineata Gyllh. Mai à août. Dans les bouses, les excréments, les cadavres.

R. *Anjou* (Perr. et Rom.). — *Sainte-Gemmes* (Gall.). — *Chênehutte (au Petit-Puits)* (Ret.).

A. bipustulata L. Toute l'année. Marais et pâturages, dans les bouses, les débris végétaux, sous les mousses, les fumiers.

C. *Anjou (sur les grèves de la Loire)* (Gall.). — *Cholet ; Chênehutte* (Ret.). — *Sainte-Gemmes* (Br.). — *Lué* (Perr.). — *Anjou ; Pontigné* (Thu.). — *Anjou* (I. C.). — *Avoise (Sarthe)* (Abot).

PSELAPHIDŒ

Trimium Aubé

T. brevicorne Reichb. Toute l'année. Sous les feuilles mortes, les mousses, dans le terreau, au pied des arbres.

A. R. *Anjou* (Gall.).

Euplectus Leach

E. nanus Reichb. Juin. Dans les mousses, sur les herbes, au pied des chênes.

R. R. *Anjou* (Gall.).

E. sanguineus Denny. Toute l'année. Dans les détritus de jardins, le fumier des couches, les foins coupés des marais, sous les écorces de pin.

A. R. *Baugé* (Gall.).

E. signatus Reichb. Septembre, octobre. Dans le terreau des couches, avec *Formica rufa* L. et sous les écorces.

R. *Baugé* (Gall.). — *Saint-Barthélemy (à Pignerolles)* (Br.). — *Lué* (Perr.). — *Anjou* (I. C.).

E. Karsteni Reichb. Avril à novembre. Dans les détritus des jardins et le terreau des couches ; dans les caves, dans la vermoulure des arbres creux.

A. R. *Anjou* (Gall.).

Bibloplectus Reitter

B. ambiguus Reichb. Toute l'année. Dans les mousses, au pied des arbres ; dans les foins coupés.

R. *Les Ponts-de-Cé (bois de Pouillé)* (Gall.). — *Sainte-Gemmes* (Br.).

BATRISINI

Batrisus Laporte

B. formicarius Aub. Printemps et été. Habite avec les fourmis surtout avec *Formica emarginata*.

R. *Fontevrault* (*dans la forêt*) (Revel).

Brachygluta Thomson

B. Lefebvrei Aub. Février à novembre. Dans les mousses, dans les fossés vaseux.

R. *Martigné-Briand* (Rom.). — *Sainte-Gemmes* (Gall.). — *Lué* (Perr.). — *Angers* (*étang Saint-Nicolas*) ; *Les Ponts-de-Cé* (*à Sorges*) (Br.). — *Anjou* (I. C.). — *Angers* (Abot).

B. xanthoptera Reichb. Mai et juin. Dans les herbes des prairies.

R. *Sainte-Gemmes* (Gall.). — *Le Plessis-Grammoire* (Br.).

B. hæmoptera Aub. Toute l'année. Dans les mousses, dans les fossés.

A. C. *Anjou* (*bords de la Loire*) (Gall.).

B. fossulata Reichb. Toute l'année. Au pied des arbres, dans les détritus, les mousses, les foins coupés.

A. R. *Anjou* (Perr. et Rom.). — *Sainte-Gemmes* (Gall.). — *Angers* (*Saint-Nicolas*) ; *Saint-Florent-le-Vieil* ; *Champtoceaux* ; *Château-Gontier* (*Mayenne*) (Br.). — *Anjou* (I. C.). — *Mûrs* (H. Baz.). — *Les Ponts-de-Cé* (Abot).

B. hæmatica Reichb. Toute l'année. Dans les mousses, les détritus végétaux.

R. *Martigné-Briand* (Rom.). — *Sainte-Gemmes* (Gall.). — *Lué* (Perr.). — *Anjou* (I. C.). — *Angers* (Abot).

Reichenbachia Leach

R. juncorum Leach. Toute l'année. Dans les bottes de roseaux, les foins coupés, sur les plantes des marais.

R. *Sainte-Gemmes* (*bords de l'Authion*) (Gall.). — *Martigné-Briand* (Rom.). — *Le Lion-d'Angers* ; *Champtoceaux* (Br.). — *Anjou* (I. C.). — *Les Ponts-de-Cé* (Abot).

R. impressa Panz. Toute l'année. Dans les bottes de roseaux, les foins coupés, sur les plantes des marais.

R. R. *Montreuil-Belfroy* (Raffray). — *Sainte-Gemmes* (Br.).

! R. antennata Aub. Toute l'année. Dans les roseaux ; sur les plantes des prairies marécageuses. Espèce plutôt méridionale.

R. R. *Chênehutte (prairies de la Mimerolle)* (Ret.).

Bryaxis Leach

B. longicornis Leach. Toute l'année. Au pied des arbres, dans les débris végétaux.

C. *Montreuil-Belfroy* (Raffray). — *Sainte-Gemmes* (Gall.). — *Angers (étang Saint-Nicolas) ; Champtoceaux* (Br.). — *Anjou* (I. C.). — *Angers ; Mûrs* (Abot).

Bythinus Leach

B. bulbifer Reichb. Toute l'année. Dans les mousses, les débris végétaux, les feuilles mortes, aussi avec les fourmis.

R. *Anjou* (Gall.). — *Champtoceaux* (Br.). — *Pruniers* (1 ex.) (Abot).

B. Curtisi Leach. Mars à décembre. Dans les mousses, les couches à melons ; avec *Formica rufa* L.

R. *Vezins* (Rom.).

B. securifer Reichb. Mars à novembre. Dans les mousses, les débris végétaux, sous les feuilles mortes.

R. R. *Champtoceaux* (Br.).

B. puncticollis Denny. Mars à novembre. Au pied des arbres, dans les mousses, les herbes, les foins coupés.

R. *Beaufort-en-Vallée* (Perr.). — *Saumur* (1 ex.) (Abot).

Tychus Leach

T. niger Payk. Février à octobre. Sous les mousses, les feuilles mortes.

A. C. *Sainte-Gemmes* (Gall.). — *Angers ; Mûrs* (Abot).

T. ibericus Motsch. Printemps et été. Dans les prairies humides, dans les herbes. Espèce surtout méridionale.

R. *Sainte-Gemmes (bords de l'Authion)* (Gall.).

Pselaphus Herbst

P. Heisei Herbst. Toute l'année. Dans le foin coupé, les mousses, les détritus ; accidentellement avec *Lasius fuliginosus* Latr.

A. C. *Sainte-Gemmes ; Montreuil-Belfroy* (Raffray). — *Sainte-Gemmes* (Gall.). — *Anjou* (I. C.). — *Mûrs* (Abot).

CLAVIGERIDÆ

Claviger Preyssler

C. testaceus Preyssl. Printemps. Dans les fourmilières de *Lasius flavus* Deg. Endroits arides et bien exposés au soleil.

A. R. *Anjou* (Gall.). — *Parcé (Sarthe)* (1 ex.) (Abot).

C. longicornis Müll. Printemps. Dans les fourmilières.

R. *Martigné-Briand* (Perr. et Rom.).

SCYDMŒNIDŒ

Chevrolatia Duval

! **C. insignis** Duval. Printemps. Sous les détritus, les fumiers, les mousses, les écorces, quelquefois aussi avec les fourmis. Insecte méridional.

R. R. *Lué* (Perr.). Capture accidentelle.

Cephennium Müller

C. thoracicum Müll. Février à novembre. Dans les mousses, les fagots, au pied des arbres.

R. *Martigné-Briand* (Rom.). — *Saint-Hilaire-Saint-Florent* (Abot).

Neuraphes Thomson

N. angulatus Müll. Printemps et été. Dans les mousses, les vieilles souches, les débris végétaux.

R. *Sainte-Gemmes* (Gall.).

N. Sparshalli Denny. Toute l'année. Sous les feuilles mortes, les mousses, les foins coupés, dans les vieux fagots, les vieilles souches.

R. *Sainte-Gemmes* (Gall.).

Stenichnus Thomson

S. scutellaris Müll. Toute l'année. Sous les mousses, les feuilles mortes, dans les foins coupés, parfois avec *Lasius fuliginosus* Latr.

A. R. *Montreuil-Belfroy* (Raffray). — *Anjou* (Perr. et Rom.). — *Sainte-Gemmes* (Gall.). — *Lué* (Perr.). — *Anjou* (I. C.). — *Angers (la Paperie) ; Château-Gontier (Mayenne)* (Br.).

S. pusillus Müll. Mars à novembre. Dans les mousses, les foins coupés.

R. *Sainte-Gemmes* (Gall.).

Euconnus Thomson

E. Wetterhalli Gyll. Toute l'année. Dans les détritus, les fumiers, les mousses, sous les écorces, quelquefois avec les fourmis.

R. R. *La Meignanne* (de Joannis).

E. denticornis Müll. Toute l'année. Dans les détritus, les fumiers, sous les écorces ; quelquefois avec les fourmis.

R. R. *La Meignanne* (de Joannis).

E. hirticollis Ill. Toute l'année. Dans les foins coupés, dans les bottes de roseaux.

A. C. *Sainte-Gemmes* (Gall.). — *Angers* (Abot).

E. pubicollis Müll. Toute l'année. Dans les fumiers, les débris, sous les écorces.

R. R. *Angers (la Paperie)* (Br.).

Scydmænus Latrelle

S. tarsatus Müll. Toute l'année. Sous les mousses, les feuilles mortes, les débris végétaux, les fumiers des couches.

C. *Sainte-Gemmes* (Gall.). — *Chênehutte* (Ret.).

S. rufus Müll. Mai à octobre. Dans le fumier des couches ; parfois sous les écorces.

A. R. *Sainte-Gemmes* (Gall.). — *Angers* (Abot).

S. Hellwigi Herbst. Toute l'année. Dans le fumier des couches et dans les débris végétaux.

A. C. *Baugé ; Martigné-Briand* (Rom.). — *Sainte-Gemmes* (Gall.). — *Angers* (Br.). — *Lué* (Perr.). — *Anjou* (I. C.). — *Angers* (Abot).

SILPHIDÆ

Choleva Latreille

C. Sturmi Bris. Toute l'année. Sous les feuilles sèches, les débris végétaux ; parfois avec *Formica rufa* L.

A. C. *Martigné-Briand* (Perr. et Rom.). — *Chênehutte (au Petit-Puits)* (Ret.). — *Brain-sur-l'Authion* (H. Baz.). — *Montfaucon-sur-Moine ; Montrevault ; Beaupréau* (Br.).

C. cisteloides Frôl. Mai à septembre. Sous les pierres, les débris végétaux, les mousses, au pied des arbres.

A. C. *Angers* (Gall.). — *Chênehutte* (Ret.). — *Lué* (Perr.). — *Parcé (Sarthe)* (Abot).

C. agilis Ill. Toute l'année. Au pied des arbres ; dans les bottes de foin ; dans les terriers des lapins ; sous les feuilles mortes.

R. *Martigné-Briand* (Perr. et Rom.). — *Anjou* (I. C.).

Nargus Thomson

N. anisotomoides Spence. Toute l'année. Sous les feuilles mortes, les mousses, dans les fagots, les champignons.

A. C. *Anjou* (Gall.). — *Angers* (Abot).

Catops Paykull

C. umbrinus Er. Printemps et été. Dous les mousses, les feuilles mortes, les détritus.

R. *Anjou* (Gall.). *Montfaucon-sur-Moine ; Chemillé* (Br.).

C. fumatus Spence. Printemps et été. Sous les débris végétaux, les mousses, au pied des arbres.

R. *Sainte-Gemmes* (Abot). — *Le Lion-d'Angers* (Br.).

C. Watsoni Spence. Toute l'année. Dans les fagots, les mousses, les détritus, les champignons.

A. R. *Anjou* (Perr. et Rom.). — *Saint-Barthélemy ; Avoise (Sarthe)* (Abot).

C. picipes F. Mai à octobre. Au pied des arbres, dans les champignons et dans les terriers des lapins.

A. R. *Baugé* (Gall.). — *Chaumont* (Perr.). — *Parcé (Sarthe)* (5 ex.), (Abot).

! C. marginicollis Luc. Mai à octobre. Au pied des arbres, dans les mousses et les champignons. Insecte habitant surtout l'Europe méridionale occidentale.

R. R. *Chênehutte* (Ret.).

C. fuscus Panz. Avril à novembre. Au pied des arbres ; dans les terriers des lapins, dans les mousses.

A. R. *Martigné-Briand* (Perr. et Rom.). — *Chênehutte (au Petit-Puits)* (Ret.). — *Saint-Barthélemy (à Pignerolles)* (Br.).

C. nigricans Spence. Avril à novembre. Dans les mousses, les champignons ; au pied des arbres.

R. *Chênehutte (au Petit-Puits)* (Ret.).

C. nigrita Er. Automne et hiver. Au pied des arbres, dans les mousses et les débris végétaux.

R. *Chênehutte* (Ret.).

C. morio F. Automne et hiver. Sous les débris végétaux, les mousses, les champignons.

R. *Chênehutte (au Petit-Puits)* (Ret.). — *Anjou* (I. C.).

? C. quadraticollis Aub. Mai à novembre. Dans les mousses et les débris végétaux, au pied des arbres. Insecte méridional, douteux pour l'Anjou.

R. R. *La Meignanne* (de Joannis).

C. chrysomeloides Panz. Toute l'année. Dans les champignons ; sous les cadavres ; dans les mousses.

A. R. *Martigné-Briand* (Perr. et Rom.). — *Anjou* (I. C.). — *Angers* (Abot).

C. tristis Panz. Mai à novembre. Dans les champignons.

A. C. *Anjou* (Perr. et Rom.). — *Env. d'Angers* (Surr.). — *Les Ponts-de-Cé* (Abot).

Ptomaphagus Illiger

P. variicornis Rosh. Comme le suivant.

R. *Sainte-Gemmes* (Abot).

P. subvillosus Gôze. Toute l'année. Sous les débris végétaux, dans les mousses, les champignons, les vieux nids de guêpes ; sur les plantes et les arbustes.

A. C. *Martigné-Briand* (Perr. et Rom.). — *Chênehutte (au Petit-Puits)* (Ret.). — *Anjou* (I. C.). — *Angers (Bourg-la-Croix)* (Br.). — *Andard* (H. Baz.). — *Les Ponts-de-Cé ; Soulaire-et-Bourg ; Avoise et Parcé (Sarthe)* (Abot).

Colon Herbst

C. affine Sturm. Avril à août. Dans les mousses, les champignons, les détritus ; sur les plantes et les arbustes.

R. R. *Montfaucon-sur-Moine* (Br.).

C. brunneum Latr. Avril à septembre. Sous les débris végétaux, dans les mousses, les champignons, les vieux nids de guêpes ; sur les plantes et les arbustes.

R. *Saumur* (Mill.). — *Beaufort-en-Vallée* (Abbé Rochard). — *Dampierre* (Abot).

Necrophorus Fabricius

N. germanicus L. Mai à octobre. Sous les cadavres.

R. *Cholet ; Saumur ; Combrée ; Rou-Marson* (Mill.). — *Chênehutte (au Petit-Puits)* (Ret.). — *Anjou* (U. A.). — *Anjou ; Pontigné* (Thu.). — *Anjou* (I. C.).

? N. germanicus L. **var. frontalis** Fisch. Mai à octobre. Sous les cadavres. Variété douteuse pour l'Anjou. Habite l'extrême sud de l'Europe.

R. R. *Saumur* (P. Lambert).

N. humator Gôze. Avril à octobre. Sous les cadavres.

A. C. *Baugé ; Saumur* (Perr. et Rom., Mme de Buzelet). — *Chênehutte (au Petit-Puits)* (Ret.). — *Lué* (Perr.). — *Anjou ; Pontigné* (Thu.). — *Anjou* (I. C.). — *Gesté (bois de la Forêt)* (Pap.). — *Avoise (Sarthe) (forêt de Pescheseul)* (Abot).

N. interruptus Steph. Mai à octobre. Sous les cadavres et dans les champignons pourris.

C. *Anjou* (Perr. et Rom.). — *Saumur* (P. Lambert). — *Sainte-Gemmes* (Gall.). — *Chênehutte (au Petit-Puits)* (Ret.). — *Lué* (Perr.). — *Anjou ; Pontigné* (Thu.). — *Concourson* (Pap.). — *Saumur* (Abot).

N. sepultor Charp. Juillet à septembre. Sous les cadavres.

R. R. *Martigné-Briand* (Perr. et Rom.).

N. vespilloides Herbst. Mai à octobre. Dans les bois ; dans les champignons et sous les cadavres.

A. C. *Martigné-Briand* (Perr. et Rom.). — *Saint-Laurent-des-Autels (forêt de la Foucaudière) ; La Poitevinière (forêt de la Rochecantin)* (E. de I.). — *Lué* (Perr.). — *Gesté (bois de la Forêt)* (Pap.). — *Avoise (Sarthe) (forêt de Pescheseul)* (Abot).

N. vespillo L. Avril à septembre. Sous les cadavres.

A. C. *Baugé ; Saumur ; Sainte-Gemmes* (Gall.). — *Lué* (Perr.). — *Env. d'Angers* (Surr.). — *Anjou* (U. A.). — *Anjou ; Pontigné* (Thu.). — *Anjou* (I. C.). — *Gesté (bois de la Forêt)* (Pap.). — *Dampierre* (Abot).

N. vestigator Herschel. Avril à octobre. Sous les cadavres.

A. C. *Combrée* (Perr. et Rom.). — *Chênehutte (au Petit-Puits)* (Ret.). — *Le Lion d'Angers* (Br.). — *Anjou* (U. A.). — *Anjou ; Pontigné* (Thu.). *Gesté (bois de la Forêt)* (Pap.). — *Avoise (Sarthe)* (Abot).

N. vestigator Herschel. **var. interruptus** Brull. Avril à octobre. Sous les cadavres.

R. R. *Combrée* (Gall.). — *Anjou ; Pontigné* (Thu.).

N. vestigator Herschel. **var. Rautenbergi** Reitt. Avril à octobre. Sous les cadavres.

R. R. *Saint-Barthélemy* (Ven.).

Necrodes Leach

N. littoralis L. Mai à octobre. Sur les cadavres, près de l'eau.

A. R. *Baugé ; Saumur ; Bouchemaine* (Mill.) (Perr. et Rom.). — *Sainte-Gemmes* (Gall.). — *Chênehutte* (Ret.). — *Les Ponts-de-Cé* (Br.). — *Env. d'Angers* (Surr.). — *Anjou ; Pontigné* (Thu.). *Anjou* (I. C.). — *Saumur (à la Blanchisserie)* (Abot).

Thanatophilus Samouelle

T. dispar Herbst. Mai à août. Au bord des eaux, sur le poissons gâtés, dans les détritus où il parait dévorer les petits mollusques.

R. *Baugé* (Mill.). — *Martigné-Briand* (Perr. et Rom.). — *Anjou* (U. A.). — *Anjou* (I. C.). — *Dampierre (2 ex.)* (Abot).

T. sinuatus F. Avril à novembre. Sous les cadavres.

C. *Anjou* (Gall.). — *Chênehutte* (Ret.). — *Les Ponts-de-Cé ; Beaupréau ; Château-Gontier (Mayenne)* (Br.). — *Lué* (Perr.). — *Env. d'Angers* (Surr.). — *Anjou* (U. A.). — *Anjou ; Pontigné* (Thu.). — *Anjou* (I. C.). — *La Chaussaire ; Le Pin-en-Mauges ; Gesté* (Pap.). — *Andard* (H. Baz.). — *Distré* (Th. Valotaire). — *Dampierre* (Abot).

T. rugosus L. Avril à octobre. Sous les cadavres.

C. *Sainte-Gemmes (bords de la Loire) ; Saint-Jean-de-la-Croix ; Les Ponts-de-Cé (à Sorges) ; Saumur* (Mill.). — *Chênehutte* (Ret.). — *Anjou* (U. A.). — *Anjou ; Pontigné* (Thu.). — *Anjou* (I. C.). — *Saint-Jean-de-la-Croix ; Mûrs* (Pap.). — *Mûrs ; Avoise (Sarthe)* (Abot).

Œceoptoma Samouelle

Œ. thoracicum L. Avril à octobre. Bois ; sur les petits cadavres ; dans les champignons pourris ; sur les limaçons écrasés ; parfois sur les arbustes en fleur.

A. R. *Angers (env. de l'étang Saint-Nicolas) ; Faveraye ; Baugé ; Saint-Just-sur-Dive ; Saumur ; Bagneux ; Fontevrault ; Souzay* (Mill.) — *Chênehutte (au Petit-Puits)* (Ret.). — *Lué* (Perr.). — *Anjou* (U. A.). — *Anjou ; Pontigné* (Thu.). — *Anjou* (I. C.). — *Doué-la-Fontaine* (Pap.), — *Avoise (Sarthe) (forêt de Pescheseul)* (Abot).

Blitophaga Reitter

B. opaca L. Mai à juillet. Dans les champs ; sur les routes, dans les détritus. Nuisible aux betteraves.

A. R. *Martigné-Briand* (Perr. et Rom.). — *Sainte-Gemmes* (Gall.).

B. undata Müll. Avril à juillet. Plaines ; dans les chemins et sous les pierres.

A. R. *Martigné-Briand ; Sainte-Gemmes* (Gall.). — *Lué* (Perr.). — *Anjou* (U. A.). — *Anjou* (I. C.). — *Dampierre (à Fourneux)* (3 ex.) (Abot).

Xylodrepa Thomson

X. quadripunctata Schreber. Avril à juin. Sur les aubépines et les cerisiers en fleurs, à la recherche des chenilles, dont il vit.

A. C. *Angers (env. de l'étang Saint-Nicolas) ; Les Ponts-de-Cé (à Sorges) ; Cholet ; Saumur ; Saint-Just-sur-Dive* (Mill.). — *Avrillé* (All.). — *Marcé (à Chaloché)* (Gall.). — *Saint-Laurent-des-Autels (forêt de la Foucaudière)* (E. de I.). — *Chênehutte (au Petit-Puits)* (Ret.). — *Lué* (Perr.). — *Anjou* (U. A.). — *Anjou* (I. C.). — *Beaulieu (forêt) ; Chartrené ; Le Pin-en-Mauges ; Gesté* (Pap.). — *Saumur ; Avoise (Sarthe) (forêt de Pescheseul)* (Abot).

Silpha Linné

S. carinata Herbst. Toute l'année. Bois ; sous les mousses, les pierres, dans les champignons. Recherche les cadavres de reptiles.

A. C. *Martigné-Briand* (Perr. et Rom.). — *Saumur* (P. Lambert). — *Sainte-Gemmes* (Gall.). — *Saint-Laurent-des-Autels (forêt de la Foucaudière* (E. de I.). — *Montfaucon-sur-Moine* (Br.). — *Chênehutte (au Petit-Puits)* (Ret.). — *Lué* (Perr.). — *Distré* (Pap.).

S. obscura L. Mars à octobre. Sous les pierres, les détritus, sur les routes.

C. *Anjou* (Gall.). — *Montreuil-Belfroy* (E. de I.). — *Cholet ; Chênehutte (au Petit-Puits)* (Ret.). — *Lué* (Perr.). — *Env. d'Angers* (Surr.). — *Anjou* (U. A.). — *Anjou* (I. C.). — *Anjou* (Pap.). — *Saumur ; Dampierre* (Abot).

S. granulata Thunbg. Avril à octobre. Bois et plaines ; sous les pierres, les débris végétaux ; sur les chemins.

C. *Martigné-Briand* (Perr. et Rom.). — *Saint-Laurent-des-Autels (forêt de la Foucaudière)* (E. de I.). — *Le Lion-d'Angers* (Br.). — *Cholet ; Chênehutte (au Petit-Puits)* (Ret.). — *Jarzé ; Lué* (Perr.). — *Env. d'Angers* (Surr.). — *Anjou* (U. A.). — *Dampierre ; Avoise (Sarthe)* (Abot).

S. olivieri Bedel. Avril à octobre. Sous la mousse, les pierres et les débris végétaux.

R. *Anjou* (Mme de Buzelet). — *Saumur* (Mill.). — *Sainte-Gemmes* (Gall.).

Ablattaria Reitter

A. lævigata F. Avril à septembre. Bois et marais ; au pied des arbres et sur les chemins. Recherche les mollusques terrestres.

C. *Anjou* (Gall.). — *Lué* (Perr.). — *Env. d'Angers* (Surr.). — *Montrevault ; Montfaucon-sur-Moine* (Br.). — *Anjou* (U. A.). — *Anjou* (I. C.). — *La Chaussaire ; Saint-Quentin-en-Mauges* (Pap.). — *Angers ; Saumur ; Dampierre* (Abot).

Phosphuga Leach

P. atrata L. Toute l'année. Sous les mousses, au pied des arbres ; dans les souches cariées ; sous les écorces d'arbres abattus. Se nourrit de limaces.

C. C. *Répandu partout en Anjou.*

Agyrtes Frölich

A. bicolor Lap. Printemps. Dans les bois, sous les mousses.
R. R. *Baugé* (Gall.). ·

A. castaneus F. Avril, mai. Sur les fumiers ; dans les écuries, sur les champs fumés ; sous les écorces. Au vol.

R. *Anjou* (Mme de Buzelet). — *Baugé* (Gall.). — *Lué* (Perr.). — *Avoise (Sarthe) (forêt de Pescheseul)* (5 ex.) (Abot).

LIODIDŒ

Liodes Latreille

L. dubia Kugel. Mars à octobre. Sur les plantes et dans les détritus végétaux.
R. R. *Montfaucon-sur-Moine* (Br.).

L. calcarata Er. Avril à septembre. Sur les plantes basses et dans les débris végétaux.
A. R. *Sainte-Gemmes* (Gall.). — *Lué* (Perr.). — *Les Ponts-de-Cé ; Mûrs* (Abot).

L. badia Sturm. Mars à octobre. Sur les plantes et dans les mousses, au pied des arbres.
R. *Baugé* (Gall.). — *Lué* (Perr.).

Colenis Erichson

C. immunda Sturm. Avril à octobre. Sur les plantes basses et dans les champignons.

R. *Martigné-Briand* (Perr. et Rom.). — *Anjou* (I. C.). — *Avoise (Sarthe) (forêt de Pescheseul)* (Abot).

Cyrtusa Erichson

C. minuta Ahrens. Avril à octobre. Sur les plantes basses et dans les champignons.

R. R. *Beaupréau* (Br.).

Anisotoma Illiger

A. humeralis F. Mai. Dans les champignons et le bois mort.

R. *Les Ponts-de-Cé ; Sainte-Gemmes (bois de Vernusson)* (Gall.). — *Anjou* (I. C.). — *Trélazé ; Saint-Barthélemy ; Mûrs* (Abot).

A. castanea Herbst. Printemps. Dans les champignons ; sur les souches de pins ; sous les écorces.

R. *Baugé (forêt de Chandelais)* (Gall.). — *Parcé (Sarthe) (bois de Lhommeau)* (1 ex.) (Abot).

Amphicyllis Erichson

A. globus F. Mars à octobre. Dans les tas de foins, les fagots, les mousses ; sous les végétaux décomposés et le bois mort.

R. *Sainte-Gemmes (bois de Vernusson) ; Les Ponts-de-Cé (bois de Pouillé)* (Gall.).

Agathidium Illiger

A. atrum Payk. Toute l'année. Sous les feuilles mortes, dans les mousses et les champignons, dans les vieux fagots.

A. R. *Martigné-Briand* (Perr. et Rom.). — *La Meignanne* (de Joannis). — *Saint-Barthélemy (bois de Pignerolles)* (2 ex.) (Abot).

A. seminulum L. Mars à décembre. Sous les débris végétaux, dans les mousses et les champignons. Avec *Formica rufa* L.

A. R. *Martigné-Briand* (Perr. et Rom.). — *La Meignanne* (de Joannis).

A. lævigatum Er. Toute l'année. Dans les mousses, les fagots moisis, les débris végétaux.

A. R. *Baugé (forêts)* (Gall.). — *Saint-Barthélemy (bois de Pignerolles) ; Avoise (Sarthe) (forêt de Pescheseul)* (Abot).

! A. marginatum Sturm. Toute l'année. Dans les mousses, les vieux fagots, les feuilles mortes.

R. R. *La Meignanne* (de Joannis).

CLAMBIDÆ

Calyptomerus Redtenbacher

C. dubius Marsh. Toute l'année. Sous les débris végétaux ; dans les caves ; sous les vieux paniers, la paille pourrie, sur les douves moisies des tonneaux.

R. *Sainte-Gemmes* (Gall.). — *La Meignanne* (de Joannis).

Clambus Fischer

? C. minutus Sturm. Mars à novembre. Sous les mousses, les vieux bois, les fagots moisis, les débris végétaux. Douteux pour l'Anjou.

R. R. *La Meignanne* (de Joannis).

C. punctulum Beck. Mars à décembre. Sous les débris végétaux les foins coupés, les mousses, les bois pourris ; dans la vermoulure des arbres ; dans les fagots.

R. R. *Sainte-Gemmes* (Gall.).

C. armadillo Deg. Mars à octobre. Sous les débris végétaux, les foins coupés, les mousses, les bois pourris ; dans la vermoulure des arbres, les fagots.

A. R. *Baugé ; Sainte-Gemmes* (Gall.). — *La Meignanne* (de Joannis). — *Angers (étang Saint-Nicolas) ; Château-Gontier (Mayenne)* (Br.). — *Anjou* (I. C.). — *Mûrs (2 ex.)* (Abot).

CORYLOPHIDÆ

Sacium Leconte

S. pusillum Gyll. Avril à octobre. Sous les feuilles sèches, les écorces, dans les toits de chaume, les fagots.

R. *Sainte-Gemmes* (Gall.). — *Anjou* (I. C.).

Arthrolips Wollaston

! A. densatus Reitt. Avril à octobre. Dans les gerbes, sous les écorces et dans les lierres.

R. *Chênehutte (au Petit-Puits)* (Ret.).

! **A. piceus** Comolli. Juin à novembre. Dans les vieux lierres. R. *Chênehutte (au Petit-Puits)* (Ret.).

Sericoderus Stephens

S. lateralis Gyll. Toute l'année. Au pied des arbres, sous les détritus, dans les fagots.

A. R. *Forêt de Baugé* (Gall.). — *Chênehutte (au Petit-Puits)* (Ret.). — *Lué* (Perr.). — *Anjou* (I. C.). — *Angers ; Saint-Barthélemy (à Pignerolles) ; Les Ponts-de-Cé* (Br.). — *Les Ponts-de-Cé* (Abot).

Corylophus Stephens

! **C. sublævipennis** Duv. Toute l'année. Dans les buissons, dans les détritus, les feuilles mortes.

R. *Chênehutte (au Petit-Puits)* (Ret.).

Orthoperus Stephens

O. brunnipes Gyll. Toute l'année. Dans les détritus, les mousses, les feuilles mortes, les fagots, la vermoulure des arbres, les bolets.

A. R. *Sainte-Gemmes* (Gall.). — *Angers ; Saumur ; Parcé (Sarthe)* (Abot).

O. atomus Gyll. Toute l'année. Dans les caves, sous les vieux paniers, la paille.

R. *Sainte-Gemmes* (Gall.). — *Lué* (Perr.).

O. atomarius Heer. Hiver. Dans les détritus des caves, sur les bouchons moisis.

A. R. *Angers ; Sainte-Gemmes* (Gall.).

SPHÆRIIDÆ

Sphærius Waltl

S. acaroides Waltl. Juillet. Dans les marais, sous les matières végétales en décomposition.

R. R. *Forêt de Baugé* (Gall.).

TRICHOPTERYGIDÆ

Ptenidium Erichson

P. pusillum Gyll. Toute l'année. Dans les fumiers et les fourmilières. R. R. *Lué* (Perr.).

P. punctatum Gyll. Toute l'année. Dans le fumier des couches, et les détritus d'inondations.

R. *Sainte-Gemmes* (Gall.).

Ptiliolum Flach

P. Kunzei Heer. Mai à novembre. Dans les crottins, les bouses, les détritus, les roseaux coupés.

A. R. *Anjou* (Gall.). — *Angers* (Abot).

Ptilium Erichson

P. minutissimum Web. Mai à novembre. Sous les détritus, souvent près des fourmilières.

R. *Sainte-Gemmes : Baugé* (Gall.).

Ptinella Motschulsky

P. aptera Guér. Toute l'année. Sous les écorces des pins.

R. *Baugé* (Gall.). — *Lué* (Perr.). — *Saint-Barthélemy (à Pignerolles* (Abot).

Trichopteryx Kirby

T. grandicollis Mannh. Juin, août. Dans les bouses, les feuilles sèches.

A. R. *Anjou* (Perr.). — *Anjou* (I. C.). — *Angers* (Abot).

? T. montandoni Allib. Juin à septembre. Dans les feuilles mortes et les bouses.

R. R. *Lué* (Perr.).

T. atomaria Deg. Mai à octobre. Sous les feuilles mortes, les débris végétaux ; dans les crottins, les champignons.

C. *Anjou* (Gall.). — *Angers* (Abot).

T. fascicularis Herbst. Toute l'année. Dans les détritus, les foins coupés.

A. C. *Anjou* (Gall.). — *Angers* (Abot).

SCAPHIDIIDÆ

Scaphium Kirby

S. immaculatum Oliv. Toute l'année. Dans les champignons des bois et parfois sous les mousses.

R. *Bois de Soucelles ; forêt de Baugé* (Gall.). — *Anjou* (I. C.).

Scaphidium Olivier

S. quadrimaculatum Oliv. Mai à octobre. Dans les champignons et les débris végétaux.

A. R. *Liré* (Mill.). — *Soucelles* (Gall.). — *Le Fief-Sauvin (forêt de Leppo)* (E. de I.). — *Chênehutte (au Petit-Puits)* (Ret.). — *Lué* (Perr.). — *Anjou* (I. C.). — *Avoise (Sarthe)* (Abot).

Scaphosoma Leach

S. agaricinum L. Mars à décembre. Dans les champignons, les bois pourris, les vieilles souches.

C. *Anjou* (Gall.). — *Lué* (Perr.). — *Anjou* (I. C.). — *Saint-Barthélemy ; Avoise (Sarthe)* (Abot).

HISTERIDŒ

Platysoma Leach

P. frontale Payk. Toute l'année. Sous les écorces.

R. *Anjou* (Perr. et Rom.). — *Avoise (Sarthe)* (Abot).

P. compressum Herbst. Toute l'année. Sous les écorces.

R. *Sainte-Gemmes* (Gall.). — *Angers* (Abot).

Cylistosoma Lewis

C. oblongum F. Printemps et été. Sous les écorces des pins et des hêtres.

R. *Lué* (Perr.). — *Forêt de Baugé* (All. et Gall.) — *Saint-Barthélemy (à Pignerolles)* (Abot).

C. elongatum Oliv. Printemps et été. Sous les écorces des pins. Plus spécial au Midi.

R. *Forêt de Baugé* (Gall.).

Hister Linné

H. major L. Printemps et été. Sans les matières stercorales et dans les matières animales en décomposition. Surtout méridional.

R. *Saumur ; Montilliers* (Mill.). — *Martigné-Briand* (Rom.). — *Anjou ; Pontigné* (Thu.). — *La Chaussaire* (Pap.).

H. inæqualis Oliv. Printemps et été. Dans les matières animales en décomposition et dans les excréments. Surtout méridional.

R. *Saint-Jean-de-la-Croix ; Beaulieu (coteau de Servières)* (Mill.). — *La Chaussaire* (Pap.). — *Beaulieu (2 ex.)* (Abot).

H. quadrimaculatus L. Mai à juillet. Dans les bouses, les crottins, les fumiers.

C. C. *partout en Anjou.*

H. quadrimaculatus L. **var. gagates** Illig. Mêmes époques et mêmes endroits que le type.

C. *Chênehutte* (Ret.). — *Angers ; Lué* (Perr.). — *Anjou* (U. A.). — *La Possonnière* (Pap.). — *Sainte-Gemmes, Château-Gontier (Mayenne)* (Br.). — *Saumur ; Angers* (Abot).

H. unicolor L. Mars à novembre. Sous les pierres, les fumiers, lex excréments, les champignons.

A. C. *Les Ponts-de-Cé (à Sorges) ; Baugé ; Saumur ; Sainte-Gemmes* (Mill., Perr. et Rom.). — *Chênehutte* (Ret.). — *Lué* (Perr.). — *Env. d'Angers* (Surr.). — *Anjou ; Pontigné* (Thu.). — *Anjou* (I. C.). — *La Possonnière* (Pap.). — *Parcé (Sarthe),* (Abot).

H. binotatus Er. Mars à novembre. Dans les fumiers, les bouses, les crottins. Espèce surtout méridionale.

R. *Martigné-Briand* (Perr. et Rom.). — *Écouflant* (Abot).

H. merdarius Hoffm. Avril à septembre. Dans les poulaillers, les plaies des ormes, les débris végétaux, les fumiers ; avec *Formica rufa* L.

A. R. *Baugé, Saumur* (Mill. ; Perr. et Rom.). — *Cholet ; Chênehutte* (Ret.). — *Lué* (Perr.). — *La Chaussaire* (Pap.).

H. cadaverinus Hoffm. Mars à novembre. Dans les bouses, les fumiers, les plaies des ormes ; sous les cadavres.

C. C. *Répandu dans tout l'Anjou.*

H. striola Sahlb. Mars à novembre. Dans les bouses, les fumiers ; sous les cadavres.

A. C. *Angers ; Saumur ; Dampierre* (Abot).

H. terricola Germ. Mars à novembre. Dans les fumiers, et les excréments.

R. R. *Chênehutte* (Ret.).

H. stercorarius Hoffm. Avril à octobre. Dans les bouses, les fumiers, sous les mousses, les cadavres.

A. R. *Martigné-Briand* (Rom.). — *Chênehutte* (Ret.). — *Lüé* (Perr.). — *Anjou* (I. C.). — *Dampierre* (Abot).

H. bipustulatus Schrank. Avril à octobre. Dans les bouses, les cadavres.

A. R. *Anjou* (Gall.). — *Brain-sur-l'Authion* (H. Baz.). — *Dampierre* (Abot).

H. purpurascens Herbst. Mars à octobre. Dans les bouses, les fumiers, sous les mousses.

C. *Anjou* (Perr. et Rom.). — *Sainte-Gemmes* (Gall.). — *Chênehutte (au Petit-Puits)* (Ret.). — *Anjou* (U. A.). — *Anjou ; Pontigné* (Thu.). — *Anjou* (I. C.). — *Angers* (Ven.). — *Angers ; Les Ponts-de-Cé* (Abot).

H. marginatus Er. Mars à octobre. Dans les fumiers, les détritus. R. R. *Chênehutte (au Petit-Puits)* (Ret.).

H. ruficornis Grimm. Avril à novembre. Dans les bouses, les fumiers, les crottins.

R. R. *Angers* (Ven.). — *Angers* (Abot).

H. neglectus Germ. Avril à septembre. Dans les bouses, les excréments, les champignons.

R. *Martigné-Briand* (Perr. et Rom.). — *Sainte-Gemmes* (Gall.).

H. ventralis Mars. Avril à octobre. Dans les crottins, les bouses et les excréments.

R. R. *Lué* (Perr.).

H. carbonarius Hoffm. Mars à octobre. Dans les fumiers, les charognes et autres immondices.

: A. R. *Saumur* (Court.). — *Anjou* (Perr. et Rom.). — *Chênehutte (au Petit-Puits)* (Ret.). — *Lué* (Perr.). — *Angers* (Ven.). — *Saint-Barthélemy (à Pignerolles)* (Br.).

H. ignobilis Mars. Avril à octobre. Dans les bouses, les champignons, les excréments, les matières animales en décomposition.

R. *Sainte-Gemmes* (Gall.). — *Chênehutte* (Ret.). — *Lué* (Perr.). — *Angers* (Abot).

H. quadrinotatus Scriba. Mars à septembre. Dans les bouses, les détritus ; sous les pierres.

A. R. *Saumur* (P. Lambert). — *Martigné-Briand* (Perr. et Rom.). — *Chênehutte* (Ret.). — *Lué* (Perr.). — *Anjou ; Pontigné* (Thu.).

H. sinuatus Illig. Avril à octobre. Dans les bouses, les fumiers, les crottins, les charognes.

A. C. *Anjou* (Perr. et Rom.). — *Chênehutte* (Ret.). — *Lué* (Perr.). — *Env. d'Angers* (Surr.). — *Angers (La Paperie) : Les Ponts-de-Cé ; Beaupréau* (Br.). — *Anjou ; Pontigné* (Thu.). — *Anjou* (I. C.). — *Angers* (Ven.). — *Avoise (Sarthe)* (Abot).

H. bissextriatus F. Avril à octobre. Dans les bouses, les fumiers, les excréments.

R. R. *Anjou* (I. C.).

H. duodecimstriatus Schrank. Avril à septembre. Dans les détritus, les bouses les excréments.

A. C. *Baugé ; Saumur* (Mill. ; Perr. et Rom.). — *Sainte-Gemmes* (Gall.). — *Lué* (Perr.). — *Anjou* (U. A.). — *Angers(La Paperie et étang Saint-Nicolas) Montfaucon-sur-Moine* (Br.). — *Anjou ; Pontigné* (Thu.). — *Angers* (Ven.). — *Angers* (Abot).

H. bimaculatus L. Mars à septembre. Dans les bouses, les détritus, les charognes.

A. R. *Angers ; Baugé ; Saumur* (Mill.). — *Cholet ; Chênehutte* (Ret.). — *Lué* (Perr.). — *Anjou ; Pontigné* (Thu.). — *Anjou* (I. C.). — *Angers* (Abot).

H. corvinus Germ. Juillet à septembre. Dans les champignons et les excréments.

R. *Martigné-Briand* (Perr. et Rom.). — *Chênehutte* (Ret.). — *Angers (La Paperie)* (Br.). — *Lué* (Perr.). — *Saumur* (Abot).

Phelister Marseul

P. Rouzeti Fairm. Mars à octobre. Dans les fourmilières.
R. R. *Chênehutte* (Ret.).

Dendrophilus Leach

D. punctatus Herbst. Mai à octobre. Dans la vermoulure des pommiers, des ormes, des chênes ; dans la mousse, au pied des arbres ; avec *Lasins fuliginosus* Latr., dans les pigeonniers.

A. R. *Sainte-Gemmes* (Gall.). — *Chênehutte* (Ret.). — *Lué* (Perr.). — *Anjou* (I. C.). — *Angers* (Abot).

D. pygmæus L. Avril à octobre. Sous les écorces et dans les plaies des arbres ; avec *Formica rufa* L. et *fulva*.

R. *Martigné-Briand* (Perr. et Rom.). — *Sainte-Gemmes* (Gall.). — *Sainte-Gemmes* (Br.). — *Chênehutte (au Petit-Puits)* (Ret.). — *Parcé (Sarthe)* (Abot).

Carcinops Marseul

C. pumilio Er. Mai à octobre. Dans les clos d'équarrissage, les poulaillers ; sous l'écorce et le vieux bois.

A. R. *Baugé ; Sainte-Gemmes* (Gall.).

Paromalus Erichson

P. parallelipipedus Herbst. Avril à octobre. Sous l'écorce des arbres.

R. *Baugé* (Gall.).

P. flavicornis Herbst. Sous l'écorce des arbres, principalement des pins.

R. *Angers (bords de l'étang Saint-Nicolas)* (Raffray). — *Baugé* (Gall). — *Angers ; Saint-Mathurin* (Br.). — *Lué* (Perr. et Rom.). — *Lué* (Perr.). — *Anjou* (I. C.). — *Montrevault* (Ven.).

Hetærius Erichson

H. ferrugineus Ol. Avril à juin. Sous les pierres, avec *Formica cinerea* Mayr.

R. R. *Sainte-Gemmes* (Gall.). — *Lué ; Château-Gontier (Mayenne)* (Perr.). — *Saint-Barthélemy (à Pignerolles)* (Br.)

Myrmetes Marseul

M. piceus Payk. Avril à juin. Avec *Formica rufa* L.
R. R. *Saumur* (Mill.).

Gnathoncus Duval

G. rotundatus Kugel. Printemps. Sous les écorces, dans les plaies des arbres ; aussi sous les charognes et les excréments.

R. *Sainte-Gemmes* (Gall.). — *Chênehutte (au Petit-Puits)* (Ret.). — *Lué* (Perr.). — *Anjou* (I. C.). — *Angers* (Ven.).

Saprinus Erichson

S. semipunctatus F. Avril à octobre. Dans les bouses, les crottins, les fumiers, les excréments.

R. *Martigné-Briand* (Perr. et Rom.). — *Anjou* (U. A.).

! S. detersus Illig. Avril à octobre. Dans les immondices, les bouses, les fumiers. Espèce surtout méridionale.

R. *Chênehutte (au Petit-Puits)* (Ret.).

S. chalcites Illig. Avril à octobre. Dans les charognes, les excréments, les poissons pourris.

R. *Sainte-Gemmes* (Gall.). — *Chênehutte (au Petit-Puits)* (Ret.). — *Angers* (Abot).

! S. subnitidus Mars. Avril à octobre. Dans les charognes, les excréments. Espèce surtout méridionale.

R. *Chênehutte (au Petit-Puits)* (Ret.). — *Les Ponts-de-Cé ; Saint-Georges-sur-Loire* (Br.).

S. semistriatus Scriba. Avril à novembre. Dans les bouses, les excréments, les fumiers, les champignons, les cadavres, les détritus.

C. *Baugé* (Mill.). — *Saumur* (Perr. et Rom.). — *Sainte-Gemmes* (Gall.). — *Saint-Barthélemy (à Pignerolles)* (Br.). — *Cholet ; Chêne-hutte (au Petit-Puits)* (Ret.). — *Lué* (Perr.). — *Env. d'Angers* (Surr.)· — *Anjou* (U. A.). — *Anjou* (I. C.). — *La Chaussaire ; Saint-Quentin-en-Mauges ; La Possonnière* (Pap.). — *Angers* (Ven.). — *Saumur ; Dampierre* (Abot).

S. politus Brahm. Avril à octobre. Dans les bouses, les champignons gâtés, les cadavres.

A. R. *Cholet* (Mill.). — *Sainte-Gemmes* (Perr. et Rom ; Gall.). — *Les Ponts-de-Cé* (Br.). — *Saint-Laurent-des-Autels (forêt de la Foucaudière)* (E. de I.). — *Chênehutte (au Petit-Puits)* (Ret.). — *Anjou* (I. C.). — *Angers* (Ven.). — *Les Ponts-de-Cé* (Abot).

S. æneus F. Mai à octobre. Dans les bouses, les cadavres, les champignons, les excréments.

C. *Anjou* (Perr. et Rom.). — *Sainte-Gemmes* (Gall.). — *Env. d'Angers* (Surr.). — *Anjou* (I. C.). — *Angers* (Ven.). — *Dampierre* (Abot).

S. æneus F. **var. immundus** Gyll. Mai à octobre. Dans les bouses, les cadavres, les champignons, les excréments.

R. *Sainte-Gemmes* (Gall.). — *Angers* (Abot).

S. conjungens Payk. Mai à août. Dans les bouses.

R. *Anjou* (Perr. et Rom.). — *Anjou* (I. C.).

S. rugiceps Duft. Mai à août. Dans les bouses, les excréments, les cadavres.

R. *Sainte-Gemmes* (Gall.).

S. rugifrons Payk. Mai à août. Sous les bouses, les excréments, les détritus.

A. R. *Sainte-Gemmes* (Gall.). — *Les Ponts-de-Cé* (Br.).

S. metallicus Herbst. Mai à août. Sous les détritus, les pierres.

R. *Anjou* (Gall.). — *Les Ponts-de-Cé* (Br.).

! **S. dimidiatus** Illig. Mai à août. Dans les bouses, les détritus. Espèce surtout méridionale.

R. *Sainte-Gemmes* (Gall.).

Teretrius Erichson

T. picipes F. Juin. Sous les écorces, dans les bûchers. Poursuit les larves de *Lyctus* dans leurs galeries.

R. *Martigné-Briand* (Perr. et Rom.). — *Sainte-Gemmes* (Gall.). — *Anjou* (I. C.). — *Saumur* (Abot).

Plegaderus Erichson

P. saucius Er. Mai à septembre. Sous les écorces des troncs d'arbres pourris, principalement des pins. Les larves, très carnassières vivent aux dépens de divers Xylophages.

R. *Baugé* (Gall.). — *Avoise (Sarthe) (forêt de Pescheseul)* (Abot).

P. vulneratus Panz. Mai à septembre. Sous les écorces des troncs d'arbres pourris. Mêmes mœurs que le précédent.

R. *Baugé* (Gall.). — *Avoise (Sarthe) (forêt de Pescheseul)* (Abot).

Onthophilus Leach

? O. globulosus Oliv. Avril à octobre. Sous les matières végétales en décomposition, dans les bouses, sous les melons et les citrouilles pourris. Espèce méridionale.

R. *Sainte-Gemmes* (Gall.).

O. sulcatus F. Avril à octobre. Sous les matières végétales en décomposition, dans les bouses, les champignons.

R. *Anjou* (I. C.). — *Sainte-Gemmes* (Abot).

O. striatus Forster. Toute l'année. Sous les débris végétaux, les bouses, les champignons.

A. R *Baugé* (Mill.). — *Sainte-Gemmes* (Gall.). — *Lué* (Perr.). — *Anjou* (U. A.). — *Mûrs* (Abot).

Abræus Leach

A. globulus Creutz. Toute l'année. Sous les détritus végétaux, dans le terreau, au pied des arbres et sous les écorces.

R. *Sainte-Gemmes* (Gall.). — *Ecouflant* (Br.).

A. globosus Hoffm. Toute l'année. Dans les fumiers, dans les champignons, dans les bouses et aussi dans les fourmilières de *Lasia fuliginosa*.

R. *Martigné-Briand* (Perr. et Rom). — *Montfaucon-sur-Moine* (Br.). — *Saint-Hilaire-Saint-Florent* (Abot).

Acritus Leconte

A. minutus Herbst. Avril à octobre. Dans le terreau des couches, les fumiers, les caves.

A. C. *Martigné-Briand* (Perr. et Rom.). — *Saumur* (Court.). — *Sainte-Gemmes* (Gall.). — *Anjou* (I. C.). — *Saint-Barthélemy* (Abot).

A. nigricornis Hoffm. Avril à octobre. Sous les écorces humides, dans les plaies des arbres.

A. R. *Baugé ; Sainte-Gemmes* (Gall.). — *Lué* (Perr.). — *Saumur* (Abot).

HYDROPHILIDÆ

Helophorus Fabricius

H. rufipes Bosc. Mai à septembre. Au pied des plantes, sur les coteaux calcaires ; sous les mousses, les feuilles mortes, dans les bois.

A. C. *Sainte-Gemmes* (Gall.). — *Cholet ; Chênehutte (au Petit-Puits)* (Ret.). — *Lué* (Perr..) — *Angers (étang Saint-Nicolas) ; Champtoceaux* (Br.). — *Env. d'Angers* (Surr.). — *Anjou* (I. C.).

H. nubilus F. Avril à décembre. Dans les champs, au pied des plantes, sous les détritus ; dans les bois et les marais, sous les mousses, les débris végétaux.

A. R. *Saumur* (Mill.). — *Blaison* (Perr. et Rom.). — *Sainte-Gemmes* (Gall.). — *Chemillé* (Br.). — *Grez-Neuville ; Lué* (Perr.). — *Anjou* (I. C.).

H. aquaticus L. Mars à octobre. Dans toutes les eaux stagnantes, sur les plantes aquatiques.

C. *Anjou* (Perr. et Rom.). — *Sainte-Gemmes* (Gall.). — *Cholet ; Chênehutte (au Petit-Puits)* (Ret.). — *Lué* (Perr.). — *Angers (étang Saint-Nicolas) ; Saint-Florent-le-Vieil* (Br.). — *Env. d'Angers* (Surr.). — *Anjou* (U. A.). — *Anjou* (I. C.). — *Pruniers* (H. Baz.). — *Angers* (Abot).

H. aquaticus L. **var. frigidus** Graëlls. Mars à octobre. Dans toutes les eaux stagnantes, sur les plantes aquatiques. Variété surtout signalée dans la France méridionale et l'Espagne.

A. C. *Sainte-Gemmes* (Gall.). — *Lué* (Perr.).

H. brevipalpis Bed. Mars à juillet. Dans les mousses, les fossés d'eaux stagnantes.

R. *Angers* (Abot).

H. granularis L. Mars à août. Dans les mares d'eaux stagnantes, les eaux pluviales.

C. *Anjou* (Perr. et Rom.). — *Cholet ; Chênehutte (au Petit-Puits)* (Ret.). — *Lué* (Perr.). — *Angers (étang Saint-Nicolas) ; Montfaucon-sur-Moine* (Br.). — *Env. d'Angers* (Surr.). — *Anjou* (U. A.). — *Anjou* (I. C.). — *Angers ; Les Ponts-de-Cé; Parcé (Sarthe)* (Abot).

H. viridicollis Steph. Mars à octobre. Dans les eaux stagnantes.
A. R. *Angers ; Mûrs ; Sainte-Gemmes* (Abot).

H. nanus Sturm. Avril à octobre. Etangs, mares froides, fossés.
A. R. *La Meignanne* (de Joannis). — *Lué* (Perr.). — *Anjou* (U. A.).
— *Le Lion-d'Angers* (Br.).

Hydrochus Leach

H. elongatus Schaller. Mars à octobre. Dans les mares et les fossés
d'eaux stagnantes, sur les plantes immergées.
A. C. *Anjou* (Gall.). — *Chênehutte* (Ret.). — *Angers (étang Saint-Nicolas) ; Ecouflant ; Saint-Florent-le-Vieil* (Br.). — *Lué* (Perr.). —
Anjou (U. A.). — *Anjou* (I. C.). — *Saint-Lambert-des-Levées* (Abot).

H. carinatus Germ. Avril à octobre. Dans les mares et les fossés
d'eaux stagnantes, sur les plantes immergées.
R. *Martigné-Briand* (Perr. et Rom.). — *Anjou* (I. C.). — *Saint-Florent-le-Vieil* (Br.).

H. brevis Herbst. Septembre à novembre. Dans les fossés des marais,
les foins coupés, baignant dans l'eau.
R. *Les Ponts-de-Cé (à Sorges)* (Gall.). — *Allonnes (étang du Bellay,*
(Abot).

H. nitidicollis Muls. Avril à octobre. Dans les mares, les eaux
stagnantes. Plus particulièrement méridional.
R. R. *Sainte-Gemmes (fossés de l'Authion)* (Gall.). — *Angers (Bourg-la-Croix) ; Saint-Florent-le-Vieil* (Br.).

H. angustatus Germ. Mai. Dans les marais, les fossés.
A. R. *Les Ponts-de-Cé (à Sorges) ; Saumur* (Mill.). — *Sainte-Gemmes* (Gall.). — *Angers (étang Saint-Nicolas) ; Bourg-la-Croix* (Br.).
— *Lué* (Perr.). — *Anjou* (U. A.). — *Anjou* (I. C.).

Ochthebius Leach

O. granulatus Muls. Avril à octobre. Dans les mares et les fossés
Plus spécialement des montagnes du centre et des Alpes.
R. *Martigné-Briand* (Rom.). — *Vivy* (Abot).

O. exsculptus Germ. Avril à octobre. Dans les mares et les fossés.
R. *Sainte-Gemmes* (Gall.). — *Montfaucon-sur-Moine* (Br.). —
Allonnes (étang du Bellay) (Abot).

O. exaratus Muls. Avril à octobre. Dans les mares ; sous les pierres
et parmi les herbes, au bord des eaux.

R. *Martigné-Briand* (Perr. et Rom.). — *Sainte-Gemmes* (Br.). — *Allonnes (étang du Bellay)* (Abot).

O. impressus Marsh. Mars à octobre. Dans les eaux stagnantes ou courantes, sur les plantes aquatiques.

A. R. *Angers ; Champtoceaux ; Ecouflant ; Longué* (Br.). — *Martigné-Briand* (Perr. et Rom.). — *Chênehutte* (Ret.). — *Sainte-Gemmes ; Soulaire-et-Bourg* (Abot).

O. pusillus Steph. Mai à septembre. Dans les marais.
R. *Sainte-Gemmes* (Gall.).

Hydræna Kugelann

H. testacea Curtis. Mars à décembre. Mares et étangs ; eaux peu courantes, dans les plantes immergées.

A. C. *Les Ponts-de-Cé (à Sorges) ; Sainte-Gemmes ; Saumur* (Gall.). — *Saint-Florent-le-Vieil* (Br.).

H. riparia Kugel. Mars à novembre. Eaux stagnantes ou courantes, sous les pierres, les plantes immergées, les détritus.

A. C. *Les Ponts-de-Cé (à Sorges)* (Mill.). — *Angers (étang Saint-Nicolas)* (Br.). — *Pruniers* (Abot).

H. nigrita Germ. Avril à octobre. Eaux surtout courantes, sous les pierres.

R. *Sainte-Gemmes (fossés de l'Authion)* (Gall.). — *Saint-Florent-le-Vieil* (Br.). — *Les Ponts-de-Cé* (Abot).

Spercheus Kugelann

S. emarginatus Schall. Juin à septembre. Dans les fossés bourbeux, enfoncé dans la vase. Insecte plutôt septentrional.

R. *Martigné-Briand* (Perr. et Rom.). — *Sainte-Gemmes (fossés de l'Authion)* (Gall.). — *Angers (étang Saint-Nicolas)* (Abot).

Berosus Leach

B. signaticollis Charp. Mars à août. Mares des terrains sablonneux.

A. C. *Martigné-Briand; Beaufort-en-Vallée ; Sainte-Gemmes* (Gall.). — *Angers (étang Saint-Nicolas) ; Ecouflant* (Br.). — *Chênehutte* (Ret.). — *Anjou* (U. A.). — *Anjou* (I. C.). — *Les Ponts-de-Cé* (Abot).

B. luridus L. Mars à août. Fossés et mares, surtout dans les terrains sablonneux.

A. C. *Les Ponts-de-Cé (à Sorges)* ; *Saumur* (Mill.). — *Écouflant* (Br.). — *Chênehutte* (Ret.). — *Anjou* (U. A.). — *Anjou* (I. C.). — *Saumur* (Abot).

B. affinis Brull. Mai à août. Dans les mares et les fossés des terrains sablonneux.

A. C. *Anjou* (Gall.). — *Écouflant* (Br.). — *Chênehutte* (Ret.). — *Saumur* (Ackerman). — *Ingrandes* ; *Les Ponts-de-Cé* (Abot).

Hydrous Dahl

H. piceus L. Toute l'année. Dans les fossés des marais, les étangs, aux endroits herbeux.

C. *Anjou* (Gall.). — *Cholet* ; *Chênehutte* (Ret.). — *Angers (étang Saint-Nicolas)* (Br.). — *Env. d'Angers* (Surr.). — *Anjou* (U. A.). — *Anjou* (I. C.). — *Saumur* ; *Angers* ; *Mûrs* (Abot).

Hydrophilus Degeer

H. caraboides L. Février à ocotbre. Dans les eaux stagnantes, les étangs, les fossés des marais, dans les herbes immergées.

C. *Anjou* (Gall.). — *Cholet* ; *Chênehutte* (Ret.). — *Angers (étang Saint-Nicolas ; Bourg-la-Croix)* (Br.). — *Env. d'Angers* (Surr.). — *Anjou* (U. A.). — *Anjou* (I. C.). — *Les Ponts-de-Cé* ; *Saumur* (Abot).

H. caraboides L. **var. intermedius** Muls. Mêmes époques et mêmes lieux que le type.

A. R. *Saumur* (Abot).

Limnoxenus Rey

L. oblongus Herbst. Mars à septembre. Dans les eaux stagnantes.

A. C. *Sainte-Gemmes* (Gall.). — *Chênehutte* (Ret.). — *Angers (étang Saint-Nicolas)* ; *Saint-Florent-le-Vieil* (Br.). — *Lué* (Perr.). — *Anjou* (U. A.). — *Anjou* (I. C.). — *Saumur* (Abot).

Hydrobius Leach

! **H. convexus** Brullé. Avril à octobre. Rivières, ruisseaux, étangs et mares. Insecte surtout méridional.

R. *Chênehutte* (Ret.). — *La Meignanne* (de Joannis).

H. fuscipes L. Toute l'année. Dans toutes les eaux ; souvent sous les feuilles décomposées, les détritus humides au bord des eaux.

C. *Les Ponts-de-Cé (à Sorges)* ; *Baugé* ; *Sainte-Gemmes* (Gall.). — *Angers* ; *Saint-Florent-le-Vieil* (Br.). — *Chênehutte* (Ret.). — *Lué* (Perr.). — *Env. d'Angers* (Surr.). — *Anjou* (U. A.). — *Anjou* (I. C.). — *Angers* ; *Les Ponts-de-Cé* ; *Sainte-Gemmes* (Abot).

H. fuscipes L. **var. subrotundatus** Steph. Mêmes époques et mêmes lieux que le type.

A. C. *Chênehutte* (Ret.).

Anacæna Thomson

A. golbulus Payk. Toute l'année. Dans toutes les eaux stagnantes.

A. C. *Sainte-Gemmes (fossés de l'Authion)* (Gall.). — *Anjou* (I. C.). — *Angers ; Saint-Barthélemy* (Abot).

A. limbata F. Toute l'année. Dans toutes les eaux stagnantes.

A. C. *Anjou* (Perr. et Rom.). — *Sainte-Gemmes* (Gall.). — *Angers (Bourg-la-Croix) ; Le Lion-d'Angers* (Br.). — *Anjou* (U. A.). — *Angers ; Les Ponts-de-Cé ; Sainte-Gemmes* (Abot).

A. bipustulata Marsh. Mars à août. Mares, étangs, ruisseaux.

R. *Angers* (Br.). — *Angers (étang Saint-Nicolas)* (Abot).

Paracymus Thomson

? P. æneus Germ. Avril à août. Dans les eaux, principalement saumâtres. Sa présence en Anjou est peu probable.

R. R. *Sainte-Gemmes* (Gall.).

Philydrus Solier

P. melanocephalus Ol. Avril à août. Eaux stagnantes. Marais.

A. C. *Les Ponts-de-Cé (à Sorges)* (Mill.). — *Martigné-Briand* (Perr. et Rom.). — *Sainte-Gemmes* (Br.). — *Chênehutte* (Ret.). — *Anjou* (U. A.). — *Saumur* (Abot).

P. minutus F. Mars à septembre. Eaux stagnantes dans les terrains sablonneux.

A. R. *Env. d'Angers* (Surr.). — *Angers ; Saumur ; Ingrandes* (Abot).

P. 4-punctatus Herbst. Mars à août. Eaux stagnantes, marais.

R. *Champtoceaux* (Br.).

P. testaceus F. Avril à août. Eaux stagnantes, marais.

R. *Chênehutte* (Ret.).

Helochares Mulsant

H. lividus Forster. Mars à octobre. Dans les fossés, les mares, les endroits calmes des rivières.

C. *Les Ponts-de-Cé (à Sorges)* (Mill.). — *Anjou* (Perr. et Rom.). — *Angers (étang Saint-Nicolas) ; Saint-Florent-le-Vieil* (Br.). — *Chênehutte* (Ret.). — *Lué* (Perr.). — *Env. d'Angers* (Surr.). — *Anjou* (U. A.). — *Anjou* (I. C.). — *Saumur ; Sainte-Gemmes* (Abot).

H. griseus F. Avril à octobre. Dans les étangs, les ruisseaux, les fossés.

A. R. *Chênehutte* (Ret.). — *Anjou* (I. C.).

Cymbiodyta Bedel

C. marginella F. Avril à novembre. Eaux stagnantes ou courantes. Mares des bois.

A. R. *Martigné-Briand ; Sainte-Gemmes* (Gall.). — *Saint-Florent-le-Vieil* (Br.). — *Anjou* (I. C.). — *Les Ponts-de-Cé* (Abot).

Laccobius Erichson

L. minutus L. Mars à décembre. Dans toutes les eaux.

A. R. *Anjou* (Gall.). — *Les Ponts-de-Cé* (Br.). — *Chênehutte* (Ret.). — *Lué* (Perr.). — *Env. d'Angers* (Surr.).

L. nigriceps Thoms. Mars à juillet. Eaux calmes.

A. R. *Angers ; Les Ponts-de-Cé ; Pruniers* (Abot).

L. sinuatus Motsch. Avril à novembre. Eaux stagnantes ou courantes, à fond de sable.

R. *Anjou* (Gall.).

Chætarthria Stephens

C. seminulum Herbst. Toute l'année. Dans toutes les eaux, sur les bords, souvent sous les débris végétaux humides et les foins coupés.

A. C. *Anjou* (Perr. et Rom.). — *Sainte-Gemmes* (Gall.). — *Chênehutte* (*au Petit-Puits*) (Ret.). — *Angers* (Abot).

Limnebius Leach

L. truncatellus Thunbg. Avril à octobre. Dans les étangs, les fossés, les mares des bois.

A. R. *Anjou* (Perr. et Rom.). — *Sainte-Gemmes* (Gall.). — *Angers* (Br.). — *Anjou* (I. C.). — *Ecouflant* (Abot).

L. papposus Muls. Mars à septembre. Dans les fossés, les mares, au bord des rivières, sur les feuilles des plantes à la surface de l'eau,

A. R. *Angers ; Champtoceaux ; Ecouflant ; Saint-Barthélemy* (Br.). — *Anjou* (Gall.). — *Angers* (Abot).

! L. truncatulus Thoms. Avril à octobre. Dans les fossés, les mares, les étangs ou sur leurs bords. Espèce du Nord, mais se rencontrant aussi dans les montagnes du Centre et les Pyrénées.

R. R. *Les Ponts-de-Cé* (1 ex.) (Abot).

L. nitidus Marsh. Mars à septembre. Dans les fossés des marais, es ruisseaux d'eau courante, sur les plantes à la surface de l'eau.

A. R. *Sainte-Gemmes* (Gall.). — *Lué* (Perr.). — *Angers (étang Saint-Nicolas)* (Br.). — *Angers* (Abot).

Cælostoma Brullé

C. orbiculare Lap. Toute l'année. Dans les eaux stagnantes, les détritus, les foins coupés, au bord des étangs, des mares.

C. *Anjou* (Gall.). — *Cholet ; Chênehutte* (Ret.). — *La Meignanne ; Lué* (Perr.). — *Anjou* (I. C.). — *Saumur* (Abot).

Sphæridium Fabricius

S. scarabæoides L. Avril à novembre. Dans les bouses et les crottins.

C. *Anjou* (Gall.). — *Cholet ; Chênehutte* (Ret.). — *Angers (étang Saint-Nicolas) ; Sainte-Gemmes* (Br.). — *Lué* (Perr.). — *Anjou* (Br.). — *Anjou* (I. C.). — *Angers ; Saumur* (Abot).

S. scarabæoides L. **var. lunatum** F. Avril à novembre. Dans les bouses et les crottins.

A. C. *Cholet ; Chênehutte* (Ret.).

S. bipustulatum F. Mars à novembre. Dans les bouses et les crottins.

C. *Anjou* (Gall.). — *Sainte-Gemmes ; Angers ; Saint-Florent-le-Vieil* (Br.). — *Cholet ; Chênehutte* (Ret.). — *Lué* (Perr.). — *Env. d'Angers* (Surr.). — *Anjou* (U. A.). — *Anjou* (I. C.). — *Saumur ; Angers ; Sainte-Gemmes* (Abot).

S. bipustulatum F. **var. marginatum** F. Mars à novembre. Dans les bouses et les crottins.

A. C. *Longué ; Champtoceaux* (Br.). — *Cholet ; Chênehutte* (Ret.). — *Angers ; Soulaire-et-Bourg* (Abot).

Cercyon Leach

C. ustulatus Preyssl. Février à octobre. Dans les crottins, les détritus, les foins coupés, les mousses, au pied des arbres.

A. C. *Sainte-Gemmes* (Gall.). — *Lué* (Perr.). — *Montfaucon-sur-Moine* (Br.). — *Angers ; Sainte-Gemmes* (Abot).

C. lugubris Oliv. Mai à septembre. Dans les crottins, les détritus, les foins coupés, la mousse, au pied des arbres.

A. R. *Saint-Florent-le-Vieil* (Br.). — *Longué ; Sainte-Gemmes* (Abot).

C. impressus Sturm. Avril à septembre. Dans les crottins, les bouses les détritus.

R. *Angers* (1 ex.) (Abot).

C. hæmorrhoidalis F. Avril à octobre. Dans les bouses, les fumiers, les détritus.

A. C. *Anjou* (Gall.). — *Cholet ; Chênehutte* (Ret.). — *Angers (étang Saint-Nicolas) ; Beaupréau* (Br.). — *Anjou* (I. C.). — *Saumur ; Sainte-Gemmes* (Abot).

C. melanocephalus L. Avril à décembre. Dans les crottins de cheval, de mouton, les bouses, les mousses des bois, les détritus, les foins coupés.

A. R. *Anjou* (Gall.). — *Cholet ; Chênehutte* (Ret.).

C. lateralis Marsh. Avril à ctobre. Dans les bouses, les cadavres, les débris végétaux, les excréments.

A. C. *Anjou* (Gall.). — *Chênehutte* (Ret.). — *Angers (la Paperie) ; Juigné-sur-Loire* (Br.). — *La Meignanne* (de Joannis). — *Lué* (Perr.). — *Angers* (Abot).

C. unipunctatus L. Février à octobre. Dans les bouses, les crottins, les détritus, les foins gâtés, les cadavres, les mousses des bois.

C. *Anjou* (Gall.). — *Cholet ; Chênehutte* (Ret.). — *Château-Gontier (Mayenne)* (Br.). — *Lué* (Perr.). — *Anjou* (U. A.). — *Anjou* (I. C.). — *Trélazé* (H. Baz.). — *Angers ; Les Ponts-de-Cé* (Abot).

C. quisquilius L. Avril à octobre. Dans les détritus, les fumiers, les bouses.

A. R. *Cholet ; Chênehutte* (Ret.). — *Lué* (Perr.). — *Les Ponts-de-Cé ; Longué* (Br.).

C. terminatus Marsh. Juillet à octobre. Dans les crottins et les bouses.

R. *Anjou* (Gall.).

C. pygmæus Ill. Mars à octobre. Dans les bouses, les crottins, les détritus.

A. C. *Anjou* (Gall.). — *Chênehutte* (Ret.). — *Longué* (Br.). — *Lué* (Perr.).

C. nigriceps Marsh. Mars à octobre. Dans les bouses, les détritus, les cadavres ; dans les poulaillers.

A. C. *Anjou* (Gall.). — *Lué* (Perr.). — *Anjou* (I. C.).

C. tristis Illig. Mars à octobre. Dans les détritus, les fumiers.

R. *Chênehutte* (Ret.). — *Lué* (Perr.). — *Sainte-Gemmes* (Abot).

C. convexiusculus Steph. Toute l'année. Dans les bouses, les détritus, les foins gâtés, le fumier des couches, les mousses des bois.

A. C. *Anjou* (Gall.). — *Mûrs* (Abot).

C. flavipes Thunbg. Toute l'année. Dans les bouses, les crottins, les poulaillers, les détritus, les foins coupés, le fumier des couches.

C. *Sainte-Gemmes* (Gall.). — *Chênehutte* (Ret.). — *Anjou* (U. A.). — *Anjou* (I. C.). — *Sainte-Gemmes* (Abot).

Megasternum Mulsant

M. boletophagum Marsh. Toute l'année. Dans les bouses, les crottins, les cadavres, les champignons, les détritus, les mousses.

A. C. *Anjou* (Gall.). — *Chênehutte* (Ret.). — *Saint-Barthélemy* (Abot).

Cryptopleurum Mulsant

C. minutum F. Toute l'année. Dans les fumiers, les excréments des herbivores, les végétaux en décomposition, les mousses au pied des arbres.

C. *Anjou* (Gall.). — *Chênehutte* (Ret.). — *Angers (la Paperie)* ; *Montfaucon-sur-Moine* (Br.). — *Lué* (Perr.). — *Anjou* (I. C.). — *Saumur* (Abot).

CANTHARIDÆ

Homalisus Geoffroy

H. fontisbellaquei Geoffr. Mai à août. Sur les plantes et les arbustes. La femelle aptère se trouve rarement.

R. *Forêt de Fontevrault* (Mill.). — *Forêt de Milly (Gennes)* (Mme de Buzelet). — *Saint-Laurent-des-Autels (forêt de la Foucaudière)* et *Le Fief-Sauvin (forêt de Leppo)* (E. de I.). — *Cholet ; Chênehutte (au Petit-Puits)* (Ret.). — *Saint-Melaine* (Br.). — *Lué ; Fontaine-Milon* (Perr.). — *Bauné* (H. Baz.). — *Avoise (Sarthe) (forêt de Pescheseul)* ; *Souzay (à Champigny-le-Sec)* (Abot).

Dictyopterus Latreille

D. rubens Gyll. Mai à août. Sur diverses plantes en fleur, notamment les ombellifères.

A. R. *Chênehutte (au Petit-Puits)* (Ret.). — *Anjou* (U. A.). — *Anjou* (I. C.). — *Dampierre (à Fourneux)* (Abot).

Lygistopterus Mulsant

L. sanguineus L. Mai à août. Principalement dans les marais.

Sur les fleurs, surtout des ombellifères. La larve vit sous les écorces du chêne, du châtaignier, du bouleau.

A. C. *Sainte-Gemmes* (Gall.). — *La Chapelle-Saint-Florent* (E. de I.). — *Durtal* (Br.). — *Lué ; Chemillé* (Perr.). — *Mozé* (Pap.). — *Marans* (H. Baz.). — *Dampierre (à Fourneux)* (Abot).

Lampyris Geoffroy

L. noctiluca L. Mai à août. Bois et marais boisés ; dans les herbes. La larve se nourrit de mollusques terrestres. La femelle est aptère ; ces insectes décèlent leur présence la nuit, par une lueur phosphorescente. Vulgairement nommés : Vers luisants.

C. *Anjou* (Gall.). — *Cholet ; Chênehutte (au Petit-Puits)* (Ret.). — *Champtoceaux* (Br.). — *Lué* (Perr.). — *Env. d'Angers* (Surr.). — *Anjou* (U. A.). — *Anjou* (Pap.). — *Angers ; Ingrandes ; Avoise (Sarthe) ; Parcé (Sarthe)* (Abot).

Phausis Leconte

P. splendidula L. Mai à août. Sur les fleurs et dans les herbes des bois.

R. R. *Anjou* (I. C.).

Phosphænus Laporte

P. hemipterus Göze. Mai à juillet. Par terre et sur les plantes basses. La femelle aptère se rencontre très rarement.

R. *Sainte-Gemmes* (Gall.). — *Saint-Laurent-des-Autels (forêt de la Foucaudière)* (E. de I.). — *Lué ; Champigné* (Perr.). — *Anjou* (I. C.).

Cantharis Linné

C. abdominalis F. Mai à août. Sur les feuilles, surtout dans les endroits ombreux. Plus spécial aux régions alpines.

R. *Anjou* (U. A.). — *Anjou* (I. C.).

C. fusca L. Mai à août. Sur les fleurs.

A. C. *Anjou* (Gall.). — *Cholet ; Chênehutte (au Petit-Puits)* (Ret.). — *Montfaucon-sur-Moine ; Saint-Georges-sur-Loire ; Saint-Melaine* (Br.). — *Lué ; Corné* (Perr.). — *Env. d'Angers* (Surr.). — *Anjou* (I. C.). — *La Chaussaire ; Gesté* (Pap.).

C. rustica Fall. Mai à août. Sur les herbes, les arbustes, les haies.

C. C. *Dans tout l'Anjou.*

C. obscura L. Mai, juin. Sur les herbes, les arbustes, les haies.

A. C. *Anjou* (Gall.). — *Chênehutte (au Petit-Puits)* (Ret.). — *Env.*

Pocadius Erichson

P. ferrugineus F. Mars à octobre. Dans les *Lycoperdon* et les Bolets.

A. C. *Rou-Marson (bords de l'étang de Marson)* ; *Baugé* (Gall.). *Lué* (Perr.). — *Le Fief-Sauvin (forêt de Leppo)* (E. de I.). — *Chênehutte (au Petit-Puits)* (Ret.). — *Anjou* (I. C.).

Cychramus Kugelann

C. luteus F. Mai à octobre. Sur les arbustes en fleur et parfois dans les champignons.

A. R. *Sainte-Gemmes* ; *Rou-Marson* (Gall.).

Cyllodes Erichson

C. ater Herbst. Mai à octobre. Dans les champignons.
A. R. *Forêt de Baugé* (Gall.). — *Anjou* (U. A.). — *Anjou* (I. C.).

Cryptarcha Shuckard

C. strigata F. Juin à août. Sur les plaies des arbres.
R. *Sainte-Gemmes* ; *Baugé* (Gall.). — *Anjou* (I. C.).

C. imperialis F. Janvier à septembre. Dans les plaies des arbres, ormes et chênes ; dans la mousse, au pied des arbres.
R. *Baugé* (Gall.). — *Saint-Barthélemy* (Abot).

Glischrochilus Murray

G. Olivieri Bedel. Avril à septembre. Sous les écorces des arbres abattus ; dans les champignons ; sur les souches humides.
R. *Anjou* (Gall.). — *Jarzé* (Abot).

G. quadriguttatus Oliv. Janvier à août. Sous les écorces des peupliers abattus ; dans les champignons.
R. *Sainte-Gemmes* (Gall.). — *Anjou* (I. C.)..

G. quadripustulatus L. Février à août. Sous les écorces de différents arbres, surtout de l'orme.
A. R. *Anjou* (Gall.). — *Anjou* (I. C.).

Pityophagus Shuckard

P. ferrugineus L. Avril à juillet. Sous les écorces et dans les fagots de pins.
A. C. *Baugé* (Gall.). — *Lué* (Perr.).

Rhizophagus Herbst

R. depressus F. Mars à mai. Sous les écorces de pins abattus et parfois dans la mousse au pied des pins. La larve vit aux dépens de divers insectes xylophages du genre *Bostrichus*.

R. *Anjou* (Gall.). — *Lué* (Perr.).

R. ferrugineus Payk. Mars à mai. Sous les cadavres ; dans les vieux fagots ; sous les écorces d'arbres abattus.

A. R. *Baugé* (Gall.). — *Chênehutte (au Petit-Puits)* (Ret.). — *Lué* (Perr.). — *Anjou* (I. C.).

R. perforatus Er. Février à septembre. Sous les écorces de peupliers et des bouleaux abattus ; sur les plaies d'ormes.

R. *Anjou* (Gall.).

E. parallelocollis Gyll. Avril à septembre. Sous les cadavres, dans les cimetières ; dans les caves.

A. C. *Anjou* (Gall.). — *Chênehutte (au Petit-Puits)* (Ret.). — *Lué* (Perr.). — *Anjou* (I. C.).

R. nitidulus F. Avril à septembre. Sous les écorces, principalement de châtaigniers.

R. *Chênehutte (au Petit-Puits)* (Ret.).

R. bipustulatus F. Toute l'année. Sous l'écorce des arbres abattus, dans la mousse, au pied des arbres.

R. *Baugé* (Gall.).

R. politus Hellw. Avril à août. Sous l'écorce des arbres abattus ; dans la mousse, au pied des arbres.

A. R. *Sainte-Gemmes* (Gall.). — *Lué* (Perr.). — *Anjou* (I. C.).

CUCUJIDÆ

Monotoma Herbst

M. conicicollis Aub. Toute l'année. Dans les fourmilières de *Formica rufa* L.

A. R. *Anjou* (Gall.). — *Anjou* (I. C.). — *Saint-Barthélemy (à Pignerolles)* (Br.).

M. angusticollis Gyll. Toute l'année. Dans les fourmilières de *Formica rufa* L.

A. R. *Baugé* (Gall.). — *Chênehutte* (Ret.). — *Lué* (Perr.).

M. spinicollis Aub. Toute l'année. Dans les matières végétales en décomposition ; au vol, autour des fumiers.

A. R. *Anjou* (Gall.). — *Chênehutte* (Ret.).

M. picipes Herbst. Toute l'année. Dans les détritus, les foins coupés, les fumiers, les bouses ; sous la mousse ; au pied des meules.

A. C. *Sainte-Gemmes* (Gall.). — *Lué* (Perr.).

M. punctaticollis Aub. Juin. Dans les caves, sous les débris de paille, et dans les écuries. Surtout méridional.

R. R. *La Meignanne* (de Joannis).

M. bicolor Villa. Mai à novembre. Dans les débris végétaux, le fumier des couches, les bottes de roseaux ; au vol.

R. *Sainte-Gemmes* (Gall.). *Lué* (Perr.). — *Angers* (3 ex.) (Abot).

M. longicollis Gyll. Mai à octobre. Dans les détritus, le terreau des couches à melons.

R. *Anjou* (Gall.). — *Chênehutte (au Petit-Puits)* (Ret.).

Silvanus Latreille

S. surinamensis L. Juin à août. Dans les greniers, sur les céréales ; dans la farine ; dans les bûchers ; sous l'écorce des arbres ; dans la mousse des bois.

A. R. *Anjou* (Gall.). — *Lué* (Perr.). — *Env. d'Angers* (Surr.). — *Anjou* (I. C.). — *Angers* (Abot).

S. bidentatus F. Juin à août. Sous les écorces, surtout des chênes et des ormes.

R. *Sainte-Gemmes* (Gall.).

S. unidentatus F. Toute l'année. Sous l'écorce des arbres abattus.

A. C. *Anjou* (Mill.). — *Lué* (Perr.). — *Anjou* (I. C.). — *Les Ponts-de-Cé ; Longué* (Br.). — *Saint-Barthélemy ; Dampierre* (Abot).

S. Fagi Guér. Toute l'année. Dans les fagots et sous les détritus.

A. C. *Sainte-Gemmes* (Gall.). — *Lué* (Perr.). — *Les Ponts-de-Cé* (Abot).

Psammœcus Latreille

P. bipunctatus F. Toute l'année. Marais ; dans les bottes de roseaux, sous les détritus ; sur les herbes.

C. *Sainte-Gemmes* (Gall.). — *Rou-Marson (étang de Marson)* (Perr.).

Uleiota Latreille

U. planata L. Juin à octobre. Sous les écorces d'arbres abattus.

A. C. *La Meignanne* (de Joannis). — *Sainte-Gemmes* (Gall.). — *Angers* (Br.). — *Lué* (Perr.). — *Env. d'Angers* (Surr.). — *Anjou* (I. C.). — *Les Ponts-de-Cé ; Parcé (Sarthe)* (Abot).

Læmophlœus Stephens

L. monilis F. Avril à octobre. Sous les écorces, parmi les bois décomposés.

R. *Sainte-Gemmes* (Gall.).

L. testaceus F. Avril à octobre. Sous les écorces, les vieux fagots, dans le bois pourri.

R. *Le Guédéntau (forêt de Chandelais)* (Gall.).

L. bimaculatus Payk. Avril à octobre. Sous les écorces, les vieux fagots, dans le bois pourri.

R. *Le Guédéniau (forêt de Chandelais)* (Gall.).

L. ferrugineus Steph. Mai à octobre. Dans le vieux gruau d'avoine ; dans les cécidies sèches de *Biorrhiza pallida* Ol. ; sous les écorces.

R. *Anjou* (Gall.). — *Angers ; Longué* (Br.).

L. ater Oliv. Mai à octobre. Sous les écorces, les vieux fagots de genêt à balai et d'ajoncs.

R. *Sainte-Gemmes* (Gall.).

L. Clematidis Er. Février à juillet. Dans les branches mortes de *Clematis vitalba* L., avec *Xyslocleptes bispinus* Duft. dont il est parasite.

R. *Sainte-Gemmes* (Gall.). — *Anjou* (I. C.).

CRYPTOPHAGIDÆ

Telmatophilus Heer

T. Sparganii Ahrens. Toute l'année. Marais : sur les herbes aquatiques et dans les bottes de roseaux ; dans les mousses au pied des arbres. La larve vit dans les fruits du *Sparganium ramosum*.

A. C. *Rou-Marson (étang de Marson)* (Gall.). — *Saint-Florent-le-Vieil* (Br.).

T. Caricis Oliv. Toute l'année. Marais : sur les herbes aquatiques, dans les bottes de roseaux ; dans les mousses, au pied des arbres. Le larve vit sur les Carex.

C. *Rou-Marson* (*étang de Marson*) (Gall.). — *Chênehutte* (*au Petit-Puits*) (Ret.). — *Saint-Georges-sur-Loire* (Br.).

T. brevicollis Aub. Toute l'année. Marais : sur les Carex.

A. R. *Rou-Marson* (*étang de Marson*) (Gall.). — *Chênehutte* (*au Petit-Puits*) (Ret.).

T. Typhæ Fall. Toute l'année. Marais. Sur les Typhacées.

R. *Chênehutte* (*au Petit-Puits*) (Ret.).

T. Schonherri Gyll. Toute l'année. Marais : sur les plantes aquatiques, les roseaux, les carex ; dans les mousses, au pied des arbres.

A. R. *Rou-Marson* (*étang de Marson*) (Gall.).

Paramecosoma Curtis

P. melanocephalum Herbst. Avril à octobre. Sur les pins, les sapins, quelquefois sur les fleurs.

A. C. *Chênehutte* (*au Petit-Puits*) (Ret.). — *Anjou* (I. C.). — *Montfaucon-sur-Moine* (Br.).

P. melanocephalum Herbst. **var. univeste** Reitt. Mêmes époques et même habitat que le type.

A. C. *Chênehutte* (*au Petit-Puits*) (Ret.). — *Angers* (Abot).

Micrambe Thomson

M. vini Panz. Février à septembre. Sur *Ulex Europæus* L. et aussi dans les caves, sur les tonneaux.

A. R. *Sainte-Gemmes* (Gall.). — *Parcé* (*Sarthe*) (Abot).

M. Abietis Payk. Mars à août. Sur les pins, les épicéas et dans les mousses.

R. *Sainte-Gemmes* (Gall.).

Cryptophagus Herbst

C. bimaculatus Panz. Avril à octobre. Dans les détritus, les mousses ; sur les fleurs.

R. R. *Saumur* (1 ex.) (Abot).

C. pubescens Sturm. Toute l'année. Dans les nids de Vespides ; sur les arbustes en fleur ; sous les feuilles mortes.

A. C. *Sainte-Gemmes* (Gall.). — *Chênehutte* (*au Petit-Puits*) (Ret.).

C. scanicus L. Toute l'année. Dans les détritus, les mousses, les fagots, les bottes de foin ; au pied des meules.

C. *Anjou* (Gall.). — *Chênehutte* (*au Petit-Puits*) (Ret.). — *Angers*

(Saint-Nicolas) (Br.). — *Lué ; Corné (près Rezeau)* (Perr.). — *Andard* (H. Baz.). — *Saint-Barthélemy ; Mûrs* (Abot).

C. saginatus Sturm. Toute l'année. Dans les détritus, les mousses, les vieux fagots.

R. *Saint-Rémy-la-Varenne ; Château-Gontier (Mayenne)* (Br.).

C. dentatus Herbst. Toute l'année. Dans les mousses, les vieux arbres, les détritus, dans les caves, sur les tonneaux et les vieilles charpentes.

R. *Angers ; Beaupréau* (Br.). — *Chênehutte (au Petit-Puits)* (Ret.).

C. scutellatus Newm. Toute l'année. Dans les foins coupés, la vermoulure des arbres cariés ; dans les caves.

R. *Anjou* (Mill.).

C. fumatus Marsh. Toute l'année. Dans les mousses, les détritus, les feuilles mortes, les vieux fagots.

R. *Angers* (Abot).

C. badius Strm. Toute l'année. Dans les foins coupés, les feuilles sèches, les vieux fagots, les mousses.

R. *Lué* (Perr.).

C. acutangulus Gyll. Janvier à septembre. Dans les foins coupés, les feuilles mortes, dans la vermoulure des vieux arbres.

A. R. *Forêt de Baugé* (Gall.). — *Chênehutte (au Petit-Puits)* (Ret.). — *Saumur* (Abot).

C. cellaris Scop. Mars à septembre. Dans les détritus, les champignons, les mousses, au pied des arbres ; quelquefois sur les fleurs.

A. C. *Sainte-Gemmes* (Gall.). — *Chênehutte (au Petit-Puits))* (Ret.). — *Lué* (Perr.). — *Ecouflant ; Les Ponts-de-Cé ; Angers (Saint-Nicolas) ; Château-Gontier (Mayenne)* (Br.). — *Anjou* (I. C.). — *Angers* (Abot).

C. pilosus Gyll. Toute l'année. Dans les détritus, les mousses, au pied des meules ; dans les caves.

R. *Anjou* (Gall.). — *Anjou* (I. C.).

C. Lycoperdi Herbst. Juin à octobre. Dans les *Lycoperdons*.

A. C. *Anjou* (Mill.). — *Sainte-Gemmes* (Gall.). — *Saint-Barthélemy* (Abot).

C. Schmidti Sturm. Avril. Dans les foins coupés et les matières végétales en décomposition.

R. R. *Anjou* (Gall.).

Emphylus Erichson

E. glaber Gyll. Avril à octobre. Dans les nids de Fourmis et de Bombus.

R. *Angers (bords de l'étang Saint-Nicolas)* (Raffray et Gall.).

Antherophagus Latreille

A. nigricornis F. Mai à septembre. Sur les fleurs de ronces fréquentées par les Bombus.

A. R. *Anjou* (Mill.). — *Lué* (Perr.). — *Saint-Laurent-des-Autels (forêt de la Foucaudière)* (E. de I.).

A. silaceus Herbst. Mai à juillet. Sur les fleurs et dans les nids de *Bombus silvarum* F.

R. *Baugé (bords du Couesnon)* (Gall.). — *Lué* (Perr.).

A. pallens Oliv. Mai à septembre. Sur les fleurs et les arbustes ; dans les nids de Bombus.

R. *Sainte-Gemmes* (Gall.). — *Anjou* (I. C.).

Cænoscelis Thomson

C. ferruginea Sahlb. Mai à juillet. Dans les débris végétaux, les herbes coupées. Surtout méridional.

R. R. *Chênehutte (au Petit-Puits)* (Ret.).

Grobbenia Holdhaus

G. fimetarii Herbst. Mai, juin. Dans les bois ; dans les mousses ; les feuilles mortes ; dans les végétations cryptogamiques.

R. *Anjou* (Mill.).

Atomaria Stephens

A. umbrina Gyll. Toute l'année. Dans les herbes, les détritus, dans les jardins maraîchers.

R. *Anjou* (Gall.).

A. nigriventris Steph. Toute l'année, au pied des meules ; dans les mousses, les détritus ; sur les plantes.

A. C. *Sainte-Gemmes* (Gall.).

A. linearis Steph. Toute l'année. Sous les détritus, les mousses ; sur les plantes.

R. *Sainte-Gemmes* (Gall.).

A. mesomelæna Herbst. Toute l'année, au pied des arbres ; dans les détritus ; les foins coupés, les mousses.

A. R. *Anjou* (Mill.). — *Lué* (Perr.). — *Angers* (*Saint-Nicolas*) ; *Sainte-Gemmes* (Br.).

A. nitidula Heer. Février à septembre. Marais : dans les foins coupés.

A. R. *Anjou* (*bords de l'Authion*) (Gall.). — *Chênehutte* (*au Petit-Puits*) (Ret.).

A. fuscata Schönh. Toute l'année. Au pied des arbres ; dans les détritus, les mousses, les vieux fagots.

A. R. *Baugé* (Gall.).

A. fuscipes Gyll. Toute l'année. Dans les mousses, sur les plantes des prairies.

R. *Anjou* (Gall.).

A. pusilla Payk. Toute l'année. Dans les mousses ; au pied des arbres ; dans les débris végétaux.

R. *Anjou* (Gall.).

! A. ornata Heer. Toute l'année. Dans les mousses et les détritus végétaux. Espèce se rencontrant surtout dans l'Europe centrale.

R. *Chênehutte* (*au Petit-Puits*) (Ret.).

A. nigripennis Payk. Toute l'année. Dans les débris végétaux, le fumier des couches à melons.

A. R. *Anjou* (Mill.). — *Lué* (Perr.).

A. apicalis Er. Toute l'année. Dans les détritus, les mousses, les fumiers végétaux.

R. *Chênehutte* (*au Petit-Puits*) (Ret.).

A. ruficornis Marsh. Toute l'année. Sous les débris végétaux ; dans les mousses, les foins coupés.

A. C. *Sainte-Gemmes* (Gall.).

A. analis Er. Mai.

R. *Angers* (Abot).

Ephistemus Stephens

? E. globulus Payk. Toute l'année. Dans les bois, dans les fagots. Plutôt méridional.

R. R. *Lué* (Perr.). — *Montfaucon-sur-Moine* ; *Château-Gontier* (*Mayenne*) (Br.).

? E. globulus Payk. **var. dimidiatus** Sturm. Toute l'année. Même habitat que le type. Aussi surtout méridional.

R. R. *Lué* (Perr.). — *Anjou* (I. C.).

EROTYLIDÆ

Tritoma Fabricius

T. bipustulata F. Mai à septembre. Dans les champignons des vieilles souches.

A. C. *Anjou* (Gall.). — *Chênehutte (au Petit-Puits)* (Ret.). — *Lué* (Perr.). — *Anjou* (I. C.).

Triplax Paykull

T. melanocephala Latr. Mai à octobre. Dans les champignons.

A. R. *Sainte-Gemmes-sur-Loire* (Gall.). — *Lué* (Perr.). — *Anjou* (I. C.).

T. russica L. Toute l'année. Dans les bolets et la mousse des arbres.

A. C. *Sainte-Gemmes* (Gall.). — *Lué* (Perr.). — *Env. d'Angers* (Surr.). — *Angers (la Baumette) ; Le Lion-d'Angers* (Br.).

T. Lacordairei Crotch. Mai à septembre. Dans les champignons.

A. R. *Saint-Laurent-des-Autels (forêt de la Foucaudière)* (E. de I.). — *Chênehutte (au Petit-Puits)* (Ret.). — *Anjou* (I. C.).

[**T. scutellaris** Charp.]

T. scutellaris Charp. **var. Gyllenhali** Crotch. Mai à septembre. Dans les champignons des arbres.

R. R. *Anjou* (Mill.).

T. lepida Fald. Mai à septembre. Dans les champignons du chêne.

R. R. *Anjou* (Gall.).

T. rufipes F. Mai à septembre. Dans les champignons des arbres.

R. R. *Chênehutte (au Petit-Puits)* (Ret.). — *Anjou* (I. C.).

Dacne Latreille

! **D. rufifrons** F. Toute l'année. Dans les champignons et les écorces des arbres.

R. R. *Anjou* (I. C.).

? **D. bipustulata** Thunb. Toute l'année. Sous les écorces des arbres cariés et dans les bolets. Espèce méridionale, douteuse pour l'Anjou.

R. R. *Anjou* (Gall.).

Diphyllus Stephens

D. lunatus F. Toute l'année. Sous les écorces et dans les champignons.

R. *Sainte-Gemmes* (Gall.). — *Saint-Martin-de-la-Place* (Ret.). — *Saint-Rémy-la-Varenne* (Br.).

Diplocœlus Guérin

D. Fagi Chevr. Toute l'année. Sous l'écorce de hêtre.
R. *Baugé (forêts)* (Gall.).

PHALACRIDÆ

Phalacrus Paykull

P. fimetarius F. Toute l'année. Dans les mousses ; sous les écorces ; sur les plantes et les arbustes.

C. *Sainte-Gemmes* (Gall.). — *Cholet ; Chênehutte (au Petit-Puits)* (Ret.). — *Anjou* (I. C.). — *Angers ; Les Ponts-de-Cé* (Br.). — *Angers ; Dampierre* (Abot).

P. fimetarius F. **var. Humberti** Rye. Mêmes époques et même habitat.

R. *Angers* (Abot).

P. Caricis Sturm. Toute l'année. Dans les mousses ; sous les écorces ; sur les herbes.

R. *Avoise et Parcé (Sarthe)* (Abot).

Olibrus Erichson

O. æneus F. Toute l'année. Sur les fleurs des Corymbifères. Dans les mousses ; sous les écorces, dans les fagots.

C. *Anjou* (Gall.). — *Saint-Barthélemy* (Br.). — *Anjou* (I. C.). — *Angers* (H. Baz.). — *Angers* (Abot).

O. Millefolii Payk. Toute l'année. Sur les fleurs d'*Achillea millefolium*. Hiverne sous les écorces ; dans les fagots.

A. R. *Sainte-Gemmes ; Baugé* (Gall.).

O. corticalis Panz. Toute l'année. Sur les seneçons ; en hiver, sous les mousses, les écorces.

A. C. *Sainte-Gemmes* (Gall.). — *Cholet ; Chênehutte (au Petit-Puits)* (Ret.). — *Lué* (Perr.). — *Angers (Saint-Nicolas) ; Château-Gontier (Mayenne)* (Br.). — *Saumur* (Abot).

O. pygmæus Sturm. Toute l'année. Sur les fleurs de *Filago gallica* L.

A. R. *Sainte-Gemmes* (Gall.). — *Lué* (Perr.). — *Angers (Saint-Nicolas) ; Juigné-sur-Loire* (Br.). — *Angers* (Abot).

O. flavicornis Sturm. Avril à octobre. Sur les plantes basses.

A. R. *Lué* (Perr.). — *Parcé (Sarthe)* (Abot).

O. liquidus Er. Toute l'année. Sur les plantes basses, les fleurs des prairies ; en hiver, sous les écorces.

A. R. *Sainte-Gemmes (bords de la Loire) ; Baugé (bords du Couesnon)* (Gall.). — *Angers ; Mûrs ; Parcé (Sarthe)* (Abot).

O. affinis Sturm. Toute l'année. Sur les fleurs des chicoracées ; l'hiver sous les écorces.

A. C. *Anjou* (Gall.). — *Cholet ; Chênehutte (au Petit-Puits)* (Ret.). — *Anjou* (I. C.). — *Saumur ; Gennes ; Saint-Barthélemy ; Avoise (Sarthe)* (Abot).

O. affinis Sturm. **var. discoideus** Küst. Mêmes dates et même habitat que le type.

R. *Lué* (Perr.).

O. bicolor F. Toute l'année. Sur les fleurs des chicoracées, et sur les plantes basses ; l'hiver sous les écorces.

A. C. *Anjou* (Gall.). — *Cholet ; Chênehutte (au Petit-Puits)* (Ret.). — *Les Ponts-de-Cé* (Br.). — *Lué* (Perr.). — *Marcé (à Chaloché)* (Abot.).

! **O. bimaculatus** Küst. Toute l'année. Sur le plantes basses ; l'hiver, dans les mousses et sous les écorces.

R. *Cholet ; Chênehutte (au Petit-Puits)* (Ret.).

Stilbus Seidlitz

S. testaceus Panz. Toute l'année. Au pied des arbres, sous les mousses, les écorces, sur les plantes, dans les détritus végétaux.

A. C. *Sainte-Gemmes ; Baugé* (Gall.). — *Anjou* (I. C.). — *Saint-Barthélemy ; Parcé (Sarthe)*(Abot).

S. oblongus Er. Toute l'année. Sur les plantes, dans les marais ; les bottes de roseaux.

A. C. *Sainte-Gemmes* (Gall.). — *Lué* (Perr.).

LATHRIDIIDÆ

Lathridius Herbst

L. lardarius Deg. Toute l'année. Sous les écorces, dans les champignons, les feuilles mortes.

R. *Chênehutte (au Petit-Puits)* (Ret.).

L. angusticollis Gyll. Toute l'année. Dans les fagots, sous les écorces, les détritus, dans le terreau des arbres creux.

A. R. *Sainte-Gemmes* (Gall.). — *Chênehutte (au Petit-Puits)* (Ret.).

! L. alternans Mannh. Toute l'année. Sous les écorces, les fagots, les débris végétaux.

R. *Chênehutte (au Petit-Puits)* (Ret.).

L. nodifer Westw. Toute l'année. Dans les fagots, les débris de roseaux, les mousses.

R. *Sainte-Gemmes* (Gall.).

Enicmus Thomson

E. minutus L. Toute l'année. Dans les détritus, les fagots, les mousses, les foins coupés, les champignons.

C. *Anjou* (Gall.). — *Chênehutte (au Petit-Puits)* (Ret.). — *Lué* (Perr.). — *Les Ponts-de-Cé* (Abot).

E. testaceus Steph. Toute l'année. Dans les détritus, les mousses, les champignons.

R. *Chênehutte (au Petit-Puits)* (Ret.).

E. rugosus Herbst. Toute l'année. Dans les champignons, les mousses, les fagots, les détritus.

R. *Angers* (Gall.). — *Chênehutte (au Petit-Puits)* (Ret.). — *Lué* (Perr.).

E. transversus Oliv. Toute l'année. Sous les écorces ; à la racine des plantes ; près des fumiers ; dans les fagots.

A. C. *Sainte-Gemmes* (Gall.). — *Anjou ; Combrée* (I. C.). — *Angers* (Abot).

Cartodere Thomson

C. elongata Curtis. Février à juin. Dans les fagots, sous les mousses, les écorces d'arbres abattus ; dans les caves.

R. *Sainte-Gemmes* (Gall.).

C. ruficollis Marsh. Juillet. Dans les caves, les celliers ; dans les débris végétaux.

R. R. *Sainte-Gemmes* (Gall.).

C. filiformis Gyll. Toute l'année. Dans les caves ; sous les vieux paniers ; la vieille paille ; dans les détritus.

R. *Sainte-Gemmes* (Gall.).

Corticaria Marsham

C. pubescens Gyll. Toute l'année. Au pied des meules ; dans les fumiers, les fagots, les débris de fourrages, les toits en chaume.

C. *Sainte-Gemmes* (Gall.). — *Chênehutte (au Petit-Puits)* (Ret.). — *Lué* (Perr.). — *Anjou* (I. C.).

C. crenulata Gyll. Toute l'année. Sous les écorces, dans les granges, sous la paille.

R. *Baugé* (Mill.). — *Lué* (Perr.).

C. fulva Comolli. Toute l'année. Sous les mousses, les écorces, la paille, dans les détritus de jardinage.

R. *Chênehutte (au Petit-Puits)* (Ret.).

C. serrata Payk. Mai à décembre. Sous les fumiers et les écorces ; dans les fagots ; au pied des meules ; dans les mousses, avec *Formica rufa* L.

R. *Sainte-Gemmes* (Gall.).

Melanophthalma Motschulsky

M. transversalis Gyll. Toute l'année. Dans les fagots, les mousses, les détritus.

A. R. *Anjou* (Gall.).

M. distinguenda Comolli. Toute l'année. Dans les détritus, les mousses, les feuilles mortes. Espèce surtout méridionale.

R. *Lué* (Perr.). — *Angers* (Abot).

M. fuscipennis Mannh. Toute l'année. Dans les mousses, les détritus, les fagots.

R. *Parcé (Sarthe)* (Abot).

M. gibbosa Herbst. Toute l'année. Dans les détritus, les mousses, les fagots.

C. *Sainte-Gemmes* (Gall.). — *Chênehutte (au Petit-Puits)* (Ret.). — *Anjou* (I. C.). — *Saint-Barthélemy; Parcé et Avoise (Sarthe)* (Abot).

M. similata Gyll. Avril à décembre. Sous la mousse, au pied des arbres.

R. *Anjou* (Gall.).

M. fuscula Gyll. Toute l'année. Sous les détritus, dans les mousses ; au pied des arbres ; dans les fagots.

A. R. *Anjou* (Gall.). — *Saint-Barthélemy* (Abot).

Coluocera Motschulsky

! C. formicaria Motsch. Toute l'année. Sous les pierres, avec diverses espèces de fourmis. Espèce surtout méridionale.
R. R. *Anjou* (Gall.).

MYCETOPHAGIDÆ

Pseudotriphyllus Reitter

P. suturalis F. Mai à novembre. Dans les champignons.
R. *Lué* (Perr.). — *Ingrandes* (Abot).

Triphyllus Latreille

T. bicolor F. Mai à octobre. Dans les champignons des bois.
R. *Sainte-Gemmes* (Gall.). — *Lué* (Perr.). — *Ingrandes* (Abot).

Mycetophagus Hellwig

M. quadripustulatus L. Juin à octobre. Dans les champignons d'arbres.
A. R. *Sainte-Gemmes* (Gall.). — *Saint-Martin-de-la-Place* (Ret.). — *Lué* (Perr.). — *Anjou* (I. C.).

M. piceus F. Juin à octobre. Dans les champignons d'arbres.
R. *Sainte-Gemmes* (Gall.). — *Anjou* (I. C.).

M. quadriguttatus Müll. Mars à septembre. Dans les champignons et les plaies des arbres.
R. R. *Anjou* (Gall.).

M. multipunctatus F. Mai à octobre. Dans les champignons d'arbres.
R. *Baugé* (Gall.). — *Anjou ; Combrée* (I. C.).

M. fulvicollis F. Mai à octobre. Dans les champignons d'arbres.
R. R. *Anjou* (I. C.).

M. Populi F. Mai à octobre. Dans les champignons et les plaies des peupliers.
A. R. *Sainte-Gemmes* (Gall.).

Litargus Erichson

L. connexus Geoffr. Janvier à octobre. Sous les écorces des arbres, dans les fagots.
R. *Sainte-Gemmes* (Gall.). — *Lué* (Perr.).

Typhæa Curtis

T. stercorea L. Avril à décembre. Dans les foins coupés, la paille des meules, les mousses, les détritus.

R. *Sainte-Gemmes* (Gall.). — *Lué* (Perr.). — *Anjou* (I. C.). — *Angers ; Champtoceaux* (Br.).

Berginus Erichson

B. Tamarisci Woll. Mai à octobre. Dans les fagots et les branches des pins. La larve vit dans les chatons mâles des pins.

R. *Le Guédéniau (forêt de Chandelais)* (Gall.). — *Anjou* (Raffray).

SPHINDIDÆ

Sphindus Chevrolat

S. dubius Gyll. Mai à octobre. Sur les champignons.
R. R. *Anjou* (Gall.).

Aspidiphorus Latreille

A. orbiculatus Gyll. Mai à octobre. Dans les champignons et les mousses, les détritus.

R. *Saint-Barthélemy (à Pignerolles)* (Br.).

CISIDÆ

Xylographus Mellié

? X. bostrychoides Dufour. Mai à novembre. Dans les champignons et les bolets lignicoles. Espèce du Midi; sa présence est peu probable en Anjou.

R. R. *Anjou* (Perr.).

Cis Latreille

C. nitidus Herbst. Toute l'année. Dans les champignons ligneux.

A. C. *Anjou* (Gall.). — *Lué* (Perr.). — *Env. d'Angers* (Surr.). — *Les Ponts-de-Cé* (Abot).

C. nitidus Herbst. **var. glabratus** Mell. Toute l'année. Dans les champignons ligneux.

R. *Lué* (Perr.).

C. Boleti Scop. Toute l'année. Dans les champignons ligneux.

C. *Anjou* (Gall.). — *Lué* (Perr.). — *Anjou* (I. C.). — *Saint-Barthélemy* (Abot).

C. Boleti Scop. **var. rugulosus** Mell. Toute l'année. Dans les champignons ligneux.

R. *Lué* (Perr.). — *Les Ponts-de-Cé* (Br.).

C. setiger Mell. Toute l'année. Dans les champignons ligneux. R. *Anjou* (I. C.).

C. micans F. Toute l'année. Dans les champignons ligneux. R. *Sainte-Gemmes* (Gall.). — *Lué* (Perr.).

C. hispidus Gyll. Toute l'année. Dans les champignons ligneux. C. *Anjou* (Gall.). — *Saint-Barthélemy* (Abot).

C. Alni Gyll. Toute l'année. Dans les champignons ligneux. R. *Anjou* (Gall.).

C. oblongus Mell. Juin à septembre. Dans les champignons ligneux. A. R. *Anjou* (Gall.). — *Lué* (Perr.).

C. castaneus Mell. Toute l'année. Dans les champignons ligneux. R. *Sainte-Gemmes* (Gall.).

Ennearthron Mellié

E. cucullatum Mell. Toute l'année. Dans les champignons et sous les écorces.

R. R. *Capture probable à Lué* (Perr.).

E. affine Gyll. Mars à octobre. Dans les bolets et sous les vieilles écorces.

A. R. *Forêt de Baugé* (Gall.). — *Anjou* (I. C.).

E. cornutum Gyll. Mai. Dans les bolets ; sur les pins.

R. *Forêt de Baugé* (Gall.).

Octotemnus Mellié

O. glabriculus Gyll. Toute l'année. Dans les bolets ; sous les écorces.

R. *Forêt de Baugé* (Gall.).

COLYDIIDÆ

Colydium Fabricius

C. elongatum F. Toute l'année. Dans les galeries d'insectes xylophages, sur les chênes et les pins.

R. *Baugé* (Gall.). — *Anjou* (I. C.).

C. filiforme F. Toute l'année. Dans les galeries d'insectes xylophages, sur les vieux chênes.

R. *Forêt de Baugé* (All. et Gall.).

Aulonium Erichson

A. trisulcum Geoffr. Juin à août. Sous les écorces des ormes. Vit aux dépens des Scolytes.

A. R. *Angers* (Mill.). — *Sainte-Gemmes* (Gall.). — *Lué* (Perr.). — *Parcé* (*Sarthe*) (Abot).

A. ruficorne Oliv. Juin à septembre. Sous les écorces des pins, dans les galeries des insectes xylophages.

A. R. *Anjou* (Gall.). — *Lué* (Perr.).

Aglenus Erichson

A. brunneus Gyll. Avril à août. Dans les écuries et les poulaillers ; sur les planches pourries.

R. *Montreuil-Belfroy* (Raffray). — *Sainte-Gemmes* (Gall.).

Ditoma Herbst

D. crenata F. Juin, juillet. Sous les écorces d'arbres abattus.

A. C. *La Meignanne* (de Joannis). — *Sainte-Gemmes* (Gall.). — *Angers* (Br.). — *Env. d'Angers* (Surr.). — *Anjou* (U. A.). — *Anjou* (I. C.). — *Saumur* (Abot).

Orthocerus Latreille

O. clavicornis L. Mai à août. Dans les sables, sur les lichens des terrains sableux.

R. R. *Saint-Sulpice* (Mill.).

Langelandia Aubé

L. anophthalma Aub. Juin à octobre. Lieux habités sous les pieux desséchés, enfoncés dans le sol ; sous vieux madriers humides ; dans les racines des plantes.

R. *La Meignanne* (de Joannis). — *Sainte-Gemmes* (Gall.).

Myrmecoxenus Chevrolat

M. subterraneus Chevr. Juin à octobre. Dans le terreau humide et dans les fourmilières.

R. *Angers (bords de l'étang Saint-Nicolas)* (Raffray et Gall.). — *Chaumont (bords de l'étang de Malaguet)* (Perr.). — *Anjou* (I.-C.).

Oxylæmus Erichson

O. cylindricus Panz. Juin à octobre. Sur le chêne, dans les galeries de *Tomicus typographus*.

R. *Combrée* (de Marseul). — *Lué* (Perr.).

Anommatus Westmael

A. 12-striatus Müll. Avril à novembre. Au pied des pieux fichés en terre ; sous de vieux morceaux de bois, dans les caves ; sous les troncs d'arbres ; dans les bolets, les mousses.

R. R. *Angers (bords de l'étang Saint-Nicolas)* (Gall.).

Bothrideres Erichson

B. contractus F. Avril à octobre. Sous les écorces ; dans le vieux bois. Vit dans les galeries d'*Anobium* et de *Ptilinus*.

R. *Anjou* (Mill.). — *Anjou* (I. C.).

Cerylon Latreille

C. histeroides F. Toute l'année. Sous les écorces d'arbres morts ; dans les vieilles souches. Vit aux dépens de *Hylexinus pumperda*.

R. *Forêt de Baugé* (Gall.). — *Anjou* (I. C.).

C. ferrugineum Steph. Toute l'année. Dans les mousses, les vieilles souches, le bois mort.

R. *Dampierre* (Abot).

C. deplanatum Gyll. Toute l'année. Sous l'écorce des peupliers abattus ; sous la mousse des arbres. Signalé avec *Formica rufilabris*.

R. *Forêt de Baugé* (Gall.).

ENDOMYCHIDÆ

Sphærosoma Leach, Stephens

S. globosum Sturm. Toute l'année. Dans les vieux bois, parmi les substances cryptogamiques.

R. *Saumur* (Abot).

S. pilosum Panz. Toute l'année. Dans les mousses, les fagots, les champignons.

R. *Anjou* (Gall.). — *Angers (Saint-Nicolas)* (Br.).

S. piliferum Müll. Toute l'année. Dans les mousses, les fagots, les champignons ; sous les détritus. Insecte surtout de l'Europe centrale.

R. *Anjou* (Gall.).

Mycetæa Stephens

M. hirta Marsh. Toute l'année. Lieux habités. Dans les caves ; sous les débris végétaux, dans le fumier des couches.

A. C. *Sainte-Gemmes* (Gall.). — *Lué* (Perr.). — *Angers* (Br.). — *Anjou* (I. C.). — *Angers* (Abot).

Lycoperdina Latreille

L. bovistæ F. Mai à octobre. Dans les Lycoperdons et parfois dans les mousses, les débris végétaux.

A. C. *Sainte-Gemmes* (Gall.). — *Lué* (Perr.). — *Saint-Laurent-des-Autels (forêt de la Foucaudière)* (E. de I.). — *Anjou* (U. A.). — *Anjou* (I. C.).

Endomychus Panzer

E. coccineus L. Septembre. Sur le mycelium des vieux arbres.

R. *Saumur (près le pont Fouchard)* (Perr.). — *Anjou* (Thu.).

COCCINELLIDÆ

EPILACHNINŒ

Epilachna Redtenbacher

E. Argus Geoffr. Mai à octobre. Sur les feuilles de *Bryonia dioica* Jq. dans les haies.

A. C. *Sainte-Gemmes* (Gall.). — *Durtal ; Lué* (Perr.). — *Cholet ; Chênehutte (au Petit-Puits)* (Ret.). — *Env. d'Angers* (Surr.). — *Anjou* (U. A.). — *Anjou* (I. C.). — *Saumur* (Abot).

Subcoccinella Huber, Guérin

S. 24-punctata L. Toute l'année. Vit sur les Caryophyllées. L'hiver dans les mousses et sous les écorces.

C. *Anjou* (Gall.). — *Bauné ; Montrevault (coteaux de l'Èvre)* (E. de I.). — *Chênehutte* (Ret.). — *Lué* (Perr.). — *Angers ; Longué* (Br.). — *Env. d'Angers* (Surr.). — *Anjou* (U. A.). — *Anjou* (I. C.). — *Dampierre ; Parcé (Sarthe)* (Abot).

S. 24-punctata L. **ab. 4-notata** F. Mêmes époques et même habitat que le type.

R. *Château-Gontier* (*Mayenne*) (Br.).

Cynegetis Redtenbacher

? C. impunctata L. Mai à septembre. Sur les plantes basses dans les terrains marécageux. Sa présence en Anjou paraît peu certaine.

R. *Anjou* (Gall.). — *Lué* (Perr.).

COCCINELLINÆ

Hippodamia Mulsant

H. tredecimpunctata L. Avril à septembre. Sur les plantes aquatiques.

R. *Anjou* (Mill.). — *Sainte-Gemmes* (Gall.). — *Saumur* (Perr.). — *Angers* (Abot).

Adonia Mulsant

A. variegata Göze. Toute l'année. Sur les plantes des terrains arides.

C. *Anjou* (Gall.). — *Cholet ; Chênehutte* (*au Petit-Puits*) (Ret.). — *Lué* (Perr.). — *Env. d'Angers* (Surr.). — *Les Ponts-de-Cé* (Br.). — *Anjou* (U. A.). — *Anjou* (I. C.). — *Saumur* (Abot).

A. variegata Göze. **ab. Carpini** Geoffr. Toute l'année. En mêmes places que le type.

A. C. *Dampierre ; Parcé* (*Sarthe*) (Abot).

A. variegata Göze. **ab. neglecta** Ws. Toute l'année. En mêmes endroits que le type.

A. R. *Saumur* (Abot).

Anisosticta Duponchel

A. 19-punctata L. Toute l'année. Marais. Sur les roseaux, les carex, et parfois dans les tas de foin et les détritus.

A. R. *Anjou* (Mill.). — *Sainte-Gemmes* (Gall.). — *Chênehutte* (*au Petit-Puits*) (Ret.). — *Anjou* (U. A.). — *Anjou* (I. C.). — *Saumur ; Avoise* (*Sarthe*) (*bords de la rivière la Sarthe*) (Abot).

Semiadalia Crotch

S. 11-notata Schneid. Juin à août. Dans les bois.

R. *Villevêque (landes de Foilly)* (Dr Trouessart). — *Sainte-Gemmes (Gall.).* — *Saumur* (Br.). — *Lué* (Perr.). — *Angers* (Abot).

S. 11-notata Schneid. **ab. 9-punctata** Fourcr. Mêmes époques. Bois.

R. *Les Ponts-de-Cé* (Br.).

Aphidecta Weise

A. obliteratus L. Mars à octobre. Sur les arbustes et les plantes.

R. *Saint-Barthélemy (à Pignerolles); Château-Gontier (Mayenne)* (Br.).

Adalia Mulsant

A. bipunctata L. Toute l'année. Sur les plantes et les arbustes infestés de pucerons. L'hiver sous les écorces.

C. C. *Répandu partout en Anjou.*

A. bipunctata L. **ab. sexpustulata** L. Toute l'année. Même habitat que le type.

A. R. *Chênehutte (au Petit-Puits)* (Ret.). — *Château-Gontier (Mayenne)* (Br.). — *Saumur* (Abot).

A. bipunctata L. **ab. 4-maculata** Scop. Toute l'année. Même habitat que le type.

A. R. *Saumur; Les Rosiers-sur-Loire* (Abot).

? A. bipunctata L. **ab. sublunata** Ws. Toute l'année. Même habitat que le type. Sa présence en Anjou demande à être confirmée.

E. *Cholet; Chênehutte (au Petit-Puits)* (Ret.).

Coccinella Linné

C. 7-punctata L. Toute l'année. Sur les plantes et les arbustes; l'hiver dans les mousses, sous les écorces, au pied des arbres.

C. C. *Partout en Anjou.*

C. 5-punctata L. Mars à octobre. Sur les arbres et les plantes; parfois dans les mousses et sous les écorces.

A. R. *Sainte-Gemmes* (Gall.). — *Lué* (Perr.). — *Anjou* (U. A.). — *Anjou* (I. C.). — *Mûrs* (Abot).

C. 11-punctata L. Mai à octobre. Sur les chardons et autres plantes analogues.

A. R. *Cholet ; Chênehutte (au Petit-Puits)* (Ret.). — *Dampierre ; Souzay* (Abot).

[**C. distincta** Fald.]

C. distincta Fald. **ab. magnifica** Redtb. Mai à octobre. Sur les plantes dans les endroits secs.

A. R. *Sainte-Gemmes* (Gall.). — *Dampierre (à Fourneux)* (Abot).

C. hieroglyphica L. Mai à octobre. Sur les bruyères.

R. *Soucelles* (Gall.). — *Saumur* (Abot).

C. hieroglyphica L. **ab. flexuosa** F. Mêmes dates et mêmes endroits que le type.

R. *Parcé (Sarthe) (bois de Lhommeau)* (Abot).

C. 10-punctata L. Toute l'année. Sur les plantes et les arbustes attaqués par les pucerons. L'hiver dans les mousses et sous les écorces.

C. C. *Partout en Anjou.*

C. 10-punctata L. **ab. thoracica** Schneid. Toute l'année. Mêmes emplacements que le type.

A. R. *Andard* (H. Baz.). — *Saumur ; Parcé (Sarthe)* (Abot).

C. 10-punctata L. **ab. subpunctata** Schrnk. Toute l'année. Mêmes emplacements que le type.

A. R. *Anjou* (U. A.). — *Marcé* (H. Baz.). — *Ingrandes* (Abot).

C. 10-punctata L. **ab. 6-punctata** L. Toute l'année. Mêmes emplacements que le type.

A. C. *Anjou* (Mill.). — *Saint-Florent-le-Vieil* (Br.). — *Sainte-Gemmes* (Gall.). — *Chênehutte (au Petit-Puits)* (Ret.). — *Saint-Barthélemy* (Abot).

C. 10-punctata L. **ab. 8-punctata** Mull. Toute l'année. Mêmes emplacements que le type.

R. *Saint-Barthélemy ; Mûrs* (Abot).

C. 10-punctata L. **ab. humeralis** Schall. Toute l'année. Mêmes emplacements que le type ; surtout sur les aulnes et les saules.

R. *Chênehutte (au Petit-Puits)* (Ret.).

C. 10-punctata L. **ab. bimaculata** Pont. Toute l'année. Même habitat.

R. *Angers ; Saint-Barthélemy (à Pignerolles)* (Br.).

C. 10-punctata L. **ab. 10-pustulata** L. Toute l'année. Même habitat.

R. *Saint-Florent-le-Vieil* (Br.).

C. 14-pustulata L. Avril à octobre. Sur les trèfles, les luzernes, aussi sur les haies.

A. C. *Lué* (Perr.). — *Env. d'Angers* (Surr.). — *Anjou* (U. A.). — *Anjou* (I. C.). — *Saumur ; Dampierre* (Abot).

C. 14-pustulata L. **ab. effusa** Ws. Mêmes époques et mêmes lieux que le type.

R. *Parcé (Sarthe)* (Abot).

C. conglobata L. Toute l'année. Sur les arbustes et les plantes basses. L'hiver sous les écorces.

C. *Cholet ; Chênehutte (au Petit-Puits)* (Ret.). — *Ingrandes ; Parcé (Sarthe)* (Abot).

C. conglobata L. **ab. gemella** Herbst. Toute l'année. En mêmes places que le type.

A. C. *Cholet ; Chênehutte (au Petit-Puits)* (Ret.). — *Angers ; Saint-Barthélemy ; Mûrs* (Abot).

C. conglobata L. **ab. impustulata** L. Toute l'année. Même habitat que le type.

A. C. *Sainte-Gemmes* (Gall.). — *Lué* (Perr.). — *Angers ; Longué ; Saint-Florent-le-Vieil ; Les Ponts-de-Cé ; Saint-Barthélemy* (Br.). — *Env. d'Angers* (Surr.). — *Anjou* (U. A.). — *Anjou* (I. C.).

C. Doublieri Muls. Mai à octobre. Sur les buissons, les plantes basses, dans les lierres.

R. *Mûrs* (Abot).

C. 4-punctata Pontoppidan. Mars à décembre. Sur les pins et les sapins ; au pied des arbres ; dans la mousse.

R. *Anjou* (Gall.). — *Saint-Barthélemy (à Pignerolles)* (Abot).

C. 4-punctata Pontoppidan. **ab. 16-punctata** F. Mêmes époques et mêmes lieux que le type.

R. *Saumur ; Juigné-sur-Loire* (Abot).

Micraspis Redtenbacher

[M. sedecimpunctata L.]

M. sedecimpunctata L. **ab. 12-punctata** L. Toute l'année. Dans les mousses ; au pied des arbres, sous les pierres ; au pied des meules, souvent réunis en grand nombre.

C. *Anjou* (Gall.). — *Chênehutte (au Petit-Puits)* (Ret.). — *Juigné-sur-Loire* (Br.). — *Lué* (Perr.). — *Env. d'Angers* (Surr.). — *Anjou* (U. A.). — *Anjou* (I. C.). — *Les Ponts-de-Cé ; Dampierre* (Abot).

Mysia Mulsant

M. oblongoguttata L. Toute l'année. Sur les pins ; l'hiver dans la mousse, au pied des arbres.

A. R. *Baugé* (Gall.). — *Chênehutte (au Petit-Puits)* (Ret.). — *Angers ; (Saint-Nicolas) ; Saint-Barthélemy (à Pignerolles)* (Br.). — *Lué* (Perr.). — *Anjou* (U. A.). — *Saint-Barthélemy (à Pignerolles)* (Abot).

Anatis Mulsant

A. ocellata L. Mai à octobre. Sur les pins et dans les mousses.

R. *Chênehutte (au Petit-Puits)* (Ret.).

Halyzia Mulsant

H. sedecimguttata L. Février à octobre. Bois et marais ; sur les arbustes.

A. C. *Anjou* (Mill.). — *Saint-Crespin (bord de l'étang de la Settière)* (E. de I.). — *Angers ; Saint-Barthélemy ; Longué ; Champtoceaux* (Br.). — *Chênehutte (au Petit-Puits)* (Ret.). — *Lué* (Perr.). — *Anjou* (U. A.). — *Anjou* (I. C.). — *Mûrs* (Abot).

Vibidia Mulsant

V. 12-guttata Poda. Avril à novembre. Sur les arbustes.

A. C. *Chênehutte (au Petit-Puits)* (Ret.). — *Lué* (Perr.). — *Les Ponts-de-Cé ; Longué* (Br.). — *Env. d'Angers* (Surr.). — *Anjou* (I. C.). — *Ingrandes ; Mûrs ; Saint-Barthélemy* (Abot).

Myrrha Mulsant

M. 18-guttata L. Toute l'année. Sur les pins, les genévriers. L'hiver, sous les écorces.

A. R. *Anjou* (Gall.). — *Chênehutte (au Petit-Puits)* (Ret.). — *Saint-Barthélemy* (Br.). — *Saumur ; Gennes* (Abot).

M. 18-guttata L. **var. formosa** Costa. Toute l'année, sur les pins et l'hiver sous les écorces. Variété surtout méridionale.

R. *Juigné-sur-Loire* (Abot).

Thea Mulsant

T. 22-punctata L. Toute l'année. Dans les haies touffues. L'hiver, sous les écorces et dans les mousses.

C. C. *Partout en Anjou*.

T. 22-punctata L. ab. **20-punctata** F. Toute l'année. Mêmes endroits que le type.

R. *Saumur* (Abot).

Calvia Mulsant

C. 10-guttata L. Avril à août. Sur l'aulne et le saule Marceau.
R. *Anjou* (Perr.). — *Angers ; Ingrandes ; Parcé (Sarthe)* (Abot).

C. 14-guttata L. Avril à octobre. Sur les arbres.
A. R. *Saint-Jean-de-la-Croix* (Mill.). — *Sainte-Gemmes* (Gall.). — *Chênehutte (au Petit-Puits)* (Ret.). — *Anjou* (U. A.). — *Anjou* (I. C.). *Saint-Barthélemy* (Abot).

Sospita Mulsant

[(**S. 20-guttata** L.)]

S. 20-guttata L. **ab. tigrina** L. Mai à septembre. Marais, sur les plantes et les arbustes.
R. *Anjou* (Mill.). — *Saint-Crespin (bord de l'étang de la Settière)* (E. de I.). — *Angers (Saint-Nicolas)* (Br.). — *Chênehutte (au Petit-Puits* (Ret.). — *Lué* (Perr.). — *Dampierre (près de la Fontaine de Fourneux)* (Abot).

Prophylæa Mulsant

P. 14-punctata L. Février à novembre. Sur les plantes basses et les arbustes, couverts de pucerons.
C. *Anjou* (Gall.). — *Chênehutte (au Petit-Puits)* (Ret.). — *Lué* (Perr.). — *Env. d'Angers* (Surr.). — *Les Ponts-de-Cé ; Château-Gontier (Mayenne)* (Br.). — *Anjou* (U. A.). — *Anjou* (I. C.). — *Saumur ; Marcé ; Parcé et Avoise (Sarthe)* (Abot).

P. 14-punctata L. **ab. 12-pustulata** Pont. Mêmes dates et même habitat.
R. *Angers ; Montfaucon-sur-Moine* (Br.).

P. 14-punctata L. **ab. perlata** Ws. Mêmes dates et mêmes emplacements que le type.
A. C. *Saumur ; Dampierre ; Saint-Barthélemy ; Montsoreau ; Parcé (Sarthe)* (Abot).

Chilocorus Leach

C. renipustulatus Scriba. Mai à septembre. Sur divers arbustes. Vit aux dépens des Coccides.
A. R. *Chênehutte (au Petit-Puits)* (Ret.). — *La Meignanne* (Perr.). — *Anjou* (I. C.). — *Saumur* (Abot).

C. bipustulatus L. Toute l'année. Sur les genévriers et autres végétaux. L'hiver sous les mousses.

C. Sainte-Gemmes (Gall.). — *Cholet ; Chênehutte (au Petit-Puits)* (Ret.). — *Lué* (Perr.). — *Juigné-sur-Loire ; Saint-Barthélemy ; Château-Gontier (Mayenne)* (Br.). — *Env. d'Angers* (Surr.). — *Saumur ; Dampierre ; Parcé et Avoise (Sarthe)* (Abot).

Exochomus Redtenbacher

E. 4-pustulatus L. Toute l'année. Sur les pins, les sapins, les genévriers ; l'hiver sous les écorces.

C. Sainte-Gemmes (Gall.). — *Cholet ; Chênehutte (au Petit-Puits)* (Ret.). — *Lué* (Perr.). — *Angers (Saint-Nicolas) ; Château-Gontier* (Br.). — *Env. d'Angers* (Surr.). — *Anjou* (U. A.). — *Anjou* (I. C.). — *Saumur ; Angers ; Saint-Hilaire-Saint-Florent ; Parcé et Avoise (Sarthe)* (Abot).

E. 4-pustulatus L. **ab. bilunulatus** Ws. Toute l'année. Même habitat que le type.

R. Cholet ; Chênehutte (au Petit-Puits) (Ret.).

E. 4-pustulatus L. **var. floralis** Motsch. Toute l'année. Même habitat que le type. Plus spécial au Midi.

R. Dampierre (Abot).

E. flavipes Thunbg. Juin à octobre. Sur les plantes et divers arbustes.

A. R. Anjou (Gall.). — *Cholet ; Chênehutte (au Petit-Puits)* (Ret.). — *Juigné-sur-Loire* (Br.). — *Lué* (Perr.). — *Anjou* (I. C.). — *Marans* (H. Baz.). — *Dampierre ; Marcé ; Lasse* (Abot).

Platynaspis Redtenbacher

P. luteorubra Gôze. Toute l'année. Sur les plantes basses et les arbustes. L'hiver, sous les écorces, les mousses, les fagots.

C. Anjou (Gall.). — *Cholet ; Chênehutte (au Petit-Puits)* (Ret.). — *Les Ponts-de-Cé* (Br.). — *Lué* (Perr.). — *Saumur ; Montsoreau* (Abot).

P. luteorubra Gôze. **var. Karamani** Ws. Toute l'année. Mêmes places que le type. Plus spécial au Midi.

A. R. Gennes ; Montsoreau ; Dampierre (Abot).

Hyperaspis Redtenbacher

H. reppensis Herbst. Avril à septembre. Dans les lieux secs et arides.

A. R. Chênehutte (au Petit-Puits) (Ret.). — *Villevêque* (Dr. Trouessart). — *Sainte-Gemmes* (Gall.). — *Lué* (Perr.). — *Dampierre ; Parcé (Sarthe)* (Abot).

H. reppensis Herbst. **var. marginella** F. Mêmes époques et mêmes lieux que le type.

A. R. *Villevêque* (Dr Trouessart). — *Sainte-Gemmes* (Gall.). — *Chênehutte (au Petit-Puits)* (Ret.).

H. campestris Herbst. Avril à septembre. Sur les arbres et arbustes.

A. R. *Anjou* (Gall.). — *Chênehutte (au Petit-Puits)* (Ret.). — *Lué* (Perr.). — *Saumur* (Abot).

H. concolor Suffr. Avril à septembre. Sur les arbres et les arbustes.

R. *Lué* (Perr.). — *Saumur ; Parcé (Sarthe)* (Abot).

Pullus Mulsant

P. hæmorrhoidalis Herbst. Toute l'année. Sur les arbustes et les plantes basses. L'hiver dans les mousses.

C. *Anjou* (Gall.). — *Anjou* (I. C.). — *Anjou (Saint-Nicolas) ; Montfaucon-sur-Moine ; Le Lion-d'Angers* (Br.).

P. auritus Thunb. Mai à octobre. Dans les bois, sur les arbustes et les plantes basses.

A. R. *Sainte-Gemmes* (Gall.). — *Lué* (Perr.). — *Anjou* (U. A.). — *Anjou* (I. C.).

P. subvillosus Göze. Mai à octobre. Dans les haies, sur les buissons.

A. R. *Sainte-Gemmes* (Gall.). — *La Ménitré* (Perr.). — *Parcé (Sarthe)* (Abot).

P. ater Kugel. Mai à octobre. Dans les haies, sur les buissons.

R. *Chênehutte (au Petit-Puits)* (Ret.). — *Anjou* (I. C.). — *Dampierre* (Abot).

Scymnus Kugelann, Mulsant

S. nigrinus Kugel. Avril à septembre. Sur les pins ; dans les mousses, les vieux lierres.

A. C. *Anjou* (Gall.). — *Chênehutte (au Petit-Puits)* (Ret.). — *Dampierre* (Abot).

S. Abietis Payk. Avril à septembre. Sur les pins et les sapins.

R. *Lué* (Perr.).

[**S. frontalis** F.]

S. frontalis F. ab. **4-pustulatus** Herbst. Toute l'année. Sur les plantes basses. L'hiver sous les écorces.

R. *Anjou* (I. C.). — *Champtoceaux ; Château-Gontier (Mayenne)* (Br.).

S. Apetzi Muls. Février à octobre. Dans les mousses des bois.

R. *Sainte-Gemmes* (Gall.). — *Chênehutte (au Petit-Puits)* (Ret.). — *Angers (Saint-Nicolas) ; Saint-Melaine* (Br.). — *Lué* (Perr.). — *Angers* (Abot).

S. interruptus Göze. Toute l'année. Dans les vieux lierres ; sur les plantes attaquées par les pucerons.

R. *Sainte-Gemmes* (Gall.). — *Lué* (Perr.). — *Angers ; Dampierre* (Abot).

S. rubromaculatus Göze. Toute l'année. Sur différents végétaux. L'hiver sous les écorces, dans les mousses, les fagots.

R. *Chênehutte (au Petit-Puits)* (Ret.). — *Lué* (Perr.). — *Angers ; Saumur* (Abot).

Nephus Mulsant

N. 4-maculatus Herbst. Toute l'année. Sur les arbres et sur les buissons.

C. *Sainte-Gemmes* (Gall.). — *Cholet ; Chênehutte (au Petit-Puits)* (Ret.). — *Angers ; Saumur ; Mûrs ; Avoise (Sarthe)* (Abot).

Clitostethus Weise

C. arcuatus Rossi. Toute l'année. Sur le lierre et sur différents arbres. Espèce surtout méridionale.

R. *Anjou* (Gall.).

Stethorus Weise

S. punctillum Ws. Toute l'année. Sur les pins et autres arbres. Surtout sur les sureaux.

R. *Chênehutte (au Petit-Puits)* (Ret.). — *Lué* (Perr.). — *Champtoceaux* (Br.).

Rhizobius Stephens

R. litura F. Toute l'année. Sur les plantes basses ; au pied des meules, dans les tas de foin.

C. *Anjou* (Gall.). — *Chênehutte (au Petit-Puits)* (Ret.). — *Env. d'Angers* (Surr.). — *Anjou* (I. C.). — *Angers (Saint-Nicolas) ; Juigné-sur-Loire ; Champtoceaux* (Br.). — *Angers ; Mûrs ; Dampierre ; Saumur ; Saint-Barthélemy* (Abot).

R. chrysomeloides Herbst. En octobre.

R. *Angers* (Abot).

Coccidula Kugelann

C. scutellata Herbst. Toute l'année. Sur les plantes aquatiques. L'hiver, dans les bottes de foin, les mousses et sous les écorces.

C. *Anjou (bords de l'Authion)* (Gall.). — *Anjou* (U. A.). — *Saint-Georges-sur-Loire* (Br.). — *Anjou* (I. C.). — *Saumur* (Abot).

C. rufa Herbst. Toute l'année. Sur les plantes aquatiques. L'hiver dans les bottes de foin, les mousses et sous les écorces.

A. C. *Sainte-Gemmes (bords de l'Authion)* (Gall.). — *Anjou* (U. A.). — *Angers ; Saint-Georges-sur-Loire ; Saint-Florent-le-Vieil* (Br.). — *Anjou* (I. C.). — *Angers ; Sainte-Gemmes ; Avoise (Sarthe)* (Abot).

HELODIDÆ

Helodes Latreille

H. minuta L. Mai à juillet. Sur les arbustes et les herbes.

A. R. *Sainte-Gemmes (bords de la Loire)* (Gall.). — *Lué* (Perr.). — *Champtoceaux ; Montfaucon-sur-Moine* (Br.). — *Env. d'Angers* (Surr.). — *Marcé (à Chaloché)* (Abot).

Microcara Thomson

M. testacea L. Mai à juillet .Marais : sur les arbustes et sur les herbes.

R. *Sainte-Gemmes* (Gall.). — *Lué* (Perr.). — *Angers (Saint-Nicolas) ; Saint-Barthélemy (à Pignerolles)* (Br.). — *Brain-sur-l'Authion ; Andard* (H. Baz.).

Cyphon Paykull

C. variabilis Thunb. Toute l'année. Sur les herbes, les arbustes ; dans les débris de roseaux, les mousses ; sous les écorces. La larve vit sous les Lemna.

A. R. *Rou-Marson (étang de Marson)* (Gall.). — *Lué* (Perr.). — *Saint-Georges-sur-Loire ; Angers (étang Saint-Nicolas)* (Br.). — *Anjou* (I. C.). — *Saumur* (Abot).

C. variabilis Thunb. **var. nigriceps** Kiesw. Toute l'année. Même habitat que le type.

R. *Angers (Saint-Nicolas) ; Juigné-sur-Loire* (Br.). — *Dampierre (fontaine de Fourneux)* (Abot).

C. Padi L. Toute l'année. Sur les herbes, les arbustes ; dans les débris de roseaux, les mousses ; sous les écorces.

R. *Sainte-Gemmes ; Rou-Marson* (Gall.). — *Lué* (Perr.). — *Anjou* (I. C.).

C. ochraceus Steph. Toute l'année. Sur les herbes, les arbrisseaux.
R. *Angers* (Br.).

C. Putoni Bris. Toute l'année. Sur les herbes et les arbustes ; dans les débris de roseaux, les mousses, sous les écorces.
R. R. *Tilliers* (E. de I.).). — *Angers (la Paperie) ; Beaupréau* (Br.).
— *Marcé (à Chaloché)* (*non absolument certain*) (Abot).

C. coarctatus Payk. Toute l'année. Sur les herbes, dans les lieux humides ; sous les mousses et les écorces.
R. *Anjou* (Mill. et Gall.). — *Brain-sur-l'Authion* (Perr.).

! **C. Paykulli** Guér. Toute l'année. Sur les plantes, les arbustes.
R. *Longué* (Br.).

Scirtes Illiger

S. hemisphæricus L. Avril à octobre. Marais, sur les plantes aquatiques.
R. *Sainte-Gemmes* (Gall.). — *Lué* (Perr.). — *Montfaucon-sur-Moine* (Br.). — *Anjou* (I. C.). — *Saint-Barthélemy* (H. Baz.).

S. orbicularis Panz. Avril à octobre. Marais ; sur les plantes aquatiques.
R. *Saint-Georges-sur-Loire* (Br.).

EUBRIINI

Eubria Latreille

E. palustris Germ. Mai à octobre. Sur les plantes aquatiques.
R. R. *Rou-Marson (étang de Marson)* (Gall.).

EUCINETINÆ

Eucinetus Germar

E. hæmorrhous Duft. Toute l'année. Dans le bois pourri.
R. R. *Lué* (Perr.).

E. meridionalis Lap. Toute l'année. Sous les écorces, dans les feuilles mortes humides. Espèce surtout méridionale.
R. *Forêt de Baugé* (Gall.). — *Lué* (Perr.).

DRYOPIDÆ

Potamophilus Germar

P. acuminatus F. Toute l'année. Dans les eaux courantes, sous les pierres ou accrochés aux pieux.

R. *Montreuil-Belfroy* (Raffray, Mme de Buzelet).

DRYOPINI

Dryops Olivier

D. viennensis Heer. Toute l'année. Dans les mares et les étangs.

R. *Montrevault ; Château-Gontier (Mayenne)* (Br.). — *Anjou* (de Joannis).

D. lutulentus Er. Toute l'année. Dans les mares et les étangs.

R. *Sainte-Gemmes* (Gall.). — *Angers (étang Saint-Nicolas)* (Br.).

D. auriculatus Geoffr. Mars à novembre. Marais, au bord des eaux, sous les pierres.

A. R. *Anjou (bords de la Maine)* (Mill.). — *Sainte-Gemmes* (Gall.). — *Chênehutte* (Ret.). — *Anjou* (U. A.). — *Saint-Florent-le-Vieil* (Br.).

D. luridus Er. Mars à décembre. Au bord des eaux stagnantes.

A. C. *Anjou (bords de la Loire)* (Gall.).

Helichus Erichson

H. substriatus Müll. Avril à octobre. Bords des eaux, sous les pierres.

R. *Anjou (bords de la Loire)* (Gall.). — *Chênehutte* (Ret.). — *Champtoceaux* (Br.).

HELMINTHINI

Stenelmis Dufour

S. canaliculata Gyll. Avril à octobre. Dans les eaux courantes; dans les cavités des pierres, des vieux bois immergés.

R. *Montreuil-Belfroy* (Raffray). — *Sainte-Gemmes* (Gall.). — *Montreuil-Belfroy* (Abot).

Limnius Müller

L. tuberculatus Müll. Mars à octobre. Dans les eaux courantes, sous les pierres.

R. *Sainte-Gemmes* (Gall.). — *Anjou* (U. A.).

Esolus Mulsant

E. angustatus Müll. Mars à octobre. Au bord des eaux.

R. *Sainte-Gemmes* (Gall.).

E. pygmæus Müll. Mars à octobre. Au bord des eaux.

R. R. *Anjou* (Gall.).

Riolus Mulsant

R. cupreus Müll. Mars à octobre. Dans les eaux courantes, accroché aux pierres et aux plantes submergées.

R. *Sainte-Gemmes* (Gall.).

R. nitens Müll. Mars à octobre. Dans les eaux courantes, accroché aux pierres et aux plantes submergées.

R. *Anjou* (Gall.). — *Anjou* (I. C.).

Helmis Latreille

[**H. Maugei** Bedel.]

H. Maugei Bedel. **var. ænea** Müll. Février à novembre. Dans les eaux courantes, sous les pierres et accroché aux plantes submergées.

A. R. *Montreuil-Belfroy* (Raffray). — *Sainte-Gemmes* (Gall.). — *Mûrs* (Abot).

Macronychus Müller

M. 4-tuberculatus Rossi. Mai à septembre. Sous les pierers submergées, les morceaux de bois sous l'eau.

R. *Angers (bords de la Maine)* (Gall.). — *Anjou* (I. C.).

GEORYSSIDÆ

Georyssus Latreille

G. crenulatus Rossi. Avril à août. Dans le sable humide ; dans les fossés, au bord des eaux.

R. *Chaumont (au bord de l'étang)* (Gall.).

G. costatus Lap. Avril à août. Au bord des eaux, dans le sable humide.

R. *Angers (bords de l'étang Saint-Nicolas)* (Gall.).

HETEROCERIDÆ

Heterocerus Fabricius

H. fossor Kiesw. Mai à août. Dans les mares ; dans le sable humide.

R. *Sainte-Gemmes (bords de la Loire)* (Gall.).

H. marginatus F. Mai à septembre. Au bord des eaux, dans le sable humide.

A. C. *Anjou (bords de la Loire)* (Gall.). — *Anjou* (U. A.). — *Les Ponts-de-Cé ; Saint-Florent-le-Vieil* (Br.). — *Anjou* (I. C.). — *Sainte-Gemmes* (Abot).

H. fenestratus Thunbg. Avril à septembre. Au bord des mares et dans les endroits humides.

A. C. *Sainte-Gemmes (bords de la Loire)* (Gall.). — *Saint-Crespin (bords de l'étang de la Settière)* (E. de I.). — *Chênehutte (au Petit-Puits)* (Ret.). — *Les Ponts-de-Cé* (Br.). — *Denée* (Pap.).

H. hispidulus Kiesw. Mai à septembre. Au bord des eaux.

R. *Chênehutte* (Ret.).

H. pruinosus Kiesw. Mai à septembre. Au bord des eaux.

A. C. *Chênehutte (au bord de la Loire)* (Ret.). — *Sainte-Gemmes* (Abot).

DERMESTIDÆ

Dermestes Linné

D. vulpinus F. Mai à novembre. Dans les matières animales en décomposition ; dans les musées d'histoire naturelle.

A. C. *Sainte-Gemmes* (Gall.). — *Lué* (Perr.). — *Anjou* (I. C.). — *Angers* (Abot).

D. Frischi Kugel. Mai à novembre. Sous les petits cadavres.

C. *Sainte-Gemmes* (Gall.). — *Lué* (Perr.). — *Anjou* (U. A.). — *Env. d'Angers* (Surr.). — *La Chaussaire* (Pap.). — *Saumur ; Parcé (Sarthe.* (Abot).

D. murinus L. Mai à septembre. Sous les cadavres ; dans les équarrissages ; sous les crottes de lapins.

C. *Sainte-Gemmes* (Gall.). — *Cholet ; Chênehutte (au Petit-Puits)* (Ret.). — *Lué* (Perr.). — *Anjou* (I. C.). — *Chalonnes-sur-Loire (bords du Layon)* (Pap.). — *Angers* (Abot).

D. laniarius Illig. Avril à août. Sous les cadavres ; dans les débris végétaux.

A. R. *Sainte-Gemmes* (Gall.). — *Cholet ; Chênehutte (au Petit-Puits)* (Ret.). — *Précigné (Sarthe)* (Perr.). — *Avoise (Sarthe)* (Abot).

D. mustelinus Er. Avril à septembre. Sous les cadavres ; au pied des plantes.

A. R. *Sainte-Gemmes* (Gall.). — *Cholet ; Chênehutte (au Petit-Puits)* (Ret.). — *Lué* (Perr.). — *Mozé* (Pap.). — *Andard* (H. Baz.). — *Parcé (Sarthe)* (Abot).

D. undulatus Brahm. Mars à septembre. Sous les petits cadavres.

A. C. *Sainte-Gemmes* (Gall.). — *Lué* (Perr.). — *Chênehutte (au Petit-Puits)* (Ret.). — *Anjou* (I. C.). — *Sainte-Gemmes* (Br.). — *La Chaussaire ; La Possonnière ; Chalonnes-sur-Loire* (Pap.).

! **D. pardalis** Billb. Mars à septembre. Sous les petits cadavres. Espèce plutôt méridionale.

R. R. *La Meignanne ; Lué* (Perr.).

D. Erichsoni Gnglb. Mai. Sous les petits cadavres.

R. *Anjou* (Gall.). — *Lué* (Perr.). — *Anjou* (I. C.).

! **D. aurichalceus** Küst. Mai à septembre. Sous les petits cadavres. Espèce plutôt méridionale.

R. R. *Angers* (Perr.).

D. bicolor F. Mai à août. Dans les pigeonniers et sous les écorces.

R. *Sainte-Gemmes* (Gall.). — *Parcé (Sarthe)* (Abot).

D. lardarius L. Avril à septembre. Dans les maisons, les abattoirs ; sur les matières animales, les peaux.

C. *Anjou* (Gall.). — *Cholet ; Chênehutte (au Petit-Puits* (Ret.). — *Lué* (Perr.). — *Env. d'Angers* (Surr.). — *Anjou* (U. A.). — *Anjou* (I. C.). — *La Chaussaire* (Pap.). — *Angers ; La Flèche (Sarthe)* (Abot).

D. ater Ol. Avril à septembre. Sous les petits cadavres, au pied des plantes et sur les fleurs.

A. C. *Anjou (bords de la Loire)* (Gall.). — *Souzay (à Champigny-le-Sec* (E. de I.). — *Chênehutte (au Petit-Puits)* (Ret.). — *Lué ; Saumur ; Martigné-Briand* (Perr.). — *Anjou* (I. C.). — *La Possonnière ; Le Mesnil-en-Vallée* (Pap.). — *Saumur ; Dampierre ; Vihiers* (Abot).

Attagenus Latreille

A. Schäfferi Herbst. Avril à octobre. Sur les fleurs.

A. R. *Angers ; Soulaire-et-Bourg* (Abot).

A. piceus Oliv. Avril à octobre. Sur les fleurs et dans les appartements.

A. R. *Cholet ; Chênehutte (au Petit-Puits)* (Ret.). — *Angers* (Abot).

A. piceus Oliv. **var. megatoma** F. Mêmes dates et même habitat que le type.

A. R. *Anjou* (Gall.).

A. pellio L. Toute l'année. Sur les fleurs, et dans les maisons où la larve ronge les pelleteries.

C. C. *Répandu dans tout l'Anjou.*

? A. trifasciatus F. Avril à octobre. Sur les fleurs, principalement des *Verbascum*. Douteux pour l'Anjou. Espèce méridionale.

R. *Anjou* (Mill.).

Megatoma Samouelle

M. undata L. Toute l'année. Sous les écorces, parmi les dépouilles de chenilles et dans les vieux nids de guêpes.

A. C. *Baugé* (All.). — *Montreuil-Belfroy* (Raffray). — *Sainte-Gemmes* (Gall.). — *Chênehutte (au Petit-Puits)* (Ret.). — *Anjou* (I. C.). *Saumur* (Abot).

M. pubescens Zett. Toute l'année. Dans les dépouilles d'animaux et dans les maisons.

R. *Chênehutte (au Petit-Puits)* (Ret.).

Globicornis Latreille

H. nigripes F. Avril à octobre. Sur les haies et les buissons.

R. *Sainte-Gemmes* (Gall.). — *Lué* (Perr.).

Trogoderma Latreille

T. versicolor Creutz. Avril à octobre. Sur les fleurs des prairies. La larve vit dans les nids de divers hyménoptères. Insecte plus spécialement de l'Europe boréale et centrale.

R. *Sainte-Gemmes* (Gall.). — *Meigné* (Dr. Bailliot).

Ctesias Stephens

C. serra F. Mai. juin. Sous les écorces et dans le tronc des arbre creux, au milieu d'insectes morts.

R. *Sainte-Gemmes* (Gall.). — *Lué* (Perr.). — *Anjou* (I. C.).

Anthrenus Fabricius

A. Pimpinellæ F. Mai, juin. Sur les fleurs, principalement de Ombellifères.

A. C. *Anjou* (Gall.). — *Cholet ; Chênehutte (au Petit-Puits)* (Ret.) — *Lué* (Perr.). — *Anjou* (U. A.). — *Saint-Barthélemy (à Pignerolles) Saint-Melaine* (Br.). — *Anjou* (I. C.). — *Saumur* (Abot).

A. Pimpinellæ F. **var. delicatus** Kiesw. Mêmes époques et mêm habitat que le type. Plus spécial au midi de l'Europe.

R. *Cholet ; Chênehutte (au Petit-Puits)* (Ret.). — *Angers* (Abot)

A. festivus Rosenh. Avril à juin. Sur les fleurs, surtout des Ombel lifères. Espèce surtout méridionale.

R. *Anjou* (Gall.). — *Lué* (Perr.). — *Angers ; Saumur* (Abot).

A. scrophulariæ L. Février à juin. Sur les fleurs, surtout de Ombellifères.

R. *Anjou* (Gall.). — *Lué* (Perr.).

A. verbasci L. Mars à août. Sur les fleurs et dans les collection d'histoire naturelle mal tenues.

C. *Sainte-Gemmes* (Gall.). — *Chênehutte (au Petit-Puits)* (Ret.). — *Lué* (Perr.). — *Anjou* (U. A.). — *Anjou* (I. C.). — *Andard* (H. Baz.) — *Angers* (Abot).

A. museorum L. Juin, juillet. Sur les fleurs, principalement d'*An thriscus ;* plus rarement dans les collections d'histoire naturelle ma tenues.

A. R. *Anjou* (Gall.). — *Saumur* (Abot).

A. fuscus Oliv. Toute l'année. Sur les fleurs.

A. C. *Anjou* (Gall.). — *Chênehutte (au Petit-Puits)* (Ret.). — *Trèves Cunault* (Br.).

Trinodes Latreille

T. hirtus F. Juin, juillet. Sur les fleurs.

R. *Lué ; La Meignanne* (Perr.).

NOSODENDRIDÆ

Nosodendron Latreille

N. fasciculare Ol. Avril à août. Dans les plaies d'orme, de marronnier et de quelques autres arbres.
R. *Sainte-Gemmes* (Gall.).

BYRRHIDÆ

Pelochares Mulsant

P. versicolor Waltl. Avril à novembre. Sous les pierres ; dans les foins coupés.
R. *La Meignanne* (Gall.).

Limnichus Latreille

? **L. aurosericeus** Duv. Février à décembre. Au bord des eaux, dans les mousses et les herbes. Plutôt méridional.
R. *Sainte-Gemmes* (Gall.).

L. pygmæus Sturm. Février à décembre. Au bord des eaux, dans les mousses et les herbes.
R. *Sainte-Gemmes* (*bords de l'Authion*) (Gall.).

L. sericeus Duft. Février à décembre. Au bord des ruisseaux et les marais, parmi les herbes ou sur la vase ; dans les foins coupés
A. R. *La Meignanne* (Gall.).

Simplocaria Marsham

S. semistriata F. Toute l'année. Au pied des plantes dans les lieux humides ; aux racines des luzernes.
A. C. *Saumur ; Baugé* (Mill.). — *Anjou* (I. C.). — *Saumur* (Abot).

Morychus Erichson

M. æneus F. Mai à juillet. Sur le sable, sous les pierres.
R. *Anjou* (Mill.).

Pedilophorus Steffahny

P. nitidus Schall. Juin. Dans les lieux sablonneux et sur le bord des rivières.
R. *Saumur ; Baugé* (Mill.). — *Lué* (Perr.). — *Anjou* (I. C.).

Cytilus Erichson

C. sericeus Forster. Toute l'année. Dans les mousses ; au pied des arbres ; sous les pierres.

R. *Souzay (à Champigny-le-Sec)* (Mill.). — *Anjou* (I. C.). — *Saumur ; Château-Gontier (Mayenne)* (Br.).

Byrrhus Linné

B. fasciatus Forst. Mars à mai. Dans les mousses.

R. *Souzay (à Champigny-le-Sec)* (Mill.). — *Lué* (Perr.). — *Fontaine-Guérin* (Pap.).

B. arietinus Steff. Mars à mai. Dans les mousses, les détritus sur les routes.

R. *Chênehutte (au Petit-Puits)* (Ret.). — *Anjou* (I. C.).

B. pustulatus Forst. Mars à mai. Au pied des arbres et sous la mousse et les écorces.

R. *Baugé* (Mill.).

B. pilula L. Toute l'année. Au pied des arbres, dans la mousse sous les pierres, les feuilles desséchées, sur les routes.

C. *Sainte-Gemmes* (Gall.). — *Chênehutte (au Petit-Puits)* (Ret.). — *Lué* (Perr.). — *Anjou* (U. A.). — *Soulaines ; Chalonnes-sur-Loire ; Montfaucon-sur-Moine* (Br.). — *Anjou* (I. C.). — *Fontaine-Guérin ; Sermaise* (Pap.). — *Les Ponts-de-Cé ; Sainte-Gemmes ; Fontaine-Guérin* (Abot).

B. glabratus Heer. Mars à mai. Sous les pierres, les mousses et les détritus.

R. *Sainte-Gemmes* (Gall.).

Porcinolus Mulsant

P. murinus F. Mars à octobre. Sous les mousses et les, pierres.

R. *Angers ; Segré* (Mill.). — *Lué* (Perr.). — *Angers* (Abot).

Syncalypta Stephens

S. setigera Illig. Mai à juillet. Sur les herbes dans les lieux secs ; dans les chemins crayeux.

R. *Sainte-Gemmes* (Gall.).

S. spinosa Rossi. Mars à septembre. Au bord des rivières, dans les lieux sablonneux et limoneux ; dans les chemins tourbeux.

R. *Grez-Neuville* (Perr.). — *Anjou* (I. C.).

DASCILLIDÆ

Dascillus Latreille

D. cervinus L. Mai à juillet. Sur les herbes et les arbrisseaux dans les bois.

R. *Sainte-Gemmes* (Gall.). — *Anjou* (Mme de Buzelet). — *'Anjou* (U. A.).

ELATERIDÆ

Adelocera Latreille

A. punctata Herbst. Avril à octobre. Sous les feuilles mortes, les écorces, dans les vieux troncs d'arbres.

R. *Chênehutte* (Ret.). — *Env. d'Angers* (Surr.).

A. querca Herbst. Avril à octobre. Sous les écorces et dans les vieux troncs de chênes.

R. *Anjou* (Gall.). —. *Combrée ; Fontaine-Milon* (Perr.). — *Forêt de Bercé* (*Sarthe*) (Br.).

Brachylacon Motschulsky

B. murinus Herbst. Mai à septembre. Dans les champs, sur les aubépines ; sous les pierres ; au vol.

C. C. *Répandu dans toute la région angevine.*

Corymbites Latreille

? C. pectinicornis L. Mars à octobre. Sur les plantes basses et les buissons. Espèce surtout signalée de l'Europe centrale.

R. *Cholet ; Chênehutte* (*au Petit-Puits*) (Ret.).

? C. cupreus F. Mai à septembre. Sur les plantes basses et les arbustes. Espèce des régions montagneuses du centre de l'Europe.

R. *Baugé* (Gall.).

C. purpureus Poda. Mai à juillet. Sur les buissons.

R. *Anjou* (Gall.). — *Env. d'Angers* (Surr.). — *Anjou* (I. C.).

C. castaneus L. Mai à juillet. Sur les buissons.

R. *Lué* (de Crochard). — *Combrée* (Perr.). — *Anjou* (I. C.).

C. tessellatus L. Mai, juin. Sur les plantes, dans les prairies humides.

A. R. *La Chapelle-Hulin* (Mill.). — *Baugé* (Turpault). — *Saumur* (Mme de Buzelet et Court.). — *Anjou* (I. C.).

Selatosomus Stephens

S. nigricornis Panz. Mai à septembre. Sur les herbes et les arbustes. Espèce plutôt de l'Europe centrale.

R. *Anjou* (U. A.). — *Anjou* (I. C.).

? S. melancholicus F. Mai à septembre. Sur les graminées et les fleurs des prairies. Espèce du centre et du midi de l'Europe.

R. *Cholet ; Chênehutte* (Ret.).

S. æneus L. Mai à septembre. Sur les blés, les graminées et les fleurs des prairies.

A. C. *Anjou* (Gall.). — *Cholet ; Chênehutte (au Petit-Puits)* (Ret.). — *Env. d'Angers* (Surr.). — *Anjou* (U. A.). — *Anjou* (I. C.). — *Saint-Barthélemy* (Abot).

S. latus F. Mai à septembre. Sous les pierres ; sur les routes ; sur les graminées et les arbustes.

C. *Sainte-Gemmes* (Gall.). — *Cholet ; Chênehutte (au Petit-Puits)* (Ret.). — *Env. d'Angers* (Surr.). — *Angers ; Montfaucon-sur-Moine ; Saint-Georges-sur-Loire (à Chevigné)* (Br.). — *Anjou* (U. A.). — *Anjou* (Pap.). — *Saumur ; Dampierre ; Avoise (Sarthe)* (Abot).

S. cruciatus L. Juin, juillet. Sur les tilleuls.

R. *Forêt de Fontevrault* (Revel.). — *Gennes (à Milly)* (Mme de Buzelet). — *Bagneux* (Mill.). — *Anjou* (I. C.).

S. bipustulatus L. Toute l'année. Sous les écorces et dans la mousse, au pied des arbres.

R. *Le Guédéniau (forêt de Chandelais)* (Gall.).

S. incanus Gyll. Mai à septembre. Sur les arbustes dans les clairières humides des bois.

R. R. *Forêt de Fontevrault* (Mill.).

Prosternon Latreille

P. holosericeus Ol. Mai à septembre. Sur les chênes et les châtaigniers.

A. R. *Sainte-Gemmes* (Gall.). — *Lué* (Perr.). — *Anjou* (U. A.). — *Anjou* (I. C.). — *Marcé ; Allonnes ; Saumur ; Avoise (Sarthe)* (Abot).

Hypoganus Kiesenwetter

H. cinctus Payk. Mai. Dans le bois carié du bouleau, du saule.

R. R. *Saumur* (Court.). — *Meigné* (Bailliot). — *Saint-Laurent-des-Autels (forêt de la Foucaudière)* (E. de I.).

Sericus Eschscholtz

S. brunneus L. Mars à juin. Sous les arbres.

R. *Le Guédéniau (forêt de Chandelais)* (Gall.). — *Lué* (Perr.). — *Anjou* (I. C.).

Dolopius Eschscholtz

D. marginatus L. Mai, juin. Sur les buissons et dans les clairières des bois.

A. C. *Anjou* (Gall.). — *Chênehutte* (Ret.). — *Lué* (Perr.). — *Anjou* (I. C.).

Agriotes Eschscholtz

A. aterrimus L. Mai, juin. Sur les chênes et les pins.

A. R. *Cholet ; Chênehutte (au Petit-Puits)* (Ret.). — *Anjou* (U. A.).

A. gallicus Lac. Mai à juillet. Sur les buissons et les arbres.

C. *Anjou* (Mill. et Gall.). — *Chênehutte (au Petit-Puits)* (Ret.). — *Lué* (Perr.). — *Anjou* (U. A.). — *La Chaussaire ; Gesté ; Saint-Quentin-en-Mauges* (Pap.).

A. ustulatus Schall. Juin à août. Sous les pierres ; sur les fleurs, principalement des Ombellifères.

C. *Anjou* (Gall.). — *Cholet ; Chênehutte (au Petit-Puits)* (Ret.). — *Lué* (Perr.). — *Anjou* (U. A.). — *Saumur* (Abot).

A. pilosus Panz. Mai à septembre. Sur les arbustes dans les bois.

C. *Le Guédéniau (forêt de Chandelais)* (Gall.). — *Cholet ; Chênehutte (au Petit-Puits)* (Ret.). — *Lué* (Perr.). — *Angers (Saint-Nicolas)* (Br.). — *Env. d'Angers* (Surr.). — *Anjou* (U. A.). — *Anjou* (I. C.). — *La Chaussaire ; Gesté ; Saint-Quentin-en-Mauges* (Pap.). — *Saumur* (Abot).

A. acuminatus Steph. Avril à septembre. Sur les arbustes et les plantes basses ; sous les pierres, les mousses.

A. C. *Anjou* (Gall.). — *Montrevault* (Br.). — *Le Pin-en-Mauges* (Pap.). — *Avoise (Sarthe)* (Abot).

A. pallidulus Illig. Avril à septembre. Sur les plantes basses et les arbustes ; dans les mousses.

A. C. *Anjou (bords de la Loire)* (Gall.). — *Lué* (Perr.). — *Env. d'Angers* (Surr.).

A. sputator L. Toute l'année. Dans les champs, sur les herbes.

C. *Anjou* (Gall.). — *Cholet ; Chênehutte (au Petit-Puits)* (Ret.). — *Lué* (Perr.). — *Anjou* (U. A.). — *Angers (Saint-Nicolas) ; Les Ponts-de-*

Cé (à Sorges) ; Château-Gontier (Mayenne) (Br.). — Anjou (I. C.). — Saumur (Abot).

A. sputator L. **var. rufulus** Lac. Toute l'année et même habitat que le type.

A. R. Anjou (I. C.).

A. sordidus Illig. Mai à juillet. Sur les graminées et dans les détritus.

C. Anjou (Gall.). — Chênehutte (au Petit-Puits) (Ret.).—Lué (Perr.). Env. d'Angers (Surr.). — La Chaussaire (Pap.). — Angers (Abot).

A. lineatus L. Toute l'année. Dans les champs cultivés, sur les graminées, principalement.

C. Anjou ; Sainte-Gemmes (Gall.). — Cholet ; Chênehutte (au Petit-Puits) (Ret.). — Lué (Perr.). — Champtoceaux ; Beaupréau ; Château-Gontier (Mayenne) (Br.). — Env. d'Angers (Surr.). — Anjou (U. A.). — La Chaussaire ; Gesté (Pap.). — Gennes ; Sainte-Gemmes ; Lassé (Abot).

A. obscurus L. Toute l'année. Dans les champs cultivés, sur les graminées et les plantes basses.

C. Anjou (Gall.). — Cholet ; Chênehutte (au Petit-Puits) (Ret.). — Les Ponts-de-Cé (à Sorges) ; Château-Gontier (Mayenne) (Br.). — Saumur ; Saint-Georges-sur-Loire ; Avoise (Sarthe) (Abot).

Ludius Latreille

L. ferrugineus L. Juin à août. Sur les vieux saules et les peupliers creux, et autres arbres cariés.

A. R. Angers ; Baugé ; Segré ; Saumur (Mill.). — Cholet ; Chênehutte (au Petit-Puits) (Ret.). — Saint-Lambert-du-Lattay ; Chanzeaux (château de la Chauvellière) (Y. de Kersabiec) (Perr.). — Anjou (I. C.). — Anjou (Br.). — Angers (A. Roland).

Synaptus Eschscholtz

S. filiformis F. Mai à septembre. Au bord des eaux, sur les herbes et les saules.

C. Anjou (Gall.). — Chênehutte (au Petit-Puits) (Ret.). — Champtoceaux ; Trèves-Cunault (Br.). — La Ménitré (Perr.). — Anjou (U. A.). — Anjou (I. C.). — Sainte-Gemmes ; Saumur (Abot).

Adrastus Eschscholtz

A. limbatus F. Juin, juillet. Sur les arbustes et les buissons.

C. Anjou (Gall.). — Cholet ; Chênehutte (au Petit-Puits) (Ret.). —

Thorigné ; Saint-Georges-sur-Loire (à Chevigné) ; Château-Gontier (Mayenne) (Br.). — *Anjou* (U. A.). — *Anjou* (I. C.). — *Avoise (Sarthe)* (Abot).

A. lacertosus Er. Juin à août. Sur les buissons, les arbustes.
R. *Saumur ; Dampierre* (Abot).

[**A. nitidulus** Marsh.]

A. nitidulus Marsh. **ab. pallens** Er. Avril à octobre. Sur les arbres et les plantes basses ; sous les pierres, les mousses.
A. R. *Anjou* (Gall.). — *Cholet ; Chênehutte (au Petit-Puits)* (Ret.). — *Cholet* (Br.). — *Anjou* (U. A.). — *Angers* (Abot).

A. rachifer Geoffr. Avril à octobre. Sur les arbustes, les haies ; sous les mousses, les pierres.
A. R. *Anjou* (Gall.). — *Cholet ; Chênehutte (au Petit-Puits)* (Ret.). — *Lué* (Perr.).

A. montanus Scopoli. Avril à octobre. Sur les arbres et les arbustes. Surtout de l'Europe montagneuse.
R. *Sainte-Gemmes* (Gall.). — *Cholet ; Chênehutte (au Petit-Puits).* (Ret.). — *Lué* (Perr.). — *Angers* (Abot).

Cryptohypnus Eschscholtz

? C. riparius F. Mai à août. Sur les buissons et au pied des herbes, dans les terrains humides. Espèce surtout des régions montagneuses
R. R. *Anjou (bords de la Loire)* (Gall.).

Hypnoidus Stephens

H. 4-pustulatus F. Mai à septembre. Sur les saules et les buissons, dans les terrains humides.
R. *Sainte-Gemmes (bords de la Loire)* (Gall.). — *Champtoceaux* (Br.).

H. pulchellus L. Mai à septembre. Sur les buissons, les herbes et au pied des plantes, au bord des eaux.
A. R. *Sainte-Gemmes (bords de la Loire)* (Gall.). — *Chênehutte (bords de la Loire)* (Ret.). — *Sainte-Gemmes ; Les Ponts-de-Cé* (Br.).

H. dermestoides Herbst. Mai à septembre. Sur les plantes basses, et au pied des chaumes et des herbes.
R. *Sainte-Gemmes* (Gall.).

H. hermestoides Herbst. **var. tetragraphus** Germ. Mêmes époques et même habitat que le type.

A. C. *Anjou (bords de la Loire)* (Gall.). — *Env. d'Angers* (Surr.). — *Les Ponts-de-Cé* (Br.). — *Anjou* (U. A.). — *Les Ponts-de-Cé* (Abot).

H. minutissimus Germ. Mai à septembre. Au pied des plantes et sur les herbes.

R. *Sainte-Gemmes* (Gall.).

Cardiophorus Eschscholtz

C. gramineus Scop. Avril à juin. Sous les feuilles mortes ; dans les vieux lierres.

C. *Anjou (bords de la Loire)* (Gall.). — *Chênehutte (au Petit-Puits)* (Ret.). — *Combrée ; Lué* (Perr.). — *Anjou* (U. A.). — *Montrevault ; Sainte-Gemmes ; Champtoceaux* (Br.). — *Anjou* (I. C.). — *La Possonnière ; Chalonnes-sur-Loire* (Pap.). — *Angers ; Saumur* (Abot).

C. ruficollis L. Avril à juin. Sous les écorces et dans les mousses.
R. *Baugé* (Gall.).

C. rufipes Geoffr. Avril à juin. Sur les pins, les aubépines, les chênes en fleur ; sous les écorces.

C. *Baugé ; Sainte-Gemmes* (Gall.). — *Chênehutte (au Petit-Puits)* (Ret.). — *Lué* (Perr.). — *Env. d'Angers* (Surr.). — *Beaupréau* (Br.). — *Anjou* (I. C.). — *Denée ; Soulaines ; Mozé ; Les Ponts-de-Cé* (Pap.). — *Marcé ; Angers ; Parcé (Sarthe)* (Abot).

C. nigerrimus Er. Mai. Sur les chênes.
R. *Lué* (Perr.). — *Montsoreau* (Abot).

! **C. asellus** Er. Avril à juin. Dans les bois et sous les pierres.
R. *Chênehutte* (Ret.).

C. cinereus Herbst. Mai à juillet. Sur les arbres et les plantes basses. Endroits humides.
R. *Rou-Marson (bords de l'étang de Marson)* (Gall.). — *Lué* (Perr.). — *Rou-Marson ; Marcé* (Abot).

C. Equiseti Herbst. Mai à juillet. Endroits marécageux, sur les *Equisetum*.

A. R. *Soucelles ; Sainte-Gemmes* (Gall.). — *Chênehutte* (Ret.). — *Lué (aux Fontaines du bourg)* (Perr.). — *Anjou* (I. C.). — *Montsoreau ; Avoise (Sarthe)* (Abot).

Melanotus Eschscholtz

! **M. sulcicollis** Muls. Mai à août. Dans les taillis de chênes ; sous les écorces. Espèce méridionale.
R. *Chênehutte (au Petit-Puits)* (Ret.).

M. rufipes Herbst. Mai à août. Sur les arbustes ; sous les écorces.
A. C. *Anjou* (Gall.). — *Chênehutte (au Petit-Puits)* (Ret.). — *Lué*
(Perr.). — *Forêt de Beaulieu ; Mozé* (Pap.). — *Avoise (forêt de Pesche-
seul) (Sarthe)* (Abot).

M. crassicollis Er. Mai à août. Sur les arbustes, sous les écorces.
R. *Anjou* (Mill.). — *Beaulieu* (Br.).

M. punctolineatus Pelerin. Mai, juin. Sur les plantes basses ;
sous les pierres.
A. R. *Anjou* (Mill.). — *Chênehutte (au Petit-Puits)* (Ret.). — *Anjou*
(I. C.). — *Forêt de Beaulieu* (Pap.).

? M. brunnipes Germ. Mai à août. Sur les arbustes et les plantes
basses. Espèce méridionale.
R. *Chênehutte (au Petit-Puits)* (Ret.). *Lué* (Perr.). — *Anjou* (I. C.).

! M. tenebrosus Er. Mai à août. Sur les plantes basses et les arbus-
tes. Espèce surtout méridionale.
R. *Anjou* (Gall.). — *Chênehutte (au Petit-Puits)* (Ret.). — *Marans*
(H. Baz.). — *Saumur* (Abot).

Idolus Desbrochers

I. picipennis Bach. Mai à août. Sur les herbes et les plantes basses.
R. *Lué* (Perr.).

I. picipennis Bach. **ab. scapulatus** Cand. Mêmes époques et
même habitat que le type.
R. *Angers ; Montsoreau* (Abot).

Drasterius Eschscholtz

D. bimaculatus Rossi. Mai à août. Sur les haies et les plantes
basses.
R. *Sainte-Gemmes (bords de la Loire)* (Gall.). — *Anjou* (U. A.). —
Mûrs (Abot).

Megapenthes Kiesenwetter

M. lugens W. Redtb. Mai à juin. Dans les vieux chênes cariés.
R. *Anjou* (Gall.).

Procræerus Reitter

P. tibialis Lac. Mai à août. Dans les troncs creux des chênes.
R. *Anjou* (Gall.). — *Avoise (Sarthe)* (Abot).

Ischnodes Germar

I. sanguinicollis Panz. Mai à août. Dans les vieux troncs d'arbres.
R. R. *Baugé* (Mill.).

Elater Linné

E. cinnabarinus Esch. Mai à août. Dans les vieux troncs d'arbres ;
sous les écorces.

R. *Lué* (Perr.). — *Saint-Quentin-en-Mauges ; Le Pin-en-Mauges*
(Pap.).

E. sanguineus L. Mai à août. Dans les vieux troncs d'arbres ;
sous les écorces.

A. R. *Sainte-Gemmes* (Gall.). — *Chênehutte* (Ret.). — *Env. d'Angers*
(Surr.). — *Anjou* (U. A.). — *Montfaucon-sur-Moine* (Br.). — *Anjou*
(I. C.). — *Avoise (Sarthe)* (Abot).

E. præustus F. Mai à août. Dans les vieux troncs d'arbres ; sous les
écorces.

R. *Saumur* (Mme de Buzelet).

E. Pomonæ Steph. Mai à août. Dans les vieux arbres ; sous les
écorces.

R. *Anjou* (Gall.). — *Anjou* (U. A.). — *La Possonnière* (Pap.). — *Angers*
(H. Baz.). — *Les Ponts-de-Cé* (Br.). — *Avoise et Parcé (Sarthe)* (Abot).

E. sanguinolentus Schrank. Mai à août. Dans le creux des vieux
arbres ; sous les écorces.

A. R. *Meigné* (Bailliot). — *Sainte-Gemmes* (Gall.). — *Chênehutte*
(Ret.). — *Saint-Jean-de-la-Croix* (All.). — *Mûrs (à Erigné)* (Perr.).
— *Les Ponts-de-Cé ; Angers (Saint-Nicolas) ; Champtoceaux* (Br.). —
Anjou (I. C.). — *Saint-Quentin-en-Mauges ; Le Pin-en-Mauges* (Pap.).
— *Saumur* (Abot).

E. elongatulus F. Mai, juin. Sur les chênes.

A. R. *Anjou* (Mill. et Gall.). — *Chênehutte* (Ret.). — *Lué* (Perr.).
— *Saint-Barthélemy (à Pignerolles)* (Br.). — *Anjou* (I. C.). — *Saint-
Quentin-en-Mauges ; Le Pin-en-Mauges ; Sainte-Christine* (Pap.). —
Saint-Barthélemy (Abot).

E. balteatus L. Mai à août. Dans le bois mort et sous les écorces.

R. *Anjou* (Mme de Buzelet). — *Sainte-Gemmes* (Gall.). — *Chênehutte*
(Ret.). — *Lué* (Perr.).

E. nigroflavus Gôze. Février à juin. Dans le bois mort des pommiers, saules, cerisiers, ormes.

R. *Sainte-Gemmes* (Gall.). — *Chênehutte* (Ret.). — *Combrée* (Perr.). — *Anjou* (I. C.).

E. ruficeps Muls. Mai à août. Sous les écorces et dans le bois mort.
R. *Anjou* (Mill.).

E. nigrinus Payk. Mai à août. Sous les écorces des arbres résineux.
R. *Forêt de Baugé* (Gall.).

E. nigerrimus Lac. Mai à août. Sous les écorces et dans le bois mort.
R. *Lué* (Perr.). — *Anjou* (I. C.).

Limonius Eschscholtz

L. pilosus Leske. Mai à septembre. Sur les arbustes et les plantes basses.
A. C. *Anjou (bords de la Loire)* (Gall.). — *Chênehutte* (Ret.). — *Lué* (Perr.). — *Anjou* (U. A.). — *Anjou* (I. C.). — *Angers (Saint-Nicolas)* (Br.). — *La Possonnière ; Rochefort-sur-Loire ; Béhuard* (Pap.). — *Saumur ; Dampierre ; Angers ; Saint-Barthélemy* (Abot).

L. æruginosus Ol. Mai. Dans les bois, en terrains sablonneux sur les arbustes et les plantes basses.
A. R. *Forêt de Fontevrault* (Mill.). — *Anjou (bords de la Loire)* (Gall.). — *Chênehutte* (Ret.). — *Anjou* (I. C.).

L. minutus L. Avril à juin. Sur les prunelliers, les aubépines en fleur.
C. *Sainte-Gemmes* (Gall.). — *Chênehutte* (Ret.). — *Env. d'Angers* (Surr.). — *La Chaussaire ; Gesté* (Pap.). — *Angers ; Saint-Sylvain* (H. Baz.). — *Angers ; Gennes* (Abot).

L. parvulus Panz. Avril à août. Sur les arbres et les plantes basses.
A. R. *Anjou* (Mill. et Gall.). — *Lué* (Perr.). — *Anjou* (U. A.). — *Saint-Barthélemy (à Pignerolles)* (Br.). — *Anjou* (I. C.). — *Angers ; Saint-Barthélemy ; Parcé et Avoise (Sarthe)* (Abot).

Pheletes Kiesenwetter

P. æneoniger Degeer. Mai à août. Sur les buissons et les plantes basses.
R. *Anjou* (Mill.). — *Saint-Quentin-en-Mauges* (Pap.).

P. Quercus Ol. Mai à août. Sur les arbustes et les plantes basses.
R. *Lué* (Perr.).

Athous Eschscholtz

A. rufus Deg. Avril à septembre. Sur les arbustes et les plantes basses, les graminées.

R. R. *Anjou* (I. C.).

A. villosus Geoffr. Avril à septembre. Sur les arbustes et sur les graminées.

R. *Anjou* (Mill.). — *Anjou* (I. C.). — *Marans* (H. Baz.). — *Saint-Barthélemy (à Pignerolles)* (Br.). — *Angers ; Ecouflant* (Abot).

A. hirtus Herbst. Avril à septembre. Sur les arbustes et sur les graminées.

A. R. *Cholet ; Chênehutte (au Petit-Puits)* (Ret.). — *Anjou* (U. A.). — *Anjou* (I. C.). — *La Chaussaire* (Pap.).

A. niger L. Mai à octobre. Dans les marais tourbeux, sur les graminées.

A. R. *Anjou* (Gall.). — *Cholet ; Chênehutte (au Petit-Puits)* (Ret.). — *Beaupréau* (Br.). — *Lué* (Perr.). — *La Chaussaire* (Pap.). — *Saumur ; Dampierre ; Parcé (Sarthe)* (Abot).

A. vittatus F. Avril à novembre. Sur les arbustes et autres plantes.

A. C. *Anjou* (Gall.). — *Cholet ; Chênehutte (au Petit-Puits)* (Ret.). — *Thorigné* (Br.). — *Lué* (Perr.). — *Env. d'Angers* (Surr.). — *Anjou* (Pap.). — *Saint-Barthélemy* (Abot).

A. vittatus F. **ab. inopinatus** Buyss. Mêmes dates et même habitat que le type.

R. *Saint-Laurent-des-Autels (forêt de la Foucaudière)* (E. de I.).

A. vittatus F. **ab. Stephensi** Buyss. Mêmes dates et même habitat que le type.

R. *Saint-Laurent-des-Autels (forêt de la Foucaudière)* (E. de I.)..

A. hæmorrhoidalis F. Avril à novembre. Bois et marais. Sur les herbes et les buissons.

C. *Anjou (bords de la Loire)* (Gall.). — *Cholet ; Chênehutte (au Petit-Puits)* (Ret.). — *Lué* (Perr.). — *Anjou* (U. A.). — *Château-Gontier (Mayenne)* (Br.). — *Anjou* (I. C.). — *Forêt de Beaulieu ; Mozé ; La Chaussaire* (Pap.). — *Angers ; Saumur ; Avoise (Sarthe)* (Abot).

A. subfuscus Müll . Mai à octobre. Sur les buissons et les plantes basses.

R. *Chênehutte (au Petit-Puits)* (Ret.).

! **A. pallens** Muls. Mai à septembre. Sur les arbustes et les plantes basses. Espèce plus spécialement de la France méridionale orientale.

R. *Anjou* (Mill.). — *Marcé (à Chaloché)* (Abot).

A. difformis Lac. Mai à septembre. Sur les buissons et les herbes.

A. C. *Sainte-Gemmes (bords de la Loire)* (Gall.). — *Chênehutte (au Petit-Puits)* (Ret.). — *Lué* (Perr.). — *Env. d'Angers* (Surr.). — *Les Ponts-de-Cé* (Br.). — *Anjou* (I. C.). — *Saint-Quentin-en-Mauges* (Pap.). — *Saumur* (Abot).

A. longicollis Oliv. Avril à novembre. Sur les graminées, les plantes basses.

C. *Anjou* (Gall.). — *Chênehutte (au Petit-Puits)* (Ret.). — *Lué* (Perr.). — *Anjou* (U. A.). — *Anjou* (I. C.). — *Thorigné* (Br.). — *La Chaussaire ; Mozé ; Saint-Quentin-en-Mauges ; Le Pin-en-Mauges* (Pap.). — *Saumur ; Avoise (Sarthe)* (Abot).

A. circumscriptus Cand. Mai à septembre. Sur les graminées et autres plantes basses.

A. R. *Lué* (Perr.). — *Angers ; Saint-Barthélemy ; Montsoreau ; Avoise (Sarthe)* (Abot).

Denticollis Piller

? **D. rubens** Piller. Mai à août. Sur les graminées et les plantes basses. Espèce méridionale, bien douteuse pour l'Anjou.

R. R. *Saumur* (Court.).

D. linearis L. Mai à août. Marais et bois frais ; sur les plantes herbacées et les arbustes.

R. *Louvaines* (Mill.).

CEROPHYTIDÆ

Cerophytum Latreille

? **C. elateroides** Latr. Mai à août. Sur les arbustes et les plantes basses. Espèce de l'Europe centrale montagneuse, probablement signalée à tort en Anjou.

R. R. *Meigné* (Dr. Bailliot).

14

EUCNEMIDÆ

Melasis Olivier

M. buprestoides L. Mai à octobre. Dans les forêts, sur le chêne et divers autres arbres ; sous les écorces et dans les fagots.

R. *Segré ; Baugé ; Cholet* (Mill.). — *Le Guédéniau (forêt de Chandelais)* (Gall.). — *Saint-Laurent-des-Autels (forêt de la Foucaudière)* (E. de I.). — *Marans* (2 ex.) (H. Baz.).

Eucnemis Ahrens

E. capucina Ahr. Mai à octobre. Dans les troncs d'arbres cariés.
R. R. *Sainte-Gemmes* (Gall.).

Dirrhagus Latreille

D. pygmæus F. Mai à octobre. Dans le bois pourri, les vieux troncs d'arbres.

R. R. *Saint-Laurent-des-Autels (forêt de la Foucaudière)* (E. de I.).

Xylobius Latreille

X. corticalis Payk. Mai à octobre. Dans les vieux troncs d'arbres et le bois mort.

R. R. *Anjou* (Mill.).

Trixagus Kugelann

T. dermestoides L. Mai à septembre. Sur les arbustes et les plantes basses.

A. C. *Anjou* (Mill. ; Gall.). — *Lué* (Perr.). — *Env. d'Angers* (Surr.). — *Anjou* (I. C.). — *Montrevault ; Beaupréau* (Br.).

T. obtusus Curt. Avril à juin. Sous les feuilles mortes.

R. *Chaumont (bords de l'étang de Malaguet)* (Gall.). — *Chênehutte* (Ret.).

BUPRESTIDÆ

Capnodis Eschscholtz

C. tenebrionis L. Juin à septembre. Sur les troncs d'arbres et les plantes basses.

A. R. *Angers (promenade des Fours-à-Chaux); Saint-Barthélemy;*

Rablay (Mill.). — *Saumur* (Court.). — *Saint-Gemmes* (Gall.). — *La Possonnière (près la gare)* (Ret.). — *Beaulieu (à Pont-Barré)* (All.). — *Combrée* (Abbé Rochard). — *Env. d'Angers* (Surr.). — *Beaulieu (à Pont-Barré) ; Saint-Jean-de-la-Croix* (Pap.).

Buprestis Linné

B. hæmorrhoidalis Herbst. Mai à septembre. Sur les troncs d'arbres, surtout des conifères.

R. *Combrée (forêt d'Ombrée)* (Abbé Rochard). — *Forêt de Baugé* (Gall.).

! B. 9-maculata L. Mai à septembre. Sur les arbres, conifères surtout et les plantes basses. Insecte méridional.

R. R. *Angers (dans un jardin)* (E. Préaubert).

Phænops Lacordaire

P. cyanea F. Mai à septembre. Sur les troncs d'arbres, surtout des pins.

R. *Chênehutte (au Petit-Puits)* (Ret.). — *Lué* (Perr.).

Anthaxia Eschscholtz

A. Cichorii Oliv. Mai à septembre. Sur la carotte sauvage et les chicoracées.

A. R. *Saumur* (Court.). — *Sainte-Gemmes* (Gall.). — *Souzay (à Champigny-le-Sec)* (E. de I.). — *Chênehutte (au Petit-Puits)* (Ret.). — *Lué* (Perr.). — *Anjou* (U. A.). — *Anjou* (Thu.).

A. Millefolii F. Mai à septembre. Sur l'*Achillea millefolium*.

A. C. *Montreuil-Bellay* (Juignet). — *Sainte-Gemmes* (Gall.). — *Chênehutte (au Petit-Puits)* (Ret.). — *Lué* (Perr.). — *Les Ponts-de-Cé* (Pap.). — *Andard* (H. Baz.). — *Ecouflant* (Abot).

A. manca F. Mai à septembre. Sur le chêne.

A. C. *Sainte-Gemmes* (Gall.). — *Cornillé-Bauné* (Perr.). — *Anjou* (U. A.). — *Anjou* (Thu.). — *Anjou* (I. C.). — *Mozé* (Pap.). — *Andard* (H. Baz.). — *Saumur ; Saint-Barthélemy* (Abot).

? A. dimidiata Thunb. Mai à septembre. Sur les saules. Espèce méridionale.

R. R. *Sainte-Gemmes (bords de la Loire)* (Gall.).

A. Salicis F. Mai à septembre. Sur les saules et sur les fleurs des Rosacées.

R. *Sainte-Gemmes* (*bords de la Loire*) (Gall.). — *Lué* (Perr.). — *Anjou* (Thu.).

A. fulgurans Schrank. Mai à septembre. Sur les saules.

R. *Sainte-Gemmes* (*bords de la Loire*) (Gall.). — *Anjou* (Thu.). — *Juigné-sur-Loire* (Abot).

A. nitidula L. Mai à septembre. Sur les arbres fruitiers. Sur les fleurs de ronces, d'églantiers, de renoncules ; sur divers arbustes.

A. C. *Baugé* (Turpault). — *Sainte-Gemmes* (Gall.). — *Saint-Laurent-des-Autels* (*forêt de la Foucaudière*) (E. de I.). — *Chênehutte* (*au Petit-Puits*) (Ret.). — *Lué* (Perr.). — *Anjou* (I. C.). — *Dampierre* (Abot).

! **A. funerula** Ill. Mai à septembre. Sur diverses fleurs, surtout des Rosacées. Espèce méridionale.

R. R. *Dampierre* (2 ex.) (Abot). — *Meigné* (Bailliot).

A. sepulchralis F. Mai à septembre. Sur les buissons ; sur les fleurs des Composées et des Ombellifères. Espèce des régions montagneuses.

R. *La Meignanne* (de Joannis). — *Lué* (Perr.). — *Mozé ; Beaulieu* (Pap.).

A. 4-punctata L. Juin. Dans les petites branches mortes des pins.

R. *Anjou* (Mill.). — *Lué* (Perr.).

Ptosima Solier

P. 11-maculata Herbst. Mai. Sur les arbres fruitiers.

A. R. *Angers* (*les Fourneaux ; la Baumette*) ; *Lué ; Saumur ; Baugé* (Mill.). — *Chênehutte* (*au Petit-Puits*) (Ret.). — *Fontaine-Milon ; Lué* (Perr.). — *Anjou* (U. A.). — *Marans* (H. Baz.). — *Montfaucon-sur-Moine* (Br.).

Acmæodera Eschscholtz

? **A. flavofasciata** Pill. Mai à septembre. Sur les buissons et les fleurs. Espèce surtout méridionale.

R. *Chênehutte* (*au Petit-Puits*) (Ret.).

Chrysobothris Eschscholtz

C. chrysostigma L. Mai à septembre. Sur les troncs d'arbres et aussi sur les fleurs.

R. *Forêt de Baugé* (Gall.). — *Lué* (Perr.).

C. affinis F. Mai à septembre. Sur les troncs d'arbres et aussi sur les fleurs.

A. R. *Forêt de Baugé* (Gall.). — *La Possonnière* (Mill.). — *Saint-Laurent-des-Autels (forêt de la Foucaudière)* (E. de I.). — *Chênehutte (au Petit-Puits)* (Ret.). — *Champigné* (A. de Crochard). — *Anjou* (I. C.).

? C. Solieri Lap. Mai à septembre. Sur les troncs d'arbres et aussi sur les fleurs. Espèce méridionale.

R. R. *Forêt de Baugé* (Gall.).

Coræbus Laporte

C. fasciatus Villers. Mai à août. Sur le chêne.

R. *Forêt de Baugé* (Gall.). — *Lué ; Jarzé ; Seiches ; Chaumont ; Corzé* (Perr.). — *Feneu* (Girard).

C. undatus F. Mai à août. Sur le chêne.

A. R. *Le Guédéniau (forêt de Chandelais)* (Gall.). — *Chênehutte (au Petit-Puits)* (Ret.). — *Grez-Neuville* (Perr.). — *Champtoceaux* (Br.).

C. rubi L. Mai à août. Sur les ronces.

R. *Anjou* (Mill.). — *Sainte-Gemmes* (Gall.). — *Saint-Jean-de-la-Croix* (Pap.).

C. lampsanæ Bon. Mai à août. Bois, sur les arbres et sur les Chicoracées.

R. *Meigné* (Bailliot). — *Saumur ; Sainte-Gemmes* (Gall.). — *Souzay (à Champigny-le-Sec)* (E. de I.). — *Lué* (Perr.).

C. graminis Panz. Mai à août. Sur les graminées.

R. *Baugé (bords du Couasnon)* (Gall.). — *Dampierre (à Fourneux)* (Abot).

! C. æneicollis Villers. Mai à août. Sur les plantes basses. Surtout méridional.

R. R. *Lué* (Perr.).

C. amethystinus Oliv. Mai à août. Sur les chardons, la *Carlina vulgaris*. Surtout méridional.

R. *Lué* (Gall.). — *Chaumont* (All.).

Agrilus Curtis

A. sexguttatus Brahm. Mai à août. Sur les peupliers.

A. R. *Sainte-Gemmes* (Gall.). — *Landemont (bords de la Divatte)* (E. de I.). — *Chênehutte (au Petit-Puits)* (Ret.).

A. biguttatus F. Mai à août. Sur les buissons.

A. C. *Forêt de Baugé* (Gall.). — *Saumur ; Lué* (Perr.). — *Anjou* (U. A.). — *Anjou* (I. C.). — *Saumur ; Dampierre ; Parcé (Sarthe)* (Abot).

A. sinuatus Oliv. Mai à août. Sur les vieilles aubépines et les poiriers, les bouleaux.

A. C. *Sainte-Gemmes* (Gall.). — *Chênehutte (au Petit-Puits)* (Ret.). — *Anjou* (I. C.).

A. viridis L. Juin à septembre. Sur les arbres et les arbustes. La larve vit sous l'écorce des chênes, hêtres, bouleaux et saules.

C. *Anjou* (Gall.). — *Chênehutte (au Petit-Puits)* (Ret.). — *Lué* (Perr.). — *Env. d'Angers* (Surr.). — *Anjou* (Thu.). — *Anjou* (I. C.). — *Lasse* (Abot).

A. viridis L. **var. nocivus** Ratzb. Mêmes époques et même habitat que le type.

R. *Les Ponts-de-Cé* (Br.).

A. viridis L. **var. Fagi** Ratzb. Mêmes époques et mêmes habitat que le type.

R. *Sainte-Gemmes* (Gall.).

A. cœruleus Rossi. Mai à août. Sur les rejets de chênes et autres arbres.

A. C. *Anjou* (Gall.). — *Saint-Laurent-des-Autels (forêt de la Foucaudière)* (E. de I.). — *Chênehutte* (Ret.). — *Lué* (Perr.). — *Saumur* (Abot).

! **A. Roberti** Chevr. Mai à août. Sur les rejets de *Populus Tremula.* Plus spécial au Midi.

R. *Chênehutte (au Petit-Puits)* (Ret.). — *Gennes (forêt de Milly)* (Gall.). — *Lué* (Perr.).

A. elongatus Herbst. Mai à juillet. Sur les jeunes pousses de chêne et de hêtre.

R. *Le Guédéniau (forêt de Chandelais)* (Gall.). — *Saint-Christophe-la-Couperie (forêt de la Foucaudière)* (E. de I.). — *Lué* (Perr.). — *Anjou* (U. A.). — *Anjou* (I. C.).

A. elongatus Herbst. **ab. cyaneus** Rossi. Mêmes dates et même habitat que le type.

R. *Le Guédéniau (forêt de Chandelais)* (Gall.). — *Lué* (Perr.).

A. angustulus Illig. Mai à juillet. Dans les branches mortes de chêne et de hêtre.

A. R. *La Chapelle-Hulin* (Mill.). — *Sainte-Gemmes* (Gall.). — *Chênehutte (au Petit-Puits)* (Ret.). — *Lué* (Perr.). — *Env. d'Angers* (Surr.). — *Anjou* (Thu.). — *Anjou* (I. C.). — *Marans* (H. Baz.). — *Saint-Barthélemy ; Gennes* (Abot).

A. laticornis Illig. Mai à août. Sur les chênes, bouleaux, hêtres.

R. *Lué* (Perr.). — *Angers ; Gennes* (Abot).

A. olivicolor Kiesw. Mai à septembre. Sur le charme, le noisetier, l'orme.

R. *Sainte-Gemmes* (Gall.). — *Lué* (Perr.). — *Marans* (H. Baz.). — *Dampierre ; Saint-Barthélemy* (Abot).

A. derasofasciatus Lac. Mai à août. Sur la vigne et sur les pommiers.

R. *Sainte-Gemmes* (Gall.). — *Chênehutte (au Petit-Puits)* (Ret.). — *Lué* (Perr.).

A. cinctus Oliv. Mai à août. Sur les genêts et les graminées.

A. R. *Sainte-Gemmes* (Gall.). — *Montrevault (coteaux de l'Evre) ; Landemont (coteaux de la Divatte)* (E. de I.). — *Chênehutte* (Ret.). — *La Meignanne* (de Joannis). — *Lué* (Perr.). — *Env. d'Angers* (Surr.).

! **A. aurichalceus** Redtb. Mai à août. Sur les graminées et les buissons. Insecte méridional.

R. *Chênehutte (au Petit-Puits)* (Ret.).

A. Hyperici Creutz. Mai à août. Sur *Hypericum perforatum* et sur les buissons.

A. R. *Saumur* (Mill.). — *Sainte-Gemmes* (Gall.). — *Chênehutte (au Petit-Puits)* (Ret.). — *Lué* (Perr.). — *Beaulieu* (Pap.). — *Les Ponts-de-Cé ; Lasse* (Abot).

A. roscidus Kiesw. Mai à août. Sur les buissons, les haies et les graminées.

R. *Sainte-Gemmes (bords de la Loire)* (Gall.). — *Lué* (Perr.). — *Dampierre ; Les Ponts-de-Cé ; Marcé ; Lasse* (Abot).

A. obscuricollis Kiesw. Mai à août. Sur les graminées et les buissons.

R. R. *Lué* (Perr.).

Cylindromorphus Kiesenwetter

C. filum Gyll. Mai à août. Sur les *Hypericum*. Méridional.

R. *Rou-Marson (bords de l'étang de Marson)* (Gall.). — *Rou-Marson* (Abot).

Aphanisticus Latreille

A. emarginatus Ol. Mai à août. Sur les joncs.

R. *Rou-Marson (bords de l'étang de Marson) ; Soucelles* (Gall.). — *Saint-Laurent-des-Autels (forêt de la Foucaudière)* (E. de I.). — *Saumur* (Perr.). — *Sarthe)* (I. C.). — *Saint-Georges-sur-Loire (étang de Chevigné)* (Br.). — *Saumur* (Abot).

A. elongatus Villa. Mai à août. Sur les joncs.

R. *Sainte-Gemmes (bords de la Loire et de l'Authion)* (Gall.).

A. pusillus Oliv. Mai à octobre. Sur les joncs et dans les foins coupés.

R. *Rou-Marson (étang de Marson)* (Gall.). — *Saint-Laurent-des-Autels (forêt de la Foucaudière)* (E. de I.). — *Lué* (Perr.). — *Juigné-sur-Loire* (Br.).

Trachys Fabricius

T. minuta L. Février à octobre. Sur les arbustes, surtout sur le saule Marsault ; dans les mousses. La larve est mineuse des feuilles de saule.

A. C. *Sainte-Gemmes (bords de la Loire)* (Gall.). — *Chênehutte (au Petit-Puits)* (Ret.). — *Lué* (Perr.). — *Env. d'Angers* (Surr.). — *Anjou* (Thu.). — *Beaupréau ; Saint-Laurent-du-Mottay ; Château-Gontier (Mayenne)* (Br.). — *Anjou* (I. C.). — *Angers ; Saint-Barthélemy ; Gennes ; Dampierre* (Abot).

T. pygmæa F. Avril à octobre. Sur la guimauve, dont la larve mine les feuilles.

R. *Sainte-Gemmes ; Baugé* (Gall.). — *Anjou* (I. C.). — *Parcé (Sarthe)* (Abot).

T. pumila Illig. Mars à décembre. Sur les plantes herbacées et dans les mousses. La larve vit sur *Mentha aquatica* L.

R. *Lué* (Perr.). — *Les Ponts-de-Cé* (Abot).

T. quercicola Mars. Mai à octobre. Sur les pousses de chêne et sous les mousses.

R. *Marcé (à Chaloché)* (Abot).

Habroloma Thomson

H. nana Herbst. Mai à octobre. Sur les pelouses et friches sèches. Sur les graminées. La larve mine les feuilles de *Convalvulus arvensis*.

R. *Sainte-Gemmes* (Gall.). — *Lué* (Perr.).

LYMEXYLIDÆ

Hylecœtus Latreille

? H. flabellicornis Schneid. Mai à novembre. Dans les arbres malades, les bois de constructions. Insecte de l'Europe septentrionale.

R. R. *Anjou* (I. C.).

Lymexylon Fabricius

L. navale L. Mai à octobre. Sur le chêne et le châtaignier ; dans le bois de constructions. Chantiers maritimes.

R. *Forêt de Baugé* (Mill.). — *Lué* (Perr.).

BOSTRYCHIDÆ

Bostrychus Geoffroy

B. capucinus L. Mai, juin. Dans les souches des arbres abattus, dans les fagots ; dans les chantiers.

A. C. *Sainte-Gemmes* (Gall.). — *Forêt de Vezins* (E. de I.). — *Cholet ; Chênehutte (au Petit-Puits)* (Ret.). — *Lué ; Cornillé ; Bauné* (Perr.). — *Angers* (Br.). — *Env. d'Angers* (Surr.). — *Anjou* (U. A.). — *Anjou* (I. C.). — *Fontaine-Guérin ; La Chaussaire* (Pap.). — *Saumur ; Parcé (Sarthe)* (Abot).

Lichenophanes Lesne

L. varius Illig. Mai à septembre. Sur le chêne et le châtaignier ; sous les écorces, avec les larves d'*Anœsthetis testacea*.

R. R. *Forêt de Baugé* (Gall.).

Xylonites Lesne

X. retusus Oliv. Mai à septembre. Dans les branches mortes des arbres ; sur les tiges mortes de la vigne (sarments).

R. *Sainte-Gemmes* (Gall.). — *Lué* (Perr.).

Sinoxylon Duftschmid

! S. chalcographum Panz. Mai à septembre. Dans les branches mortes ; dans les fagots et les vieux sarments. Insecte méridional.

R. *Sainte-Gemmes* (Gall.). — *Lué* (Perr.).

LYCTIDÆ

Lyctus Fabricius

L. linearis Gôze. Juin, juillet. Dans les greniers, les bûchers, le bois mort.

A. C. *Sainte-Gemmes* (Gall.). — *Forêt de Vezins* (E. de I.). — *Chênehutte (au Petit-Puits)* (Ret.). — *Lué* (Perr.). — *Env. d'Angers* (Surr.) — *Anjou* (I. C.). — *Angers* (Abot).

L. impressus Comolli. Juin, juillet. Dans les greniers, les vieilles charpentes, les bûchers, le bois mort.

R. *Sainte-Gemmes* (Gall.). — *Lué* (Perr.).

PTINIDÆ

Gibbium Scopoli

G. psylloides Czempinski. Mai à octobre. Dans les vieux bois, les vieux meubles, dans les maisons, souvent dans les toiles d'araignées.

R. *Sainte-Gemmes* (Gall.). — *Lué* (Perr.). — *Anjou* (I. C.). — *Angers* (Br.).

Niptus Boieldieu

N. unicolor Piller. Mai à octobre. Dans les vieux bois, dans les maisons ; dans les vieux troncs d'arbres, les branches mortes, les mousses.

R. R. *Env. d'Angers* (Surr.).

Ptinus Linné

P. lichenum Marsh. Avril à septembre. Dans le bois mort de diverses essences.

R. *Anjou* (Mill.). — *Lué* (Perr.).

P. rufipes Oliv. Avril à septembre. Sur le chêne, dans le vieux bois·

A. R. *Sainte-Gemmes* (Gall.). — *Cholet ; Chênehutte (au Petit-Puits)* (Ret.). — *Lué* (Perr.). — *Env. d'Angers* (Surr.). — *Beaupréau* (Br.). — *Anjou* (I. C.). — *Marans* (H. Baz.).

P. fur L. Toute l'année. Dans les herbiers, les collections zoologiques, les provisions dans les magasins, les greniers ; sous les écorces ; dans les poulaillers.

C. *Anjou* (Gall.). — *Cholet ; Chênehutte (au Petit-Puits)* (Ret.). — *Lué* (Perr.). — *Env. d'Angers* (Surr.). — *Anjou.* (U. A.). — *Anjou* (I. C.). — *Angers* (Abot).

P. pusillus Sturm. Mai à octobre. Dans les greniers, les provisions diverses.

R. *Anjou* (Gall.). — *Chênehutte (au Petit-Puits)* (Ret.). — *Lué* (Perr.). — *La Possonnière* (Pap.).

P. bicinctus Sturm. Mai à octobre. Dans les greniers, les diverses provisions, dans les maisons.

R. *Angers ; Saumur ; Parcé (Sarthe)* (Abot).

P. latro F. Février à mai. Dans les déjections sèches des chats, des rats, des pigeons, des moineaux ; dans le vieux bois et les vieux lierres.

A. R. *Anjou* (Mill.). — *Angers (Saint-Nicolas) ; Saint-Barthélemy (à Pignerolles)* (Br.). — *Lué* (Perr.). — *Cholet ; Chênehutte (au Petit-Puits)* (Ret.). — *Saumur* (Abot).

P. brunneus Duft. Avril à septembre. Dans les greniers ; dans les matières végétales en décomposition.

R. *Sainte-Gemmes* (Gall.). — *Chênehutte (au Petit-Puits)* (Ret.). — *Lué* (Perr.).

P. brunneus Duft. **var. testaceus** Boield. Mêmes époques et mêmes emplacements que le type.

R. *Env. d'Angers* (Surr.).

P. dubius Sturm. Toute l'année. Dans les chatons de pins ; l'hiver, sous les écorces des pins.

R. *Lué* (Perr.).

P. sexpunctatus Panz. Août. Dans le vieux bois, les vieux fagots.

R. *Sainte-Gemmes* (Gall.). — *Lué* (Perr.). — *Parcé (Sarthe)* (Abot).

! **P. palliatus** Perris. Juin à août. Dans les vieux bois et les vieux fagots. Insecte méridional.

R. R. *Sainte-Gemmes* (Gall.).

P. variegatus Rossi. Juin à août. Dans les fagots, les vieux bois.
R. R. *Sainte-Gemmes* (Gall.).

? **P. raptor** Sturm. Mai à septembre. Dans les vieux bois et fagots.
R. R. *Lué* (Perr.).

P. bidens Oliv. Mai à octobre. Sur les chênes, sous les écorces, les mousses.

R. *Forêt de Baugé* (Gall.). — *Lué* (Perr.). — *Anjou* (I. C.). — *Angers ; Sainte-Gemmes* (Br.). — *Parcé (Sarthe)* (Abot).

ANOBIIDÆ

Hedobia Sturm

H. pubescens Oliv. Avril à juillet. Sur les arbustes, dans les bois.
R. *Forêt de Baugé* (Gall.). — *Chênehutte (au Petit-Puits)* (Ret.).

H. imperialis L. Avril à juillet. Sur les arbustes. La larve vit dans les branches mortes d'ormeau, de tilleul, de poirier, de pommier, de saule, de hêtre, de *Robinia pseudo-acacia* L.
R. *Baugé* (Mill.). — *Sainte-Gemmes* (Gall.). — *Chênehutte (au Petit-Puits)* (Ret.). — *Lué* (Perr.). — *Angers ; Château-Gontier (Mayenne)* (Br.). — *Env. d'Angers* (Surr.). — *Angers* (Abot).

H. regalis Duft. Avril à juillet. Dans les haies, et sur les arbres, surtout le châtaignier.
R. R. *Baugé* (Mill.).

Dryophilus Chevrolat

D. anobioïdes Chevr. Avril à juillet. Sur les chênes.
R. *Env. de Saumur* (Chevrolat). — *Lué* (Perr.).

D. pusillus Gyll. Mai, juin. Sur les chênes, les mélèzes, les genêts.
R. *Sainte-Gemmes* (Gall.).

Priobium Motschulsky

P. excavatum Kugel. Avril à juillet. Sur les branches mortes du châtaignier, de l'aulne, du saule.
R. *Sainte-Gemmes* (Gall.).

P. tricolor Oliv. Avril à juillet. Sur les branches mortes des divers arbres.
R. *Lué* (Perr.).

Episernus Thomson

E. gentilis Rosenh. Juillet. Sur les branches de pins.
R. R. *Le Fief-Sauvin (forêt de Leppo)* (E. de I.).

Gastrallus Duval

G. lævigatus Oliv. Avril à juillet. Sur le charme, le chêne, le châtaignier.
R. *Sainte-Gemmes* (Gall.).

Xestobium Motschulsky

X. rufo-villosum Deg. Mars à juin. Dans le tan des vieux arbres ; dans les vieilles boiseries.

A. C. *Sainte-Gemmes* (Gall.). — *Cholet ; Chênehutte (au Petit-Puits)* (Ret.). — *Env. d'Angers* (Surr.). — *Anjou* (U. A.). — *Angers* (Br.). — *Anjou* (I. C.). — *Angers* (Abot).

Ernobius Thomson

E. Abietis F. Mai à juillet. Sur les pins.
R. *Forêt de Baugé* (Gall.). — *Lué* (Perr.).

E. mollis L. Juin, juillet. Sur les pins.
R. *Anjou* (Mill.). — *Lué* (Perr.). — *Avoise (Sarthe)* (Abot).

Anobium Fabricius

A. pertinax L. Toute l'année. Dans les vieux bois, dans les meubles.
A. R. *Anjou* (Mill.). — *Sainte-Gemmes* (Gall.). — *Chênehutte (au Petit-Puits)* (Ret.). — *Lué* (Perr.). — *Env. d'Angers* (Surr.). — *Anjou* (I. C.).

A. striatum Oliv. Toute l'année. Dans les greniers, les appartements. La larve vit dans les boiseries des maisons. Vulgairement nommé : Vrillette ou Horloge de la mort.
C. C. *En Anjou.*

A. rufipes F. Mai à septembre. Sur les arbustes et dans les vieux bois.
A. R. *Anjou* (Mill.).

A. fulvicorne Sturm. Mai à septembre. Sur les aubépines, les chênes, les charmes, les saules, les aulnes.
A. C. *Anjou* (Gall.). — *Chênehutte (au Petit-Puits)* (Ret.). — *Env. d'Angers* (Surr.).

Oligomerus Redtenbacher

O. brunneus Oliv. Mai à septembre. Dans les branches de vieux chênes, et de vieux frênes.
R. *Sainte-Gemmes* (Gall.).

Nicobium Leconte

[**N. castaneum** Oliv.]

N. castaneum Oliv. **var. hirtum** Ill. Mai à septembre. Sur l'aubépine et dans les boiseries des maisons.

A. R. *Sainte-Gemmes* (Gall.). — *Cholet ; Chênehutte* (Ret.). — *Anjou* (I. C.). — *Angers* (Br.).

Sitodrepa Thomson

S. panicea L. Toute l'année. Dans les herbiers, les collections zoologiques, les magasins de substances amylacées, les vieux livres.

C. *Anjou* (Gall.). — *Chênehutte* (Ret.). — *Env. d'Angers* (Surr.). *Anjou* (I. C.). — *Angers* (Abot).

Ptilinus Geoffroy

P. pectinicornis L. Mai à août. Dans les bûchers, les boiseries ; sur les vieux troncs d'arbres.

A. R. *Anjou* (Gall.). — *Chênehutte (au Petit-Puits)* (Ret.). — *Anjou* (I. C.).

P. fuscus Geoffr. Juin, juillet. Dans le bois mort de saule et du peuplier.

R. *Anjou* (Gall.). — *Lué* (Perr.).

Xyletinus Latreille

X. ater Panz. Mai, juin. Sur le bois mort de chêne, hêtre, pin, orme, châtaignier.

R. *Beaulieu ; Rablay* (Gall.). — *Chênehutte (au Petit-Puits)* (Ret.).

X. pectinatus F. Mai à juillet. Sur les buissons et le bois mort.
R. R. *Sainte-Gemmes* (Gall.). — *Rablay* (Perr.).

Ochina Stephens

O. ptinoïdes Marsh. Mai à juillet. Sur le lierre.

A. C. *Anjou* (Gall.). — *Thouarcé* (Rom. et de Joannis). — *Saint-Barthélemy (à Pignerolles)* (Br.). — *Lué* (Perr.). — *Anjou* (I. C.). — *Marcé* (Abot).

Mesocœlopus Duval

M. collaris Muls. Mai à juillet. Sur les vieux lierres.
R. *Sainte-Gemmes* (Gall.). — *Angers* (7 ex.) (Abot).

M. niger Müll. Juin. Sur les vieux lierres.
R. *Sainte-Gemmes* (Gall.). — *Chênehutte (au Petit-Puits)* (Ret.). — *Lué* (Perr.).

Dorcatoma Herbst

D. chrysomelina Sturm. Mai à juillet. Dans les champignons du chêne, du pin et du noyer.

A. R. *Anjou* (Gall.). — *Chênehutte (au Petit-Puits)* (Ret.). — *Lué* (Perr.). — *Anjou* (I. C.).

D. serra Panz. Mai à juillet. Dans le bois pourri du chêne et de divers autres arbres ; dans les champignons.

R. *Sainte-Gemmes* (Galll.).

ŒDEMERIDÆ

Anoncodes Duponchel

A. melanura L. Juin, juillet. Sous les vieux bois ; sur les fleurs.

R. *Anjou* (Mill.). — *Env. d'Angers* (Surr.). — *Anjou* (I. C.). — *Anjou* (U. A.).

A. ustulata F. Juin, juillet. Sur les fleurs, surtout celles en ombelles, dans les marais.

R. *Anjou* (Mill.). — *Lué* (Perr.). — *Marans* (H. Baz.). — *Saint-Melaine* (Br.). — *Saumur* (Abot).

? A. fulvicollis Scop. Mai à juillet. Sur les fleurs. Espèce des régions montagneuses.

R. R. *Anjou* (Mill.).

A. dispar Dufour. Mai à juillet. Sur les fleurs.

R. *Angers ; Saumur* (Abot).

Ischnomera Stephens

I. cœrulea L. Mai à août. Sur les herbes et les fleurs, surtout des aubépines.

A. R. *Anjou* (Mill.). — *Chênehutte* (Ret.). — *Lué* (Perr.). — *Env. d'Angers* (Surr.). — *Anjou* (U. A.). — *Saint-Barthélemy (à Pignerolles)* (Abot).

Chrysanthia Schmidt

C. viridissima L. Mai à juillet. Sur les hautes herbes, dans les bois.

A. R. *Anjou* (Mill.). — *Saint-Laurent-des-Autels (forêt de la Foucaudière) ; Le Fief-Sauvin (forêt de Leppo)* (E. de I.).

C. viridis Schmidt. Mai à juillet. Sur les herbes et diverses fleurs, dans les bois. La larve vit dans les aiguilles des pins.

R. *Lué* (Perr.). — *Saint-Barthélemy (à Pignerolles)* (Br.).

Oncomera Stephens

? O. femorata F. Mai à juillet. Dans les lierres. Espèce plutôt de l'Europe centrale et méridionale.

R. R. *Montreuil-Belfroy* (Raffray et Gall.).

Œdemera Olivier.

Œ. flavipes F. Mai à juillet. Sur les fleurs.

A. R. *Sainte-Gemmes* (Gall.). — *Lué* (Perr.). — *Anjou* (I. C.). — *Beaupréau ; Durtal* (Br.). — *Sainte-Gemmes ; Montsoreau* (Abot).

Œ. Podagrariæ L. Mai à août. Sur les fleurs en ombelles, principalement sur *Ægopodium Podagraria* L.

A. C. *Anjou* (Gall.). — *Saint-Pierre-Montlimart ; Saint-Laurent-des-Autels (forêt de la Foucaudière)* (E. de I.). — *Lué* (Perr.). — *Angers (la Baumette) ; Saint-Georges-sur-Loire* (Br.). — *Anjou* (I. C.). — *Saumur ; Parcé (Sarthe)* (Abot).

Œ. flavescens L. Mai à juillet. Sur les fleurs des prairies.

R. *Anjou* (Gall.). — *Lué* (Perr.).

Œ. nobilis Scop. Mai à août. Sur les fleurs. La larve vit dans les tiges des genêts et d'autres plantes.

C. *Sainte-Gemmes* (Gall.). — *Lué* (Perr.). — *Saint-Melaine ; Angers (la Baumette) ; Les Ponts-de-Cé ; Champtoceaux* (Br.). — *Env. d'Angers* (Surr.). — *Anjou* (I. C.). — *La Chaussaire* (Pap.). — *Saumur ; Rou-Marson ; Dampierre ; Angers* (Abot).

Œ. virescens L. Mai à juillet. Sur les herbes, dans les bois et dans les prairies.

A. C. *Anjou* (Gall.). — *Lué* (Perr.). — *Anjou* (U. A.). — *Thorigné* (Br.). — *Anjou* (I. C.). — *Angers ; Marcé ; Dampierre ; Durtal ; Allonnes* (Abot).

Œ. lurida Marsh. Mai à octobre. Sur les herbes.

A. C. *Anjou* (U. A.). — *Thorigné* (Br.). — *Lasse ; Marcé ; Saumur ; Mûrs ; Dampierre ; Les Ponts-de-Cé* (Abot).

PYTHIDÆ

Sphæriestes Stephens

S. castaneus Panz. Toute l'année. Sur les pins ; l'hiver, sous les écorces et dans les fagots de pins. Aussi sur le châtaignier.

R. *Anjou* (Mill.). — *Lué* (Perr.). — *Angers (Saint-Nicolas).* — *Juigné-sur-Loire* (Br.).

Rhinosimus Latreille

R. viridipennis Latr. Avril à octobre. Sous les écorces et dans les vieux fagots.

R. *Anjou* (Gall.).

R. ruficollis L. Avril à décembre. Sous les écorces de divers arbres.

R. *Lué* (Gall.). — *Lué* (Perr.). — *Anjou* (I. C.).

R. planirostris F. Toute l'année. Dans les vieux fagots, sous les écorces.

R. *Forêt de Baugé* (Gall.). — *Lué* (Perr.). — *Anjou* (U. A.). — *Champtoceaux ; Saint-Georges-sur-Loire* (Br.). — *Anjou* (I. C.). — *Parcé (Sarthe)* (2 ex.) (Abot).

Mycterus Olivier

M. curculionoides F. Mai à août. Sur les fleurs des ombellifères, des chardons et sous les écorces.

A. R. *Anjou* (Mill.). — *Lué* (Perr.). *Chênehutte (au Petit-Puits)* (Ret.).

PYROCHROIDÆ

Pyrochroa Geoffroy

P. coccinea L. Mai à août. Sur les hêtres.

R. R. *Forêt de Baugé* (Mill.). — *Mozé* (Pap.).

P. serraticornis Scop. Mai, juin. Marais ; sur les plantes, les arbustes ; sous les écorces des arbres morts, dans les vieilles souches.

R. *Forêt de Monnaie (Baugé)* (Mill.). — *Chênehutte (bois de l'Ormeau rouge)* (Ret.). — *Lué* (Perr.). — *Forêt de Beaulieu* (Pap.).

HYLOPHILIDÆ

Hylophilus Berthold

H. populneus Panz. Mai. Sous les écorces, dans les tas de bois coupés, dans les toits de chaume ; dans les couches de terreau. Sur les aubépines et les peupliers.

R. *Sainte-Gemmes* (Gall.). — *Lué* (Perr.). — *Anjou* (I. C.). — *Angers* (*Saint-Nicolas*) (Br.).

H. pruinosus Kiesw. Mai, juin. Sur les haies, les buissons et sous les écorces.

R. R. *Sainte-Gemmes* (Gall.).

H. neglectus Duv. Mai à juillet. Sur les haies, les buissons, dans les lierres, où vit la larve.

R. R. *Anjou* (Mill.).

ANTHICIDÆ

Notoxus Geoffroy

N. monoceros L. Mai ; septembre. Sur les herbes, les arbustes, les fleurs et au vol.

C. *Anjou* (*bords de la Loire*) (Gall.). — *Chênehutte ; Saint-Martin-de-la-Place* (*bords de la Loire*) (Ret.). — *Seiches ; Lué* (Perr.). — *Les Ponts-de-Cé* (Br.). — *Env. d'Angers* (Surr.). — *Anjou* (I. C.). — *Marcé ; Mûrs ; Les Ponts-de-Cé ; Avoise et Parcé* (*Sarthe*) (Abot).

N. brachycerus Fald. Mai à août. Sur les fleurs et les buissons.

R. *Anjou* (Gall.). — *Chênehutte ; Saint-Martin-de-la-place* (Ret.). — *Les Ponts-de-Cé* (Br.). — *Mûrs* (Abot).

Mecynotarsus Laferté

M. serricornis Panz. Juin à septembre. Sur les arbustes, ou au pied des arbres, sur les sables avoisinant les cours d'eau.

R. R. *Sainte-Gemmes* (*bords de la Loire*) (Gall.).

Anthicus Paykull, Schmidt

A. Rodriguesi Latr. Mai à septembre. Sur les fleurs et à terre sous les pierres, les herbes et au pied des murs.

R. *Anjou* (*bords de la Loire*) (Gall.). — *Chênehutte* (*au Petit-Puits*) (Ret.). — *Lué* (Perr.). — *Anjou* (I. C.). — *Saumur* (Abot).

A. instabilis Schmidt. Juillet à décembre. Dans les fagots, les débris végétaux, au pied des meules, sous les feuilles mortes.

A. C. *Sainte-Gemmes* (Gall.). — *Cholet ; Chênehutte (au Petit-Puits)* (Ret.). — *Lué* (Perr.). — *Anjou* (U. A.). — *Angers (bords de l'étang Saint-Nicolas)* (Ven.). — *Angers (Saint-Nicolas) ; Les Ponts-de-Cé ; Cholet ; Montfaucon-sur-Moine ; Beaupréau* (Br.). — *Angers* (Abot).

A. floralis L. Toute l'année. Sous les débris végétaux, dans les fumiers, au pied des plantes ; aussi sur les fleurs.

A. C. *Sainte-Gemmes* (Gall.). — *Chênehutte (au Petit-Puits)* (Ret.). — *Lué* (Perr.). — *Env. d'Angers* (Surr.). — *Château-Gontier (Mayenne)* (Br.). — *Saumur ; Parcé (Sarthe)* (Abot).

A. floralis L. var. **formicarius** Göze. Toute l'année. Mêmes lieux que le type.

A. C. *Chênehutte (au Petit-Puits)* (Ret.).

A. Schmidti Rosenh, Toute l'année. Sous les détritus, au bord des eaux.

R. *Anjou (bords de l'Authion)* (Gall.).

A. hispidus Rossi. Toute l'année. Sous les débris végétaux, aux bords des rivières ; sur les graminées.

A. R. *Sainte-Gemmes* (Gall.). — *Chênehutte (au Petit-Puits)* (Ret.). — *Angers (la Paperie)* (Br.). — *Lué ; Chemillé ; La Ménitré* (Perr.). — *Anjou* (U. A.). — *Anjou* (I. C.). — *Angers* (Abot).

A. antherinus L. Toute l'année. Dans les détritus végétaux, le terreau, au pied des plantes, sous les écorces et dans les mousses.

A. C. *Anjou* (Gall.). — *Lué ; Marcé (à Chaloché)* (Perr.). — *Env. d'Angers* (Surr.). — *Anjou* (U. A.). — *Sainte-Gemmes ; Saint-Florent-le-Vieil* (Br.). — *Anjou* (I. C.). — *Saint-Hilaire-Saint-Florent ; Les Ponts-de-Cé* (Abot).

A. bifasciatus Rossi. Toute l'année. Sous les détritus végétaux, les écorces, les mousses. Plus spécialement méridional.

R. *Anjou* (Gall.). — *Château-Gontier (Mayenne)* (Br.). — *Lué ; Beaupréau* (Perr.).

A. tristis Schmidt. Toute l'année. Sous les pierres et les débris végétaux. Surtout méridional.

R. *Anjou (bords de l'Authion)* (Gall.). — *Saumur* (de Marseul).

A. ater Panz. Toute l'année. Sous les débris végétaux, les écorces, les mousses.

R. *Anjou* (I. C.).

A. flavipes Panz. Toute l'année. Sous les détritus végétaux, au pied des plantes ; sur les buissons et les fleurs.

A. R. *Anjou (bords de la Loire)* (Gall.). — *Chênehutte (au Petit-Puits)* (Ret.). — *Les Ponts-de-Cé ; Saint-Florent le-Vieil ; Saint-Mathurin* (Br.). — *La Ménitré* (Perr.). — *Les Ponts-de-Cé* (Abot).

! A. luteicornis Schmidt. Toute l'année. Sous les débris végétaux ; sur les buissons et les fleurs.

R. *Saint-Mathurin* (Br.). — *Chênehutte (au Petit-Puits)* (Ret.).

A. sellatus Panz. Toute l'année. Sous les débris végétaux, les pierres, au pied des plantes.

A. C. *Sainte-Gemmes (bords de la Loire)* (Gall.). — *La Ménitré* (Perr.). — *Les Ponts-de-Cé ; Saint-Mathurin* (Br.). — *Env. d'Angers* (Surr.). — *Les Ponts-de-Cé* (Abot).

A. plumbeus Laf. Toute l'année. Sous les débris végétaux, les mousses, au pied des arbres.

A. R. *Sainte-Gemmes* (Gall.). — *Lué* (Perr.). — *Angers* (Abot).

Ochthenomus Schmidt

! O. occipitalis Duf. Toute l'année. Sous les pierres et les débris végétaux. Méridional ; accidentel en Anjou.

R. R. *Sainte-Gemmes* (Gall.).

MELOIDÆ

Meloë Linné

M. proscarabæus L. Avril à juin. Au bord des routes, sur les talus, sur les plantes herbacées.

A. C. *Chênehutte (au Petit-Puits)* (Ret.). — *Env. d'Angers* (Surr.). — *Les Ponts-de-Cé* (Br.). — *Anjou* (I. C.). — *Saumur ; Dampierre ; Pruniers* (Abot).

M. violaceus Marsh. Avril à juin. Au bord des chemins, sur les talus et sur les haies.

A. C. *Anjou* (Gall.). — *Cholet ; Chênehutte (au Petit-Puits)* (Ret.). — *Lué ; Marans* (Perr.). — *Env. d'Angers* (Surr.). — *Anjou* (U. A.). — *Fontaine-Guérin* (Pap.). — *Saumur ; Mûrs* (Abot).

M. autumnalis Oliv. Octobre, avril. Dans les prairies et les bois.

A. R. *Aubigné-Briand* (Mill.). — *La Chapelle-Saint-Laud (sur la route, à Bourgneuf)* (E. de I.). — *Chênehutte (au Petit-Puits)* (Ret.).

— *Lué* (Perr.). — *Angers* (L. Joubin). —*Fontaine-Guérin ; Beaufort-en-Vallée* (Pap.). — *Saumur ; Avoise (Sarthe)* (Abot).

M. variegatus Donov. Avril à juin. Sur les chemins, le long des haies.

R. R. *Chênehutte (au Petit-Puits)* (Ret.).

? M. cavensis Petagna. Avril à juin. Sur les chemins. Espèce toute méridionale.

R. R. *Chênehutte (au Petit-Puits)* (Ret.).

M. brevicollis Panz. Avril, mai. Dans les bois, les friches.

A. R. *Saint-Cyr-en-bourg* (Court.). — *Chênehutte (au Petit-Puits)* (Ret.). — *Lué ; Cornillé ; Bauné* (Perr.). — *Env. d'Angers* (Surr.). — *Saumur* (Abot).

Cerocoma Geoffroy

C. Schæfferi L. Juin, juillet. Sur les fleurs. Vit dans les nids de *Sphegidae*, aux dépens des Orthoptères destinés à la nourriture des larves de ces Hyménoptères.

A. R. *Thorigné* (Mill.). — *Rou-Marson ; Bagneux* (Court.). — *Chênehutte (au Petit-Puits)* (Ret.). — *Lué* (Perr.). — *Durtal* (Br.). — *Anjou* (I. C.). — *Saint-Georges-du-Bois ; Fontaine-Guérin* (Pap.).

Zonabris Harold

? Z. flexuosa Oliv. Mai à août. Sur les fleurs. Espèce méridionale.
R. R. *Lué* (Perr.).

Z. variabilis Pallas. Mai à septembre. Sur les chicoracées.

A. C. *Montreuil-Bellay ; Aubigné-Briand* (Mill.). — *Le Coudray-Macouard* (Juignet). — *Chênehutte (au Petit-Puits)* (Ret.). — *Chemillé ; Lué* (Perr.). — *Env. d'Angers* (Surr.). — *Rablay* (Bleuse). — *Anjou* (U. A.). — *Anjou* (I. C.). — *Doué-la-Fontaine ; Montreuil-Bellay* (Pap.). — *Saumur ; Dampierre ; Marcé* (Abot).

Lytta Fabricius

L. vesicatoria L. Juin, juillet. Sur les frênes, les lilas et autres Oléacées. Vulg. : Cantharide ou mouche à vésicatoires.

C. C. *Anjou* (Gall.). — *Lué* (Perr.). — *Cholet ; Chênehutte (au Petit-Puits)* (Ret.). — *Anjou* (U. A.). — *Angers ; Montfaucon-sur-Moine* (Br.). — *Anjou* (I. C.). — *La Chaussaire ; Mozé ; Beaufort-en-Vallée* Pap.). — *Saumur ; Gennes* (Abot).

Hapalus Fabricius

? H. apicalis Latr. Mai à août ; sur les chardons. Espèce méridionale, dont la présence en Anjou est des plus douteuse.
R. R. *Saumur* (Court., de Joannis).

Sitaris Latreille

S. muralis Forst. Mai à septembre. Sur les talus argileux, les murs
en pisé, dans les nids d'Anthophora dont il est parasite.
A. R. *Sainte-Gemmes* (Gall.). — *Seiches ; Lué* (Perr.). — *Les Rosiers-
sur-Loire* (Br.). — *Chênehutte (au Petit-Plits)* (Ret.). — *Anjou* (U. A.)
— *Anjou* (I. C.). — *Saumur ; Dampierre* (Abot).

RHIPIPHORIDÆ

Metœcus Gerstäcker

M. paradoxus L. Août, septembre. Dans les nids de *Vespa vulgaris*
L. et de *Vespa germanica* F. ; sur les fleurs.
R. R. *Angers* (All.). — *Chênehutte (bois du Buron)* (Ret.).

MORDELLIDÆ

Scraptia Latreille

S. dubia Oliv. Mai à juillet. Sur les herbes et les arbustes, dans
les friches des coteaux secs.
R. *Anjou* (Mill.). — *Gonnord* (E. de I.). — *Lué* (Perr.). — *Montfaucon-
sur-Moine* (Br.). — *Saumur ; Montsoreau* (Abot).

Tomoxia Costa

T. biguttata Gyll. Juin. Marais, dans le bois mort de *Populus
Tremula* L., et des saules. Sur les fleurs des Ombellifères.
R. R. *Sainte-Gemmes* (Gall.). — *Cholet ; Chênehutte (au Petit-Puits)*
(Ret.).

Mordella Linné

M. fasciata F. Mai à septembre. Sur les fleurs, les arbustes.
A. C. *Anjou* (Gall.). — *Cholet ; Chênehutte (au Petit-Puits)* (Ret.).
— *Les Ponts-de-Cé ; Champtoceaux* (Br.). — *Anjou* (U. A.). — *Anjou*

(I. C.). — *Fontaine-Guérin ; Saint-Georges-du-Bois* (Pap.). — *Saumur ; Dampierre ; Montsoreau* (Abot).

M. aculeata L. Juin à août. Sur les fleurs, les arbustes.

A. C. *Anjou* (Gall.). — *Chênehutte (au Petit-Puits)* (Ret.). — *Saint-Melaine* (Br.). — *Lué* (Perr.). — *Anjou* (I. C.). — *Fontaine-Guérin ; Saint-Georges-du-Bois* (Pap.).

Mordellistena Costa

M. abdominalis F. Mai, juin. Sur les aubépines.

R. *Anjou* (Mill.).

M. lateralis Oliv. Mai à août. Sur les aubépines.

R. *Anjou* (Mill.). — *Lué* (Perr.). — *Champtoceaux* (Br.).

[**M. parvula** Gyll.]

M. parvula Gyll. **ab. inæqualis** Muls. Mai à juillet. Dans les tiges d'*Artemisia vulgaris* L. et de diverses autres plantes ; sur les fleurs.

R. *Sainte-Gemmes* (Gall.). — *Saint-Melaine* (Br.).

M. brevicauda Boh. Mai à juillet. Sur les fleurs.

R. *Dampierre (à Fourneux)* (Abot).

M. micans Germ. Juin, juillet. Sur les fleurs. La larve vit dans les tiges d'*Artemisia vulgaris* L. et des Euphorbes.

R. *Anjou (bords de la Loire)* (Gall.). — *Saint-Georges-sur-Loire (à Chevigné)* (Br.).

M. pumila Gyll. Mai à septembre. Sur les fleurs. Sa larve vit dans les tiges de *Scabiosa, Lycopus, Saponaria*, etc...

A. R. *Anjou (bords de la Loire)* (Gall.). — *Angers (Saint-Nicolas)* (Br.). — *Marcé (à Chaloché) ; Montsoreau* (Abot).

Anaspis Geoffroy

A. frontalis L. Mai à juillet. Sur les fleurs. La larve vit dans le bois mort.

A. C. *Anjou* (Gall.). — *Chênehutte (au Petit-Puits)* (Ret.). — *Lué* (Perr.). — *Anjou* (U. A.). — *Champtoceaux* (Br.). — *Anjou* (I. C.). — *Dampierre* (Abot).

A. pulicaria Costa. Mai à août. Sur les fleurs, les arbustes.

R. *Angers ; Saumur ; Angers ; Montfaucon-sur-Moine* (Br.). — *Montsoreau* (Abot).

A. ruficollis F. Mai, juin. Sur les fleurs. La larve vit dans le bois mort de l'ormeau, du marronnier.

A. C. *Anjou* (Gall.). — *Chênehutte (au Petit-Puits)* (Ret.). — *Champtoceaux ; Soulaines ; Trélazé (bois de Verrières)* (Br.). — *Lué* (Perr.). — *Anjou* (U. A.). — *Anjou* (I. C.). — *Angers ; Saint-Barthélemy ; Mûrs ; Avoise (Sarthe)* (Abot).

! A. arctica Zett. Mai à juillet. Sur les fleurs et les buissons. Espèce plus particulière aux contrées septentrionales ; accidentelle en Anjou.

R. R. *Mûrs ; Sainte-Gemmes* (Abot).

! A. subtestacea Steph. Mai à juillet. Sur les fleurs et les buissons. Espèce surtout de l'Europe méridionale occidentale.

R. R. *Lué* (Perr.). — *Angers ; Saint-Melaine* (Br.).

A. Geoffroyi Müll. Avril à juin. Sur les fleurs en ombelles, les Spirées. La larve vit dans l'orme.

A. C. *Anjou* (Gall.). — *Chênehutte (au Petit-Puits)* (Ret.). — *Lué* (Perr.). — *Anjou* (I. C.). — *Angers ; Soulaines ; Champtoceaux* (Br.). — *Saumur ; Angers ; Mûrs ; Saint-Barthélemy* (Abot).

A. Geoffroyi Müll. **ab. 4-maculata** Costa. Mêmes époques et même habitat.

A. R. *Angers ; Beaupréau* (Br.). — *Dampierre ; Saint-Barthélemy* (Abot).

A. maculata Geoffr. Mai à juillet. Sur les aubépines ; sur les fleurs. La larve vit dans les branches mortes du figuier, et autres arbres.

C. *Anjou* (Gall.). — *Cholet ; Chênehutte (au Petit-Puits)* (Ret.). — *Lué* (Perr.). — *Env. d'Angers* (Surr.). — *Angers (Saint-Nicolas) ; Champtoceaux ; Soulaines ; Montfaucon-sur-Moine ; Trélazé* (Br.). — *Anjou* (U. A.). — *Anjou* (I. C.). — *Saumur ; Saint-Barthélemy ; Mûrs* (Abot).

A. flava L. Juin à septembre. Sur les aubépines, les fleurs en ombelles. La larve vit dans les bois vermoulus du chêne et du châtaignier.

A. R. *Anjou* (Gall.). — *Champtoceaux ; Soulaines* (Br.). — *Anjou* (I. C.). — *Ecouflant* (Abot).

A. rufilabris Gyll. Mai à octobre. Sur les arbustes, les haies et sur les fleurs.

A. R. *Anjou* (Mill.). — *Saint-Barthélemy (à Pignerolles) ; Thorigné* (Br.). — *Saint-Barthélemy ; Dampierre* (Abot).

A. labiata Costa. Mai à septembre. Sur les fleurs et les buissons. Espèce surtout méridionale.

R. *Saint-Barthélemy ; Dampierre* (Abot).

A. varians Muls. Mai. Sur les aubépines. La larve vit dans les tiges vermoulues de l'aubépine.

A. R. *Sainte-Gemmes* (Gall.). — *Angers* (Abot).

MELANDRYIDÆ

Tetratoma Fabricius

T. fungorum F. Mai à septembre. Dans les vieux troncs d'arbres, le bois mort ; dans les Polypores.

R. *Anjou* (Mill.). — *Longué* (Br.).

Eustrophus Latreille

E. demestoides F. Mai à septembre. Dans le bois mort et dans les champignons des arbres.

R. *Anjou* (I. C.).

Orchesia Latreille

O. micans Panz. Juin, juillet. Dans les bolets des arbres.

R. *Sainte-Gemmes-sur-Loire* (Gall.). — *Saint-Barthélemy* (Abot).

Anisoxya Mulsant

A. fuscula Illig. Juin, juillet. Dans le vieux bois, les branches mortes.

R. R. *Soulanger* (E. de I.).

Abdera Stephens

A. flexuosa Payk. Mai à août. Dans le vieux bois et dans les champignons qui croissent sur les arbres.

R. *Forêts de Baugé* (Gall.). — *Anjou* (I. C.).

A. biflexuosa Curt. Mai à août. Dans le bois mort et dans les champignons des arbres.

R. *Forêts de Baugé* (Gall.). — *Lué* (Perr.).

Marolia Mulsant

M. variegata Bosc. Mai à août. Dans les branches mortes des arbres et dans les champignons des arbres.

R. *Forêts de Baugé* (de Joannis et Gall.). — *Anjou* (I. C.). — *Montrevault* (Br.).

Melandrya Fabricius

M. caraboides L. Mai, juin. Sur les vieux troncs de charme, de hêtre, de saule, de pommier.

A. R. *Forêts de Baugé* (Mill.). — *Grez-Neuville ; Lué* (Perr.). — *Env. d'Angers* (Surr.). — *Anjou* (U. A.). — *Anjou* (I. C.). — *Marans ; Andard* (H. Baz.). — *Angers ; Parcé (Sarthe)* (Abot).

M. barbata F. Mai, juin. Dans les branches mortes et les vieilles souches d'arbres divers.

R. R. *Anjou* (Mill.).

LAGRIIDÆ

———

Lagria Fabricius

L. atripes Muls. Mai à août. Sur les herbes et les arbustes.

A. R. *Cholet ; Chênehutte (au Petit-Puits)* (Ret.). — *Saint-Melaine ; Saint-Georges-sur-Loire (à Chevigné)* (Br.). — *Lué* (Perr.). — *Marcé ; Dampierre ; Gennes* (Abot).

L. hirta L. Mai à septembre. Sur les arbustes et les plantes basses.

C. *Anjou* (Gall.). — *Jarzé* (Perr.). — *Cholet ; Chênehutte (au Petit-Puits)* (Ret.). — *Env. d'Angers* (Surr.). — *Saint-Melaine ; Longué ; Thorigné* (Br.). — *Anjou* (U. A.). *Anjou* (I. C.). — *Dampierre ; Parcé (Sarthe)* (Abot).

? L. tristis Bon. Mai à septembre. Sur les herbes et les plantes basses. Espèce méridionale, très douteuse pour l'Anjou.

R. R. *Anjou* (Mme de Buzelet).

Agnathus Germar

A. decoratus Germ. Mai à septembre. Dans les vieux troncs d'arbres. Insecte plutôt de l'Europe centrale et méridionale.

R. R. *Sainte-Gemmes-sur-Loire* (Gall.).

ALLECULIDÆ

Allecula Fabricius

A. morio F. Juin à août. Sur les vieux troncs d'arbres et sur les fleurs.

R. R. *Lué* (Perr.).

Prionychus Solier

P. ater F. Juin à août. Sur les chênes, les châtaigniers, les charmes, les peupliers, les saules, les pommiers, etc... et dans le bois carié des arbres creux.

A. R. *Anjou* (Gall.). — *Jarzé ; Lué* (Perr.). — *Chênehutte (au Petit-Puits)* (Ret.). — *Anjou* (I. C.). — *Durtal* (Br.). — *Parcé (Sarthe)* (Abot).

! P. melanarius Germ. Juin à août. Dans les vieux arbres creux de diverses espèces, principalement du chêne. Insecte méridional.

R. R. *Marans* (H. Baz.).

Hymenalia Mulsant

H. rufipes F. Juin, juillet. Dans les vieux troncs d'arbres. La larve ronge le bois des troncs de marronniers.

R. *Anjou* (Gall.). — *Chênehutte (au Petit-Puits)* (Ret.). — *Beaupréau* (Br.). — *Soulanger* (E. de I.).

Gonodera Mulsant

G. ceramboides L. Juin. Dans les vieux arbres. La larve vit dans le bois carié du chêne, du châtaignier et autres arbres.

R. *Anjou* (Gall.). — *Lué ; Chemillé ; Chanzeaux* (Perr.). — *Anjou* (I. C.). — *Saint-Georges-sur-Loire (à Chevigné)* (Br.).

G. luperus Herbst. Mai à août. Sur les arbustes et les fleurs, dans la mousse, au pied des arbres.

A. C. *Baugé* (Gall.). — *Lué* (Perr.). — *Anjou* (I. C.). — *Avoise et Parcé (Sarthe)* (Abot).

G. luperus Herbst. **ab. ferruginea** F. Mêmes époques et même habitat que le type.

A. R. *Avoise (Sarthe) (forêt de Pescheseul)* (Abot).

G. murina L. Mai à août. Sur les arbustes et les plantes basses.

C. *Anjou* (Gall.). — *Saint-Pierre-Montlimart* (E. de I.). — *Chêne-hutte (route de Saumur)* (Ret.). — *Lué* (Perr.). — *Trèves-Cunault ;*

Montfaucon-sur-Moine ; Thorigné (Br.). — Env. d'Angers (Surr.). — Anjou (U. A.). — Anjou (I. C.). — Saumur ; Angers ; Saint-Barthélemy ; Gennes (Abot).

G. murina L. **ab. maura** F. Mêmes dates et même habitat.

R. Doué-la-Fontaine (E. de I.).

Mycetochara Berthold

M. linearis Illig. Mai, juin. Sous les écorces et dans la vermoulure des pommiers, saules, chênes, peupliers, tilleuls, etc...

A. R. Sainte-Gemmes (Gall.). — Lué (Perr.). — Chênehutte (au Petit-Puits) (Ret.).

Cteniopus Solier

C. sulphureus L. Juin, juillet. Sur les herbes, les arbustes, souvent sur les fleurs ombelles.

C. Anjou (Gall.). — Chênehutte (au Petit-Puits) (Ret.). — Lué (Perr.). — Env. d'Angers (Surr.). — Anjou (U. A.). — Anjou (I. C.). — Baugé ; Beaufort-en-Vallée ; Fontaine-Guérin ; Saint-Georges-du-bois (Pap.). — Saumur ; Marcé ; Parcé (Sarthe) (Abot).

Omophlus Solier

O. lepturoides F. Mai à août. Sur les herbes et les plantes basses, sur les fleurs. Surtout de l'Europe montagneuse.

C. Anjou (Gall.). — Montfaucon-sur-Moine ; Saint-Laurent-des-Autels (forêt de la Foucaudière) (E. de I.). — Cholet ; Chênehutte (au Petit-Puits) (Ret.). — Lué ; Jarzé (Perr.). — Env. d'Angers (Surr.). — Château-Gontier (Mayenne) (Br.). — Anjou (U. A.). — Avoise et Parcé (Sarthe) (Abot).

O. rugosicollis Brull. Mai à août. Sur les herbes et les arbustes.

R. Saint-Laurent-des-Autels (forêt de la Foucaudière) (E. de I.). — Montrevault (Br.).

O. picipes F. Mai à août. Sur les graminées, les arbustes.

A. R. Anjou (bords de la Loire) (Gall.). — Chênehutte (au Petit-Puits) (Ret.). — Jarzé (Perr.).

TENEBRIONIDÆ

Asida Latreille

A. sabulosa Gôze. Mai à septembre. Sous les pierres, dans les terrains secs, bien exposés au soleil.

A. R. *Sainte-Gemmes* (Gall.). — *Lué* (Perr.). — *Env. d'Angers* (Surr.). — *Anjou* (I. C.). — *Les Ponts-de-Cé ; Gennes* (Abot).

! **A. Dejeani** Sol. Mai à septembre. Sous les pierres, dans les endroits chauds et secs. Insecte plutôt méridional.

R. R. *Montreuil-Bellay* (E. de I.).

! **A. sericea** Oliv. Mai à septembre. Endroits chauds et secs. Insecte surtout méridional.

R. R. *Chênehutte (au Petit-Puits) (dans les carrières)* (Ret.).

Blaps Fabricius

B. lethifera Marsh. Toute l'année. Dans les caves, les hangars, les granges, les écuries.

A. R. *Sainte-Gemmes* (Gall.). — *Angers ; Blaison* (E. de I.). — *Lué* (Perr.). — *La Chaussaire* (Pap.).

B. mortisaga L. Toute l'année. Dans les celliers, les hangars, les granges.

A. R. *Cholet ; Chênehutte (au Petit-Puits)* (Ret.). — *Anjou* (I. C.). — *La Chaussaire* (Pap.).

B. mucronata Latr. Toute l'année. Dans les caves, les hangars, les granges, les écuries.

A. C. *Anjou* (Gall.). — *Cholet ; Chênehutte (au Petit-Puits)* (Ret.). — *Lué* (Perr.). — *Env. d'Angers* (Surr.). — *Château-Gontier (Mayenne)* (Br.). — *La Chaussaire* (Pap.). — *Angers ; Saumur* (Abot).

Pedinus Latreille

! **P. femoralis** L. Toute l'année. Dans les hangars, les celliers, sous les détritus. Espèce de l'Europe centrale et méridionale.

R. *Sainte-Gemmes* (Gall.).

Phylan Stephens

! **P. abbreviatus** Ol. Mai à septembre. Dans les endroits secs et arides ; sables. Espèce plutôt méridionale.

R. *Sainte-Gemmes* (Gall.). — *Env. d'Angers* (Surr.).

Melanimon Steven

M. tibiale F. Mai à août. Sur le sable, sous les plantes et les détritus.

R. *Sainte-Gemmes* (Gall.). — *Lué* (Perr.). — *Anjou* (I. C.). — *Gennes* (Abot).

Opatrum Fabricius

O. sabulosum L. Mars à octobre. Dans les champs, terrains secs, sous les pierres, au bord des chemins.

C. *Sainte-Gemmes* (Gall.). — *Cholet ; Chênehutte (au Petit-Puits)* (Ret.). — *Lué* (Perr.). — *Env. d'Angers* (Surr.). — *Sainte-Gemmes* (Br.). — *Anjou* (U. A.). — *Anjou* (I. C.). — *Fontaine-Guérin ; Doué-la-Fontaine* (Pap.). — *Saumur ; Les Ponts-de-Cé ; Dampierre ; Gennes ; Avoise (Sarthe)* (Abot).

Phaleria Latreille

P. cadaverina F. Mai à août. Sur les matières animales et les détritus. Est surtout une espèce maritime.

R. *Sainte-Gemmes (grèves de la Loire)* (Gall.). — *Env. d'Angers* (Surr.).

Crypticus Latreille

C. quisquilius L. Mai à juillet. Sur le sable, au pied des plantes.

A. C. *Sainte-Gemmes* (Gall.). — *Chênehutte* (Ret.). — *Angers (la Baumette) ; Les Ponts-de-Cé* (Br.). — *Lué ; Fontaine-Milon ; Chaumont (bords de l'étang de Malaguet)* (Perr.). — *Anjou* (I. C.). — *Saumur ; Gennes* (Abot).

Boletophagus Illiger

B. reticulatus L. Mai à septembre. Sous les détritus et dans les champignons.

R. *Chênehutte* (Ret.). — *Sarthe* (I. C.).

! **B. interruptus** Illig. Mai à septembre. Sous les débris végétaux dans les bois et dans les champignons. Espèce surtout localisée dans l'Europe centrale et méridionale.

R. *Chênehutte* (Ret.).

Eledona Latreille

E. agricola Herbst. Mars à novembre. Dans les bolets qui s'attachent au tronc des arbres ; souvent aussi dans les feuillets des agarics.

R. *Anjou* (Mill.). — *Lué* (Perr.). — *Anjou* (U. A.). — *Anjou* (I. C.). — *Angers* (Br.).

Scaphidema Redtenbacher

S. metallicum F. Juillet. Dans les vieux fagots, dans le bois mort des haies ; sous l'écorce du sureau et dans les champignons.

R. *Anjou* (Gall.). — *Saint-Barthélemy ; Parcé (Sarthe)* (Abot).

Diaperis Müller

D. Boleti L. Juin. Dans les bolets des arbres, les Polypores.

A. R. *Forêt de Baugé* (Gall.). — *Chênehutte (au Petit-Puits)* (Ret.). — *Angers* (Br.). — *Anjou* (I. C.). — *Dampierre* (Abot).

Platydema Laporte

P. violacea F. Mars. Dans les champignons des arbres ou sous les écorces.

R. *Forêt de Baugé* (Gall.). — *Vernantes* (Br.). — *Lué* (Perr.). — *Avoise (forêt de Pescheseul)* (Abot).

Pentaphyllus Latreille

P. testaceus Hellw. Mars à mai. Dans la vermoulure des vieux arbres, et dans les champignons ligneux.

R. R. *Sainte-Gemmes* (Gall.). — *Forêt de Bercé (Sarthe)* (Br.).

Hypophlœus Fabricius

H. unicolor Piller. Avril à juin. Sous les écorces.

R. R. *Anjou* (Gall.). — *Anjou* (I. C.).

H. Pini Panz. Mai à août. Sous les écorces du pin.

R. R. *Lué* (Perr.).

H. bicolor Ol. Février à octobre. Sous l'écorce des ormes.

R. *Sainte-Gemmes* (Gall.). — *Lué* (Perr.). — *Anjou* (I. C.). — *Angers* (Br.).

H. linearis F. Mars à octobre. Sous l'écorce du pin.

R. R. *Baugé* (Gall.).

Cænocorse Thomson

C. depressa F. Mars à août. Sous les écorces des arbres morts ; on le trouve aussi dans les fourmilières.

R. *Anjou* (Mill.). — *Lué* (Perr.). — *Anjou* (I. C.). — *Saint-Rémy-la-Varenne* (Br.).

Tribolium Mac Leay

× **T. navale** F. Mars à octobre. Dans les collections d'insectes ; dans les denrées alimentaires. Espèce importée et acclimatée.

R. *Angers ; Saumur ; Parcé (Sarthe)* (Abot). — *Lué* (Perr.).

Gnathocerus Thunberg

× **G. cornutus** F. Février, décembre. Dans le pain et les farines.

A. C. *Angers* (Abot).

Melasia Mulsant

M. culinaris L. Mai à septembre. Sous les écorces du pin, du chêne, du châtaignier, de l'aulne, du marronnier.

R. *Forêt de Baugé* (Gall.).

Tenebrio Linné

T. opacus Duft. Juin, juillet. Dans le son des minoteries, dans les greniers à blé.

A. C. *Cholet ; Gennes ; Chênehutte (au Petit-Puits)* (Ret.).

T. obscurus F. Mai à septembre. Dans les granges, les greniers, les boulangeries.

A. C. *Anjou* (Gall.). — *Cholet ; Gennes ; Chênehutte (au Petit-Puits)* (Ret.). — *Lué* (Perr.). — *Env. d'Angers* (Surr.). — *La Chaussaire* (Pap.). — *Angers ; Saumur* (Abot).

T. molitor L. Mars à octobre. Dans les granges, les greniers, les boulangeries.

C. *Anjou* (Gall.). — *Cholet ; Gennes ; Chênehutte (au Petit-Puits)* (Ret.). — *Angers* (Br.). — *Lué* (Perr.). — *Env. d'Angers* (Surr.). — *Anjou* (I. C.). — *La Chaussaire* (Pap.). — *Angers ; Saumur* (Abot).

Helops Fabricius

H. cœruleus L. Avril à octobre. Sous les écorces du chêne, du hêtre, du châtaignier. Insecte surtout méridional.

R. *Forêts de Baugé* (Gall.).

H. lanipes L. Avril à septembre. Sous les écorces et au pied des arbres.

C. *Sainte-Gemmes* (Gall.). — *Lué* (Perr.). — *Chênehutte (au Petit-Puits)* (Ret.). — *Env. d'Angers* (Surr.). — *Angers ; Champtoceaux ; Saint-Georges-sur-Loire (à Chavigné)* (Br.). — *Anjou* (I. C.). — *Fon-*

taine-Guérin ; Le Vieil-Baugé ; Sermaise (Pap.). — *Saumur ; Dampierre ; Parcé* (*Sarthe*) (Abot).

H. lævioctostriatus Gôze. Mai à octobre. Sous les écorces et au pied des arbres.

C. *Baugé ; Sainte-Gemmes* (Gall.). — *Lué* (Perr.). — *Cholet ; Chênehutte* (*au Petit-Puits*) (Ret.). — *Angers* (*Saint-Nicolas*) *; Soulaines ; Champtoceaux* (Br.). — *Env. d'Angers* (Surr.). — *Anjou* (U. A.). — *Anjou* (I. C.). — *La Chaussaire* (Pap.). — *Saint-Barthélemy ; Parcé et Avoise* (*Sarthe*) (Abot).

CERAMBYCIDÆ

Spondylis Fabricius

S. buprestoides L. Ma. à septembre. Sur les pins et les sapins. R. R. *Avoise* (*Sarthe*) (*forêt de Pescheseul*) (Abot).

Prionus Geoffroy

P. coriarius L. Juin à août. Au pied des vieux arbres.

R. *Anjou* (Gall.). — *Chênehutte* (*au Petit-Puits*) (Ret.). — *Combrée ; Le Guédeniau* (*forêt de Chandelais*) (Perr.). — *Château-Gontier* (*Mayenne*) (Br.). — *Anjou* (Thu.). *Anjou* (I. C.). — *Forêt de Beaulieu ; Le Pin-en-Mauges* (Pap.). — *Parcé* (*Sarthe*) (*bois de Lhommeau*) *; Saint-Barthélemy* (*à Pignerolles*) (Abot).

Œgosoma Serville

Œ. scabricorne Scop. Mai à septembre. Dans le tilleul, le marronnier, l'orme.

R. *Sainte-Gemmes* (Gall.). — *Lué* (Perr.). — *Anjou* (I. C.). — *Durtal* (Br.).

Rhagium Fabricius, Ganglbauer

R. sycophanta Schrank. Mai, juin. Sur les souches de chêne où vit sa larve.

A. R. *Anjou* (Gall.). — *Lué* (Perr.). — *Cholet ; Chênehutte* (*au Petit-Puits*) (Ret.). — *Anjou* (Thu.). — *Anjou* (U. A.). — *Anjou* (I. C.). — *Saint-Barthélemy ; Avoise* (*Sarthe*) (Abot).

R. mordax Deg. Mai à juillet. Sur les vieilles souches. R. R. *Anjou* (Thu.).

R. bifasciatum F. Mai à juillet. Sur les vieux arbres. A. R. *Anjou* (Gall.). — *Cholet ; Chênehutte* (*au Petit-Puits*) (Ret.).

— *Anjou* (U. A.). — *Anjou* (Thu.). — *Anjou* (I. C.). — *Saint-Quentin-en-Mauges ; Le Pin-en-Mauges* (Pap.).

R. inquisitor L. Mai à juillet. Sur les pins et les sapins.

R. *Cholet ; Chênehutte (au Petit-Puits)* (Ret.). — *Anjou* (U. A.). — *Anjou* (Thu.).

Rhamnusium Latreille

R. bicolor Schrank. Mai à juillet. Sur le tronc des ormes, marronniers, tilleuls, saules, peupliers.

R. *Saumur (le Pont Fouchard)* (Perr., Reverchon et Gall.). — *Chênehutte (au Petit-Puits)* (Ret.). — *Anjou* (Thu.). — *Angers* (Br.). — *Anjou* (I. C.). — *Brossay ; Fontevrault* (Abot).

R. bicolor Schrank. **ab. glaucopterum** Schall. Mêmes époque et mêmes endroits que le type.

R. *Saumur* (Revelière). — *Anjou* (Thu.). — *Anjou* (I. C.). — *Souzay* (Abot).

Oxymirus Mulsant

O. cursor L. Mai à juillet. Sur le tronc des arbres.

R. R. *Chênehutte (au Petit-Puits)* (Ret.). — *Env. d'Angers* (Surr.).

Stenochorus Fabricius

S. meridianus L. Mai, juin. Sur les ronces, les arbres fruitiers, les taillis ; sur le frêne.

R. *Segré (bords de l'Oudon)* (Mill.). — *Sainte-Gemmes* (Gall.). — *Chênehutte (au Petit-Puits)* (Ret.). — *Noyant* (All.).

Acmæops Leconte, Ganglbauer

A. collaris L. Mai, juin. Sur les fleurs de *Viburnum, Crataegus, Rubus*.

A. R. *Anjou* (Gall.). — *Chênehutte (au Petit-Puits)* (Ret.) — *Lué* (Perr.). — *Anjou* (Thu.). — *Anjou* (I. C.). — *Dampierre* (Abot).

Cortodera Mulsant

? **C. femorata** F. Mai, juin. Sur les troncs d'arbres. Espèce de l'Europe centrale ; sa présence en Anjou est incertaine.

R. R. *Sainte-Gemmes* (Gall.).

Pidonia Mulsant

! P. lurida F. Mai à août. Sur les arbres et sur les fleurs. Espèce des montagnes du centre de l'Europe.

R. R. *Chênehutte (au Petit-Puits)* (Ret.). — *Anjou* (Thu.). — *Saumur* (Abot).

Leptura Linné

L. rufipes Schall. Mai à juillet. Sur les chênes et sur les fleurs.

R. *Chênehutte (au Petit-Puits)* (Ret.).

L. sexguttata F. Mai à juillet. Sur diverses fleurs, de *Rubus*, de *Chaerophyllum ;* aussi sur les saules.

R. R. *Anjou* (Mill.).

L. livida F. Mai à juillet. Sur diverses fleurs.

C. *Anjou* (Gall.). — *Cholet ; Chênehutte (au Petit-Puits)* (Ret.). — *Jarzé ; Lué* (Perr.). — *Env. d'Angers* (Surr.). — *Angers* (Br.). — *Anjou* (U. A.). — *Anjou* (Thu.). — *Anjou* (I. C.). — *Dampierre ; Gennes ; Angers ; Parcé et Avoise (Sarthe)* (Abot).

L. fulva Deg. Juin à août. Prairies et buissons, sur les fleurs.

C. *Anjou* (Gall.). — *Cholet ; Chênehutte (au Petit-Puits)* (Ret.). — *Lué* (Perr.). — *Env. d'Angers* (Surr.). — *Anjou* (U. A.). — *Montfaucon-sur-Moine* (Br.). — *Anjou* (Thu.). — *Anjou* (I. C.). — *Le Guédéniau (forêt de Chandelais)* (Pap.). — *Dampierre ; Marcé ; Saint-Barthélemy ; Les Rosiers-sur-Loire ; Gennes* (Abot).

! L. maculicornis Deg. Juin à août. Sur les fleurs. Espèce principalement des régions montagneuses.

R. *Chênehutte (au Petit-Puits)* (Ret.). — *Anjou* (U. A.).

L. rubra L. Juin à août. Sur les buissons et les fleurs.

A. R. *Anjou (bords de la Loire)* (Gall.). — *Chênehutte (au Petit-Puits)* (Ret.). — *Env. d'Angers* (Surr.). — *Anjou* (U. A.). — *Anjou* (Thu.). — *Dampierre* (Abot).

L. cordigera Füssl. Juin à août. Prairies, sur les fleurs.

A. C. *Anjou (bords de la Loire)* (Gall.). — *Cholet ; Chênehutte (au Petit-Puits)* (Ret.). — *Env. d'Angers* (Surr.). — *Lué* (Perr.). — *Anjou* (U. A.). — *Anjou* (Thu.). — *Anjou* (I. C.). — *Montfaucon-sur-Moine ; Champtoceaux* (Br.). — *La Chaussaire ; Gée ; Saint-Georges-du-Bois ; Beaufort-en-Vallée* (Pap.). — *Andard* (H. Baz.). — *Dampierre* (Abot).

L. scutellata F. Juin à septembre. Sur les troncs d'arbres et sur les fleurs.

R. *Forêts de Baugé* (Perr.). — *Gennes* (Abot).

L. cerambyciformis Schrank. Mai à juillet. Sur les fleurs de *Cornus sanguinea* L., *Rosa canina* L. et autres.

A. R. *Saint-Laurent-des-Autels (forêt de la Foucaudière)* (E. de I.). — *Lué* (Perr.). — *Env. d'Angers* (Surr.). — *Anjou* (U. A.). — *Arthezé (Sarthe)* (Abot).

L. cerambyciformis Schrank. **ab. 4-maculata** Scop. Mêmes époques et sur mêmes fleurs que le type.

R. *Anjou* (U. A.).

L. revestita L. Mai, juin. Sur l'orme et le marronnier d'Inde; sur les peupliers et dans les chemins.

R. *Sainte-Gemmes* (Gall.). — *Lué* (Perr.). — *Dampierre* (Abot).

L. aurulenta F. Juin à août. Sur les souches et dans les vieux bois de diverses essences ; sur les fleurs.

R. *Anjou* (Mill.). — *Saint-Laurent-des-Autels (forêt de la Foucaudière* (E. de I.). — *Cholet ; Chênehutte (au Petit-Puits)* (Ret.). — *Anjou* (U. A.). — *Saint-Jean-de-la-Croix* (Pap.).

L. quadrifasciata L. Mai à août. Sur les fleurs de sureau, des *Rubus* et autres ; aussi sur les souches d'arbres.

R. *Montfaucon-sur-Moine ; Les Ponts-de-Cé* (Br.). — *Sainte-Gemmes* (Gall.). — *Montrevault (au bords de l'Evre)* (E. de I.). — *Anjou* (U. A.). — *Anjou* (I. C.). — *Gesté* (Pap.). — *Dampierre* (Abot).

L. maculata Poda. Juin à août. Sur les fleurs des *Rubus*, des ombellifères, etc. La larve vit dans les souches de bouleau.

C. *Lué* (Perr.). — *Cholet ; Chênehutte (au Petit-Puits)* (Ret.). — *Anjou* (Br.). — *Env. d'Angers* (Surr.). — *Anjou* (U. A.). — *Anjou* (Thu.). — *Anjou* (I. C.). — *Dampierre ; Parcé et Avoise (Sarthe)* (Abot).

L. arcuata Panz. Juin à août. Sur les fleurs.

R. *Anjou* (Gall.). — *Cholet ; Chênehutte (au Petit-Puits)* (Ret.).

L. æthiops Poda. Juin à août. Sur les fleurs.

R. *Anjou* (Thu.). — *Saint-Saturnin* (Ven.). — *Anjou* (I. C.). — *Dampierre* (Abot).

L. melanura L. Juin à septembre. Sur diverses fleurs.

C. *Anjou* (Gall.). — *Cholet ; Chênehutte (au Petit-Puits)* (Ret.). — *Lué* (Perr.). — *Env. d'Angers* (Surr.). — *Anjou* (U. A.). — *Anjou* (Thu.). — *Anjou* (I. C.). — *Montfaucon-sur-Moine ; Trèves-Cunault* (Br.). — *Angers ; Saint-Barthélemy ; Les Ponts-de-Cé ; Gennes ; Le Guédèniau* (Abot).

L. bifasciata Müll. Juin à août. Sur les fleurs de diverses plantes.

C. *Anjou* (Gall.). — *Lué* (Perr.). — *Chênehutte (au Petit-Puits)* (Ret.). — *Env. d'Angers* (Surr.). — *Anjou* (Thu.). — *Angers (la Baumette) ; Les Ponts-de-Cé* (Br.). — *Anjou* (I. C.). — *Dampierre ; Rou-Marson ; Saint-Barthélemy ; Les Ponts-de-Cé ; Arthezé (Sarthe)* (Abot).

L. nigra L. Mai à juillet. Sur les fleurs de diverses plantes.

A. R. *Anjou* (Gall.). — *Anjou* (Thu.). — *Anjou* (I. C.). — *Gennes* (Abot).

L. attenuata L. Mai à juillet. Sur les fleurs de diverses plantes. La larve vit dans le vieux bois.

A. R. *Anjou* (Gall.). — *Anjou* (Thu.). — *Anjou* (I. C.). — *Dampierre* (Abot).

Alosterna Mulsant

A. tabacicolor Deg. Mai à août. Sur les haies, les buissons et les fleurs.

A. R. *Lué* (Perr.). — *Anjou* (U. A.). — *Anjou* (Thu.). — *Château-Gontier (Mayenne)* (Br.). — *Anjou* (I. C.). — *Gennes ; Dampierre* (Abot).

Grammoptera Serville, Fairmaire

G. ustulata Schall. Mai, juin. Sur les arbres et buissons en fleur. Se développe dans les menues branches des chênes et des châtaigniers.

R. *Anjou* (Mill.). — *Sainte-Gemmes* (Gall.). — *Lué* (Perr.). — *Anjou* (Thu.). — *Anjou* (I. C.). — *Gennes* (Abot).

G. ruficornis F. Mai à août. Sur les arbustes en fleur. La larve vit dans le lierre.

C. *Anjou* (Gall.). — *Cholet ; Chênehutte (au Petit-Puits)* (Ret.). — *Lué* (Perr.). — *Anjou* (Thu.). — *Montfaucon-sur-Moine ; Beaupréau ; Château-Gontier (Mayenne)* (Br.). — *Anjou* (I. C.). — *Andard* (H. Baz.). — *Mûrs ; Marcé* (Abot).

G. variegata Germ. Mai, juin. Sur les arbres et les buissons en fleurs. La larve se développe dans les menues branches des chênes et des châtaigniers.

A. R. *Sainte-Gemmes* (Gall.). — *Chênehutte (au Petit-Puits)* (Ret.). — *Anjou* (Thu.). — *Anjou* (I. C.). — *Dampierre* (Abot).

Necydalis Linné, Mulsant

N. major L. Juin, juillet. Dans les vieux arbres.

R. *Sainte-Gemmes* (Gall.). — *Lué* (Perr.). — *Pontigné* (Thu.). — *Marans* (H. Baz.).

Cænoptera Thomson

C. umbellatarum Schreb. Mai à juillet. Autour des branches mortes de diverses rosacées, où vit sa larve et sur les fleurs.

Stenopterus Stephens

S. rufus L. Mai à août. Sur les fleurs de diverses plantes. La larve vit dans le bois mort.

C. C. *Répandu dans tout le département.*

Obrium Curtis

O. brunneum F. Mai à juillet. Sur les pins et les sapins ; sur les fleurs des ombellifères.

R. *Dampierre (à Fourneux) (Abot).*

Leptidea Mulsant

L. brevipennis Muls. Mai à juillet. Dans les vieux paniers d'osier non décortiqués.

A. C. *Villevêque* (Trouessart). — *Angers* (Gall.). — *Chênehutte (au Petit-Puits)* (Ret.). — *Angers* (Br.). — *Lué* (Perr.). — *Saumur* (Court.). — *Angers ; Soulaire-et-Bourg ; Parcé (Sarthe)* (Abot).

Gracilia Serville

G. minuta F. Mai à août. Caves et greniers, dans les vieux paniers d'osier, les cercles des tonneaux, les rameaux secs des amentacées et des rosacées.

C. *Anjou* (Gall.). — *Chênehutte (au Petit-Puits)* (Ret.). — *Angers* (Br.). — *Lué ; Fontaine-Milon* (Perr.). — *Anjou* (Thu.). — *Anjou* (I. C.). — *Angers* (Abot).

Cerambyx Linné

C. cerdo L. Mai à août. Dans le tronc et les grosses branches des vieux chênes, où vit sa larve.

C. *Anjou* (Gall.). — *Cholet ; Chênehutte (au Petit-Puits)* (Ret.). — *Lué* (Perr.). — *Soulanger* (E. de I.). — *Env. d'Angers* (Surr.). — *Angers ; Château-Gontier (Mayenne)* (Br.). — *Anjou* (U. A.). — *Anjou* (Thu.). — *Anjou* (I. C.). — *Anjou* (Pap.). — *Dampierre ; Anjou ; Saumur ; Avoise et Parcé (Sarthe)* (Abot).

C. miles Bon. Mai à août. Sur le chêne et aussi sur les amandiers et le *Cratægus.*

R. *Baugé* (Gall.). — *Lué* (Perr.). — *Angers ; Saumur ; Saint-Barthélemy ; Gennes* (Abot).

C. Scopolii Füssl. Mai, juin. Sur les vieux arbres fruitiers et sur les saules. Sur les fleurs. La larve vit sous l'écorce des arbres.

C. *Sainte-Gemmes* (Gall.). — *Cholet ; Chênehutte (au Petit-Puits)* (Ret.). — *Saint-Melaine* (Br.). — *Combrée ; Lué* (Perr.). — *Env. d'Angers* (Surr.). — *Angers* (R. Oberthür). — *Anjou* (U. A.). — *Anjou* (Thu.). — *Anjou* (I. C.). — *Mozé ; Denée* (Pap.). — *Andard* (H. Baz.). — *Saumur ; Les Ponts-de-Cé* (Abot).

Hesperophanes Mulsant

H. cinereus Villers. Mai à septembre. Dans le bois sec des arbres non résineux. Méridional ; accidentel dans nos régions.

R. R. *Baugé* (Gall.).

H. pallidus Oliv. Mai à août. Dans les grands bois, sur les vieux chênes, où vit la larve.

R. R. *Saumur* (Court.). — *Le Guédeniau, forêt de Chandelais* (Gall.).

Criocephalus Mulsant

C. rusticus L. Mai à septembre. Dans les troncs morts ou abattus des abiétinées, où vit sa larve.

R. *Le Guédèniau (forêt de Chandelais)* (Gall.). — *Chênehutte (au Petit-Puits)* (Ret.). — *Lué* (Perr.). — *Env. d'Angers* (Surr.).

C. polonicus Motsch. Juillet. Dans le bois mort des pins et des sapins.

R. R. *Angers* (Abot).

Asemum Eschscholtz

A. striatum L. Juin. Dans les souches à demi décomposées des pins.

A. R. *Baugé* (Gall.). — *Lué* (Perr.). — *Chênehutte (au Petit-Puits)* (Ret.). — *Anjou* (U. A.). — *Anjou* (Thu.). — *Anjou* (I. C.). — *Saint-Barthélemy (à Pignerolles)* (Abot).

A. striatum L. **var. agreste** F. Même époque et même habitat que le type.

A. R. *Saumur ; Saint-Barthélemy (à Pignerolles)* (Abot).

Tetropium Kirby

[**T. castaneum** L.]

! **T. castaneum** L. **var. luridum** L. Mai à juillet. Dans les bois. R. R. *Chênehutte (au Petit-Puits)* (Ret.).

Phymatodes Mulsant

! **P. glabratus** Charp. Mai à juillet. Sur le chêne, les vieux poteaux. Espèce citée surtout de l'Europe centrale.

R. R. *Cholet ; Chênehutte (au Petit-Puits)* (Ret.).

[**P. pusillus** F.]

! **P. pusillus** F. **var. humeralis** Comolli. Avril, mai. Bois de chênes.

R. R. *Cholet ; Chênehutte (au Petit-Puits)* (Ret.).

P. lividus Rossi. Juin. Sous les écorces des branches mortes et des piquets de chêne et de châtaignier.

R. *Saint-Florent-le-Vieil* (Chevrolat). — *La Flèche (au Doussay) (Sarthe)* (Perr.). — *Anjou* (U. A.). — *Saumur* (2 ex.) (Abot).

P. lividus Rossi. **var. tristis** Pic. Même époque et mêmes lieux que le type.

R. R. *Sainte-Gemmes* (Br.).

P. testaceus L. Juin à août. Bois et chantiers, sur divers arbres.

A. C. *Anjou* (Gall.). — *Lué* (Perr.). — *Anjou* (U. A.). — *La Chaussaire* (Pap.). — *Angers ; Saumur* (Abot).

P. testaceus L. **ab. variabilis** L. Mai à juillet. Sur le chêne, le châtaignier, souvent à l'intérieur des maisons, dans les bûchers.

C. *Cholet ; Chênehutte (au Petit-Puits)* (Ret.). — *Lué* (Perr.). — *Anjou* (U. A.). — *Anjou* (Thu.). — *Anjou* (I. C.). — *Angers ; Beaupréau ; Château-Gontier (Mayenne)* (Br.). — *Angers* (Abot).

P. testaceus L. **ab. fennicus** F. Mai et juin. Habitat de l'ab. précédente.

A. R. *Lué* (Perr.). — *Anjou* (I. C.).

P. testaceus L. **ab. analis** Redtb. Dates et station de l'ab. précédente.

A. R. *Anjou* (Gall.). — *La Chaussaire* (Pap.)

P. Alni L. Juin. Dans les branches coupées, les fagots de divers arbres.

A. C. *Sainte-Gemmes* (Gall.). — *Lué* (Perr.). — *Anjou* (U. A.). —

Anjou (Thu.). — *Anjou* (I. C.). — *Champtoceaux* (Br.). — *Angers ; Saumur ; Avoise (Sarthe)* (Abot).

P. rufipes F. Avril à juin. Sur branches et fagots de divers arbres ; ausi sur *Prunus spinosa.*

R. R. *Anjou* (Gall.).

P. fasciatus Villers. Mai, juin. Sur divers arbres, le chêne, principalement.

R. R. *Cholet ; Chênehutte (au Petit-Puits)* (Ret.).

Pyrrhidium Fairmaire

P. sanguineum L. Avril à juin. Dans le bois abattu, sous l'écorce des chênes ; dans les bûchers.

C. C. *Partout en Anjou.*

Callidium Fabricius

! C. æneum Deg. Mai, juin. Sur les vieux bois, dans les chantiers. Présence incertaine en Anjou.

R. R. *Env. d'Angers* (Surr.).

C. violaceum L. Mai à juillet. Sur le chêne, le sapin, dans les chantiers.

R. *Saint-Florent-le-Vieil* (Chevrolat). — *Anjou* (Mill.). — *Sainte-Gemmes* (Gall.). — *Anjou* (Thu.).

Hylotrupes Serville

H. bajulus L. Mai à août. Dans les bois résineux.

C. C. *En Anjou, partout où croissent les pins.*

H. bajulus L. **ab. lividus** Muls. Mêmes époques. Sur les pins. R. *Fontaine-Guérin* (Perr.).

Rhopalopus Mulsant

R. clavipes F. Juin à août. Dans le bois mort de diverses essences.

R. *Anjou* (Mill.). — *Saint-Gemmes-sur-Loire* (Gall.). — *Chênehutte (au Petit-Puits)* (Ret.). — *Anjou* (Thu.). — *Anjou* (I. C.).

R. femoratus L. Juin, juillet. Dans le bois mort de diverses essences.

R. *Sainte-Gemmes* (Gall.). — *Chênehutte (au Petit-Puits)* (Ret.). *Lué* (Perr.). — *Anjou* (Thu.). — *Dampierre ; Gennes* (Abot).

Rosalia Serville

R. alpina L. Juin à août. Vit sur le hêtre, le saule. Espèce plus particulière aux régions montagneuses.

R. *Sainte-Gemmes* (de Place ; Huttemin ; Gall.). — *Angers ; Saint-Jean-de-la-Croix* (Mill.). — *Saint-Florent-le-Vieil* (Gaveau ; de Joannis). — *Lué* (Perr.). — *Anjou* (U. A.). — *Anjou* (Thu.). — *Anjou* (I. C.). — *Seiches* (1 ex.) (Abot).

Aromia Serville

A. moschata L. Mai à septembre. Sur les saules, les peupliers.

C. *Anjou (bords de la Loire et de l'Authion)* (Gall.). — *Cholet ; Chênehutte (au Petit-Puits)* (Ret.). — *Lué* (Perr.). — *Env. d'Angers* (Surr.). — *Anjou* (U. A.). — *Anjou* (Thu.). — *Anjou* (I. C.). — *La Ménitré ; La Daguenière ; Gée* (Pap.). — *Champtoceaux* (Br.). — *Angers ; Saumur ; Les Ponts-de-Cé* (Abot).

Purpuricenus Fischer

P. Kæhleri L. Juillet, août. Sur diverses essences de bois.

A. C. *Sainte-Gemmes (bords de la Loire)* (Gall.). — *Cholet ; Chênehutte (au Petit-Puits)* (Ret.). — *Env. d'Angers* (Surr.). — *Anjou* (U. A.). — *Anjou* (Thu.). — *Anjou* (I. C.). — *Saumur ; Bagneux ; Brézé* (Abot).

Plagionotus Mulsant

P. detritus L. Mai à août. Sur les fleurs en ombelles, ainsi que sur les chênes et les châtaigniers abattus.

A. R. *Saumur (à Beaulieu)* (Mill.). — *Le Guédèniau (forêt de Chandelais)* (Gall.). — *Cholet ; Chênehutte (au Petit-Puits)* (Ret.). — *Env. d'Angers* (Surr.). — *Anjou* (Thu.). — *Anjou* (I. C.). — *Angers* (Br.). — *Dampierre* (Abot).

P. arcuatus L. Mai à juillet. Bois et chantiers, sur les chênes.

C. *Sainte-Gemmes* (Gall.). — *Saint-Barthélemy* (Perr.). — *Cholet ; Chênehutte (au Petit-Puits)* (Ret.). — *Env. d'Angers* (Surr.). — *Anjou* (U. A.). — *Anjou* (I. C.). — *Saint-Quentin-en-Mauges* (Pap.). — *Dampierre ; Gennes ; Avoise (Sarthe)* (Abot).

Xylotrechus Chevrotat

X. rusticus L. Mai à juillet. Sur le tronc des peupliers et des hêtres.

A. C. *Sainte-Gemmes* (Gall.). — *Landemont (bords de la Divate)* (E. de I.). — *Cholet ; Chênehutte (au Petit-Puits)* (Ret.). — *Anjou* (I. C.).

— *Marans* (Pap.). — *Marans* (H. Baz.). — *Angers ; Les Ponts-de-Cé* (Br.). — *Allonnes* (Abot).

X. arvicola Oliv. Juin, juillet. Sur les arbres abattus et les branches mortes.

R. *Forêt de Baugé* (Gall.). — *Saint-Laurent-des-Autels (forêt de la Foucaudière)* (E. de I.). — *Lué* (Perr.). — *Anjou* (U. A.). — *Durtal* (Br.).

R. R. *Anjou* (U. A.).

Clytus Laicharting

C. tropicus Panz. Juin, juillet. Sur le chêne ; aussi sur les ombellifères.

R. *Anjou* (Mill.). — *Env. d'Angers* (Surr.). — *Anjou* (U. A.). — *Anjou* (I. C.).

C. arietis L. Mai, juin. Sur les buissons en fleur ; les bois morts d'essences diverses.

C. *Anjou* (Gall.). — *Cholet ; Chênehutte (au Petit-Puits)* (Ret.). — *Angers ; Lué* (Perr.). — *Env. d'Angers* (Surr.). — *Anjou* (U. A.). — *Anjou* (Thu.). — *Fontaine-Guérin ; Saint-Quentin-en-Mauges ; La Chaussaire* (Pap.). — *Marans* (H. Baz.). — *Montfaucon-sur-Moine* (Br.). — *Dampierre ; Les Ponts-de-Cé ; Angers ; Mûrs ; Feneu* (Abot).

C. arietis L. **ab. gazella** F. Mêmes dates et même habitat que le type.

R. *Chênehutte (au Petit-Puits)* (Ret.).

C. Rhamni Germ. Mai à juillet. Sur les buissons en fleur, les ombellifères. Insecte surtout méridional.

A. R. *Anjou* (Mill.). — *Chênehutte (au Petit-Puits)* (Ret.). — *Anjou* (U. A.). — *Dampierre (2 sujets)* (Abot).

Clytanthus Thomson

C. varius F. Juin à août. Sur les fleurs. Se développe dans le vieux bois.

A. C. *Anjou* (Mill.). — *Lué* (Perr.). — *Chênehutte (au Petit-Puits)* (Ret.). — *Souzay (à Champigny-le-Sec)* (E. de I.). — *Env. d'Angers* (Surr.). — *Anjou* (U. A.). — *Anjou* (Thu.). — *Anjou* (I. C.). — *Fontaine-Guérin* (Pap.). — *Durtal* (Br.). — *Dampierre ; Gennes ; Mûrs ; Parcé (Sarthe)* (Abot).

C. Herbsti Brahm. Juin à août. Sur le vieux bois ; sur les fleurs.
R. *Durtal* (Br.).

C. glabromaculatus Gôze. Juillet, août. Chantiers et habitations, dans les bois secs, non résineux.

C. Sainte-Gemmes (Gall). — *Angers* (E. de I.). — *Cholet ; Chêne-hutte (au Petit-Puits)* (Ret.). — *Mazé ; Lué* (Perr.). — *Env. d'Angers* (Surr.). — *Anjou* (U. A.). — *Anjou* (Thu.). — *Anjou* (I. C.). — *La Ménitré ; Fontaine-Guérin ; Saint-Georges-du-Bois* (Pap.). — *Angers* (Br.). — *Angers ; Dampierre* (Abot).

C. trifasciatus F. Juillet, août. Sur le vieux bois et les fleurs.

A. R. Saumur (Court. ; Revelière). — *Anjou* (U. A.). — *Anjou* (Thu.). — *Anjou* (I. C.). — *Dampierre* (1 sujet) (Abot).

C. sartor F. Juin à août. Friches ; talus secs. Sur les fleurs d'ombellifères. Vit dans le bois sec.

C. Sainte-Gemmes (Gall.). — *Souzay (à Champigny-le-Sec)* (E. de I.). — *Chênehutte (au Petit-Puits)* (Ret.). — *Lué ; Saint-Melaine* (Perr.). — *Env. d'Angers* (Surr.). — *Anjou* (U. A.). — *Anjou* (Thu.). — *Anjou* (I. C.). — *Fontaine-Guérin* (Pap.). — *Les Ponts-de-Cé* (Br.). — *Andard* (H. Baz.). — *Saumur ; Dampierre* (Abot).

C. figuratus Scop. Juillet, août. Sur les fleurs de Rubus et sur les graminées.

A. R. Anjou (Gall.). — *Chênehutte (au Petit-Puits)* (Ret.). — *Anjou* (U. A.). — *Anjou* (Thu.). — *Anjou* (Br.). — *Dampierre (à Fourneux)* (2 ex.) (Abot).

Anaglyptus Mulsant

A. mysticus L. Mai, juin. Bois, chantiers. Sur les buissons en fleur.

A. C. Anjou (Gall.). — *Combrée ; Lué* (Perr.). — *Anjou* (U. A.). — *Anjou* (I. C.). — *Marans* (Pap.). — *Marans* (H. Baz.). — *Angers* (Br.). — *Marcé (à Chaloché) ; Saumur ; Dampierre* (Abot).

Dorcadion Dalman, Ganglbauer

D. fuliginator L. Avril à juillet. Terrains calcaires. La larve vit dans la racine des graminées.

A. C. Sainte-Gemmes (prairies des bords de la Loire) (Gall.). — *Saint-Martin-de-la-Place* (Ret.). — *Anjou* (U. A.). — *Anjou* (Thu.). — *Anjou* (I. C.). — *Doué-la-Fontaine ; Douces* (Pap.).

D. fuliginator L. ab. **vittigerum** F. Mêmes époques et même habitat.

R. Anjou (Gall.). — *Doué-le-Fontaine* (Surr.).

D. fuliginator L. **ab. quadrilineatum** Küst. Mêmes dates et même habitat.

R. R. *Anjou* (Chevrolat). — *Anjou* (U. A.).

D. fuliginator L. **ab. mendax** Muls. Mêmes mois et mêmes stations que le type.

A. C. *Saint-Martin-de-la-Place* (Ret.). — *Les Ponts-de-Cé* (Br.). — *Saumur* (Abot).

D. fuliginator L. **ab. navaricum** Muls. Mêmes mois et mêmes emplacements.

R. R. *Gennes* (1 ex.). (Abot).

Morimus Serville

M. asper Sulz. Avril à septembre. Sur les troncs de peuplier, châtaignier, orme, saule, etc...

R. *Anjou* (Mill.). — *Sainte-Gemmes* (Gall.). — *Combrée (forêt d'Ombrée)* (Perr.). — *Anjou* (I. C.). — *Env. d'Angers* (Surr.).

Lamia Fabricius

L. textor L. Mai à octobre. Sur le tronc des salicinées.

A. C. *Sainte-Gemmes* (Gall.). — *Chênehutte* (Ret.). — *Anjou* (U. A.). — *Anjou* (Thu.). *Anjou* (I. C.). — *Juigné-sur-Loire ; Chalonnes ; Saint-Jean-de-la-Croix* (Pap.). — *Saumur* (Abot).

Acanthocinus Stephens

A. ædilis L. Mai à septembre. Sur les écorces des conifères.

A. R. *Sainte-Gemmes* (Mill.). — *Angers (bords de l'étang Saint-Nicolas)* (All. et Gall.). — *Angers* (E. de I.). — *Chênehutte* (Ret.). — *Lué ; Fontaine-Milon* (Perr.). — *Env. d'Angers* (Surr.). — *Anjou* (U. A.). — *Anjou* (Thu.). — *Anjou* (I. C.). — *La Possonnière* (Pap.). — *Angers ; Saumur ; Parcé (Sarthe)* (Abot).

A. griseus F. Juin à août. Sur les écorces des conifères.

R. R. *Saumur* (Court.). — *Anjou* (I. C.).

Liopus Serville

L. nebulosus L. Mars à octobre. Dans le bois mort.

A. C. *Sainte-Gemmes* (Gall.). — *Saint-Laurent-des-Autels (forêt de la Foucaudière) ; Souzay (à Champigny-le-Sec)* (E. de I.). — *Chênehutte (au Petit-Puits)* (Ret.). — *Lué* (Perr.). — *Anjou* (U. A.). — *Anjou* (Thu.). — *Anjou* (I. C.). — *Marans* (H. Baz.). — *Thorigné* (Br.). — *Dampierre* (Abot).

Exocentrus Mulsant

! E. adspersus Muls. Mai à août. Sur les branches mortes.
R. R. *Anjou* (Thu.).

E. lusitanus L. Juin, juillet. Sur les branches mortes du tilleul et de l'ormeau.

R. *Sainte-Gemmes* (Gall.). — *Lué* (Perr.). — *Anjou* (U. A.). — *Anjou* (Thu.). — *Dampierre* (1 ex.) (Abot).

Pogonochærus Gemminger

P. hispidulus Pill. Mars à septembre. Sous les écorces de divers arbres non résineux.

R. *Anjou* (Mill.). — *Lué* (Perr.). — *Anjou* (I. C.).

P. hispidus L. Mars à septembre. Dans le lierre et le menu bois mort des arbres non résineux.

C. *Anjou* (Mill.). — *Fontaine-Milon ; Lué* (Perr.). — *Cholet ; Chénehutte (au Petit-Puits)* (Ret.). — *Env. d'Angers* (Surr.). — *Anjou* (U.A.). — *Anjou* (Thu.). — *Anjou* (I. C.). — *Longué ; Le Lion-d'Angers ; Saint-Barthélemy (à Pignerolles) ; Saint-Georges-sur-Loire (à Chevigné)* (Br.). — *Saumur ; Parcé (Sarthe)* (Abot).

Haplocnemia Stephens

H. curculionoides L. Mai à août. Chantiers de bois et arbres morts.
R. *Saumur* (Mill.). — *Baugé* (Gall.). — *Lué* (Perr.). — *Anjou* (U. A.). — *Anjou* (Thu.). — *Saumur* (2 ex.) (Abot).

H. nebulosa F. Mai, juin. Dans les branches sèches de divers arbres non résineux.

A. R. *Anjou* (Mill.). — *Lué* (Perr.). — *Le Guédéniau (forêt de Chandelais)* (Gall.). — *Saint-Laurent-des-Autels (forêt de la Foucaudière) ; Aubigné-Briand* (E. de I.). — *Cholet ; Chênehutte (au Petit-Puits)* (Ret.). — *Anjou* (U. A.). — *Anjou* (Thu.). — *Anjou* (I. C.). — *Forêt de Beaulieu* (Pap.). — *Champtoceaux ; Saint-Barthélemy (à Pignerolles)* (Br.). — *Angers ; Dampierre* (Abot).

Anæsthetis Mulsant

A. testacea F. Juillet. Sur les buissons et les arbres fruitiers.
R. *Saumur ; Baugé* (Mill.). — *Lué* (Perr.). — *Anjou* (U. A.). — *Gennes ; Dampierre* (Abot).

Calamobius Guérin

C. filum Rossi. Mai à juillet. Sur les graminées et les orties.

R. *Anjou* (Mill.). — *Saint-Gemmes* (Gall.). — *Dampierre* (3 ex.) (Abot).

Agapanthia Serville

A. Asphodeli Latr. Juin à août. Vit sur *Asphodelus sphaerocarpus* et aussi sur les chardons.

R. *Distré (bois de Pocé) ; Ecouflant (bois de la Charbonnière et de Séné)* (Mill.). — *Saint-Lambert-des-Levées* (Ret.). — *Combrée* (Perr.). — *Anjou* (I. C.). — *Dampierre* (2 ex.) (Abot).

A. cardui L. Mai, juin. Sur les chardons et les cirses.

A. C. *Le Coudray-Macouard ; Montreuil-Bellay* (Mill.). — *Saint-Laurent-des-Autels (forêt de la Foucaudière)* (E. de I.). — *Château-Gontier (Mayenne)* (Perr.). — *Anjou* (U. A.). — *Anjou* (Thu.). — *Anjou* (I. C.). — *Saumur ; Candes (Indre-et-Loire)* (Abot).

Saperda Fabricius

S. carcharias L. Juin à septembre. Sur les jeunes peupliers.

A. R. *Angers* (Gall.). — *Saumur* (Court.). — *Cholet ; Chênehutte (au Petit-Puits)* (Ret.). — *Combrée* (Perr.). — *Anjou* (Thu.). — *Anjou* (I. C.). — *Gesté* (Pap.). — *Saumur* (2 ex.). (Abot).

S. populnea L. Mai à juillet. Sur les trembles, les bouleaux, les saules, les peupliers.

A. C. *Sainte-Gemmes* (Gall.). — *Lué* (Perr.). — *Saint-Laurent-des-Autels (forêt de la Foucaudière)* (E. de I.). — *Cholet ; Chênehutte* (Ret.). — *Anjou ; Saumur* (U. A.). — *Anjou* (Thu.). — *Anjou* (I. C.). — *Forêt de Beaulieu* (Pap.). — *Gennes* (Abot).

S. scalaris L. Mai à juillet. Dans le bois mort du cerisier et d'autres arbres fruitiers.

A. R. *Soucelles* (Gall.). — *Chênehutte (au Petit-Puits)* (Ret.). — *Pontigné* (Thu.). — *Lué* (Perr.). — *Anjou* (U. A.). — *Anjou* (I. C.). — *Angers* (1 ex.) ; *Saumur* (7 ex.) ; *Parcé (Sarthe)* (Abot).

S. octopunctata Scop. Mai à juillet. Sur le tremble, le tilleul.

R. R. *Anjou* (Mill.). — *Anjou* (Thu.).

S. punctata L. Juillet, août. Sur les ormes.

R. *Anjou* (Mill.). — *Durtal* (Perr.). — *Chênehutte* (Ret.). — *Anjou* (U. A.). — *Anjou* (Thu.).

Tetrops Stephens

T. præusta L. Mai à septembre. Sur diverses rosacées arborescentes. La larve vit dans les rameaux.

C. *Angers ; Baugé ; Saumur* (Mill.). — *Sainte-Gemmes* (Gall.). — *Cholet ; Chênehutte (au Petit-Puits)* (Ret.). — *Lué ; Fontaine-Milon* (Perr.). — *Env. d'Angers* (Surr.). — *Anjou* (Thu.). — *Anjou* (I. C.). — *Montfaucon-sur-Moine ; Les Ponts-de-Cé* (Br.). — *Angers ; Saumur* (Abot).

Phytœcia Mulsant

P. rubropunctata Gôze. Juin à août. Sur les ombellifères, principalement sur *chaerophyllum temulum* L.

R. R. *Angers ; Segré* (Mill.). — *Anjou* (I. C.).

P. pustulata Schrank. Mai à juillet. Sur les graminées.

A. R. *Saumur* (Court.). — *Sainte-Gemmes* (Gall.). — *Chênehutte (au Petit-Puits)* (Ret.). — *Dampierre (à Fourneux)* (1 ex.) (Abot).

P. ephippium F. Avril, mai. Sur les plantes basses, les graminées, les borraginées.

R. *Chênehutte (au Petit-Puits)* (Ret.). — *Doué-la-Fontaine* (E. de I.). — Cité aussi de Souzay, à Champigny-le-Sec, par P. Lambert.

P. cylindrica L. Avril à juillet. Sur les ombellifères, les euphorbes, sur le tremble, le coudrier.

A. R. *Anjou* (Gall.). — *Anjou* (Thu.). — *Anjou* (I. C.). — *Château-Gontier (Mayenne)* (Br.). — *Andard* (H. Baz.). — *Saumur ; Mûrs ; Dampierre* (Abot).

P. nigricornis F. Mai à juillet. Sur les fleurs de la Tanaisie.

R. *Saint-Jean-de-la-Croix* (Mill.). — *Sainte-Gemmes* (Gall.). — *Saumur (4 sujets)* (Abot).

P. cœrulescens Scop. Mai à juillet. Sur *Echium vulgare* L. La larve ronge le bas de la tige.

A. C. *Anjou* (Gall.). — *Doué-la-Fontaine* (E. de I.). — *Chênehutte (au Petit-Puits)* (Ret.). — *Lué* (Perr.). — *Env. d'Angers* (Surr.). — *Anjou* (U. A.). — *Anjou* (Thu.). — *Anjou* (I. C.). — *Fontaine-Guérin* (Pap.). — *Angers ; Marcé ; Epieds* (Abot).

Oberea Mulsant

O. pupillata Gyll. Mai à juillet. Vit dans les chèvrefeuilles.
R. R. *Anjou* (Mill.). — *Anjou* (U. A.).

O. oculata L. Mai à août. Sur les saules.

C. *Anjou (bords de la Loire)* (Gall.). — *Cholet ; Chênehutte* (Ret.). — *Env. d'Angers* (Surr.). — *Anjou* (U. A.). — *Anjou* (Thu.). — *Anjou* (I. C.). — *Denée ; Saint-Jean-de-la-Croix ; Juigné-sur-Loire* (Pap.). — *Champtoceaux* (Br.). — *Saumur ; Souzay* (Abot).

O. linearis L. Mai à juillet. Sur les noisetiers, dans les rameaux desquels vit sa larve.

A. R. *Angers ; Combrée ; La Breille* (Mill.). — *Lué* (Perr.). — *Anjou ; Saumur* (U. A.). — *Anjou* (Thu.). — *Anjou* (I. C.). — *Le Pin-en-Mauges* (Pap.). — *Turquant* (2 ex.) (Abot).

O. erythrocephala Schrank. Mai à juillet. Vit sur les Euphorbes.

R. *Saumur (île Ponneau)* (Revellière). — *Chênehutte (au Petit-Puits)* (Ret.). — *Ecouflant* (Perr.). Cité aussi de Souzay, à Champigny-le-Sec (Guépin, Perr.). — *Anjou* (Thu.). — *Champtoceaux* (Br.). — *Fontevrault* (1 sujet) (Abot).

CHRYSOMELIDŒ
Eupodœ

Macroplea Curtis

[**M. appendiculata** Panz.]

M. appendiculata Panz. **ab. Chevrolati** Lac. Septembre à octobre. La larve vit dans des coques transparentes sur les racines des *Potamogeton* et des *Myriophyllum* ; l'insecte parfait sur ces mêmes plantes.

R. R. *Bouchemaine (dans la Maine)* (Gall.). — *Anjou ; Bouchemaine* (Thu.).

Donacia Fabricius

D. crassipes F. Juin à août. Sur les feuilles des Nymphéacées, dans les marais.

A. C. *Anjou* (Gall.). — *Anjou* (U. A.). — *Anjou ; Pontigné* (Thu.). — *Montfaucon-sur-Moine ; Champtoceaux* (Br.). — *Marcé (à Chaloché)* (Abot).

D. appendiculata Ahr. Juin, juillet. Au bord des eaux, sur *Sparganium ramosum* Huds. et dans les foins coupés.

A. C. *Montrevault (bords de l'Evre)* (E. de I.). — *Lué* (Perr.). — *Anjou* (I. C.). — *Montrevault* (Pap.). — *Bouchemaine* (Abot).

D. clavipes F. Toute l'année. Sur les plantes aquatiques. La larve vit à la racine de l'*Alisma Plantago* L. Hiverne dans les foins coupés, les mousses.

A. R. *Anjou* (Gall.). — *Lué* (Perr.). — *Env. d'Angers* (Surr.). — *Fontaine-Guérin* (Pap.). — *Avoise (Sarthe)* (Abot).

D. semicuprea Panz. Juin à août. Sur les plantes aquatiques, les carex en fleur.

R. *Le Marillais (près de l'Erve)* (E. de I.). — *Anjou ; Pontigné* (Thu.). — *Avoise (Sarthe) (bords de la Sarthe)* (Abot).

D. dentata Hoppe. Mai à août. Sur les nénuphars et sur *Sagittaria sagittaefolia* L.

A. R. *Anjou* (Gall.). — *Env. d'Angers* (Surr.). — *Anjou* (U. A.). — *Ecouflant* (Br.).

D. versicolorea Brahm. Mai à octobre. Sur *Potamogeton natans* L. et autres plantes aquatiques.

A. R. *Anjou* (Gall.). — *Anjou ; Pontigné* (Thu.).

D. aquatica L. Mai à octobre. Sur diverses plantes aquatiques.
R. R. *Anjou* (I. C.).

! **D. brevicornis** Ahr. Mai à octobre. Sur diverses plantes aquatiques.

R. R. Signalé à *Saint-Georges-sur-Loire (étang de Chevigné)* (Br.).

D. impressa Payk. Mai à octobre. Sur diverses plantes aquatiques.
R. R. *Pontigné ; Baugé* (Thu.).

D. marginata Hoppe. Toute l'année. Marais : sur les *Sparganium*. Hiverne dans les mousses et les bottes de roseaux.

C. *Anjou* (Gall.). — *Chênehutte* (Ret.). — *Lué* (Perr.). — *Anjou* (U. A.). — *Anjou ; Pontigné* (Thu.). — *Anjou* (I. C.). — *Pontigné ; Baugé* (Pap.). — *Marans* (H. Baz.). — *Angers (étang Saint-Nicolas) ; Saint-Georges-sur-Loire* (Br.). — *Angers* (Abot).

D. bicolora Zschach. Avril à octobre. Sur les *Sparganium*, les sagittaires et autres plantes quatiques.

A. C. *Anjou* (Gall.). — *Chênehutte* (Ret.). — *Lué* (Perr.). — *Env. d'Angers* (Surr.). — *Anjou* (U. A.). — *Anjou ; Pontigné ;* (Thu.). — *Anjou* (I. C.). — *Marans* (H. Baz.). — *Les Ponts-de-Cé* (Br.). — *Avoise (Sarthe* (Abot).

D. thalassina Germ. Mai à octobre. Au bord des eaux, sur *Scirpus palustris* L.

R. R. *Chênehutte* (Ret.). — *Saumur (1 sujet)* (Abot).

D. vulgaris Zschach. Mai à juillet. Sur les Typhacées.

R. *Le Marillais (bords de l'Evre)* (E. de I.). — *Chênehutte (rives de la Loire)* (Ret.). — *Anjou* (Thu.). — *Marans (1 ex.)* (H. Baz.). — *Saumur (2 ex.)* (Abot).

D. simplex F. Mai à septembre. Bords des eaux ; sur les *Sparganium.*

C. *Anjou* (Gall.). — *Chênehutte (rives de la Loire)* (Ret.). — *Lué* (Perr.). — *Env. d'Angers* (Surr.). — *Anjou* (U. A.). — *Anjou ; Pontigné ;* (Thu.). — *Anjou* (I. C.). — *Marans* (H. Baz.). — *Saint-Georges-sur-Loire* (Br.). — *Angers ; Avoise (Sarthe)* (Abot).

D. cinerea Herbst. Mars à novembre. Sur les Typhacées et dans les bottes de foin ; aussi sur les *Hydrocharis morsus-Ranae.*

A. C. *Angers (étang Saint-Nicolas) ; Les Ponts-de-Cé (Jossés de Sorges)* (Mill.). — *Etang de Cunault* (Mme *de Buzelet*). — *La Meignanne (de Joannis).* — *Sainte-Gemmes* (Gall.). — *Cholet (bords de la Moine)* (Ret.). — *Anjou* (U. A.). — *Anjou* (Thu.). — *Anjou* (I. C.).

D. tomentosa Ahr. Mai à septembre. Sur les Typhacées et les *Equisetum*, et sur *Butomus umbellatus.*

R. *Anjou* (Gall.). — *Anjou* (Perr.). — *Fontaine-Guérin* (Pap.).

Plateumaris Thomson

P. sericea L. Avril à septembre. Sur les carex.

C. *Anjou* (Mill.). — *Anjou* (Gall.). — *Cholet ; Chênehutte (au Petit-Puits)* (Ret.). — *Lué* (Perr.). — *Anjou* (U. A.). — *Anjou* (Thu.). — *Saint-Quentin-en-Mauges (étang de la Gilière)* (Pap.). — *Marcé (à Chaloché) ; Allonnes (étang du Bellay)* (Abot).

P. sericea L. ab. **Festucæ** F. Mêmes époques. Sur diverses plantes au bord des rivières.

R. *Cholet ; Chênehutte (au Petit-Puits)* (Ret.).

P. sericea L' ab. **micans Panz.** Mêmes époques et mêmes emplacements.

R. *Cholet ; Chênehutte (au Petit-Puits)* (Ret.).

P. sericea L. ab. **armata** Payk. Mêmes époques et mêmes lieux.

A. R. *Beaupréau (bords de l'Evre)* (Ret.). — *Allonnes (étang du Bellay) ; Marcé (à Chaloché)* (Abot).

P. sericea L. ab. **Nymphææ** F. Mêmes époques et mêmes lieux.

A. R. *Cholet ; Chênehutte (au Petit-Puits)* (Ret.). — *Anjou* (U. A.). — *Marcé (à Chaloché)* (Abot).

P. sericea L. **ab. violacea** Gyll. Mêmes époques et mêmes lieux.
A. R. *Marcé (à Chaloché)* (Abot).

P. discolor Panz. Mai à septembre. Sur *Caltha palustris* et autres plantes du bord des eaux.

A. R. *Anjou* (Mill.). — *Anjou ; Pontigné* (Thu.). — *Allonnes (étang du Bellay) ; Avoise (Sarthe) (bords de la Sarthe)* (Abot).

P. consimilis Schrank. Avril à juin. Sur les Cypéracées et sous les feuilles mortes des endroits marécageux.

R. R. *Anjou* (Mill.).

Orsodacne Latreille

O. cerasi L. Avril et mai. Sur les fleurs des prunelliers, des mérisiers, des aubépines, des cerisiers.

A. C. *Anjou* (Mme de Buzelet). — *Chênehutte (au Petit-Puits)* (Ret.). — *Anjou* (Perr.). — *Anjou ; Pontigné* (Thu.). — *Anjou* (I. C.). — *Anjou* (Pap.). — *Saumur* (Abot).

O. lineola Panz. Avril, mai. Sur les fleurs des rosacées.

R. *Anjou* (I. C.). — *Saint-Barthélemy (à Pignerolles)* (Br.). — *Saint-Barthélemy* (Abot).

O. lineola Panz. **ab. humeralis** Latr. Avril, mai. Sur les fleurs de prunelliers, de mérisiers, d'aubépines.

R. *Anjou* (Mme de Buzelet). — *Lué* (Perr.). — *Brain-sur-l'Authion (1 ex.)* (H. Baz.). — *Anjou* (I. C.).

Zeugophora Kunze

Z. subspinosa F. Avril à septembre. Sur les peupliers, les bouleaux, les noisetiers, les aulnes.

A. R. *Anjou* (Mill.). — *Saint-Laurent-des-Autels (forêt de la Foucaudière) ; Saint-Crespin* (E. de I.). — *Anjou ; La Prévière* (Thu.). — *Anjou* (I. C.).

Z. flavicollis Marsh. Mai à août. Sur les peupliers.

R. *Anjou* (Gall.). — *Lué* (Perr.). — *Dampierre (1 sujet)* (Abot).

Lema Lacordaire

L. puncticollis Curt. Toute l'année. Sur les graminées et dans les mousses l'hiver.

R. R. *Anjou ; Pontigné* (Thu.).

L. cyanella L. Toute l'année. Sur les graminées et l'hiver dans les mousses.

C. *Anjou* (Mill.). — *Chênehutte (au Petit-Puits)* (Ret.). — *Lué* (Perr.). — *Env. d'Angers* (Surr..) — *Anjou ; Pontigné* (Thu.). — *Anjou* (I. C.). — *Saint-Georges-sur-Loire (à Chevigné) ; Thorigné* (Br.). — *Saumur ; Saint-Barthélemy ; Avoise (Sarthe)* (Abot).

L. melanopus L. Toute l'année. Sur les graminées et l'hiver dans les mousses, les meules de foin.

C. *Anjou* (Mill.). — *Chaumont* (E. de I.). — *Cholet ; Chênehutte* (Ret.). — *Lué* (Perr.). — *Env. d'Angers* (Surr.). — *Anjou* (U. A.). — *Anjou ; Pontigné* (Thu.). — *Anjou* (I. C.). — *Le Pin-en-Mauges* (Pap.). — *Saint-Georges-sur-Loire (à Chevigné) ; Le Plessis-Grammoire ; Les Ponts-de-Cé Angers* (Br.). — *Marcé ; Montsoreau ; Saint-Barthélemy ; Angers ; Parcé (Sarthe)* (Abot).

L. melanopus L. **var. atrata** Waltl. Toute l'année. Sur les céréales.

R. *Lué* (Perr.). — *Anjou ; Pontigné* (Thu.).

Crioceris Geoffroy

C. Lilii Scop. Toute l'année. Dans les jardins, sur les lis. Hiverne dans la terre, au pied des lis.

C. C. *En Anjou, sur les lis.*

C. merdigera L. Toute l'année. Bois frais, sur *Convallaria majalis* L. L'hiver, sous les mousses, au pied des arbres.

A. C. *Angers ; Baugé ; Saumur* (Mill.). — *Saint-Laurent-des-Autels (forêt de la Foucaudière)* (E. de I.). — *Cholet ; Chênehutte (au Petit-Puits)* (Ret.). — *Combrée (forêt d'Ombrée) ; Lué* (Perr.). — *Env. d'Angers* (Surr.). — *Anjou ; Pontigné* (Thu.). — *Anjou* (I. C.). — *Saint-Melaine ; Montfaucon-sur-Moine* (Br.). — *Allonnes* (Abot).

C. duodecimpunctata L. Mai à septembre. Dans les jardins potagers, sur les asperges montées.

C. C. *Partout en Anjou, sur les asperges.*

C. Asparagi L. Février à septembre. Dans les jardins potagers, sur les asperges montées.

C. C. *Partout en Anjou, avec le précédent, sur les asperges.*

Labidostomis Redtenbacher

L. lusitanica Germ. Mai à juillet. Sur les céréales, les graminées et les plantes basses. Espèce surtout méridionale.

R. *Chênehutte (au Petit-Puits)* (Ret.). — *Montsoreau (1 ex.)* (Abot).

L. tridentata L. Mai à août. Sur les bouleaux, les chênes.

R. *Anjou* (Mill.). — *Lué* (Perr.). — *Anjou ; Pontigné* (Thu.). — *Anjou* (I. C.).

L. humeralis Schneid. Mai à août. Sur les plantes basses, les Graminées.

R. *Env. d'Angers* (Surr.). — *Anjou* (I. C.).

L. lucida Germ. Mai à août. Sur les gazons secs des terrains calcaires.

R. *Lué* (Perr.). — *Env. d'Angers* (Surr.).

L. longimana L. Juin à octobre. Sur les plantes basses dans les clairières, les prairies sèches ; sur les légumineuses.

A. C. *Anjou* (Mill. et Gall.). — *Chênehutte (au Petit-Puits)* (Ret.). — *Grez-Neuville ; Lué* (Perr.). — *Anjou ; Pontigné* (Thu.). — *Anjou* (I. C.). — *Montfaucon-sur-Moine* (Br.). — *Dampierre (à Fourneux) ; Gennes ; Montsoreau ; Lasse* (Abot).

L. cyanicornis Germ. Juin à septembre. Sur les herbes, au pied des arbres, landes et friches.

R. R. *Anjou* (Mill. et Gall.). — *Marcé (à Chaloché)* (1 ex.) (Abot).

Lachnæa Redtenbacher

L. cylindrica Lac. Juin à septembre. Sur les plantes basses, dans les landes sèches.

R. R. *Dampierre (à Fourneux)* (3 ex.) (Abot).

Clytra Laicharting

C. quadripunctata L. Mai à octobre. Sur les arbustes et jeunes taillis.

A. C. *Anjou* (Gall.). — *Saint-Laurent-des-Autels (forêt de la Foucaudière)* (E. de I.). — *Cholet ; Chênehutte (au Petit-Puits)* (Ret.). — *Lué* (Perr.). — *Anjou ; Pontigné* (Thu.). — *Anjou* (I. C.). — *Vallée de la Loire* (Pap.). — *Montfaucon-sur-Moine ; Angers (bords de l'étang Saint-Nicolas)* (Br.). — *Saumur* (1 ex.) ; *Dampierre* (2 ex.) (Abot).

C. læviuscula Ratzeb. Juin, juillet. Sur les saules.

A. R. *Anjou* (Gall.). — *Doué-la-Fontaine* (E. de I.). — *Cholet ; Chênehutte (au Petit-Puits)* (Ret.). — *Lué* (Perr.). — *Anjou* (U. A.). — *Montfaucon-sur-Moine* (Br.). — *Saumur ; Marcé ; Candes (Indre-et-Loire)* (Abot).

Gynandrophthalma Lacordaire

? **G. concolor** F. Juin, juillet. Champs de blé ; sur *Crataegus,
Quercus, Prunus*. Insecte méridional.

R. R. *Chênehutte (au Petit-Puits)* (Ret.). — *Anjou* (U. A.).

G. cyanea F. Mai à juillet. Sur les plantes basses des bois.

A. R. *Sainte-Gemmes* (Gall.). — *Chênehutte (au Petit-Puits)* (Ret.).
— *Lué* (Perr.). — *Anjou ; Pontigné* (Thu.).

? **G. aurita** L. Juin, juillet. Sur les saules, trembles, coudriers.

R. R. *Chênehutte (au Petit-Puits)* (Ret.).

G. affinis Hellw. Mai à juillet. Sur les prunelles, aubépines, chênes,
noisetiers.

R. *Chênehutte (au Petit-Puits)* (Ret.).

Chilotoma Redtenbacher

C. musciformis Göze. Juin à septembre. Sur les rumex.

R. *Sainte-Gemmes* (Gall.). — *Anjou ; Pontigné* (Thu.). — *Montfaucon-sur-Moine* (Br.). — *Saint-Barthélemy* (H. Baz.). — *Montsoreau ;
Parcé (Sarthe)* (Abot).

Coptocephala Chevrolat

C. unifasciata Scop. Juin à août. Sur les plantes basses, dans les
friches.

R. *Sainte-Gemmes* (Gall.). — *Marcé* (1 sujet) (*à Chaloché*) (Abot).

C. Scopolina L. Juin à août. Sur les plantes basses des terrains secs.
Plus spécial au Midi.

R. *Anjou* (Mill.). — *Anjou ; Pontigné* (Thu.). — *Anjou* (I. C.). —
Botz (Pap.).

C. rubicunda Laich. Juin, juillet. Sur diverses plantes basses des
terrains calcaires.

R. R. *Lué* (Perr.).

? **C. floralis** Lac. Juillet. Friches calcaires. Espèce d'Espagne,
improbable en Anjou.

R. R. *Anjou* (Mill.).

Cryptocephalus Geoffroy

C. 4-punctatus Oliv. Mai à juillet. Sur divers arbustes et plantes basses.

R. *Marcé (à Chaloché)* (Abot).

C. Coryli L. Mai, juin. Sur les bouleaux, coudriers, saules.

R. *Anjou* (Gall.). — *Lué* (Perr.). — *Anjou* (I. C.).

C. octopunctatus Scop. Mai, juin. Sur les aubépines, les aulnes, les coudriers, les saules.

R. *Anjou* (Gall.).

C. primarius Harold. Juin, juillet. Dans les friches, les terrains arides.

R. *Chênehutte (au Petit-Puits)* (Ret.). — *Botz* (Pap.). — *Dampierre (à Fourneux)* (2 ex.) (Abot).

! **C. imperialis** Laich. Mai, juin. Sur les chênes, bouleaux, jeunes taillis.

R. R. *Lué* (Perr.)..

C. bipunctatus L. Mai à août. Sur les saules, bouleaux, chênes.

C. *Anjou* (Gall.). — *Cholet ; Chênehutte (au Petit-Puits)* (Ret.). — *Lué* (Perr.). — *Env. d'Angers* (Surr.). — *Anjou* (U. A.). — *Anjou ; Pontigné* (Thu.). — *Anjou* (I. C.). — *Botz* (Pap.). — *Angers (à La Paperie)* (Br.). — *Dampierre ; Gennes ; Candes (Indre-et-Loire) ; Parcé et Avoise (Sarthe)* (Abot).

C. biguttatus Scop. Juin, juillet. Sur divers arbustes, dans les prairies humides.

A. R. *Saint-Laurent-des-Autels (forêt de la Foucaudière)* (E. de I.). — *Chênehutte (au Petit-Puits)* (Ret.). — *Env. d'Angers* (Surr.). — *Anjou ; Pontigné* (Thu.). — *Anjou* (I. C.).

C. rugicollis Oliv. Juin à août. Sur les buissons et sur les chicoracées. Espèce surtout méridionale.

R. *Anjou* (Gall.). — *Chênehutte (au Petit-Puits)* (Ret.). — *Anjou* (U. A.). — *Botz* (Pap.). — *Saint-Melaine* (Br.). — *Dampierre (à Fourneux)* (2 ex.) (Abot).

C. rugicollis Oliv. **ab. humeralis** Oliv. Mêmes dates et mêmes lieux que le type.

R. *Souzay (à Champigny-le-Sec)* (1 ex.) (E. de I..) — *Chênehutte* (Ret.). — *Dampierre (à Fourneux)* (1 ex.) (Abot).

C. aureolus Suffr. Mai à juillet. Sur les pelouses, dans les prés secs.

C. *Chênehutte (au Petit-Puits)* (Ret.).—*Lué* (Perr.).— *Anjou* (U. A.). — *Baugé ; Pontigné ; Saint-Georges-du-Bois* (Pap.). — *Dampierre ; Gennes ; Montsoreau ; Sainte-Gemmes* (Abot).

C. sericeus L. Avril à septembre. Dans les friches, sur les composées.

C. *Anjou* (Gall.). — *Chênehutte (au Petit-Puits)* (Ret.). — *Lué* (Perr.). — *Env. d'Angers* (Surr.). — *Anjou* (U. A.). — *Anjou ; Pontigné* (Thu.). — *Baugé ; Pontigné* (Pap.). — *Dampierre ; Lasse* (Abot).

C. sericeus L. **ab. pratorum** Suffr. Mêmes époques et mêmes emplacements que le type.

R. *Marcé (à Chaloché) ; Dampierre (à Fourneux) ; Montsoreau ; Allonnes* (Abot).

C. cristula Duf. Juin à septembre. Dans les friches, sur les composées et les genêts.

A. R. *Anjou* (Gall.). — *Lué* (où il est commun) (Perr.). — *Anjou* (U. A.). — *Saumur* (1 ex.) (Abot).

C. violaceus Laich. Mai à juillet. Clairières des bois, sur les fleurs des composées.

A. R. *Anjou* (Gall.). — *Chênehutte (au Petit-Puits)* (Ret.). — *Soulanger* (E. de I.). — *Anjou ; Pontigné* (Thu.). — *Mozé ; Denée* (Pap.). — *Dampierre (à Fourneux)* (Abot).

C. nitidus L. Mai, juin. Buissons et jeunes taillis, sur les bouleaux, les coudriers.

R. *Lué* (Perr.). — *Anjou* (I. C.). — *Allonnes* (1 ex.) (Abot).

C. parvulus Müll. Mai à septembre. Sur les bouleaux, les aulnes.

R. *Anjou* (Gall.). — *Lué* (Perr.). — *Sainte-Gemmes* (Br.).

C. marginatus F. Mai à septembre. Sur les bouleaux, les saules, les chênes.

R. *Anjou* (Gall.). — *Lué* (Perr.).

C. Pini L. Mai à septembre. Sur les jeunes pins.

R. R. *Chaumont (bois de Rouvaux et Chaloché)* (E. de I.).

C. decemmaculatus L. Juin à août. Sur les saules.

R. *Anjou* (Gall.). — *Anjou* (I. C.). — *Botz* (Pap.).

C. Moræi L. Mai à septembre. Bois et prairies, sur les *Hypericum*, les *Galium* et les *Spartium*.

A. C. *Sainte-Gemmes* (Gall.). — *Cholet ; Chênehutte (au Petit-Puits)* (Ret.). — *Lué* (Perr.). — *Env. d'Angers* (Surr.). — *Anjou ; Pontigné* (Thu.). — *Anjou* (I. C.). — *Thorigné* (Br.). — *Marcé (à Chaloché) ; Lasse ; Pontigné* (Abot).

C. Moræi L. **ab. vittiger** Mars. Mêmes époques et mêmes stations. R. *Lué* (Perr.).

? C. crassus Oliv. Juin, juillet. Plantes herbacées, en terrains chauds et découverts. Méridional, peu probable en Anjou.
R. R. *Chênehutte (au Petit-Puits)* (Ret.).

C. octacosmus Bed. Juin et juillet. Plantes herbacées, en terrains marécageux.
R. R. *Lué* (Perr.).

C. flavipes F. Mai à août. Sur les bouleaux, les coudriers, les saules.
C. *Anjou* (Gall.). — *Chênehutte (au Petit-Puits)* (Ret.).). — *Lué* (Perr.). — *Env. d'Angers* (Surr.). — *Soulanger* (E. de I.). — *Anjou* (U. A.). — *Anjou ; Pontigné* (Thu.). — *Le Pin-en-Mauges ; La Chaussaire* (Pap.). — *Dampierre ; Montsoreau* (Abot).

C. vittatus F. Juin à octobre. Sur diverses plantes herbacées.
A. C. *Anjou* (Gall.). — *Cholet ; Chênehutte (au Petit-Puits)* (Ret.). — *Lué* (Perr.). — *Env. d'Angers* (Surr.). — *Anjou ; Pontigné* (Thu.). — *Anjou* (I. C.). — *Beaupréau ; Thorigné* (Br.). — *Angers ; Montsoreau ; Marcé* (Abot).

C. bilineatus L. Juin à septembre. Sur *Leucauthemum vulgare* Lam. et sur *Statice armeria*.
A. R. *Anjou* (Gall.). — *Chênehutte (au Petit-Puits)* (Ret.). — *Lué* (Perr.). — *Anjou ; Pontigné* (Thu.). — *Anjou* (I. C.).

C. chrysopus Gmel. Mai à août. Sur les prunelliers et les saules.
A. R. *Sainte-Gemmes* (Gall.). — *Saint-Florent-le-Vieil* (Chevrolat). — *Saint-Laurent-des-Autels (forêt de la Foucaudière)* (E. de I.). — *Chênehutte (au Petit-Puits)* (Ret.). — *Anjou* (U. A.). — *Angers* (Br.).

! C. frontalis Marsh. Juin à septembre. Sur diverses plantes herbacées.
R. R. *Env. d'Angers* (Surr.).

C. ocellatus Drap. Mai à septembre. Sur les buissons, dans les bois.
A. R. *Anjou* (Gall.). — *Lué* (Perr.). — *Les Ponts-de-Cé* (Br.).

C. labiatus L. Mai à octobre. Sur les bouleaux, peupliers, chênes.

A. R. *Anjou* (Gall.). — *Lué* (Perr.). — *Anjou ; Pontigné* (Thu.). — *Anjou* (I. C.). — *Angers (étang Saint-Nicolas) ; Saint-Barthélemy (à Pignerolles)* (Br.). — *Avoise (Sarthe)* (Abot).

C. labiatus L. **ab. digrammus** Suffr. Mêmes dates et sur mêmes arbres.

R. *Lué* (Perr.).

C. pygmæeus F. Mai à septembre. Talus secs, sur *Thymus serpyllum* L., sur d'autres labiées et sur des légumineuses.

A. R. *Anjou* (Gall.). — *Gonnord* (E. de I.). — *Lué* ((Perr.). — *Env. d'Angers* (Surr.). — *Trèves-Cunault* (Br.). — *Marcé (à Chaloché)* (Abot).

C. fulvus Gôze. Mai à septembre. Sur les plantes basses, principalement les labiées. Endroits chauds et découverts.

R. *Anjou* (Gall.). — *Lué* (Perr.). — *Anjou* (U. A.).

C. ochroleucus Fairm. Mai à septembre. Sur plantes herbacées en endroits secs.

R. R. *Champtoceaux ; Les Ponts-de-Cé* (Br.).

! **C. macellus** Suffr. Mai à septembre. Sur *Prunus spinosa* et peut-être sur le chêne. Insecte méridional, dont la présence ne peut être qu'accidentelle en Anjou.

R. R. *Lué (sur des Thuyas)* (Perr.).

C. Populi Suffr. Juin, juillet. Sur *Populus nigra* L.

R. *Anjou* (Gall.). — *Saint-Florent-le-Vieil* (Chevrolat). — *Lué* (Perr.). — *Dampierre ; Marcé* (Abot).

C. pusillus F. Juin à octobre. Dans les bois, sur chênes, coudriers.

A. R. *Anjou* (Gall.). — *Lué* (Perr.). — *Anjou ; Pontigné* (Thu.). — *Angers (étang Saint-Nicolas)* (Br..) — *Dampierre* (Abot).

C. pusillus F. **ab. Marshami** Weise. Mêmes époques et même habitat que le type.

R. *Chênehutte (au Petit-Puits)* (Ret.).

C. rufipes Gôze. Mai à septembre. Sur peupliers, saules, coudriers.

A. R. *Chênehutte (au Petit-Puits)* (Ret.). — *Lué ; Grez-Neuville* (Perr.). — *Anjou* (U. A.). — *Env. d'Angers* (Surr.). — *Les Ponts-de-Cé* (Br.).

Pachybrachis Redtenbacher

P. hieroglyphicus Laich. Juin à août. Sur buissons et jeunes taillis chauds et ensoleillés.

A. C. *Sainte-Gemmes* (Gall.). — *Lué* (Perr.). — *Env. d'Angers* (Surr.). — *Anjou* (U. A.). — *Les Ponts-de-Cé* (Br.). — *Dampierre* (Abot).

P. hieroglyphicus Laich. **ab. tristis** Laich. Mêmes époques et même habitat que le type.

R. *Chênehutte (au Petit-Puits)* (Ret.).

P. suturalis Ws. Mai à août. Sur les plantes herbacées et les buissons.

R. R. *Gennes ; Les Rosiers-sur-Loire* (Pap.).

P. tessellatus Oliv. Juin, juillet. Sur les buissons, dans les jeunes taillis des terrains calcaires.

R. *Lué* (Perr.). — *Anjou ; Pontigné* (Thu.). — *Gennes ; Les Rosiers-sur-Loire* (Pap.). — *Saumur* (1 ex.) (Abot).

Lamprosoma Kirby

L. concolor Sturm. Juin à novembre. Sur les lierres.

R. R. *Lué* (Perr.).

Pachnephorus Redtenbacher

P. pilosus Rossi. Août, septembre. Terrains sablonneux bien exposés au soleil, sur les plantes et sous les pierres.

R. *Saumur* (Court.). — *Anjou ; Saumur* (Thu.).

Bromius Redtenbacher

B. obscurus L. Juillet, août. Sur *Epilobium spicatum* Lam., et sur les saules et sur la vigne.

R. *Sainte-Gemmes* (Gall.). — *Anjou ; Sainte-Gemmes* (Thu.). — *Anjou* (I. C.).

B. obscurus L. **ab. villosulus** Schrank. Juillet, août. Sur les mêmes plantes que le type.

A. R. *Angers ; Saumur ; Sainte-Gemmes* (Gall.). — *Chênehutte (au Petit-Puits)* (Ret.). — *Lué* (Perr.). — *Anjou ; Pontigné* (Thu.). — *Anjou* (I. C.). — *Montfaucon-sur-Moine* (Br.). — *Dampierre* (Abot).

Chrysochus Redtenbacher

C. asclepiadeus Pall. Juillet. Vit sur le *Vincetoxicum officinale* Mœnch.

R. *Forêt de Fontevrault* (Mill.). — *Env. d'Angers* (Surr.).

Colaspidema Laporte

! **C. atrum** Oliv. Juillet, août. Sur les luzernes et les trèfles. Insecte méridional occidental, dont la présence en Anjou est incertaine.

R. R. *Anjou* (Gall.).

Gastroidea Hope

G. viridula Deg. Mai à juillet. Sur les rumex et les *Polygonum*.

C. *Sainte-Gemmes* (Gall.). — *Chênehutte* (Ret.). — *Lué ; La Ménitré* (Perr.). — *Trèves-Cunault* (Br.). — *Dampierre ; Parcé (Sarthe)* (Abot).

G. Polygoni L. Avril à octobre. Vit sur le *Polygonum aviculare* L.

C. *Sainte-Gemmes* (Gall.). — *Chênehutte* (Ret.). — *Lué* (Perr.). — *Env. d'Angers* (Surr.). — *Anjou* (Thu.). — *Anjou* (U. A.). — *Anjou* (I. C.). — *Les Ponts-de-Cé ; Le Lion-d'Angers* (Br.). — *Angers ; Saumur* (Abot).

Timarcha Latreille

T. tenebricosa F. Avril à octobre. Dans les herbes des talus et des bois. Vit sur le *Galium mollugo* L. et le *Galium aparine* L.

C. *Anjou* (Gall.). — *Cholet ; Chênehutte (au Petit-Puits)* (Ret.). — *Lué* (Perr.). — *Env. d'Angers* (Surr.). — *Anjou* (Thu.). — *Anjou* (I. C.). — *Anjou* (Pap.). — *Montrevault* (Br.). — *Angers ; Saumur* (Abot).

T. coriaria Laich. Toute l'année. Partout, dans les herbes et au bord des chemins. Hiverne sous les mousses. Vit sur les *Galium*.

C. C. *Partout en Anjou.*

T. coriaria Laich. **ab. ærea** Fairm. Epoques et station les mêmes que le type.

C. *Angers ; Saumur* (Abot).

T. coriaria Laich. **ab. purpurascens** Mars. Mêmes époques et même habitat que le type.

C. *Marans* (H. Baz.). — *Les Ponts-de-Cé ; Saumur ; Rou-Marson* (Abot).

? **T. Bruleriei** Bellier. Mai à septembre. Dans les mousses, le long des sentiers. Espèce de la France méridionale, très douteuse pour l'Anjou.

R. R. *Cholet ; Chênehutte (au Petit-Puits)* (Ret.). — *Env. d'Angers* (Surr.).

Chrysomela Linné

C. hæmoptera L. Mars à novembre. A terre et sur les plantes basses. Vit sur le *Plantago lanceolata* L.

C. *Les Ponts-de-Cé (butte de Rivet)* (Mill.). — *Anjou* (Gall.). — *Cholet ; Chênehutte (au Petit-Puits)* (Ret.). — *Lué* (Perr.). — *Env. d'Angers* (Surr.). — *Anjou* (U. A.). — *Anjou* (Thu.). — *Saumur ; Parcé et Avoise (Sarthe)* (Abot).

C. gœttingensis L. Avril à octobre. Bois frais et marais. Sous les mousses, les herbes, les fagots. Vit sur *Glechoma hederacea* L. et sur les menthes.

A. C. *Aubigné-Briand* (Mill.). — *Gennes* (Mme de Buzelet). — *Anjou* (Gall.). — *Cholet ; Chênehutte (au Petit-Puits)* (Ret.). — *Lué* (Perr.). — *Env. d'Angers* (Surr.). — *Anjou* (U. A.). — *Beaulieu* (Pap.). — *Rochefort-sur-Loire* (H. Baz.). — *Saumur ; Saint-Hilaire-Saint-Florent* (Abot).

C. limbata F. Mai à août. Sur les plantes basses, en terrains chauds et sablonneux.

A. R. *Soucelles* (Trouessart). — *Cholet ; Chênehutte (au Petit-Puits)* (Ret.). — *Anjou* (U. A.). — *Anjou* (I. C.).

C. lurida L. Mai à juillet. Au pied des plantes, sous les pierres, dans les terrains sablonneux.

A. R. *Sainte-Gemmes* (Gall.). — *Chênehutte (au Petit-Puits)* (Ret.). — *Anjou* (I. C.). — *Mûrs (2 ex.).* (Abot).

C. Banksi F. Juin à octobre. Sur *Ballota fœtida*, et *Marrubium vulgare*.

A. C. *Sainte-Gemmes* (Gall.). — *Cholet ; Chênehutte (au Petit-Puits)* (Ret.). — *Env. d'Angers* (Surr.). — *Anjou* (U. A.). — *Anjou* (Thu.). — *Anjou* (I. C.). — *La Chaussaire ; Mozé ; Le Pin-en-Mauges ; Saint-Quentin-en-Mauges* (Pap.). — *Chemillé* (Br.). — *Dampierre ; Sainte-Gemmes* (Abot).

C. staphylea L. Toute l'année. Sous les mousses, les pierres, les feuilles mortes, les fagots ; sur les plantes basses.

A. R. *Anjou* (Mill. et Gall.). — *Saint-Laurent-des-Autels (lisière de la forêt de la Foucaudière* (E. de I.). — *Chênehutte (au Petit-Puits)* (Ret.). — *Env. d'Angers* (Surr.). — *Anjou* (I. C.). — *Beaulieu ; Gesté (bois de la Forêt)* (Pap.). — *Avoise (Sarthe) (forêt de Pescheseul)* (Abot).

! **C. gypsophilæ** Küst. Mai à octobre. Endroits découverts, chauds et sablonneux, sur les Linaires.

R. R. *Chênehutte (au Petit-Puits)* (Ret.).

C. sanguinolenta L. Toute l'année. Sur les chemins, sur les plantes basses, sous les pierres, les mousses. Vit sur les Linaires.

C. *Anjou* (Gall.). — *Saint-Laurent-des-Autels (forêt de la Foucaudière)* (E. de I.). — *Cholet ; Chênehutte (au Petit-Puits)* (Ret.). — *Lué* (Perr.). — *Env. d'Angers* (Surr.). — *Anjou* (U. A.). — *Anjou* (Thu.). — *Anjou* (I. C.). — *Fontaine-Guérin* (Pap.). — *Trélazé ; Angers (coteaux Saint-Nicolas) ; Montfaucon-sur-Moine* (Br.). — *Saumur ; Saint-Hilaire-Saint-Florent ; Dampierre ; Parcé (Sarthe)* (Abot).

C. marginata L. Juin à octobre. Endroits découverts, calcaires ou sablonneux, au pied des plantes basses.

R. *Chênehutte (au Petit-Puits)* (Ret.).

[**C. fuliginosa** Oliv.]

C. fuliginosa Oliv. **ab. Galii** Ws. Avril à octobre. Sur les centaurées des prés et dans les mousses.

R. *Anjou* (Mill. et Gall.). — *Lué* (Perr.).

C. rufoænea Suffr. Juin à septembre. Sur les plantes basses, dans les prés et les pelouses, en terrains secs.

R. R. *Saumur* (Fairmaire). — *Combrée* (Perr.).

C. geminata Payk. Avril à novembre. Vit sur les *Hypericum ;* sous les foins coupés.

R. *Cholet* (Ret.). — *Env. d'Angers* (Surr.). — *Chaumont ; Lué* (Pap.). — *Saumur ; Marcé ; Parcé et Avoise (Sarthe)* (Abot).

C. quadrigemina Suffr. Juin à août. Sur les millepertuis.

R. *Lué* (Perr.). — *Env. d'Angers* (Surr.).

C. Hyperici Forst. Mai à septembre. Sur les *Hypericum*.

C. *Anjou* (Mill. et Gall.). — *Chaumont* (E. de I.). — *Chênehutte (au Petit-Puits)* (Ret.). — *Lué* (Perr.). — *Env. d'Angers* (Surr.). — *Anjou* (U. A.). — *Anjou* (Thu.). — *Anjou* (I. C.). — *Chaumont ; Lué ; Gennes* (Pap.). — *Saint-Barthélemy (à Pignerolles) ; Angers (coteaux de l'étang Saint-Nicolas) ; Saint-Melaine* (Br.). — *Angers ; Saumur ; Gennes ; Lasse* (Abot).

! **C. Salviæ** Germ. Mai à septembre. Sur les sauges. Espèce plus particulièrement du Midi.

R. R. *Saumur* (1 ex.) (Abot).

C. cerealis L. Juin à août. Dans les friches ; au bord des bois ; sur *Thymus serpyllum* L., et parfois sur les genêts et les bruyères

A. C. *Baugé* (Turp.). — *Distré (bois de Pocé)* (Mill.). — *Saint-Hilaire-Saint-Florent* (Court.). — *Chênehutte (au Petit-Puits)* (Ret.).

— *Lué* (Perr.). — *Env. d'Angers* (Surr.). — *Anjou* (U. A.). — *Anjou* (Thu.). — *Anjou* (I. C.). — *Distré (bois de Pocé)* (Pap.). — *Distré (bois de Pocé) ; Vernoil* (Abot).

C. œrulans Scriba. Mai à juillet. Sur les menthes.
R. *Saumur (île Maffray)* (Revel.). — *Saint-Jean-de-la-Croix* (Mill.). — *Chênehutte (au Petit-Puits)* (Ret.). — *Anjou* (Thu.).

C. fastuosa Scop. Toute l'année. Dans les champs et les bois. Vit sur les *Galeopsis,* les orties, les pariétaires.
C. *Rou-Marson (bords de l'étang de Marson)* (Mill.). — *Lué* (Perr.). — *Chênehutte (au Petit-Puits)* (Ret.). — *Env. d'Angers* (Surr.). — *Anjou* (U. A.). — *Anjou* (Thu.). — *Anjou* (I. C.). — *Fontaine-Guérin* (Pap.). — *Saumur* (Abot).

C. fastuosa Scop. **ab. speciosa** L. Toute l'année. Sur les Epilobes.
R. *Chênehutte (au Petit-Puits)* (Ret.).

C. graminis L. Mai. Dans les marais.
R. *Anjou* (Mill.). — *Sainte-Gemmes* (Gall.). — *Env. d'Angers* (Surr.). — *Anjou* (U. A.). — *Anjou* (Thu.). — *Anjou* (I. C.).

C. Menthastri Suffr. Mai à août. Endroits frais, sur les menthes.
A. C. *Anjou* (Mill.). — *Sainte-Gemmes* (Gall.). — *La Chapelle-Saint-Laud* (E. de I.). — *Cholet (bords de la Moine) ; Chênehutte (île Saint-Jean)* (Ret.). — *Lué* (Perr.). — *Env. d'Angers* (Surr.). — *Anjou* (U. A.). — *Baugé ; Fontaine-Guérin ; Saint-Georges-du-Bois* (Pap.). — *Saumur ; Parcé (Sarthe)* (Abot).

C. varians Schaller. Mars à octobre. Sur les *Hypericum* et les Centaurées. Parfois dans les mousses et sous les feuilles mortes.
A. R. *Anjou* (Mill. et Gall.). — *Le Fief-Sauvin (forêt de Leppo) ; Saint-Laurent-des-Autels (forêt de la Foucaudière)* (E. de I.). — *Chênehutte (au Petit-Puits)* (Ret.). — *Lué* (Perr.). — *Anjou* (I. C.). — *Baugé* (Pap.). — *Saint-Barthélemy (à Pignerolles)* (Br.).

C. polita L. Toute l'année. Sur les menthes, parfois dans les mousses, les détritus.
A. C. *Anjou (bords de la Loire)* (Gall.). — *Distré (à Presle)* (Mill.). — *Chênehutte* (Ret.). — *Env. d'Angers* (Surr.). — *Anjou* (U. A.). — *Anjou* (Thu.). — *Anjou* (I. C.). — *Saint-Georges-du-Bois* (Pap.). — *Dampierre ; Brézé* (Abot). — *Lué* (Perr.).

Chrysochloa Hope

? **C. tristis** F. Juin à août. Vit sur les Centaurées. Paraît douteux en Anjou.
R. R. *Anjou* (U. A.). — *Anjou* (I. C.).

[**C. gloriosa** F.]

? C. gloriosa F. **var. superba** Oliv. Juin à août. Sur plantes herbacées. Non probable en Anjou.

R. R. *Cholet* (R.). — *Anjou* (I. C.).

Phytodecta Kirby

P. viminalis L. Mai, juin. Sur les touffes de saule.

A. R. *Anjou* (Mill. et Gall.). — *Lué* (Perr.). — *Anjou* (Thu.).

P. rufipes Deg. Mai, juin. Sur les saules, les peupliers, aussi sur les bruyères.

A. R. *Saint-Laurent-des-Autels (forêt de la Foucaudière)* (E. de I.). — *Chênehutte (au Petit-Puits).* — *Anjou* (Perr.).

P. rufipes Deg. **ab. sexpunctatus** F. Mêmes époques et même habitat que le type.

R. *Anjou (forêt de Val)* (Perr.).

P. olivaceus Forst. Avril à septembre. Sur *Sarothamnus scoparius* K.

A. C. *Lué* (Perr.). — *Dampierre ; Avoise (Sarthe)* (Abot).

P. olivaceus Forst. **ab. liturus** Fabr. Avril à septembre. Sur les genêts et les bruyères.

C. *Anjou* (Gall.). — *Cholet ; Chênehutte (au Petit-Puits)* (Ret.). — *Env. d'Angers* (Surr.). — *Anjou* (U. A.). — *Anjou* (Thu.). — *Anjou* (I. C.). — *Trélazé ; Champtoceaux ; Montrevault ; Saint-Melaine ; Château-Gontier (Mayenne)* (Br.). — *Saumur ; Parcé et Avoise (Sarthe)* (Abot).

Phyllodecta Kirby

P. vulgatissima L. Toute l'année. Sur les saules, les peupliers ; hiverne sous les écorces, dans les mousses, au pied des arbres.

C. *Sainte-Gemmes (bords des fossés de l'Authion)* (Gall.). — *Chênehutte (au Petit-Puits)* (Ret.). — *Chaumont (étang de Malaguet) ; Lué ; La Ménitré* (Perr.). — *Les Ponts-de-Cé ; Montrevault ; Trêves-Cunault ; Champtoceaux ; Maulévrier* (Br.). — *Saumur ; Les Ponts-de-Cé* (Abot).

P. vitellinœ L. Toute l'année. Sur les saules, les peupliers. Hiverne comme le précédent, sous les écorces, dans les mousses, au pied des arbres.

C. *Sainte-Gemmes (bords des fossés de l'Authion)* (Gall.). — *Saint-Pierre-Montlimart* (E. de I.). — *Chênehutte (au Petit-Puits)* (Ret.). — *Lué* (Perr.). — *Anjou* (I. C.). — *Saumur ; Saint-Barthélemy* (Abot).

P. laticollis Suffr. Toute l'année. Sur les trembles, l'hiver sous les écorces et dans les mousses.

A. R. *Thorigné* (Br.). — *Saumur* (Abot.).

Hydrothassa Thomson

H. marginella L. Toute l'année. Marais. Sur les Renonculacées.
A. R. *Anjou* (Gall.). — *Anjou* (I. C.).

Prasocuris Latreille

P. Phellandrii L. Mars à novembre. Marais. Sur *Phellandrium aquaticum* L., *Cicuta virosa* L., *Sium latifolium* L., et dans les foins coupés.

A. C. *Anjou* (Gall.). — *Anjou* (V. A.). — *Anjou* (I. C.). — *Andard* (H. Baz.). — *Saint-Florent-le-Vieil* (Br.).

P. Junci Brahm. Mars à novembre. Marais. Sur le cresson, les véroniques et dans les foins coupés.

A. C. *Anjou* (Gall.). — *Saint-Georges-du-Puy-de-la-Garde* (E. de I.). — *Lué* (Perr.). — *Anjou* (I. C.).

Sclerophædon Weise

!**S. carniolicus** Germ. Mai à août. Sur les renonculacées et les herbes. Espèce du centre montagneux. Capture accidentelle.

R. R. *Sainte-Gemmes* (3 exempl. dét. par Desbrochers) (Abot).

Phædon Latreille

P. pyritosus Rossi. Juin. Sur les fleurs de Renoncules.
R. *Lué* (Perr.). — *Sainte-Gemmes* (Br.). — *Angers* (1 ex.) (Abot).

!**P. lœvigatus** Duft. Mai à juin. Sur diverses fleurs et plantes basses. Espèce du centre montagneux. Capture accidentelle.
R. R. *Chênehutte* (Ret.).

P. Cochleariæ F. Toute l'année. Sur *Nasturtium officinale* R. Br. et *Roripa amphibia* Besser. L'hiver sous les écorces et dans les mousses.
R. *Anjou* (Gall.). — *Saumur* (Abot).

P. Armoraciæ L. Toute l'année. La larve vit sur les feuilles de *Veronica beccabunga* L. Hivérne sous les écorces, les mousses et au pied des arbres.
C. *Anjou* (Mill. et Gall.). — *Chênehutte (au Petit-Puits).* — *Lué*

(Perr.). — *Env. d'Angers* (Surr.). — *Anjou* (I. C.). — *Marans* (H. Baz). — *Saumur* (Abot)..

P. Armoraciæ L. **var. salicinus** Heer. Toute l'année. Sur les saules.
R. *Anjou (au bord de la Loire)*, (Gall.).

Plagiodera Erichson

P. versicolor Laich. Toute l'année. Sur les feuilles des saules. Hiverne sous les écorces et dans les mousses.

C. *Anjou* (Gall.). — *Chênehutte (au Petit-Puits)* (Ret.). — *Lué ; Chaumont (marais de Malaguet)* (Perr.). — *Anjou* (I. C.). — *Les Ponts-de-Cé ; Montrevault ; Château-Gontier (Mayenne)* (Br.). — *Saumur* (Abot).

Melasoma Stephens

M. ænea L. Mars à septembre. Sur les aulnes et dans les mousses.

A. R. *Anjou* (Gall.). — *Env. d'Angers* (Surr.). — *Anjou* (I. C.). — *Saumur* (Abot).

? M. cuprea F. Mai à juillet. Sur le Millepertuis. Espèce de l'Europe centrale, peu probable en Anjou.

R. R. *Anjou* (Gall.).

M. Populi L. Avril à octobre. Bois et marais. Sur les jeunes rejets de peuplier, de tremble et de saule.

C. *Sainte-Gemmes* (Gall.). — *Chênehutte (au Petit-Puits)* (Ret.). — *Lué* (Perr.). — *Env. d'Angers* (Surr.). — *Anjou* (I. C.). — *Anjou* (Pap.) — *Les Ponts-de-Cé ; Trèves-Cunault* (Br.). — *Angers ; Sainte-Gemmes ; Avoise (Sarthe)* (Abot).

M. Tremulæ F. Avril à octobre. Bois et marais. Sur les jeunes pousses de peuplier, de tremble.

C. *Anjou* (Mill. et Gall.). — *Cholet ; Chênehutte (au Petits-Puits)* (Ret.). — *Env. d'Angers* (Surr.). — *Anjou* (I. C.). — *Anjou* (Pap.). — *Sainte-Gemmes* (Br.). — *Saumur ; Les Ponts-de-Cé* (Abot).

M. saliceti Ws. Mai à août. Sur les saules.
R. *Chênehutte (îles de la Loire)* (Ret.).

Agelastica Redtenbacher

A. Alni L. Toute l'année. Sur les aulnes. Hiverne sous les feuilles mortes, dans les mousses, au pied des arbres.

C. *Anjou* (Gall.). — *Cholet ; Chênehutte (au Petit-Puits)* (Ret.). —

Lué (Perr.). — *Env. d'Angers* (Surr.). — *Anjou* (U. A.). — *Anjou* (Thu.). — *Anjou* (I. C.). — *Montfaucon-sur-Moine ; Longué* (Br.). — *Rou-Marson ; Angers ; Les Ponts-de-Cé ; Ingrandes* (Abot).

Exosoma Jacoby

E. lusitanica L. Mai à août. Sur les chardons, les chicorées et les fleurs de diverses plantes basses.

C. *Anjou* (Gall.). — *Montreuil-Bellay ; Chênehutte (au Petit-Puits). — Saint-Georges-du-Puy-de-la-Garde* (E. de I.). — *Lué* (Perr.). — *Env. d'Angers* (Surr.). — *Anjou* (U. A.). — *Anjou* (Thu.). — *Anjou* (I. C.). — *Saint-Georges-sur-Loire* (Br.). — *Angers ; Dampierre ; Saumur* (Abot).

Phyllobrotica Redtenbacher

P. quadrimaculata L. Juin, juillet. Sur *Scutellaria galericulata*, au bord des étangs et des marais.

R. *Anjou* (I. C.).

Luperus Geoffroy

L. circumfusus Marsh. Mai à septembre. Dans les allées des bois ; vit sur les Sarothamnus et les Genista.

A. R. *Anjou* (Gall.). — *Chênehutte (au Petit-Puits),* (Ret.). — *Lué ; Angers ; La Flèche (Sarthe)* (Perr.). — *Env. d'Angers* (Surr). — *Anjou ; Angers ; Gennes ; Brézé ; Lasse ; Parcé (Sarthe)* (Abot).

! **L. saxonicus** Gmel. Juin à août. Sur la bourrache et les plantes basses. Espèce plus spéciale à l'Allemagne.

R. R. *Chênehutte (au Petit-Puits)* (Ret.). — *Env. d'Angers* (Surr.). — *Champtoceaux* (Br.).

L. niger Gôze. Mai, juin. Sur les haies, dans les taillis, sur le bouleau.

A. R. *Anjou* (Gall.). — *Lué* (Perr.). — *Anjou* (Thu.). — *Anjou* (I. C.). — *Angers* (Br.). — *Allonnes ; Lasse ; Parcé (Sarthe)* (Abot).

L. flavipes L. Avril à août. Sur les buissons, les coudriers, les aulnes.

C. *Anjou* (Gall.). — *Lué* (Perr.). — *Cholet ; Chênehutte (au Petit-Puits)* (Ret.). — *Env. d'Angers* (Surr.). — *Anjou* (Thu.). — *Anjou* (I. C.). *Angers (étang Saint-Nicolas)* (Br.). — *Saint-Barthélemy ; Saumur ; Mûrs ; Parcé (Sarthe)* (Abot).

Lochmæa Weise

L. capreæ L. Toute l'année. Sur les saules ; l'hiver, dans les mousses, au pied des arbres.

C. *Anjou (bords de la Loire)* (Gall.). — *Cholet ; Chênehutte (au Petit-

Puits) (Ret.). — *Lué* (Perr.). — *Angers (étang Saint-Nicolas)* (Br.). — *Marcé ; Vernoil ; Avoise (Sarthe)* (Abot).

L. suturalis Thoms. Mai à août. Sur les bruyères.

R. *Lué* (Perr.).

L. Cratægi Forst. Avril à octobre. Sur l'aubépine en fleur.

A. C. *Anjou* (Gall.). — *Saint-Laurent-des-Autels (forêt de la Foucaudière* (E. de I.). — *Chênehutte (au Petit-Puits)* (Ret.). — *Lué* (Perr.). — *Anjou* (Thu.). — *Anjou* (I. C.). — *Champtoceaux* (Br.).

L. Cratægi Forst. **ab. binotata** Duft. Mêmes dates et même habitat que le type.

R. *Avoise (Sarthe)* (Abot).

Galerucella Crotch

G. Viburni Payk. Juin à novembre. Vit sur *Viburnum opulus* L. et *Viburnum Lantana* L.

A. C. *Anjou* (Mill. et Gall.). — *Saint-Laurent-des-Autels (forêt de la Foucaudière)* (E. de I.). — *Cholet ; Chênehutte (au Petit-Puits)* (Ret.). — *Anjou* (Thu.). — *Angers ; Saumur* (Abot).

G. Nymphææ L. Toute l'année. Sur les feuilles des Nymphéacées. Hiverne dans les bottes de foin.

C. *Anjou* (Mill. et Gall.). — *Cholet ; Chênehutte (au Petit-Puits)*, (Ret.). — *Anjou* (U. A.). — *Anjou* (Thu.). — *Anjou* (I. C.). — *Champtoceaux ; Angers (étang Saint-Nicolas).* — *Marans* (H. Baz.).

G. Nymphææ L. **ab. aquatica** Geoffr. Toute l'année. Même habitat que le type.

R. *Chênehutte (au Petit-Puits)*, (Ret.).

G. lineola F. Toute l'année. Sur les buissons ; l'hiver, sous les écorces et dans les tas de foin.

C. *Sainte-Gemmes* (Gall.). — *Lué* (Perr.). — *Anjou* (Thu.). — *Anjou* (I. C.).

G. luteola Müll. Mai à septembre. Sur les ormes.

C. *Sainte-Gemmes* (Gall.). — *Cholet ; Chênehutte (au Petit-Puits)* (Ret.). — *Env. d'Angers* (Surr.). — *Angers ; Saumur* (Abot).

G. calmariensis L. Toute l'année. Marais. Sur *Lythrum Salicaria* L., et dans les foins coupés.

C. *Anjou* (Gall.). — *Chênehutte (au Petit-Puits)* (Ret.). — *Lué* (Perr.). — *Env. d'Angers* (Surr.). — *Anjou* (Thu.). — *Anjou* (I. C.). — *Les Ponts-de-Cé* (Br.). — *Marcé (à Chaloché)* (Abot).

G. pusilla Duft. Mai à septembre. Dans les haies et buissons.

R. *Sainte-Gemmes* (Gall.). — *Angers* (2 ex.) (Abot).

G. tenella L. Mai à septembre. Sur les plantes et buissons, surtout au bord des eaux.

R. *Sainte-Gemmes* (Gall.). — *Env. d'Angers* (Surr.).

Galeruca Geoffroy

G. Tanaceti L. Juin à septembre. Surtout sur l'*Achillea millefolium* L. aussi sur la Tanaisie.

C. *Anjou* (Gall.). — *Cholet ; Chênehutte (au Petit-Puits)* (Ret.). — *Lué* (Perr.). — *Anjou* (U. A.). — *Anjou* (Thu.). — *Anjou* (I. C.). — *Saumur ; Les Rosiers-sur-Loire ; Parcé (Sarthe)* (Abot).

G. interrupta Oliv. Juin à août. Sur les chemins, et sur *Artemisia campestris.*

A. R. *Cholet ; Chênehutte (au Petit-Puits)* (Ret.). — *Anjou* (I. C.).

G. Pomonæ Scop. Juin à octobre. Marais. Au pied des plantes, et dans les terrains arides, le long des chemins. Vit sur *Centaurea jacea* L.

A. R. *Anjou* (Gall.). — *Chênehutte (au Petit-Puits)* (Ret.). — *Lué* (Perr.). — *Env. d'Angers* (Surr.). — *Anjou* (U. A.). — *Anjou* (Thu.). — *Anjou* (I. C.). — *Saumur ; Dampierre ; Parcé et Avoise (Sarthe)* (Abot).

? G. melanocephala Ponza. Juin à août. Sur diverses plantes. Pas probable en Anjou.

R. R. *Anjou* (de Joannis).

Sermyla Chapuis

S. halensis L. Juillet à octobre. Lisières des bois ; terrains arides, sur les *Galium.*

A. R. *Sainte-Gemmes* (Gall.). — *Cholet ; Chênehutte (au Petit-Puits)* (Ret.). — *Env. d'Angers* (Surr.). — *Anjou* (I. C.). — *Montrevault* (Br.). — *Mûrs ; Ingrandes ; Brézé* (Abot).

Podagrica Foudras

P. fuscipes L. Juin à août. Sur les Malvacées.

A. R. *Anjou* (Gall.). — *Saint-Crespin (bords de l'étang de la Settière)* (E. de I.). — *Lué* (Perr.). — *Anjou* (I. C.). — *Montfaucon-sur-Moine ; Château-Gontier (Mayenne)* (Br.).

P. Malvæ Illig. Juin à août. Sur les Malvacées.

A. R. *Anjou* (Gall.). — *Cholet ; Chênehutte (au Petit-Puits)* (Ret.) — *Env. d'Angers* (Surr.). — *Anjou* (Thu.).

— 279 —

P. fuscicornis L. Juin à août. Sur les mauves et les guimauves.

A. C. *Anjou* (Gall.). — *Lué* (Perr.). — *Chênehutte (au Petit-Puits)* (Ret.). — *Anjou* (I. C.). — *Thorigné* (Br.).

Derocrepis Weise

D. rufipes L. Mai à août. Dans les allées des bois, sur les Viciées.

A. R. *Anjou* (Gall.). — *Chênehutte (au Petit-Puits)* (Ret.). — *Anjou* (Thu.).

Crepidodera Chevrolat

C. transversa Marsh. Mai à novembre. Sur les fleurs des prairies, les chardons, les arbustes.

A. C. *Lué* (Perr.). — *Saint-Martin-de-la-Place* (Ret.). — *Anjou* (I. C.). — *Montjean* (Br.). — *Allonnes ; Saumur ; Marcé* (Abot).

C. ferruginea Scop. Mai à octobre. Sur les fleurs des prairies et sur les buissons.

A. R. *Anjou* (Gall.). — *Chênehutte (au Petit-Puits)* (Ret.). — *Lué* (Perr.). — *Env. d'Angers* (Surr.). *Anjou* (I. C.). — *Les Ponts-de-Cé* (Br.).

Arrhenocœla Foudras

A. lineata Rossi. Mars à octobre. Sur les bruyères.

C. *Soucelles* (Gall.). — *Lué* (Perr.). — *Bauné ; Lué ; Chaumont* (E. de I.). — *Chênehutte* (Ret.). — *Anjou* (Thu.). — *Anjou* (I. C.). — *Saint-Patrice (Indre-et-Loire)* (Br.). — *Angers ; Saumur* (Abot).

Ochrosis Foudras

O. ventralis Illig. Toute l'année. Sur *Solanum dulcamara* L.

A. R. *Lué* (Perr.). — *Anjou* (Thu.). — *Montfaucon-sur-Moine* (Br.). — *Parcé (Sarthe)* (1 ex.) (Abot).

Lythraria Bedel

L. Salicariæ Payk. Toute l'année. Sur *Lythrum Salicaria* L. L'hiver, dans les foins en tas.

A. R. *Anjou* (Gall.). — *Chênehutte (au Petit-Puits)* (Ret.). — *Lué* (Perr.). — *Anjou* (I. C.). — *Montfaucon-sur-Moine ; Longué* (Br.).

Epithrix Foudras

E. pubescens Koch. Toute l'année. Sur *Solanum dulcamara* L. et *Solanum nigrum* L. L'hiver, sous les mousses et les écorces.

A. R. *Sainte-Gemmes* (Gall.). — *Lué* (Perr.). — *Env. d'Angers*

(Surr.). — *Les Ponts-de-Cé ; Trèves-Cunault ; Champtoceaux* (Br.).
— *Les Ponts-de-Cé* (2 ex.) (Abot).

! E. Atropæ Foudr. Juillet. Sur *Atropa belladona* L.
R. R. *Anjou* (Gall.).

Chalcoides Foudras

C. nitidula L. Avril à juillet. Sur *Populus Tremula* L.
A. R. *Anjou (bords de la Loire)* (Gall.). — *Anjou* (U. A.). — *Anjou*
(Thu.). — *Anjou* (I. C.). — *Mûrs* (Abot).

C. aurea Geoffr. Avril à juin. Sur les saules, les peupliers, les
trembles.
R. *Chênehutte (au Petit-Puits)* (Ret.). — *Lué* (Perr.).

C. fulvicornis F. Juin à septembre. Sur les Salicinées.
A. C. *Anjou* (Gall.). — *Lué* (Perr.). — *Env. d'Angers* (Surr.). —
Anjou (I. C.). — *Les Ponts-de-Cé ; Montfaucon-sur-Moine ; Champto-
ceaux ; Saint-Melaine* (Br.). — *Saumur ; Parcé (Sarthe)* (Abot).

C. aurata Marsh. Toute l'année. Sur les saules, les peupliers ; l'hiver,
dans les mousses et sous les écorces.
A. C. *Anjou* (Gall.). — *Chênehutte (au Petit-Puits)* (Ret.). — *Lué*
(Perr.). — *Env. d'Angers* (Surr.). — *Anjou* (Thu.). — *Les Ponts-de-Cé
Saint-Barthélemy ; Château-Gontier (Mayenne)* (Br.). — *Ingrandes*
(Abot).

C. Plutus Latr. Toute l'année. Sur les saules, les peupliers ; l'hiver
sous les mousses et sous les écorces.
A. R. *Chênehutte (au Petit-Puits)* (Ret.). — *Les Ponts-de-Cé ;
Champtoceaux* (Br.). — *Mûrs ; Rou-Marson ; Ancenis (Loire-Inférieure)*
(Abot).

Hippuriphila Foudras

H. Modeeri L. Toute l'année. Endroits humides. Sur les *Equi-
setum.*
R. *Anjou* (Gall.). — *Chênehutte (au Petit-Puits)* (Ret.). — *Saint-
Georges-sur-Loire (étang de Chevigné)* (Br.).

Mantura Stephens

M. Chrysanthemi Koch. Toute l'année. Sur diverses plantes, les
Composées.
R. *Chênehutte* (Ret.).

M. rustica L. Toute l'année. Sur les Rumex, dans les foins coupés, dans les débris végétaux.

R. *Sainte-Gemmes* (Gall.). — *Anjou* (I. C.). — *Château-Gontier* (Br.).

Chætocnema Stephens

C. chlorophana Duft. Mai, juin. Sur les herbes (Calamagrostis et Agrostis) et sur les joncs.

A. R. *Sainte-Gemmes* (Gall.). — *Chênehutte* (Ret.). — *Anjou* (Thu.). *Anjou* (I. C.). — *Angers (étang Saint-Nicolas)* (Br.).

C. concinna Marsh. Toute l'année. Sur les Polygonées, dans les mousses, les feuilles mortes.

R. *Anjou* (Gall.). — *Angers* (Abot).

C. tibialis Illig. Toute l'année. Sur les *Chenopodium*.

R. *Sainte-Gemmes* (Gall.). — *Chênehutte* (Ret.). — *Lué* (Perr.). — *Cholet ; Angers (étang Saint-Nicolas)* (Br.). — *Angers ; Les Ponts-de-Cé* (Abot).

! **C. depressa** Boield. Mai à septembre. Endroits calcaires. Collines arides ; pâturages secs. Espèce méridionale.

R. R. *Lué* (Perr.).

! **C. procerula** Rosenh. Mai à septembre. Sur les herbes, en terrains secs et chauds. Espèce méridionale.

R. R. *Lué* (Perr.).

! **C. meridionalis** Foudr. Mai à septembre. Endroits humides, sur les Graminées. Espèce méridionale.

R. R. *Anjou (aux bords de la Loire)* (Gall.).

C. confusa Boh. Mai à novembre. Marais ; sur les herbes et dans les bottes de foin, sur les Carex.

R. R. *Gennes (1 ex.)* (Abot).

C. Mannerheimi Gyll. Mars à juin. Sur les Graminées, au bord des rivières.

R. *Anjou* (Gall.). — *La Ménitré* (Perr.). — *Champtoceaux* (Br.). — *Angers* (Abot).

C. aridula Gyll. Toute l'année. Sur les Graminées ; dans les foins coupés, les mousses.

A. C. *Anjou* (Gall.). — *Chênehutte (au Petit-Puits)* (Ret.). — *Beaupréau* (Br.).

C. Sahlbergi Gyll. Mars à juillet. Sur les Graminées, et dans les foins coupés.

R. R. *Anjou* (Thu.). — *Le Plessis-Grammoire* (Br.).

C. hortensis Geoffr. Mars à octobre. Sur les Graminées.

R. *Anjou* (Gall.). — *Anjou* (Thu.). — *Anjou* (I. C.).

! **C. ærosa** Letzn. Mai à septembre. Sur les Graminées. Espèce surtout méridionale.

R. R. *Saumur* (1 ex.) ; *Ingrandes* (1 ex.) (Abot).

Psylliodes Berthold

P. attenuata Koch. Mai à août. Sur le houblon, le chanvre, les orties.

R. *Anjou* (Gall.). — *Lué* (Perr.). — *Angers (étang Saint-Nicolas) ; Sainte-Gemmes* (Br.).

P. chrysocephala L. Janvier à septembre. Sur les Crucifères ; l'hiver, au pied des meules de fourrages.

A. C. *Anjou* (Gall.). — *Cholet ; Chênehutte (au Petit-Puits)* (Ret.). — *Lué* (Perr.). — *Angers (étang Saint-Nicolas) ; Les Ponts-de-Cé ; Saint-Georges-sur-Loire (étang de Chevigné)* (Br.). — *Angers* (Abot).

P. Napi F. Toute l'année. Sur le cresson ; l'hiver dans les mousses.

A. C. *Anjou* (Gall.). — *Anjou* (Thu.). — *Lué* (Perr.). — *Angers* (Br.).

! **P. cuprea** Koch. Toute l'année. Sur les Crucifères et dans les mousses. Espèce méridionale.

R. R. *Lué* (Perr.).

P. instabilis Foudr. Mai à août. Sur *Heris amara.* Coteaux calcaires, arides.

R. R. *Saumur* (1 ex.) ; *Marcé (à Chaloché)* (1 ex.) (Abot).

P. affinis Payk. Toute l'année. Sur *Solanum dulcamara* L., et *Solanum tuberosum* L.; l'hiver sous les mousses.

A. R. *Anjou* (Gall.). — *Chênehutte (au Petit-Puits)* (Ret.). — *Lué* (Perr.). — *Anjou* (Thu.). — *Les Ponts-de-Cé* (Br.).

? **P. pallidipennis** Rosh. Avril à octobre. Sur les *Solanum.* Espèce méridionale.

R. R. *Lué ?* (Perr.).

P. dulcamaræ Koch. Février à novembre. Sur *Solanum dulcamara* L.

A. R. *Anjou* (Gall.). — *Lué* (Perr.). — *Env. d'Angers* (Surr.). —

Trélazé (bois de Verrières) ; Montfaucon-sur-Moine ; Les Ponts-de-Cé ; Saint-Georges-sur-Loire (à Chevigné) (Br.).

P. Hyoscyami L. Février à août. Sur *Hyoscyamus niger* L.

R. *Anjou* (Gall.). — *Anjou* (I. C.).

P. Hyoscyami L. **ab. cupronitens** Först. Mêmes époques. Sur le buis.

R. R. *Angers (Bourg-la-Croix) ; Champtoceaux* (Br.).

P. luteola Müll. Toute l'année. Sur les Solanées ; sur les tiges et les feuilles de la pomme de terre.

A. R. *Anjou* (Gall.). — *Chênehutte (au Petit-Puits)* (Ret.).

! **P. picina** Marsh. Mai à juillet. Sur les Solanées.

R. R. *Les Ponts-de-Cé* (Br.).

Haltica Geoffroy

H. quercetorum Foudr. Mai à juillet. Sur les chênes.

C. *Anjou* (Gall.). — *Cholet ; Chênehutte (au Petit-Puits)* (Ret.). — *Sainte-Gemmes* (Br.). — *Parcé et Avoise (Sarthe)* (Abot).

H. brevicollis Foudr. Avril à octobre. Sur les noisetiers.

A. R. *Cholet ; Chênehutte (au Petit-Puits)* (Ret.). — *Lué* (Perr.).

H. ampelophaga Guér. Avril à octobre. Sur la vigne. Insecte surtout méridional.

R. *Chênehutte (au Petit-Puits)* (Ret.). — *Les Ponts-de-Cé* (Br.).

H. Ericeti Allard. Toute l'année. Sur les bruyères, surtout sur *Erica tetralix.*

R. *Chaumont (étang de Malaguet)* (Perr.). — *Chênehutte* (Ret.). — *Angers* (Abot).

H. Lythri Aub. Mai à octobre. Sur les *Epilobium*, sur *Lythrum Salicaria.*

C. *Anjou* (Gall.). — *Chênehutte (au Petit-Puits)* (Ret.). — *Lué* (Perr.). — *Anjou* (U. A.). — *Saint-Florent-le-Vieil ; Montfaucon-sur-Moine ; Montrevault* (Br.). — *Sainte-Gemmes* (Abot).

H. oleracea L. Avril à novembre. Sur *Polygonum aviculare* L., et autres plantes basses, dans les jardins potagers.

C. *Anjou* (Gall.). — *Cholet ; Chênehutte (au Petit-Puits)* (Ret.). — *Lué* (Perr.). — *Anjou* (U. A.). — *Anjou* (Thu.). — *Anjou* (I. C.). — *Angers ; Saint-Melaine* (Br.). — *Angers ; Saumur* (Abot).

H. pusilla Duft. Mai à septembre. Sur les plantes basses.

A. R. *Lué* (Perr.). — *Chênehutte (au Petit-Puits)* (Ret.). — *Parcé (Sarthe)* (Abot).

Hermæophaga Foudras

H. Mercurialis F. Juin à octobre. Sur les Mercuriales.

R. *Chênehutte (au Petit-Puits)* (Ret.).

H. cicatrix Illig. Juin à octobre. Sur *Mercurialis annua*.

A. R. *Anjou* (Mill. et Gall.). — *Lué* (Perr.). — *Juigné-sur-Loire* (Br.).

Batophila Foudras

B. Rubi Payk. Avril à juillet. Haies, sur les ronces.

A. R. *Chênehutte (au Petit-Puits)* (Ret.). — *Lué* (Perr.).

B. ærata Marsh. Avril à juillet. Haies, sur les ronces.

R. R. *Lué (bords de l'étang de la Petraudière)* (Perr.). — *Chemillé ; Soulaines ; Trélazé (bois de Verrières)* (Br.).

Phyllotreta Foudras

P. armoraciæ Koch. Juin à septembre. Sur les Crucifères.

A. R. *Anjou* (Gall.). — *Anjou* (U. A.). — *Anjou* (Thu.). — *Anjou* (I. C.). — *Saumur* (Abot).

P. exclamationis Thunb. Toute l'année. Marais et bords des fossés, sur les Crucifères et dans les foins.

A. C. *Anjou* (Gall.). — *Cholet ; Chênehutte (au Petit-Puits)* (Ret.). — *Anjou* (I. C.). — *Saint-Florent-le-Vieil* (Br.). — *Angers* (Abot).

P. ochripes Curt. Mai à septembre. Sur *Nasturtium amphibium* R. Br., et *Sisymbrium Alliaria* Scop.

A. C. *Anjou* (Gall.). — *Cholet ; Chênehutte (au Petit-Puits)* (Ret.). — *Lué* (Perr.). — *Env. d'Angers* (Surr.). — *Anjou* (Thu.). — *Angers (étang Saint-Nicolas) ; Trélazé (bois de Verrières)* (Br.).

P. flexuosa Illig. Avril à août. Sur les navets.

R. *Cholet ; Chênehutte (au Petit-Puits)* (Ret.). — *Le Plessis-Grammoire* (Br.).

P. sinuata Steph. Février à août. Sur *Nasturtium officinale* R. Br., et dans les mousses, au pied des arbres.

R. *Anjou* (Gall.). — *Anjou* (I. C.).

P. rugifrons Küst. Juin à juillet. Sur *Nasturtium officinale* R. Br.

R. R. *Saint-Florent-le-Vieil* (Chevrolat).

P. undulata Kutsch. Toute l'année. Sur diverses Crucifères.

A. R. *Anjou* (Gall.). — *Cholet ; Chênehutte (au Petit-Puits)* (Ret.). — *Lué* (Perr.). — *Dampierre* (Abot).

P. vittula Redtb. Toute l'année. Sur diverses Crucifères.

A. C. *Anjou* (Gall.). — *Lué* (Perr.). — *Cholet* (Br.). — *Saumur* (Abot).

P. nemorum L. Toute l'année. Sur diverses Crucifères.

A. C. *Cholet ; Chênehutte (au Petit-Puits)* (Ret.). — *Lué* (Perr.). — *Château-Gontier (Mayenne)* (Br.).

P. atra F. Toute l'année. Sur les Crucifères. L'hiver, dans les mousses les fagots, sous les écorces.

C. *Anjou* (Gall.). — *Cholet ; Chênehutte (au Petit-Puits)* (Ret.). — *Lué* (Perr.). — *Angers (étang Saint-Nicolas) ; Les Ponts-de-Cé ; Montrevault* (Br.). — *Mûrs ; Parcé (Sarthe)* (Abot).

P. Cruciferæ Göze. Toute l'année. Sur les Crucifères. L'hiver, dans les mousses, les fagots ; sous les écorces.

C. *Anjou* (Gall.). — *Cholet ; Chênehutte (au Petit-Puits)* (Ret.). — *Sainte-Gemmes* (Abot).

P. diademata Foudr. Avril à juillet. Sur les Crucifères.

A. R. *Anjou* (Gall.). — *Lué* (Perr.). — *Sainte-Gemmes* (Br.).

P. nodicornis Marsh. Avril à août. Sur les résédas.

A. R. *Anjou* (Gall.). — *Lué* (Perr.).

P. procera Redtb. Mai à septembre. Sur les résédas et les Crucifères.

A. R. *Chênehutte (au Petit-Puits)* (Ret.). — *Lué* (Perr.). — *Parcé (Sarthe)* (Abot).

P. nigripes F. Toute l'année. Sur les Crucifères et les résédas. L'hiver, dans les fagots, sous les écorces, les mousses et les feuilles mortes.

C. *Anjou* (Gall.). — *Cholet ; Chênehutte (au Petit-Puits)* (Ret.). — *Lué* (Perr.). — *Anjou* (Thu.). — *Anjou* (I. C.).

Aphthona Chevrolat

A. Cyparissiæ Koch. Juin à août. Sur *Euphorbia Cyparissias* L. ; lieux secs.

A. C. *Anjou* (Gall.). — *Saint-Florent-le-Vieil* (Chevrolat). — *Chênehutte (au Petit-Puits)* (Ret.). — *Lué* (Perr.). — *Champtoceaux* (Br.) — *Gennes ; Marcé* (Abot).

A. lævigata F. Août, septembre. Sur les Euphorbes.

R. *Anjou* (Gall.). — *Env. d'Angers* (Surr.).

! **A. abdominalis** Duft. Juin, juillet. Sur les Euphorbes. Espèce méridionale.

R. R. *Lué* (Perr.).

! **A. flaviceps** All. Juin, juillet. Sur les Euphorbes. Espèce méridionale.

R. R. *Lué* (Perr.).

! **A. nigriceps** Redtb. Juillet à septembre. Sur *Géraniacées*, lieux arides. Sur le tilleul aussi. Espèce méridionale.

R. R. *Lué* (Perr.).

A. lutescens Gyll. Juillet à septembre. Sur *Spiraea Ulmaria*.

R. *Chaumont (étang de Malaguet)* (Perr.). — *Saint-Florent-le-Vieil* (Br.).

A. cyanella Redtb. Juillet à septembre. Sur plantes basses.

R. *Champtoceaux ; Le Plessis-Grammoire* (Br.). — *Parcé et Avoise* (*Sarthe*) (7 ex.) (Abot).

A. cœrulea Geoffr. Toute l'année. Sur *Iris Pseudacorus* L. L'hiver dans les mousses, les tas de foin.

C. *Anjou* (Gall.). — *Chênehutte (au Petit-Puits)* (Ret.). — *Lué* (Perr.). — *Anjou* (Thu.). — *Montrevault ; Beaupréau* (Br.). — *Saumur* (Abot).

A. Euphorbiæ Schrank. Mars à octobre. Sur les Euphorbes. L'hiver dans les mousses, les feuilles mortes.

A. C. *Anjou* (Gall.). — *Chênehutte (au Petit-Puits)* (Ret.). — *Lué* (Perr.). — *Anjou* (U. A.). — *Avoise (Sarthe)* (Abot).

Longitarsus Latreille

L. Echii Koch. Avril à juin. Sur *Echium vulgare, Lycopsis arvensis, Anchusa cynoglossum*.

A. R. *Anjou* (Gall.). — *Chênehutte (au Petit-Puits)* (Ret.). — *Lué* (Perr.).

! **L. Linnæi** Duft. Avril à juin. Sur les Borraginées. Espèce méridionale.

R. R. *Lué* (2 ex.) (Perr.).

L. Anchusæ Payk. Mars à août. Sur les Borraginées.

A. C. *Cholet ; Chênehutte (au Petit-Puits)* (Ret.). — *Lué* (Perr.). — *Anjou* (I. C.). — *Marcé* (Abot).

! **L. niger** Koch. Mars à septembre. Sur *Echium vulgare*. Espèce de la région montagneuse méridionale.

R. R. *Cholet ; Chênehutte (au Petit-Puits)* (Ret.). — *Lué* (Perr.).

L. parvulus Payk. Toute l'année. Sur les plantes basses et dans les foins coupés.

A. C. *Sainte-Gemmes* (Gall.). — *Lué* (Perr.). — *Anjou* (I. C.). — *Château-Gontier (Mayenne)* (Br.).

L. holsaticus L. Mai à octobre. Dans les prés humides, sur les prêles, et les Pédiculaires.

R. R. *Anjou* (Gall.).

L. quadriguttatus Pontopp. Avril à octobre. Sur les plantes basses.

R. R. *Anjou* (I. C.).

! **L. brunneus** Duft. Mai à septembre. Sur les plantes des prés marécageux.

R. R. *Lué* (Perr.).

L. luridus Scop. Toute l'année. Sur les plantes basses des terrains humides. L'hiver dans les foins coupés, les mousses.

R. *Anjou* (Gall.). — *Lué* (Perr.). — *Chemillé* (Br.).

L. dorsalis F. Janvier à octobre. Sur les seneçons ; dans les foins coupés, les détritus d'inondations.

A. C. *Anjou* (Gall.). — *Cholet ; Chênehutte (au Petit-Puits)* (Ret.). — *Lué* (Perr.). — *Anjou* (I. C.). — *Angers ; Le Lion-d'Angers* (Br.). — *Saumur* (Abot).

L. Nasturtii F. Mai à octobre. Sur le cresson et diverses Borraginées.

R. *Lué* (Perr.). — *Angers (étang Saint-Nicolas)* (Br.).

L. suturalis Marsh. Juin à décembre. Sur *Lithospermum officinale*.

R. R. *Lué* (Perr.).

L. atricillus L. Toute l'année. Sur les plantes basses ; dans les mousses.

A. C. *Anjou* (Gall.). — *Cholet ; Chênehutte (au Petit-Puits)* (Ret.). — *Anjou* (I. C.).

L. suturellus Duft. Avril à novembre. Dans les prairies sur *Senecis Jacobæa* L.

R. *Anjou* (Gall.). — *Chemillé* (Br.).

L. piciceps Steph. Mars à juin. Sur les seneçons ; dans les feuilles mortes.

A. C. *Anjou* (Gall.). — *Lué* (Perr.). — *Anjou* (I. C.). — *Angers ; Pruniers* (Abot).

L. curtus All. Mai à juin. Sur *Echium vulgare* L.

R. R. *Anjou* (Gall.).

L. melanocephalus Deg. Toute l'année. Sur les plantago ; dans les mousses, les foins coupés.

A. C. *Anjou* (Gall.). — *Chênehutte (au Petit-Puits)* (Ret.). — *Lué* (Perr.). — *Anjou* (I. C.).

L. melanocephalus Deg. **var. atriceps** Kutsch. Toute l'année. En mêmes endroits que le type.

R. *Angers ; Sainte-Gemmes* (Br.).

! **L. suturatus** Foudr. Mars à juillet. Sur les Scrophulariées. Espèce méridionale.

R. *Cholet ; Chênehutte (au Petit-Puits)* (Ret.). — *Angers* (2 ex.) (Abot).

L. tabidus F. Mars à novembre. Sur les *Verbascum*.

C. *Anjou* (Gall.). — *Cholet ; Chênehutte (au Petit-Puits)* (Ret.). — *Anjou* (Thu.). — *Anjou* (I. C.). — *Montrevault ; Beaupréau* (Br.).

L. pratensis Panz. Toute l'année. Sur les plantago et dans les foins coupés.

C. *Anjou* (Gall.). — *Cholet ; Chênehutte (au Petit-Puits)* (Ret.). — *Anjou* (I. C.). — *Les Ponts-de-Cé* (Br.). — *Saumur* (Abot).

L. exoletus L. Mars à septembre. Sur *Echium vulgare* L. et sur *Cynoglossum officinale* L.

A. R. *Anjou* (Gall.). — *Anjou* (U. A.).

L. rubiginosus Foudr. Juin à novembre. Sur *Eupatorium cannabinum* L.

R. *Anjou (bords des fossés de l'Authion)* (Gall.).

L. rutilus Illig. Juin à octobre. Sur les Scrophulaires.

R. *Anjou* (Gall.). — *Parcé (Sarthe)* (Abot).

L. pellucidus Foudr. Mai à novembre. Sur *Convulvulus arvensis*.

R. *Lué* (Perr.). — *Anjou* (U. A.). — *Château-Gontier (Mayenne)* (Br.).

! **L. succineus** Foudr. Mai à novembre. Sur *Artemisia campestris, Achillea, millefolium* et *Leucanthemum vulgare.*

R. R. *Lué* (Perr.).

L. ochroleucus Marsh. Mai à novembre. Sur les plantes basses, en terrains marécageux.

R. *Lué* (Perr.). — *Sainte-Gemmes* (1 ex.) (Abot).

Dibolia Latreille

D. timida Illig. Mai à août. Lieux pierreux et sablonneux, sur *Eryngium campestre.* Espèce surtout méridionale.

R. *Lué* (Perr.). — *Beaupréau* (Br.).

D. occultans Koch. Mai à août. Sur *Mentha rotundifolia* et *aquatica.*

R. *Lué* (Perr.).

Apteropeda Chevrolat

A. orbiculata Marsh. Toute l'année. Sur les plantes basses ; dans les mousses, les foins coupés. Surtout sur *Rhinanthus hirsutus* Lam.

A. C. *Soucelles* (Gall.). — *Chênehutte (au Petit-Puits)* (Ret.). — *Lué* (Perr.). — *Montfaucon-sur-Moine ; Champtoceaux ; Angers (étang Saint-Nicolas) ; Saint-Florent-le-Vieil* (Br.).

Mniophila Stephens

M. muscorum Koch. Juillet à septembre. Dans les bois froids et argileux et montueux, parmi les mousses.

R. R. *Anjou* (Thu.).

Argopus Fischer

A. Ahrensi Germ. Juillet à septembre. Dans les bois, sur les plantes basses.

R. *Avoise (Sarthe) (forêt de Pescheseul)* (Abot).

Sphæroderma Stephens

S. testaceum F. Mai à décembre. Sur les chardons.

C. *Anjou* (Gall.). — *Cholet ; Chênehutte (au Petit-Puits)* (Ret.). — *Lué* (Perr.). — *Env. d'Angers* (Surr.). — *Anjou* (U. A.). — *Anjou* (Thu.). — *Anjou* (I. C.). — *Longué ; Beaupréau* (Br.). — *Saumur ; Angers ; Marcé ; Parcé (Sarthe)* (Abot).

S. rubidum Graëlls. Juin à août. Sur *Centaurea Jacea* et *aspera,* et sur les artichauts.

R. *Lué ; Fontaine-Guérin* (Perr.).

Hispella Chapuis

H. atra L. Toute l'année. Sur les herbes. L'hiver, dans les mousses et sous les écorces.

C. *Anjou* (Gall.). — *Cholet ; Chênehutte (au Petit-Puits)* (Ret.). — *Lué* (Perr.). — *Env. d'Angers* (Surr.). — *Anjou* (U. A.). — *Anjou* (Thu.). — *Anjou* (I. C.). — *Saint-Melaine ; Saint-Florent-le-Vieil* (Br.). — *Andard* (H. Baz.). — *Mûrs ; Montsoreau ; Avoise (Sarthe)* (Abot).

Hypocassida Weise

H. subferruginea Schrank. Mai, juin. Champs et friches, sur *Convolvulus arvensis.*

A. R. *Lué* (Perr.). — *Anjou* (I. C.). — *Parcé (Sarthe)* (1 ex.) (Abot).

Cassida Linné

C. fastuosa Schall. Juillet, août. Vit sur *Inula dysenterica* et sur le peuplier. Prés et herbages humides.

R. *Anjou (bords de la Loire)* (Mill. et Gall.).

C. viridis L. Mai à novembre. Dans les endroits humides, sur *Mentha aquatica* L. et *Lycopus europaeus* L.

C. *Anjou* (Gall.). — *Cholet ; Chênehutte (au Petit-Puits)* (Ret.). — *Lué* (Perr.). — *Env. d'Angers* (Surr.). — *Anjou* (U. A.). — *Anjou* (Thu.). — *Anjou* (I. C.). — *Champtoceaux* (Br.). — *Andard* (H. Baz.). — *Saumur ; Soulaire-et-Bourg* (Abot).

C. hemisphærica Herbst. Toute l'année. Sur *Silene inflata* D. C., et *Dianthus caryophyllus* L.

A. R. *Chênehutte (au Petit-Puits)* (Ret.). — *Lué* (Perr.). — *Saumur ; Ingrandes ; Avoise (Sarthe)* (Abot).

C. azurea F. Juin à septembre. Sur Caryophyllées, en terrains secs.

R. *Lué* (Perr.). — *Anjou* (Thu.).

C. margaritacea Schall. Mars à septembre. Sur diverses Caryophyllées et dans les mousses.

A. R. *Anjou* (Mill. et Gall.). — *Chênehutte (au Petit-Puits)* (Ret.). — *Anjou* (I. C.). — *Saumur* (2 ex.) (Abot).

C. Murræa L. Juin à septembre. Marais, sur *Pulicaria dysenterica, Inula Helenium.*

A. C. *Anjou* (Mill. et Gall.). — *Cholet* (Ret.). — *Lué* (Perr.). — *Anjou* (U. A.). — *Anjou* (Thu.). — *Anjou* (I. C.). — *Saumur* (2 ex.) (Abot).

C. rufovirens Suffr. Mai à août. Sur *Matricaria Chamomilla, Chamomilla inodora,* et *Anthemis nobilis.*

R. R. *Chênehutte (au Petit-Puits)* (Ret.).

C. sanguinolenta Müll. Mai à septembre. Sur *Achillea millefolium* L., la tanaisie.

A. C. *Saumur* (Mill.). — *Anjou (bords de la Loire)* (Gall.). — *Lué* (Perr.). — *Env. d'Angers* (Surr.). — *Anjou* (Thu.). — *Anjou* (I. C.). — *Saint-Barthélemy (à Pignerolles) ; Le Lion-d'Angers ; Beaupréau* (Br.).

C. sanguinosa Suffr. Mars à juillet. Sur *Tanacetum vulgare* L. et *Achillea ptarmica* L.

R. *Anjou* (I. C.). — *Avoise (Sarthe)* (1 ex.) (Abot).

C. rubiginosa Müll. Toute l'année. Sur les Carduacées.

A. C. *Anjou* (Gall.). — *Lué* (Perr). — *Anjou* (I. C.). — *Montfaucon-sur-Moine ; Les Ponts-de-Cé* (Br.). — *Saint-Hilaire-Saint-Florent ; Feneu* (Abot).

C. deflorata Suffr. Avril à juillet. Sur *Silybum marianum* et les artichauts. Insecte surtout méridional.

R. *Cholet ; Chênehutte (au Petit-Puits)* (Ret.). — *Lué* (Perr.).

C. inquinata Brullé. Toute l'année. Sur les Chamomilles.

R. *Beaulieu* (R. Poutiers).

C. ferruginea Gôze. Juin à septembre. Sur *Inula dysenterica.*

A. C. *Anjou* (Mill. et Gall.). — *Chênehutte (au Petit-Puits)* (Ret.). — *Anjou* (Thu.). — *Anjou* (I. C.). — *Ecouflant ; Champtoceaux* (Br.).

C. vibex L. Toute l'année. Sur les Centaurées.

C. *Anjou* (Mill. et Gall.). — *Chênehutte (au Petit-Puits)* (Ret.). — *Lué* (Perr.). — *Anjou* (Thu.). — *Anjou* (I. C.). — *Beaupréau ; Montfaucon-sur-Moine ; Champtoceaux* (Br.). — *Marans* (H. Baz.). — *Saint-Barthélemy* (Ven.).

C. nebulosa L. Toute l'année. Sur diverses Salsolacées ; *Convolvulus arvensis ; Chenopodium album ;* aussi dans les mousses.

C. *Angers (bords de l'étang Saint-Nicolas)* (Mill. et Gall.). — *Chênehutte (au Petit-Puits)* (Ret.). — *Lué* (Perr.). — *Anjou* (U. A.). — *Anjou* (Thu.). — *Anjou* (I. C.). — *Saint-Barthélemy ; Parcé et Avoise (Sarthe)* (Abot).

C. flaveola Thunb. Toute l'année. Sur les Alsinées et dans les mousses.

A. C. *Anjou* (Mill. et Gall.). — *Lué* (Perr.). — *Anjou* (U. A.). — *Anjou* (Thu.).

C. nobilis L. Toute l'année. Sur *Silene inflata* D. C.

C. *Anjou* (Mill. et Gall.). — *Chênehutte (au Petit-Puits)* (Ret.). — *Lué* (Perr.). — *Anjou* (Thu.). — *Anjou* (I. C.). — *Montfaucon-sur-Moine* (Br.). — *Angers* (Abot).

C. vittata Villers. Mai à août. Sur diverses espèces de Salsolacées et de Chénopodiacées. Espèce plus particulière au littoral.

R. *Lué* (Perr.). — *Env. d'Angers* (Surr.). — *Saint-Barthélemy (à Pignerolles)* (Br.).

LARIIDÆ

Spermophagus Steven

S. sericeus Geoffr. Toute l'année. Vit sur le *Convolvulus sepium* L. et diverses plantes basses. Hiverne dans les mousses et sous les écorces.

A. C. *Anjou* (Gall.). — *Cholet ; Chênehutte (au Petit-Puits)* (Ret.). — *Lué* (Perr.). — *Angers ; Les Ponts-de-Cé ; Juigné-sur-Loire* (Ven.). — *Avoise (Sarthe)* (Abot).

Laria Scopoli

L. laticollis Boh. Avril à octobre. Sur *Lotus corniculatus* et les *Lathyrus ;* sous les écorces et dans les graines. Plus spécialement méridional.

R. *Anjou* (Gall.). — *Chênehutte (au Petit-Puits)* (Ret.). — *Saumur* (Abot).

L. pallidicornis Boh. Février à mai. Sur les lentilles.

R. *Saumur ; Cholet ; Chênehutte (au Petit-Puits)* (Ret.). — *Dampierre* (Abot).

L. tristis Boh. Juillet à septembre. Sur *Lathyrus sativus*.

R. *Lué* (Perr.). — *Anjou* (I. C.). — *Angers* (2 ex.). (Abot).

L. tristicula Fahr. Juillet à septembre. Sur le sainfoin.

R. *Lué* (Perr.).

L. atomaria L. Mai à juin. Sur *Vicia sepium* L.

R. *Anjou* (I. C.). — *Chênehutte* (Abot).

L. rufimana Boh. Toute l'année. Dans les gousses de fèves.

C. *Beaufort-en-Vallée (vallée de l'Authion)* (Gall.). — *Lué* (Perr.). — *Anjou* (I. C.). — *Sainte-Gemmes* (Br.). — *Dampierre ; Parcé (Sarthe)* (Abot).

L. affinis Frœlich. Mai à septembre. Sur le *Lathyrus tuberosus* et dans les graines de petits pois.

A. R. *Cholet ; Chênehutte (au Petit-Puits)* (Ret.). — *Lué* (Perr.)

L. Pisorum L. Toute l'année. Vit dans les gousses des pois. Hiverne dans les mousses et sous les écorces.

C. *Anjou* (Gall.). — *Cholet ; Chênehutte (au Petit-Puits)* (Ret.). — *Lué* (Perr.). — *Env. d'Angers* (Surr.). — *Anjou* (U. A.). — *Anjou* (I. C.). — *Parcé (Sarthe)* (Abot).

L. sertata Illig. Mai à septembre. Sur les Vesces.

R. R. *Anjou* (Gall.).

L. nubila Boh. Toute l'année. Dans les gousses des Vesces.

A. C. *Sainte-Gemmes* (Gall.). — *Chênehutte (au Petit-Puits)* (Ret.). — *Lué ; Jarzé ; Chemillé* (Perr.). — *Montfaucon-sur-Moine ; Saint-Melaine* (Br.). — *Angers* (Ven.). — *Angers ; Saint-Sylvain* (H. Baz.). — *Angers ; Saumur ; Parcé et Avoise (Sarthe)* (Abot).

L. luteicornis Illig. Toute l'année. Sur les Vesces et sous les écorces.

R. *Chênehutte (au Petit-Puits)* (Ret.). — *Anjou* (I. C.). — *Maulévrier ; Thorigné* (Br.).

Bruchidius Schilsky

B. marginalis F. Mai à septembre. Sur *Astragalus glycyphyllos*, les genêts et les sainfoins.

R. *Anjou* (Mill. et Gall.). — *Lué* (Perr.). — *Saint-Barthélemy* (1 ex.) (Abot).

B. unicolor Oliv. Mai à août. Sur *Onobrychis sativa* Lam.

R. *Anjou* (I. C.). — *Montsoreau* (1 ex.) *; Dampierre* (1 ex.) (Abot).

B. unicolor Oliv. **var. debilis** Gyll. Même époque et même habitat.

R. *Trèves-Cunault* (Ven.).

B. biguttatus Ol. Mai à septembre. Sur les Légumineuses.

R. R. *Anjou* (Mill. et Gall.).

B. nanus Germ. Mai à septembre. Sur les Légumineuses et diverses plantes basses.

R. R. *Allonnes* (1 ex.) (Abot).

B. bimaculatus Oliv. Avril à octobre. Sur diverses fleurs et dans les greniers à foin.

A. C. *Sainte-Gemmes* (Gall.). — *Chênehutte (au Petit-Puits)* (Ret.). — *Lué* (Perr.). — *Trélazé (bois de Verrières)* (Br.). — *Angers* (Ven.). — *Saumur ; Mûrs ; Parcé et Avoise (Sarthe)* (Abot).

B. murinus Boh. Mai à septembre. Sur les Légumineuses.

R. R. *Anjou* (U. A.).

B. foveolatus Gyll. Mai à septembre. Sur les Légumineuses. Insecte méridional.

R. R. *Ingrandes* (1 ex.) (Abot).

B. dispar Gyll. Mai à septembre. Sur les Légumineuses.

R. *Sainte-Gemmes* (Gall.). — *Les Ponts-de-Cé* (Ven.). — *Saint-Barthélemy* (1 ex.) ; *Parcé (Sarthe)* (1 ex.) (Abot).

B. varius Oliv. Mai à septembre. Sur les genêts, les trèfles, les lotus.

A. C. *Anjou* (Mill. et Gall.). — *Lué* (Perr.). — *Juigné-sur-Loire ; Saint-Barthélemy (à Pignerolles) ; Montrevault* (Br.). — *Trèves-Cunault ; Juigné-sur-Loire ; Montreuil-sur-Loir* (Ven.). — *Gennes* (2 ex.) (Abot).

B. anxius Fahr. Mai à septembre. Sur les Légumineuses. Insecte surtout méridional.

R. *Angers ; Juigné-sur-Loire* (Ven.). — *Sainte-Gemmes* (1 ex.) (Abot).

B. sericatus Germ. Mai à octobre. Dans les grains d'avoine, luzerne.

R. *Chênehutte (au Petit-Puits)* (Ret.).

B. Cisti F. Avril à novembre. Vit dans les gousses de *Sarothamnus scoparius* K., *Genista tinctoria* L., *Cytisus Laburnum* L.

C. *Anjou* (Mill. et Gall.). — *Chênehutte (au Petit-Puits)* (Ret.). — *Lué* (Perr.). — *Anjou* (I. C.). — *Saint-Barthélemy* (Br.). — *Angers* (Ven.). — *Saumur ; Mûrs ; Parcé et Avoise (Sarthe)* (Abot).

[**B. velaris** Fahr.]

B. velaris Fahr. **var. lividimanus** Gyll. Mai à septembre. Sur *Ulex* et *Euphorbia cyparissias*.

R. R. *Angers (coteaux de l'étang Saint-Nicolas) ; Montfaucon-sur-Moine* (Br.).

B. pusillus Germ. Mai à septembre. Sur les Lotus.

R. R. *Lué* (Perr.).

B. pusillus Germ. **var. seminarius** Baudi. Comme le type.

R. R. *Anjou* (Mill. et Gall.).

B. pusillus Germ. **var. picipes** Germ. Comme le type.

R. R. *Mûrs* (3 ex.) (Abot).

B. tibiellus Gyll. Mai à septembre. Sur les Légumineuses.
R. R. *Mûrs* (1 ex.) (Abot).

B. pygmæus Boh. Mai à septembre. Sur *Polygonum Convolvulus,* les Légumineuses et dans diverses graines.
A. C. *Sainte-Gemmes* (Gall.). — *Cholet ; Chênehutte (au Petit-Puits)* (Ret.). — *Lué* (Perr.). — *Trèves-Cunault ; Angers ; Montreuil-sur-Loir* (Ven.). — *Le Thoureil (communiqué par M. Pavis)* (Abot).

ANTHRIBIDÆ

URODONINÆ

Urodon Schönherr

U. suturalis F. Mai à septembre. Sur *Reseda lutea* L.
A. C. *Sainte-Gemmes* (Gall.). — *Chênehutte (au Petit-Puits)* (Ret.). — *Lué* (Perr.). — *Montfaucon-sur-Moine* (Br.).

U. pygmæus Gyll. Mai à septembre. Sur les résédas et sur les Isatis.
R. *Anjou* (Gall.). — *Lué* (Perr.).

U. rufipes Oliv. Mai à septembre. Sur les résédas.
A. R. *Anjou* (Mill. et Gall.). — *Chênehutte (au Petit-Puits)* (Ret.). — *La Meignanne ; Lué* (Perr.).

ANTHRIBINÆ

Platyrrhinus Clairville

P. resinosus Scop. Mai à septembre. Vit sur le hêtre, l'aulne, le bouleau.
R. *Anjou* (Mill.).

Tropideres Schönherr

T. albirostris Herbst. Mai à septembre. Dans le bois mort du hêtre, du chêne et du peuplier.
R. *Combrée* (Abbé Plaçais et de Joannis).

T. marchicus Herbst. Mai à septembre. Dans le bois du chêne.
R. R. *Chênehutte* (Ret.).

T. niveirostris F. Mars, avril. Sous les écorces de pommier, chêne, coudrier, hêtre, tilleul et dans les mousses.
A. R. *Anjou* (Gall.). — *Chênehutte (au Petit-Puits)* (Ret.). — *Lué* (Perr.). — *Chaudron-en-Mauges* (R. de Villoutreys et de Joannis). — *Anjou* (I. C.).

T. sepicola F. Avril. Dans les branches mortes de chêne, de hêtre et de charme.

R. R. *Le Guédéniau (forêt de Chandelais)* (Gall.).

T. hilaris F. Mai à août. Sur l'aubépine, le genêt à balai.

R. *Anjou* (Gall.). — *Chênehutte (au Petit-Puits)* (Ret.). — *Lué* (Perr.).

T. Oxyacanthæ Bris. Mai à août. Vit sur le hêtre, le bois mort d'aubépine, de châtaignier.

R. *Forêt de Baugé* (Gall.).

Platystomus Schneider

P. albinus L. Mai à août. Dans le bois mort de divers arbres, surtout du châtaignier.

R. R. *Anjou* (Mill. et Gall.). — *Cholet* (1 ex.) (Ret.).

Anthribus Geoffroy

A. fasciatus Forst. Toute l'année. Parasite de divers Coccides. Hiverne sous les écorces, surtout des ormes.

R. *Anjou* (Gall.). — *Anjou* (Perr.). — *Chênehutte (au Petit-Puits)* (Ret.). — *Lué* (Perr.). — *Anjou* (I. C.).

A. variegatus Geoffr. Toute l'année. Parasite des Coccides. Vit sous les écorces de divers arbres, surtout des pins.

R. R. *Cholet ; Chênehutte (au Petit-Puits)* (Ret.).

CURCULIONIDÆ

OTIORRHYNCHINÆ

Otiorrhynchus Germar

? O. pulverulentus Germ. Mai à août. A terre, sur les routes. Espèce des Alpes, tout à fait douteuse pour l'Anjou.

R. R. *Saumur* (Court.).

? O. clavipes Bonsd. Mai à août. A terre, sur les routes. Espèce du centre de l'Europe, pas probable en Anjou.

R. R. *Chênehutte (au Petit-Puits)* (Ret.).

O. niger F. Mai à août. Vit sur les pins.

R. *Baugé* (Gall.). — *Fontaine-Guérin ; Le Vieil-Baugé* (Pap.).

! O. morio F. Mai à octobre. Sur les mousses, à terre, au pied des arbres.

R. R. *Saumur* (Court.).

O. raucus F. Toute l'année. Sous les mousses, les détritus, au pied des arbres et sur les arbustes.

A. R. *Sainte-Gemmes* (Gall.). — *Chênehutte (au Petit-Puits)* (Ret.). — *Lué* (Perr.).

O. rugosostriatus Göze. Avril à octobre. Sous les mousses, les détritus, au pied des arbres et sur les arbustes.

A. R. *Anjou* (Gall.). — *Chênehutte (au Petit-Puits)* (Ret.). — *Lué* Perr.). — *Env. d'Angers* (Surr.). — *Anjou* (I. C.).

O. ligneus Oliv. Toute l'année. Au pied des plantes basses, sous les détritus et les pierres.

A. C. *Anjou* (Gall.). — *Cholet ; Chênehutte (au Petit-Puits)* (Ret.). — *Lué* (Perr.). — *Env. d'Angers* (Surr.). — *Fontaine-Milon* (Pap.).

O. porcatus Herbst. Mai à septembre. Dans les haies et les buissons.

R. R. *Sainte-Gemmes (bords de la Loire)* (Gall.).

O. singularis L. Mars à novembre. Sur l'aubépine en fleur ; sous les pierres, les mousses, les feuilles mortes.

A. C. *Baugé* (Gall.). — *Cholet ; Chênehutte (au Petit-Puits)* (Ret.). — *Lué* (Perr.). — *Env. d'Angers* (Surr.). — *Anjou* (U. A.). — *Champtoceaux* (Br.). — *Avoise (Sarthe)* (Abot).

O. sulcatus F. Mai à octobre. Dans les champs, les plantations, les jardins, sur la vigne.

C. *Anjou* (Mill. et Gall.). — *Cholet ; Chênehutte (au Petit-Puits)* (Ret.). — *La Pommeraye ; Montjean ; Chalonnes-sur-Loire ; Lué* (Perr.). — *Anjou* (U. A.). — *Anjou* (I. C.). — *Juigné-sur-Loire* (Ven.). — *Trélazé* (H. Baz.). — *Angers ; Souzay (à Champigny-le-Sec)* (Abot).

O. Ligustici L. Avril à septembre. Dans les terrains cultivés, sur les trèfles, les luzernes.

C. *Anjou* (Gall.). — *Cholet ; Chênehutte (au Petit-Puits)* (Ret.). — *Lué* (Perr.). — *Anjou* (U. A.). — *Anjou* (I. C.). — *Ambillou ; Doué-la-Fontaine ; Mozé* (Pap.). — *Saumur ; Dampierre* (Abot).

O. ovatus L. Toute l'année. Au pied des végétaux, dans les terrains calcaires et surtout sablonneux.

A. C. *Sainte-Gemmes* (Gall.). — *Chênehutte (au Petit-Puits)* (Ret.). — *Brion* (Pap.). — *Avoise (Sarthe)* (Abot).

Cænopsis Bach

C. Waltoni Boh. Avril à août. Sur les mousses, au pied des buissons.

R. *Saint-Laurent-des-Autels (forêt de la Foucaudière)* (E. de I.). — *Angers* (Ven.).

Peritelus Germar

P. senex Boh. Mai à septembre. Lieux arides, sur les plantes, les gazons, dans les mousses. Surtout méridional.

R. *Sainte-Gemmes* (Gall.). — *Chênehutte* (Ret.).

P. sphæroides Germ. Mars à septembre. Sur les arbustes, sous les mousses, les débris végétaux.

C. C. *Dans toute l'étendue du département.*

P. subsetosus Rey. Décembre.

R. *Parcé (Sarthe)* (Abot).

Phyllobius Schönherr

P. glaucus Scop. Mai à août. Bois et marais, sur *Alnus glutinosa* Gærtn.

A. C. *Sainte-Gemmes* (Gall.). — *Chênehutte (au Petit-Puits)* (Ret.). — *Saint-Melaine* (Br.). — *Saumur* (Abot).

P. Urticæ Degeer. Avril à octobre. Sur *Urtica dioica* L.

A. C. *Anjou* (Gall.). — *Cholet ; Chênehutte (au Petit-Puits)* (Ret.). — *Fontaine-Guérin* (Pap.). — *Saumur* (Abot).

P. Piri L. Avril à octobre. Sur les buissons, surtout sur l'aubépine.

C. *Anjou* (Gall.). — *Cholet ; Chênehutte (au Petit-Puits)* (Ret.). — *Lué* (Perr.). — *Anjou* (I. C.). — *Fontaine-Guérin* (Pap.). — *Trèves-Cunault* (Ven.). — *Marcé ; Avoise (Sarthe)* (Abot).

P. argentatus L. Avril à septembre. Bois et jardins. Sur l'aubépine, les noisetiers, les pommiers, les poiriers.

A. C. *Anjou* (Gall. et Perr.). — *Anjou* (I. C.). — *Parcé (Sarthe)* (Abot).

P. maculicornis Germ. Avril à septembre. Sur le hêtre, le coudrier, le tilleul.

R. *Anjou* (Gall.). — *Angers* (1 ex.) (Abot).

P. Betulæ F. Avril à septembre. Sur les arbres fruitiers, les prunelliers et l'aubépine.

A. C. *Anjou* (Gall.). — *Lué* (Perr.). — *Fontaine-Guérin* (Pap.). — *Dampierre* (Abot).

P. oblongus L. Avril à octobre. Sur l'orme et les arbres fruitiers.

C. *Anjou* (Gall.). — *Chênehutte (au Petit-Puits)* (Ret.). — *Anjou* (Perr.). — *Env. d'Angers* (Surr.). — *Anjou* (U. A.). — *Anjou* (I. C.). — *Fontaine-Guérin* (Pap.). — *Angers* (Br.). — *Saumur* (Abot).

! **P. viridicollis** F. Avril à octobre. Sur le hêtre, le chêne, le tilleul et l'aulne.

R. R. *Anjou* (Gall.).

P. Pomonæ Oliv. Mai à août. Sur les saules, les peupliers ; sur les fleurs de *Chrysanthemum*, dont il ronge les pétales.

C. *Anjou* (Gall.). — *Anjou* (Perr.). — *Env. d'Angers* (Surr.). — *Fontaine-Guérin* (Pap.). — *Montrevault* (Br.). — *Angers ; Avoise (Sarthe)* (Abot).

P. virideæris Laich. Mai à août. Sur les pruniers ; dans les haies, les buissons.

R. *Lué* (Perr.). — *Fontaine-Guérin* (Pap.).

P. cinerascens F. Mai à août. Sur les saules.

R. *Anjou (bords de la Loire)* (Mill.). — *Fontaine-Guérin* (Pap.).

P. sinuatus F. Mai à juillet. Sur les saules.

R. *Anjou* (Gall.). — *Les Ponts-de-Cé* (Br.).

BRACHYDERINÆ

Polydrosus Germar

P. impar Gozis. Avril à août. Sur les haies, les buissons.

A. R. *Cholet ; Chênehutte (au Petit-Puits)* (Ret.). — *Trélazé (bois de Verrières) ; Le Lion-d'Angers ; Montfaucon-sur-Moine ; Saint-Florent-le-Vieil ; Château-Gontier (Mayenne)* (Br.).

P. atomarius Oliv. Avril à août. Sur le chêne.

R. *Chênehutte (au Petit-Puits)* (Ret.).

P. marginatus Steph. Avril à juillet. Sur les buissons, les arbustes, à la bordure des bois.

C. *Sainte-Gemmes* (Gall.). — *Chênehutte (au Petit-Puits)* (Ret.). — *Lué* (Perr.). — *Anjou* (Thu.). — *Anjou* (I. C.). — *Trèves-Cunault ; Angers ; Juigné-sur-Loire* (Ven.). — *Angers ; Mûrs ; Saint-Barthélemy ; Dampierre ; Parcé (Sarthe)* (Abot).

P. mollis Strœm. Avril à août. Sur divers arbustes : aubépines, noisetiers, bouleaux, saules.

C. *Sainte-Gemmes* (Gall.). — *Chênehutte (au Petit-Puits)* (Ret.). — *Anjou* (Thu.). — *Anjou* (I. C.).

P. sericeus Schall. Avril à septembre. Bois et coteaux boisés ; sur noisetiers, saules, chênes.

C. *Anjou* (Gall.). — *Cholet ; Chênehutte (au Petit-Puits)* (Ret.). — *Lué* (Perr.). — *Env. d'Angers* (Surr.). — *Anjou* (Thu.). — *Les Ponts-de-Cé ; Mûrs* (Pap.). — *Trèves-Cunault* (Ven.). — *Saumur ; Parcé (Sarthe)* (Abot).

P. flavipes Deg. Avril à août. Sur les saules.

A. R. *Sainte-Gemmes* (Gall.). — *Chênehutte (au Petit-Puits)* (Ret.). — *Dampierre* (1 ex.) (Abot).

P. impressifrons Gyllh. Avril à septembre. Sur les arbustes et les arbres fruitiers.

A. C. *Sainte-Gemmes* (Gall.). — *Saint-Florent-le-Vieil* (Chevrolat). — *Denée* (Pap.). — *Thorigné* (Br.). — *Saumur* (Abot).

P. impressifrons Gyllh. **ab. flavovirens** Gyllh. Comme le type. R. *Saint-Florent-le-Vieil* (Chevrolat).

P. confluens Steph. Avril à août. Sur les genêts.

A. C. *Soucelles* (Gall.). — *Lué* (Perr.). — *La Chaussaire* (Pap.). — *Trèves-Cunault* (Ven.). — *Angers ; Avoise et Parcé (Sarthe)* (Abot).

P. cervinus L. Avril à juillet. Sur les chênes, les noisetiers, les aulnes.

C. *Sainte-Gemmes* (Gall.). — *Lué* (Perr.). — *Env. d'Angers* (Surr.). — *Angers ; Trèves-Cunault ; Juigné-sur-Loire* (Ven.). — *Saumur ; Saint-Barthélemy ; Le Guédéniau ; Avoise (Sarthe)* (Abot).

P. cervinus ab. melanotus Steph. Mai, juin. Sur les saules R. *Lué* (Perr.).

! **P. griseomaculatus** Desbr. Avril à août. Sur les saules. Insecte méridional.

R. R. *Mûrs* (1 ex. *dét. par Desbrochers*) (Abot).

P. tereticollis Deg. Mars à septembre. Sur les chênes.

A. C. *Anjou* (Gall.). — *Chênehutte (au Petit-Puits)* (Ret.). — *Anjou* (I. C.). — *Angers* (Abot). —

? **P. picus** F. Avril à août. Sur les haies d'aubépines. Espèce méridionale.

R. R. *Chênehutte-les-Tuffeaux* (Ret.).

P. sparsus Gyllh. Avril à septembre. Sur les aulnes, les saules.

A. R. *Angers (bords de l'étang Saint-Nicolas)* (Raffray et Gall.). — *Lué ; Chaumont* (Perr.).

P. prasinus Ol. Avril à août. Sur les chênes, les noisetiers, les saules.

C. *Anjou* (Gall.). — *Lué* (Perr.). — *Anjou* (U. A.). — *La Chaussaire ; Gesté* (Pap.). — *Angers ; Juigné-sur-Loire* (Ven.). — *Trélazé (bois de Verrières)* (Br.). — *Saumur ; Mûrs ; Soulaire-et-Bourg ; Parcé et Avoise (Sarthe)* (Abot).

P. pterygomalis Boh. Avril à août. Sur les buissons, dans les taillis.

R. *Chênehutte (au Petit-Puits)* (Ret.). — *Lué* (Perr.).

P. coruscus Germ. Mai à juillet. Sur les saules.

R. *Chênehutte (au Petit-Puits)* (Ret.). — *Saumur* (1 ex.) (Abot).

Sciaphilus Stephens

S. asperatus Bonsd. Toute l'année. Sous les feuilles mortes, les mousses, le pierres ; dans les fagots.

R. *Sainte-Gemmes* (Gall.). — *Lué* (Perr.). — *Anjou* (Thu.).

Foucartia Duval

F. Cremieri Duval. Mai à septembre. Sur les plantes basses, à la lisière des bois.

R. *Saumur* (Court.). — *Sainte-Gemmes* (Gall.). — *Chênehutte (au Petit-Puits)* (Ret.).

Barypithes Duval

B. araneiformis Schrank. Mars à octobre. Sous les mousses, les débris végétaux, sous les pierres, au pied des arbres.

R. *Baugé* (Gall.). — *Juigné-sur-Loire* (Ven.).

B. pellucidus Boh. Mars à novembre. Sous les mousses, les feuilles mortes, les détritus. Signalé comme vivant en société avec les fourmis du genre *Lasius*.

A. R. *Anjou* (Gall.). — *Chênehutte (au Petit-Puits)* (Ret.). — *Lué* (Perr.). — *Env. d'Angers* (Surr.). — *Avoise (Sarthe).* (Abot).

! **B. sulcifrons** Boh. Mai à septembre. Sur les buissons, ou sous les mousses, les détritus végétaux.

R. R. *Chênehutte (au Petit-Puits)* (Ret.).

Strophosomus Stephens

S. melanogrammus Forster. Toute l'année. Sur les chênes, les noisetiers, les pins.

C. *Saumur* (Court.). — *Sainte-Gemmes* (Gall.). — *Chênehutte (au*

Petit-Puits) (Ret.). — Lué (Perr.). — Env. d'Angers (Surr.). — Anjou (Thu.). — Anjou (I. C.). — Saint-Barthélemy (à Pignerolles) (Br.). — Trèves-Cunault ; Angers (Ven.). — Saumur ; Parcé et Avoise (Sarthe) (Abot).

S. erinaceus Chevr. Toute l'année. Sur les chênes, les noisetiers.

A. C. Saint-Laurent-des-Autels (forêt de la Foucaudière) ; Le Fief-Sauvin (forêt de Leppo) ; Chaumont (E. de I.). — Trèves-Cunault (Br.). — Angers ; Juigné-sur-Loire ; Montreuil-sur-Loir (Ven.). — Parcé (Sarthe) (Abot).

S. capitatus Deg. Toute l'année. Sur divers arbustes ; l'hiver sous les mousses.

A. C. Anjou (Gall.). — Cholet ; Chênehutte (au Petit-Puits) (Ret.). — Lué (Perr.). — Angers (Ven.). — Trélazé (bois de Verrières) (Br.). — Parcé et Avoise (Sarthe) (Abot).

S. rufipes Steph. Toute l'année. Dans les taillis.

R. Angers ; Trèves-Cunault , Montreuil-sur-Loir (Ven.). — Parcé (Sarthe) (8 ex.) (Abot).

S. faber Herbst. Avril à octobre. Dans les bois.

A. R. Saumur (Court.). — Sainte-Gemmes (Gall.). — Chênehutte (au Petit-Puits) (Ret.). — Anjou (I. C.). — Saint-Mathurin ; Champtoceaux (Br.). — Saint-Sylvain (H. Baz.). — Distré (1 ex.) (Abot).

S. lateralis Payk. Avril à octobre. Sur les bruyères.

R. Saumur (Court.). — Anjou (I. C.). — Doué-la-Fontaine (Pap.). — Vernoil ; Parcé (Sarthe) (Abot).

S. retusus Marsh. Mai à septembre. Sur les bruyères.

A. R. Soucelles (Gall.). — Lué (Perr.). — Env. d'Angers (Surr.). — Écouflant (Br.). — Parcé (Sarthe) ; Angers ; Le Guédéniau ; Lasse (Abot).

Strophomorphus Seidlitz

S. porcellus Schönh. Mai à septembre. Sous les pierres et sur les herbes, dans les prairies.

R. R. Sainte-Gemmes ; Soucelles (Gall.).

Eusomus Germar

E. ovulum Germ. Mai à juillet. Sur les herbes des prairies, surtout sur *Achillea millefolium*.

R. Sainte-Gemmes (Gall.). — Anjou (Thu.).

Brachyderes Schônherr

B. incanus L. Juin à août. Sur les buissons.

A. C. *Saumur* (Court.). — *Baugé* (Mill.). — *Chaumont (bois de Rouvaux)* (E. de I.). — *Cholet ; Chênehutte (au Petit-Puits)* (Ret.). — *Lué* (Perr.). — *Anjou* (I. C.). — *Chaumont* (Pap.). — *Saumur* (Abot).

Sitona Germar

S. griseus F. Mai à août. Sur *Sarothamnus scoparius* K., dans les terrains arides et sablonneux.

A. C. *Anjou* (Gall.). — *Cholet ; Chênehutte (au Petit-Puits)* (Ret.). — *Anjou* (U. A.).

! S. cambricus Steph. Toute l'année. Dans les lieux incultes, les bois, dans les mousses. Surtout méridional.

R. R. *Beaupréau* (Br.).

S. regensteinensis Herbst. Toute l'année. Terrains incultes, coteaux boisés ; lisière des bois. Sur *Sarothamnus scoparius* K., *Ulex europaeus* L., *Cytisus Laburnum* L.

C. *Anjou* (Gall.). — *Cholet ; Chênehutte (au Petit-Puits)* (Ret.). — *Lué* (Perr.). — *Anjou* (I. C.). — *Les Ponts-de-Cé (à Sorges) ; Le Lion-d'Angers ; Château-Gontier (Mayenne)* (Br.). — *Angers ; Montreuil-sur-Loir ; Juigné-sur-Loire ; Les Ponts-de-Cé* (Ven.). — *Mûrs ; Parcé et Avoise (Sarthe)* (Abot).

S. tibialis Herbst. Toute l'année. Terrains arides ; lisière des bois. Sur *Sarothamnus scoparius* K. et *Ulex europaeus* L.

C. *Anjou* (Gall.). — *Cholet ; Chênehutte (au Petit-Puits)* (Ret.). — *Lué* (Perr.). — *Gesté ; La Chaussaire* (Pap.). — *Château-Gontier (Mayenne)* (Br.). — *Angers ; Juigné-sur-Loire* (Ven.). — *Angers ; Saumur ; Parcé et Avoise (Sarthe)* (Abot).

S. lineatus L. Toute l'année. Sur diverses Légumineuses, notamment sur les pois cultivés.

C. *Saumur* (Court.). — *Sainte-Gemmes* (Gall.). — *Cholet ; Chênehutte (au Petit-Puits)* (Ret.). — *Lué* (Perr.). — *Env. d'Angers* (Surr.). — *Anjou* (Thu.). — *Fontaine-Guérin* (Pap.). — *Le Plessis-Grammoire ; Thorigné* (Br.). — *Angers ; Juigné-sur-Loire ; Montreuil-sur-Loir* (Ven.). — *Angers ; Saumur ; Ingrandes ; Parcé (Sarthe)* (Abot).

S. suturalis Steph. Juin, juillet. Prairies et bois. Sur *Lathyrus pratensis* L.

R. *Pontigné* (Pap.). — *Angers* (Ven.). — *Parcé (Sarthe)* (3 ex.) (Abot).

S. suturalis Steph. **var. Ononidis** Sharp. Juillet à septembre. Sur *Ononis repens*.

R. *Saint-Florent-le-Vieil* (Chevrolat). — *Chênehutte (au Petit-Puits)* (Ret.).

S. sulcifrons Thunberg. Toute l'année. Bois et marais et dans les champs, sur les trèfles.

A. C. *Saumur* (Court. et Gall.). — *Lué* (Perr.). — *Anjou* (Thu.). — *Angers ; Mûrs ; Lasse ; Avoise (Sarthe)* (Abot).

S. gemellatus Gyll. Juin. Sur les genêts.

A. R. *Sainte-Gemmes* (Gall.). — *Chênehutte (au Petit-Puits ; bois du Buron et du Marchais)* (Ret.). — *Fontaine-Guérin* (Pap.).

S. puncticollis Steph. Toute l'année. Sur diverses Légumineuses.

A. C. *Sainte-Gemmes* (Gall.). — *Lué* (Perr.). — *Env. d'Angers* (Surr.). — *Angers ; Juigné-sur-Loire* (Ven.). — *Parcé (Sarthe)* (Abot).

S. flavescens Marsh. Toute l'année. Clairières et bordures des bois, sur diverses Légumineuses ; l'hiver sous les mousses.

A. R. *Anjou* (Gall.). — *Chênehutte (au Petit-Puits)* (Ret.). — *Anjo^{n}* (Thu.). — *Fontaine-Guérin* (Pap.). — *Angers* (Ven.).

S. Waterhousei Walton. Mai à août. Sur les *Lotus*.

R. *Chênehutte (au Petit-Puits)* (Ret.). — *Angers* (Ven.).

S. crinitus Herbst. Toute l'année. Sur diverses Légumineuses ; l'hiver sous les mousses, les pierres.

C. *Anjou* (Gall.). — *Lué* (Perr.). — *Anjou* (Thu.). — *Fontaine-Guérin* (Pap.). — *Angers (à la Baumette) ; Saint-Mathurin ; Montfaucon-sur-Moine* (Br.). — *Angers ; Juigné-sur-Loire* (Ven.). — *Dampierre ; Montsoreau* (Abot).

S. hispidulus F. Toute l'année. Sur les *Trifolium* ; l'hiver sous les mousses, les pierres.

C. *Saumur* (Court.). — *Anjou* (Gall.). — *Cholet ; Chênehutte (au. Petit-Puits)* (Ret.). — *Lué* (Perr.). — *Anjou* (Thu.). — *Ecouflant ; Montfaucon-sur-Moine* (Br.). — *Angers* (Ven.). — *Mûrs* (Abot).

S. hispidulus F. **ab. tibiellus** Gyll. Mêmes époques et même habitat que le type.

R. *Anjou* (Gall.).

S. humeralis Steph. Toute l'année. Champs ; sur les luzernes et les trèfles.

A. R. *Baugé* (Gall.) — *Chênehutte (au Petit-Puits)* (Ret.). — *Lué* (Perr.). — *Anjou* (Thu.).— *Angers* (Ven.). — *Saint-Barthélemy ; Parcé (Sarthe)* (Abot).

S. inops Gyll. Toute l'année. Sur diverses Légumineuses.

R. *Chênehutte (au Petit-Puits : bois du Buron)* (Ret.). — *Champtoceaux ; Montrevault ; Beaupréau ; Thorigné* (Br.). — *Angers ; Soulaire-et-Bourg* (Abot).

Trachyphlœus Germar

! **T. alternans** Gyll. Mai à septembre. Sous les mousses, les pierres, au pied des arbres. Insecte méridional.

R. R. *Lué* (Perr.).

T. scabriculus L. Mars à novembre. Terrains arides, calcaires ; sous les pierres, les mousses ; au pied des arbres.

R. *Anjou* (Mill. et Gall.). — *Env. d'Angers* (Surr.). — *Saint-Mathurin* (Br.).

T. bifoveolatus Beck. Mai à novembre. Endroits arides ; sur les orties, au pied des plantes.

R. R. *Anjou* (Mill.). — *Lué* (Perr.).

T. aristatus Gyll. Mars à décembre. Terrains arides ; bois, coteaux ; sous les pierres, les mousses.

R. *Lué* (Perr.). — *Saumur (7 sujets)* (Abot).

T. Olivieri Bedel. Avril à octobre. Sous les mousses et les pierres, en terrains secs et sablonneux.

R. R. *Angers* (Ven.).

T. myrmecophilus Seidl. Avril à octobre. Sous les mousses et les feuilles mortes.

R. R. *Saint-Laurent-des-Autels (forêt de la Foucaudière)* (E. de I.). — *Lué* (Perr.).

CNEORRHININÆ

Cneorrhinus Schönherr

C. plagiatus Schall. Mai à juillet. Terrains sablonneux, sous les pierres, au pied des arbres.

C. *Saumur* (Court.). — *Anjou* (Gall.). — *Chênehutte* (Ret.). —

Lué (Perr.). — *Env. d'Angers* (Surr.). — *Anjou* (I. C.). — *Saint-Mathurin ; Champtoceaux* (Br.). — *Gennes ; Avoise (Sarthe)* (Abot).

? C. plagiatus Schall. **ab. parapleurus** Marsh. Mêmes époques et en mêmes endroits que le type. C'est un insecte de l'Allemagne septentrionale.

R. R. *Anjou* (I. C.).

C. exaratus Marsh. Juin à septembre. Terrains sablonneux ; champs et bois ; sous les feuilles mortes, les mousses, les pierres.

A. C. *Anjou* (Mill. et Gall.). — *Chênehutte* (Ret.). — *Lué* (Perr.). — *Anjou* (Thu.). — *Gennes ; Dampierre ; Allonnes* (Abot).

Liophlœus Germar

L. tessulatus Müll. Mars à juin. Bois, dans les mousses, les feuilles mortes ; sur les arbustes et surtout les lierres.

C. *Saumur* (Court.). — *Sainte-Gemmes* (Gall.). — *Chênehutte (au Petit-Puits)* (Ret.). — *Lué* (Perr.). — *Anjou* (U. A.). — *Anjou* (I. C.). — *Le Lion-d'Angers* (Br.). — *Doué-la-Fontaine* (Pap.). — *Chênehutte* (Abot).

Barynotus Germar

B. obscurus F. Mars à août. Sables ; lisière des bois, dans les mousses.

R. *Sainte-Gemmes* (Gall.). — *Anjou* (U. A.).

TANYMECINÆ

Chlorophanus Germar

C. viridis L. Avril à septembre. Bords des ruisseaux, sur les saules et les orties.

R. R. *Cholet ; Chênehutte (au Petit-Puits)* (Ret.).

Tanymecus Schônherr

T. palliatus F. Mai à septembre. Sur les Carduacées, principalement sur *Carduus nutans* L.

C. *Sainte-Gemmes (bords de la Loire)* (Gall.). — *Chênehutte (au Petit-Puits)* (Ret.). — *Lué* (Perr.). — *Env. d'Angers* (Surr.). — *Anjou* (U. A.). — *Anjou* (Thu.). — *Anjou* (I. C.). — *Juigné-sur-Loire* (Pap.). — *Les Ponts-de-Cé* (Br.). — *Saumur* (Abot).

BRACHYCERINÆ

Brachycerus Olivier

B. undatus F. Mai à août. Chemins sablonneux. Insecte surtout méridional.

R. *Martigné-Briand (coteau de la Grouas)* (Mill.). — *Chênehutte (au Petit-Puits : bois de la Blairie)* (Ret.). — *Anjou* (I. C.).

CLEONINÆ

Lepyrus Germar

L. palustris Scop. Mai à juillet. Sur les saules.

C. *Sainte-Gemmes (bords de la Loire)* (Gall.). — *Chênehutte ; Saint-Martin-de-la-Place* (Ret.). — *Env. d'Angers* (Surr.). — *Anjou* (U. A.). — *Anjou* (I. C.). — *Juigné-sur-Loire ; Saint-Jean-de-la-Croix* (Pap.). — *Trèves-Cunault ; Angers (étang Saint-Nicolas) ; Champtoceaux ; Les Ponts-de-Cé* (Br.). — *Angers ; Saumur* (Abot).

L. capucinus Schall. Avril à juillet. Sur les plantes des prés humides

A. C. *Sainte-Gemmes* (Gall.). — *Chênehutte ; Saint-Martin-de-la-Place (bords de la Loire)* (Ret.). — *Lué* (Perr.). — *Anjou* (I. C.). — *Juigné-sur-Loire ; Saint-Jean-de-la-Croix* (Pap.).

Leucosomus Motschulsky

L. pedestris Poda. Mai à septembre. Terrains calcaires exposés au midi.

A. R. *Sainte-Gemmes* (Gall.). — *Anjou* (U. A.). — *Doué-la-Fontaine; Douces ; Soulanger* (Pap.). — *Saumur* (Abot).

Coniocleonus Motschulsky

[**C. glaucus** F.].

C. glaucus F. **ab. turbatus** Fahrs. Mai à septembre. Landes exposées au soleil, au pied des bruyères.

R. R. *Anjou* (Mill.).

C. nebulosus L. Mai à septembre. Landes et bruyères.

R. R. *Chênehutte (au Petit-Puits)* (Ret.).

C. excoriatus Gyll. Mai à septembre. Landes et bruyères ; à terre. R. R. *Saumur* (2 individus) (Abot).

C. nigrosuturatus Göze. Avril à juin. Terrains chauds et arides. R. R. *Anjou* (Mill.). — *Dampierre* (2 sujets) (Abot).

Pachycerus Schônherr

P. scabrosus Brull. Mai à août. Terrains sablonneux. La larve vit dans l'*Echium vulgare*. Insecte plus spécialement méridional. R. R. *Anjou* (Mill.).

Mecaspis Schônherr

M. emarginatus F. Mai à août. Terrains chauds et secs. R. R. *Lué* (Perr.).

M. alternans Herbst. Mai à août. Terrains incultes. Vit dans les racines de *Daucus Carota* L. A. R. *Anjou* (Mill.). — *Chênehutte* (Ret.). — *Cornillé ; Bauné ; Lué* (Perr.). — *Anjou* (I. C.). — *Marcé (à Chaloché)* (Abot).

M. cæsus Gyll. Mai à août. A terre, dans les endroits arides. Insecte méridional. R. R. *Doué-la-Fontaine* (Pap.). — *Dampierre (à Fourneux)* (Abot).

! **M. striatellus** F. Mai à août. Terrains arides, sur les ajoncs. Insecte méridional. R. R. *Chênehutte* (Ret.).

Pseudocleonus Chevrolat

P. cinereus Schrank. Mai à septembre. Terrains arides, à terre. La larve vit probablement dans la racine des Composées. A. R. *Anjou* (Mill.). — *Sainte-Gemmes* (Gall.). — *Lué* (Perr.). — *Env. d'Angers* (Surr.). — *Anjou* (I. C.). — *Doué-la-Fontaine* (Pap.). — *Les Ponts-de-Cé* (2 ex.) (Abot).

P. grammicus Panz. Mai à septembre. Terrains arides, à terre. R. R. *Noyant-Méon* (Perr.).

Chromoderus Motschulsky

C. fasciatus Müll. Avril à juillet. Sur les Chénopodées. A. R. *Sainte-Gemmes* (Gall.). — *Chênehutte* (Ret.). — *Anjou* (I. C.).

Cyphocleonus Mostchulsky

C. tigrinus Panz. Mai à septembre. Terrains arides. La larve vit dans les racines d'*Achillae millefolium*.

R. *Anjou* (Mill.). — *Saumur* (Br.). — *Dampierre (à Fourneux)* (1 ex.) (Abot).

C. trisulcatus Herbst. Juin à août. Landes et bois. La larve vit dans les racines de *Leucanthemum vulgare* Lam.

A. R. *Anjou* (Mill.). — *Chênehutte (au Petit-Puits)* (Ret.). — *Lué* (Perr.). — *Anjou* (I. C.).

Cleonus Schônherr

C. piger Scop. Mars à octobre. Sur diverses Carduacées.

A. R. *Chênehutte (au Petit-Puits)* (Ret.). — *Env. d'Angers* (Surr.). — *Anjou* (U. A.). — *Doué-la-Fontaine* (Pap.). — *Saumur* (Abot).

Lixus Fabricius

L. paraplecticus L. Août, octobre. Sur *Phellandrium aquaticum* L., et dans les foins coupés.

A. R. *Sainte-Gemmes ; Marcé (à Chaloché)* (Gall.). — *Anjou* (I. C.), — *Fontaine-Guérin* (Pap.). — *Champtoceaux* (Br.).

L. Iridis Oliv. Mai à août. Vit dans les tiges des grandes Ombelli-fères, croissant dans les lieux humides, telles que la ciguë, l'angélique ; et aussi sur l'iris des marais.

A. R. *Sainte-Gemmes* (Gall.). — *Lué ; Durtal* (Perr.). — *Env. d'Angers* (Surr.). — *Fontaine-Guérin* (Pap.). — *Angers* (1 ex. *pris par M. Delahaye*) (Abot).

L. Myagri Ol. Mai à septembre. Dans les bois de chênes.

R. *Chênehutte* (Ret.). — *Anjou* (I. C.). — *Saumur* (2 ex.) (Abot).

! L. acicularis Germ. Mai à août. Dans les landes et les friches. Insecte méridional.

R. R. *Lué* (Perr.).

L. trivittatus Cap. Mai à septembre. Sur les buissons ou au pied des arbustes. Insecte surtout méridional.

R. R. *Saumur* (1 ex.) (Abot).

L. Ascanii L. Mai à octobre. Vit sur le prunellier et sur *Beta vulgaris*. Endroits humides.

A. R. *Anjou* (Gall.). — *Cholet ; Chênehutte (au Petit-Puits)* (Ret.).

— *Lué* (Perr.). — *Env. d'Angers* (Surr.). — *Juigné-sur-Loire* (Br.). — *Saumur* (2 ex.) (Abot).

L. Spartii Oliv. Mai à septembre. Endroits sablonneux, sur le genêt à balai. Insecte plutôt méridional.

R. *Saumur* (Court.). — *Angers (étang Saint-Nicolas); Bourg-la-Croix* (Br.).

L. algirus L. Mai à septembre. Espèce très polyphage, se rencontre sur un grand nombre de plantes.

C. *Beaufort-en-Vallée* (Mill.). — *Anjou* (Gall.). — *Chênehutte* (Ret.). — *Lué* (Perr.). — *Env. d'Angers* (Surr.). — *Anjou* (I. C.) — *Beaufort-en-Vallée* (Pap.). — *Les Ponts-de-Cé (à Sorges)* (Br.). — *Saint-Hilaire-Saint-Florent* (Abot).

L. vilis Rossi. Mai à septembre. Vit dans les tiges d'*Erodium cicutarium* D. C., aussi sur *Senecis jacobæa*.

R. R. *Anjou* (Mill.).

L. elongatus Gōze. Mai à juillet. Sur diverses Carduacées, surtout sur *Carduus nutans* Z. et *Carduus cripus* L.

R. *Anjou* (Mill.). — *Cholet; Chênehutte (au Petit-Puits)* (Ret.). — *Lué* (Perr.).

L. Cardui Oliv. Mai à septembre. Sur les Carduacées, aussi sur le prunellier. Surtout méridional.

R. *Cholet; Chênehutte (au Petit-Puits)* (Ret.). — *Anjou* (U. A.). — *Anjou* (I. C.).

L. cribricollis Boh. Juin. Sur *Rumex acetosella* L. et *Rumex domesticus* Hartm. Espèce méridionale.

R. *Saumur; Sainte-Gemmes* (Gall.). — *Anjou* (I. C.).

L. Bardanæ F. Juin. Sur différents *Rumex* et sur la Bardane.

R. R. *Sainte-Gemmes (marais de l'Authion)* (Gall.).

Larinus Germar

L. vulpes Oliv. Mai à septembre. Sur les chardons. Espèce surtout méridionale.

R. R. *Sermaise* (Pap.). — *Saumur (1 individu)* (Abot).

! **L. Cynaræ** F. Mai à septembre. Sur les chardons et sur les artichauts. Espèce plus spéciale au Midi.

R. R. *Saumur* (Mill.). — *Anjou* (U. A.).

! L. latus Herbst. Mai à septembre. Sur les chardons. Espèce de l'Europe centrale et méridionale.

R. R. *Anjou* (Mill.). — *Chênehutte (au Petit-Puits)* (Ret.).

L. Scolymi Oliv. Mai à septembre. Sur les Chicoracées et sur les chardons. Insecte surtout méridional.

R. R. *Saumur* (3 ex.) (Abot).

L. flavescens Germ. Mai à septembre. Sur les Carduacées, sur le *Kentrophyllum lanatum*. Insecte surtout méridional.

R. R. *Chênehutte (au Petit-Puits)* (Ret.).

L. turbinatus Gyll. Mai à septembre. Sur les chardons et les Cirses.

R. *Chênehutte (au Petit-Puits)* (Ret.). — *Lué* (Perr.). — *Angers ; Beaulieu ; Saint-Hilaire-du-Bois* (Abot).

L. sturnus Schall. Mai à septembre. Sur diverses Centaurées et sur les chardons.

R. *Lué* (Perr.). — *Env. d'Angers* (Surr.).

L. planus F. Toute l'année. Sur diverses Carduacées ; l'hiver sous les écorces des arbres; dans les bois et sur les routes; dans les capitules de *Cirsium arvense* Scop.

C. *Anjou* (Mill.) . — *Cholet ; Chênehutte (au Petit-Puits)* (Ret.). — *Lué ; Chaumont (étang de Malaguet)* (Perr.). — *Env. d'Angers* (Surr.). — *Anjou* (I. C.). — *Sermaise; Le Vieil-Baugé ; Saint-Georges-du-Bois* (Pap.). — *Angers* (Ven.). — *Les Ponts-de-Cé* (Br.). — *Saumur* (Abot).

L. Jaceæ F. Avril à décembre. Sur diverses Carduacées ; l'hiver sous les mousses des bois.

A. C. *Anjou* (Mill. et Gall.). — *Cholet ; Chênehutte (au Petit-Puits)* (Ret.). — *Lué* (Perr.). — *Anjou* (I. C.). — *Sermaise ; Fontaine-Guérin* (Pap.). — *Saumur ; Brézé* (Abot).

Rhinocyllus Germar

R. conicus Frœlich. Toute l'année. Terrains arides, sur diverses Carduacées ; l'hiver sous les mousses, les écorces.

A. C. *Montreuil-Bellay* (Mill.). — *Chênehutte (au Petit-Puits)* (Ret.). — *Lué* (Perr.). — *Anjou* (I. C.). — *Saumur* (Abot).

TROPIPHORINÆ

Tropiphorus Schônherr

! T. carinatus Müll. Juin, juillet. A terre, sur les chemins. Accidentel en Anjou.

R. R. *Chênehutte* (Ret.).

RHYTIRRHININÆ

Minyops Schônherr

M. carinatus L. Mars à octobre. Dans les bois des terrains secs.
R. *Baugé* (Pap.). — *Saumur ; Saint-Barthélemy ; Chênehutte* (Abot).

M. carinatus L. **var. variolosus** F. Mars à octobre. Terrains arides,
calcaires ; dans les bois, sous les pierres, les mousses.
C. *Sainte-Gemmes* (Gall.). — *Cholet ; Chênehutte (au Petit-Puits)*
(Ret.). — *Cornillé ; Bauné* (Perr.). — *Env. d'Angers* (Surr.). — *Anjou*
(I. C.). — *Baugé* (Pap.). — *Montfaucon-sur-Moine* (Br.).

Gronops Schônherr

G. lunatus F. Mai à octobre. Sables ; sous les pierres.
R. R. *Sainte-Gemmes* (Gall.). — *Anjou* (I. C.). — *Angers* (Ven.).
— *Lué* (Perr.). — *Saint-Barthélemy* (1 ex.) (Abot).

Rhytidoderes Schônherr

R. plicatus Oliv. Mai à septembre. Terrains arides, coteaux cal-
caires, au pied de *Reseda lutea* L.
R. *Anjou* (Mill.). — *Lué* (Perr.). — *Doué-la-Fontaine ; Chemellier ;
Ambillou ; Fontaine-Guérin* (Pap.). — *Brézé* (1 ex.) (Abot).

Alophus Schônherr

A. triguttatus F. Avril à octobre. Bois, marais et champs. Sur les
plantes basses et dans les mousses.
C. *Anjou* (Gall.). — *Cholet ; Chênehutte (au Petit-Puits)* (Ret.). —
Lué (Perr.). — *Env. d'Angers* (Surr.). — *Anjou* (I. C.). — *La Possonnière*
(Pap.). — *Montfaucon-sur-Moine* (Br.). — *Saumur ; Saint-Barthélemy ;
Chênehutte* (Abot).

HYLOBIINÆ

Hylobius Schônherr

H. Abietis L. Mai à août. Sur les pins, sous l'écorce desquels vit
sa larve.
A. C. *Forêt de Baugé* (Gall.). — *Le Fief-Sauvin (forêt de Leppo)*
(E. de I.). — *Cholet ; Chênehutte (au Petit-Puits)* (Ret.). — *Lué ; Fon-*

taine-Milon (Perr.). — *Env. d'Angers* (Surr.). — *Anjou* (U. A.). — *Anjou* (I. C.). — *Fontaine-Guérin* (Pap.). — *Angers ; Saint-Barthélemy (à Pignerolles)* (Br.). — *Saumur ; Marcé (à Chaloché) ; Le Guédéniau (forêt de Chandelais)* (Abot).

H. pinastri Gyll. Mai à août. Sur les pins.
R. *Fontaine-Guérin ; Denée* (Pap.).

H. fatuus Rossi. Avril à août. Dans les endroits humides. La larve vit dans les racines du *Lythrum salicaria* L.
A. R. *Anjou* (Mill.). — *Chênehutte* (Ret.). — *Env. d'Angers* (Surr.). — *Denée (au pont du Port qui tremble)* (Pap.). — *Champtoceaux* (Br.). — *Saint-Hilaire-Saint-Florent* (1 ex.) — *Chênehutte* (1 ex.) (Abot).

Anisorrhynchus Schônherr

A. barbatus Rossi. Mai, juin. Terrains arides, sur les plantes basses.
R. *Baugé* (Gall.). — *Env. d'Angers* (Surr.). — *Anjou* (U. A.). — *Anjou* (I. C.). — *Doué-la-Fontaine* (Pap.). — *Bagneux ; Souzay* (Abot).

Liparus Olivier

? L. germanus L. Mai, juin. Terrains froids et accidentés. Espèce de l'Europe montagneuse.
R. R. *Lué* (H. de Toulgoët ; cité par Perr.). — *Rochefort-sur-Loire* (Pap.).

L. coronatus Gôze. Mars à août. La larve vit dans les racines de *Daucus carota* L. Dans les champs ; sur les Ombellifères ; au pied des arbres, sur les routes.
C. *Sainte-Gemmes* (Gall.). — *Cholet ; Chênehutte (au Petit-Puits)* (Ret.). — *Lué* (Perr.). — *Env. d'Angers* (Surr.). — *Anjou* (U. A.). — *Anjou* (I. C.). — *La Chaussaire ; Gesté ; Le Pin-en-Mauges* (Pap.). — *Montfaucon-sur-Moine ; Beaupréau ; Montrevault* (Br.). — *Saumur ; Les Ponts-de-Cé* (Abot).

Epipolæus Weise

E. caliginosus F. Mars à novembre. Bois, sous les mousses, les détritus.
R. *Lué* (Perr.). — *Anjou* (I. C.).

Aparopion Hampe

A. costatum Fahrs. (Hampe). Mai à septembre. Sous les mousses et les détritus des terrains humides. Insecte méridional.
R. R. *Saint-Cyr-en-Bourg* (Chevrolat).

Trachodes Germar

T. hispidus L. Mai à septembre. Sur les branches mortes de divers arbres.

R. R. *Sainte-Gemmes* (Gall.). — *Anjou (forêt de Val)* (Perr.).

Anchonidium Bedel

A. unguiculare Aubé. Mai à septembre. Dans les débris de bois mort, dans les mousses.

R. *Saint-Laurent-des-Autels (forêt de la Foucaudière)* (E. de I.). — *Angers* (Ven.).

HYPERINÆ

Hypera Germar

H. Piochardi Cap. Mars à octobre. Sur les plantes basses. Insecte méridional.

R. R. *Angers* (1 ex.) ; *Saint-Barthélemy* (1 ex.) (Abot).

H. philanthus Ol. Mars à octobre. Insecte méridional. Sur les *Rumex*.

R. R. *Anjou* (Gall.). — *Saumur* (Abot).

Phytonomus Schônherr

P. punctatus F. Toute l'année. Dans les champs de trèfle et de luzerne.

C. *Anjou* (Gall.). — *Cholet ; Chênehutte (au Petit-Puits)* (Ret.). — *Lué* (Perr.). — *Env. d'Angers* (Surr.). — *Anjou* (U. A.). — *Anjou* (I. C.). — *Doué-la-Fontaine* (Pap.). — *Château-Gontier (Mayenne)* (Br.). — *Saint-Lambert-des-Levées ; Sainte-Gemmes ; Parcé (Sarthe)* (Abot).

P. fasciculatus Herbst. Février à octobre. Sur les Géraniacées. La larve vit sur *Erodium cicutarium* D. C. ; aussi sur la carotte.

A. C. *Sainte-Gemmes* (Gall.). — *Cholet ; Chênehutte (au Petit-Puits)* (Ret.). — *Anjou* (U. A.). — *Anjou* (I. C.). — *Saumur* (Abot).

P. adspersus F. Avril à octobre. Dans les grands marais ; dans les foins coupés baignant dans l'eau. Vit sur les *Rumex*.

A. R. *Anjou ; Sainte-Gemmes* (Gall.). — *Cholet ; Chênehutte (au Petit-Puits)* (Ret.). — *Saumur* (Perr.). — *Villevêque (communiqué par M. G. Bouvet)* (Abot).

P. Rumicis L. Toute l'année. Sur les Polygonacées, les *Rumex*.

A. C. *Anjou (bords de la Loire)* (Gall.). — *Chênehutte (au Petit-Puits)* (Ret.). — *Anjou* (U. A.). — *Anjou* (I. C.). — *Angers ; Sainte-Gemmes* (Ven.). — *Andard ; Mûrs ; Sainte-Gemmes* (H. Baz.). — *Angers ; Mûrs ; Sainte-Gemmes* (Abot).

P. Arundinis Payk. Toute l'année. Sur les roseaux, les joncs, les Carex, au bord des eaux.

R. *Chênehutte-les-Tuffeaux* (Ret.).

P. Pastinacæ Rossi. Avril à décembre. Vit sur le *Daucus carota*, sur les œillets.

R. *Chênehutte (au Petit-Puits)* (Ret.).

P. Pastinacæ Rossi. **ab. tigrinus** Boh. Mêmes époques et même habitat.

R. R. *Anjou* (Gall.).

P. meles F. Mai, juin. Sur les trèfles et les luzernes.

A. R. *Anjou* (Gall.). — *Lué ; Corné* (Perr.). — *Angers (à La Paperie) ; Soulaines* (Br.). — *Marans* (H. Baz.). — *Ancenis (Loire-Inférieure)* (Abot).

P. Ononidis Chevr. Mai à septembre. Sur les plantes basses, principalement sur les Ononis.

R. R. *Beaupréau* (Br.).

P. nigrirostris F. Toute l'année. Sur les Ononis et les Légumineuses.

C. *Anjou* (Gall.). — *Cholet ; Chênehutte (au Petit-Puits)* (Ret.). — *Env. d'Angers* (Surr.). — *Anjou* (I. C.). — *Montfaucon-sur-Moine ; Le Lion-d'Angers ; Château-Gontier (Mayenne)* (Br.). — *Angers* (Ven.). — *Sainte-Gemmes ; Parcé et Avoise (Sarthe) ; Angers* (Abot).

P. arator L. Toute l'année. Bois, dans les mousses et sur diverses Caryophyllées.

R. *Anjou* (Gall.). — *Lué* (Perr.). — *Anjou* (I. C.).

P. pedestris Payk. Mars à octobre. Sur les Légumineuses.

R. *Sainte-Gemmes* (Gall.). — *Chênehutte* (1 ex.) (Ret.).

P. elongatus Payk. Mai à septembre. Endroits humides. Sur plantes basses, surtout sur le plantain.

R. R. *Chênehutte-les-Tuffeaux* (Ret.).

P. Plantaginis Degeer. Mai et septembre. Sur les Légumineuses, plus rarement sur le plantain.

R. *Chênehutte* (Ret.). — *Lué ; Corné* (Perr.). — *Avoise (Sarthe)* (Abot).

P. murinus F. Toute l'année. Sur les luzernes, les trèfles ; sous les mousses, les détritus.

A. C. *Anjou* (Gall.). — *Chênehutte* (Ret.). — *Lué* (Perr.). — *Angers* (Ven.). — *Saumur* (Abot).

P. variabilis Herbst. Toute l'année. Sur diverses Légumineuses ; l'hiver sous les mousses, les écorces.

C. *Sainte-Gemmes* (Gall.). — *Cholet ; Chênehutte (au Petit-Puits)* (Ret.). — *Lué* (Perr.). — *Env. d'Angers* (Surr.). — *Anjou* (U. A.). — *Anjou* (I. C.). — *Fontaine-Guérin* (Pap.). — *Angers (étang Saint-Nicolas ; la Paperie) ; Saint-Florent-le-Vieil* (Br.). — *Angers ; Parcé et Avoise (Sarthe)* (Abot).

P. variabilis Herbst. **ab. parcus** Gyll. Mêmes époques et même habitat.

P. Viciæ Gyll. Mai à septembre. Sur diverses Vesces.

R. R. *Anjou* (Mill.).

P. trilineatus Marsh. Mars à septembre. Sur les Légumineuses.

A. R. *Chênehutte (au Petit-Puits)* (Ret.). — *Lué* (Perr.). — *Angers (étang Saint-Nicolas) ; Château-Gontier (Mayenne)* (Br.). — *Angers* (Ven.).

Limobius Schônherr

L. borealis Payk. Toute l'année. Sur le *Geranium sanguineum* L., et les plantes basses ; au pied des arbres, sous les écorces, les mousses.

R. *Sainte-Gemmes (talus aux bords de l'Authion)* (Gall.). — *Chaumont ; Corzé* (Perr.).

ERIRRHININÆ

Pissodes Germar

P. Piceæ Ill. Mai à septembre. Sur les pins.

A. R. *Baugé* (Gall.). — *Anjou* (U. A.). — *Anjou* (I. C.). — *Fontaine-Guérin* (Pap.).

P. notatus F. Mars à septembre. Sur les pins.

A. C. *Baugé* (Gall.). — *Cholet ; Chênehutte* (Ret.). — *Lué ; Corzé (parc d'Ardannes)* (Perr.). — *Anjou* (U. A.). — *Fontaine-Guérin* (Pap.). — *Juigné-sur-Loire* (Br.). — *Angers* (Ven.).

P. Pini L. Mars à septembre. Sur les pins.

R. *Cholet ; Chênehutte-les-Tuffeaux* (Ret.).

Grypidius Stephens

G. Equiseti F. Toute l'année. Marais. Sur les *Equisetum ;* sous les mousses et les détritus.

A. R. *Anjou* (Mill.). — *Sainte-Gemmes* (Gall.). — *Lué* (Perr.).

Pachytychius Jekel

P. hæmatocephalus Gyll. Mars à septembre. Sur *Lotus corniculatus* L.

R. *Rou-Marson* (Gall.). — *Lasse* (1 ex.) (Abot).

P. Sparsutus Oliv. Mai à juillet. Sur *Sarothamnus scoparius* K.

A. R. *Anjou* (Gall.). — *Chênehutte (au Petit-Puits)* (Ret.). — *Les Ponts-de-Cé* (Ven.). — *Parcé (Sarthe)* (Abot).

Erirrhinus Schônher.

E. Festucæ Herbst. Toute l'année. Marais ; sur diverses Cypéracées ; sous les détritus, les roseaux coupés.

R. *Angers* (Mill.).

E. scirrhosus Gyll. Mai à juillet. Bords des eaux, sur les Cypéracées.

R. *Rou-Marson* (Gall.). — *Marcé (à Chaloché)* (Perr.). — *Saint-Martin-de-la-Place* (Ret.).

Notaris Stephens

N. bimaculatus F. Mars à juillet. Sur les Cypéracées.

A. R. *Cholet (étang des Noües)* (Ret.). — *Corné (bords de l'Authion)* (Perr.). — *Les Ponts-de-Cé ; Sainte-Gemmes* (Br.). — *Sainte-Gemmes* (Ven.).

N. scirpi F. Toute l'année. Marais ; sur les Carex ; à terre, au pied des roseaux et sous les détritus ; l'hiver sous les feuilles mortes, et dans les bottes de roseaux.

A. C. *Angers (bords de la Maine)* (Mill.). — *Saint-Martin-de-la-Place* (Ret.). — *Env. d'Angers* (Surr.). — *Saumur* (Abot).

N. acridulus L. Toute l'année. Marais ; sur les Carex, à terre, au pied des roseaux ; l'hiver sous les détritus et les feuilles mortes.

A. C. *Anjou (bords de l'Authion)* (Gall.). — *Saint-Martin-de-la-Place* (Ret.). — *Env. d'Angers* (Surr.). — *Anjou* (I. C.). — *Champtoceaux ; Le Lion-d'Angers ; Château-Gontier (Mayenne)* (Br.). — *Saumur* (Abot).

Dorytomus Stephens

D. longimanus Forster. Toute l'année. Sur diverses espèces de *Populus* ; l'hiver, sous les écorces, les mousses des arbres.

C. *Anjou* (Mill. et Gall.). — *Chênehutte* (Ret.). — *Lué* (Perr.). — *Anjou* (I. C.). — *Le Vieil-Baugé* (Pap.). — *Les Ponts-de-Cé* (Br.). — *Trélazé* (H. Baz.). — *Saumur ; Les Ponts-de-Cé ; Parcé (Sarthe)* (Abot).

D. Tremulæ Payk. Mars à septembre. Sur les peupliers et les trembles.

R. *Chênehutte* (Ret.). — *Anjou* (I. C.). — *Fontaine-Guérin* (Pap.).

D. tortrix L. Mars à novembre. Sur *Populus Tremula* L. ; sous les mousses.

A. C. *Sainte-Gemmes (bords de la Loire)* (Gall.). — *Chênehutte* (Ret.). — *Anjou* (I. C.). — *Angers ; Saint-Georges-sur-Loire (à Chevigné) ; Les Ponts-de-Cé* (Br.).

! **D. nebulosus** Gyll. Mars à octobre. Sur les peupliers.

R. R. *Chênehutte-les-Tuffeaux* (Ret.).

D. validirostris Gyll. Toute l'année. Sur divers *Populus*, surtout *Populus nigra* L. ; l'hiver sous les écorces, les mousses des arbres.

A. C. *Sainte-Gemmes (bords de la Loire)* (Gall.). — *Chênehutte (au Petit-Puits)* (Ret.). — *Anjou* (I. C.). — *Angers* (Abot).

D. flavipes Panz. Mars à octobre. Sur les saules.

R. R. *Sainte-Gemmes* (Gall.).

D. filirostris Gyll. Mars à octobre. Sur les peupliers et les saules.

R. *Anjou* (I. C.). — *Angers (étang Saint-Nicolas)* (Br.). — *Juigné-sur-Loire* (Ven.).

D. Dejeani Faust. Toute l'année. Sur *Populus alba* L. et *Populus Tremula* L. ; l'hiver sous les écorces et les mousses.

A. C. *Sainte-Gemmes* (Gall.). — *Lué* (Perr.). — *Env. d'Angers* (Surr.). — *Anjou* (I. C.). — *Angers* (H. Baz.).

D. tæniatus F. Mars à octobre. Sur les saules.

R. *Lué ; Marcé (à Chaloché)* (Perr.).

D. affinis Payk. Mars à octobre. Sur les saules.

R. *Anjou* (I. C.).

D. melanophthalmus Payk. Avril à octobre. Sur les saules.

R. *Chênehutte (au Petit-Puits)* (Ret.). — *Trèves-Cunault* (Br.). — *Mûrs* (Abot).

D. majalis Payk. Avril à octobre. Sur les saules.

R. *Anjou* (U. A.). — *Anjou* (I. C.).

D. Salicis Gyll. Avril à octobre. Sur les saules.

R. *Chênehutte (au Petit-Puits)* (Ret.).

D. rufulus Bedel. Avril à octobre. Sur les peupliers et les saules.

R. *Chênehutte (au Petit-Puits)* (Ret.). — *Anjou (bords de la Loire)* (Gall. et Perr.). — *Trèves-Cunault* (Ven.).

D. dorsalis L. Mars à septembre. Sur les saules.

R. *Anjou* (Gall.).

Smicronyx Schônherr

S. Jungermanniæ Reich. Toute l'année. Sur *Cuscuta major* D. C. L'hiver sous les écorces, les mousses des arbres.

R. *Sainte-Gemmes* (Gall.). — *Lué* (Perr.).

Stenopelmus Schônherr

S. rufinasus Gyll. En mars.

R. R. *Sainte-Gemmes* (Abot).

Tanysphyrus Germar

T. Lemnæ Payk. Toute l'année. Sur les *Lemna*, à la surface des eaux dormantes ; l'hiver sous les feuilles mortes, les détritus.

A. C. *Anjou* (Gall.). — *Lué* (Perr.). — *Anjou* (I. C.). — *Saint-Florent-le-Vieil* (Br.).

Bagous Schônherr

B. frit Herbst, Avril à août. Bords des mares, des étangs et des rivières, sous les détritus.

R. *Sainte-Gemmes (fossés des bords de l'Authion)* (Gall.). — *Beaupréau* (Br.).

B. tempestivus Herbst. Avril à décembre. Marais ; aux bords des mares, des étangs.

R. *Saint-Florent-le-Vieil* (Chevrolat). — *Angers* (1 ex.) (Abot).

B. limosus Gyll. Mai à août. Marais, sur les herbes.

R. *Saint-Florent-le-Vieil* (Chevrolat). — *Saint-Florent-le-Vieil* (Br.).

B. lutosus Gyll. Mai à août. Sur les herbes, dans les endroits marécageux.

R. *Rou-Marson (bords de l'étang de Marson)* (Gall.). — *Angers* (1 ex.) (Abot).

Hydronomus Schônherr

H. Alismatis Marsh. Mai à décembre. Sur *Alisma Plantago* L., et dans les foins coupés. Marais ; bords des étangs et des fossés.

A. R. *Anjou* (Mill. et Gall.). — *Le Marillais* (E. de I.). — *Rou-Marson (étang de Marson)* (Perr.).

Pseudostyphlus Tournier

P. pilumnus Gyll. Mai à novembre. Sur les plantes basses, surtout *Matricaria Chamomilla.*

R. *Sainte-Gemmes (bords de la Loire)* (Gall.). — *Anjou* (I. C.).

Orthochætes Germar

O. setiger Beck. Mai à novembre. Au pied des végétaux, dans les terrains sablonneux.

R. R. *Jarzé (à la Grénerie)* (Perr.).

COSSONINÆ

Dryophthorus Schônherr

D. corticalis Payk. Mai à septembre. Dans le bois mort et sous les écorces.

R. R. *Anjou* (Mill.).

Cossonus Clairville

C. parallelepipedus Herbst. Mai à septembre. Sous les écorces, dans les souches et les vieux troncs des saules.

R. R. *Anjou* (Mill.).

C. linearis F. Avril à octobre. Dans les souches et les troncs creux des Salicinées ; souvent sous les écorces des arbres malades.

R. *Anjou* (Mill.). — *Chênehutte (au Petit-Puits)* (Ret.). — *Anjou* (I. C.).

C. cylindricus Sahlb. Avril à octobre. Vieux saules cariés ; dans les vieux fagots.

R. *Forêt de Baugé* (Gall.). — *Angers (1 ex.)* (Abot).

Eremotes Wollaston

E. punctatulus Boh. Février à mai. Vit dans l'aubier de divers arbres et sous les écorces.

R. *Sainte-Gemmes* (Gall.). — *Parcé (Sarthe)* (Abot).

Rhyncolus Germar, Stephens

R. culinaris Germ. Mai à août. Dans l'aubier de divers arbres dans les vieilles boiseries.

R. *Lué* (Perr.). — *Sainte-Gemmes* (Br.).

R. truncorum Germ. Mai à septembre. Dans l'aubier de divers arbres et sous les écorces.

R. *Anjou* (Mill.).

R. lignarius Marsh. Mai à septembre. Dans les plaies et sous les écorces des vieux arbres.

R. *Sainte-Gemmes* (Gall.). — *Anjou* (I. C.).

R. cylindricus Boh. Mai à septembre. Sous les écorces de divers arbres.

R. *Sainte-Gemmes* (Gall.).

CRYPTORRHYNCHINÆ

Cryptorrhynchus Illiger

C. Lapathi L. Mai à septembre. Vit dans les rameaux des saules, les peupliers ; sur les *Rumex.*

C. *Sainte-Gemmes (bords de la Loire)* (Gall.). — *Chênehutte* (Ret.). — *Lué* (Perr.). — *Anjou* (U. A.). — *Anjou* (I. C.). — *Les Ponts-de-Cé ; Gennes ; Saint-Jean-de-la-Croix ; Mozé ; Beaulieu* (Pap.). — *Angers ; Champtoceaux* (Br.). — *Saumur* (Abot).

Acalles Schônherr

! **A. ptinoïdes** Marsh. Avril à octobre. Dans les vieux fagots et le bois mort. Insecte de l'Europe centrale et méridionale.

R. R. *Angers* (Ven.).

A. roboris Curtis. Avril à octobre. Dans les fagots de chêne.

R. *Lué* (Perr.). — *Angers* (1 ex.) (Abot).

! **A. echinatus** Germ. Mars à septembre. Dans les branches et les vieux fagots de peuplier. Insecte signalé de Carniolie (Autriche) et des Alpes-Maritimes, semble bien douteux pour l'Anjou.

R. R. *Chênehutte* (Ret.). — *Lué* (Perr.).

CEUTORRHYNCHINÆ

Mononychus Germar

M. punctum-album Herbst. Mai à juillet. Sur *Iris pseudacorus* L.

A. C. *Segré* (Mill.). — *Lué* (Perr.). — *Anjou* (I. C.). — *Saint-Georges-du-Bois ; Fontaine-Guérin ; Mozé* (Pap.). — *Saumur ; Avoise (Sarthe)* (Abot).

M. punctum-album Herbst. **ab. Salviæ** Germ. Mêmes époques. et même habitat.

A. R. *Chênehutte (au Marchais des Normandières)* (Ret.). — *Lué* (Perr.). — *Rou-Marson (étang de Marson)* (Abot).

Cœliodes Schônherr

C. ruber Marsh. Mai à octobre. Sur les chênes.

A. C. *Anjou* (Gall.). — *Lué* (Perr.). — *Ecouflant* (Br.). — *Trèves-Cunault* (Ven.).

C. erythroleucus Gmel. Avril à octobre. Bois et taillis, sur les chênes.

A. C. *Sainte-Gemmes* (Gall.). — *Chênehutte (au Petit-Puits)* (Ret.). — *Anjou* (I. C.). — *Angers (étang Saint-Nicolas)* (Br.).

C. dryados Gmel. Avril à août. Sur les chênes.

A. C. *Anjou* (Gall.). — *Lué* (Perr.). — *Env. d'Angers* (Surr.). — *Anjou* (I. C.). — *Trélazé (bois de Verrières) ; Angers (étang Saint-Nicolas)* (Br.). — *Saint-Barthélemy ; Saint-Hilaire-du- Bois* (Abot).

C. trifasciatus Bach. Avril à août. Sur les chênes.

R. *Chênehutte (au Petit-Puits)* (Ret.). — *Angers* (Ven.).

C. rubicundus Herbst. Avril à août. Sur les chênes.

R. R. *Anjou* (I. C.).

Stenocarus Thomson

S. Cardui Herbst. Toute l'année. Sur les chardons ; l'hiver sous les mousses et les feuilles mortes.

R. R. *Lué* (Perr.).

S. fuliginosus Marsh. Toute l'année. Sur les chardons ; l'hiver sous les mousses et les feuilles mortes.

A. C. *Anjou* (Gall.). — *Chênehutte (au Petit-Puits)* (Ret.). — *Anjou* (I. C.). — *Angers* (Ven.).

Craponius Leconte, Seidlitz

! **C. Epilobii** Payk. Mai à août. Sur les Épilobes.
R. R. *Chênehutte (au Petit-Puits)* (Ret.).

Cidnorrhinus Thomson

C. 4-maculatus L. Toute l'année. Sur les *Lamium* et les orties ;
l'hiver dans les mousses et les détritus.
C. *Sainte-Gemmes (bords de l'Authion)* (Mill. et Gall.). — *Chênehutte
(au Petit-Puits)* (Ret.). — *Anjou* (I. C.). — *Le Lion-d'Angers* (Br.). —
Angers ; Dampierre ; Montsoreau (Abot).

Allodactylus Weise

A. exiguus Ol. Mai à octobre. Sur divers géraniums et la mercuriale.
R. *Sainte-Gemmes* (Gall.). — *Corné (bords de l'Authion)* (Perr.).

A. affinis Payk. Mai à octobre. Sur divers géraniums.
R. *Lué* (Perr.). — *(Sarthe)* (I. C.).

Amalus Schônherr

A. hæmorrhous Herbst. Toute l'année. Lieux humides ; sur
Polygonum aviculare L., et dans les mousses des bois.
R. R. *Sainte-Gemmes* (Gall.).

Rhinoncus Stephens

R. Castor F. Mai à août. Terrains sablonneux, sur *Rumex aceto-
sella* L., dans les mousses et les foins coupés.
R. *Sainte-Gemmes (bords de la Loire et de l'Authion)* (Gall.). —*(Sarthe)*
(I. C.).

R. Bruchoides Herbst.. Toute l'année. Lieux humides, sur les
Polygonum et dans les mousses.
R. R. *Anjou (bords de la Loire et de l'Authion)* (Gall.).

? R. inconspectus Herbst. (*Cette espèce ne figure pas au catalogue
de Reitter, 2*e *édit. 1906.*) Signalée sur les *Polygonum*, en mai, juin
R. *Anjou* (Mill.). — *Corné (bords de l'Authion)* (Perr.). — *Juigné-
sur-Loire* (Ven.).

R. pericarpius L. Toute l'année. Lieux humides, sur *Rumex
obtusifolius* D. C. et divers *Polygonum ;* hiverne dans les foins coupés et
sous les mousses.
A. C. *Anjou (bords de la Loire)* (Gall.). —*Lué* (Perr.). — *Env. d'Angers*

(Surr.). — (Sarthe) (I. C.). — *Les Ponts-de-Cé ; Ecouflant ; Angers (étang Saint-Nicolas)* (Br.).

R. perpendicularis Reich. Toute l'année. Lieux humides. Sur *Polygonum* et dans les foins coupés.

R. *Anjou (bords de la Loire)* (Gall.). — *Champtoceaux* (Br.). — *Angers ; Montreuil-sur-Loir* (Ven.).

Phytobius Schônherr

P. Comari Herbst. Toute l'année. Lieux humides ; dans les mousses et les foins coupés.

R. *Anjou (bords de l'Authion)* (Gall.). — *Anjou* (I. C.). — *Saumur* (1 ex.) (Abot).

P. 4-tuberculatus F. Toute l'année. Dans les mousses et les herbes des terrains humides.

R. R. *Angers* (Br.).

P. granatus Gyll. Toute l'année. Bois froids et humides ; bords des étangs.

R. *Anjou* (Gall.). — *Saumur* (1 ex.) (Abot).

P. 4-cornis Gyll. Avril à novembre. Bords des eaux. Sur *Polygonum Lapathifolium* L. ; dans les mousses et les bottes de foin.

R. *Saumur* (Mill.). — *Sainte-Gemmes* (Gall.). — *Montreuil-sur-Loire* (Ven.). — *Saumur* (1 ex.) (Abot).

P. leucogaster Marsh. Toute l'année. Sur le *Myriophyllum spicatum* L. ; hiverne dans les foins coupés.

R. R. *Anjou* (Mill.).

P. velatus Beck. Toute l'année. Lieux humides, dans les mousses et les foins coupés.

R. R. *Saint-Florent-le-Vieil* (Br.).

Ceuthorrhynchidius Duval

C. horridus Panz. Avril à septembre. Terrains incultes ; sur diverses Carduacées.

A. R. *Sainte-Gemmes* (Gall.). — *Lué* (Perr.). — *Anjou* (U. A.). — *Anjou* (I. C.).

C. troglodytes F. Toute l'année. Sur *Plantago lanceolata* L. ; l'hiver dans les mousses, les fagots.

C. *Sainte-Gemmes* (Gall.). — *Cholet ; Chênehutte (au Petit-Puits)* (Ret.). — *Lué* (Perr.). — *Anjou* (I. C.). *Le Lion-d'Angers* (Br.). — *Saint-Barthélemy ; Dampierre ; Marcé ; Avoise (Sarthe)* (Abot).

C. rufulus Duf. Toute l'année. Sur les plantains ; l'hiver sous les mousses, dans les fagots.

R. *Chênehutte (au Petit-Puits)* (Ret.). — *Rou-Marson* (1 ex.) (Abot).

Micrelus Thomson

M. Ericæ Gyll. Juin à août. Sur différentes bruyères. (*Erica* et *Calluna*).

A. R. *Soucelles* (Gall.). — *Lué* (Perr.). — *Angers (coteaux de l'étang Saint-Nicolas)* (Br.). — *Parcé (Sarthe)* (Abot).

Ceutorrhynchus Germar

C. terminatus Herbst. Mai à septembre. Sur les ajoncs et diverses Ombellifères ; lisière des bois, prés humides.

R. *Chênehutte (chemin de la Chaboterie)* (Ret.).

C. nigrinus Marsh. Mai à septembre. Sur diverses plantes basses des terrains humides.

R. *Montrevault* (Br.).

C. floralis Payk. Toute l'année. Sur divers genres de Crucifères ; l'hiver sous les mousses, les écorces.

A. R. *Anjou (Mill. et Gall.)*. — *Angers* (Ven.).

C. pubicollis Gyll. Mai à septembre. Sur les Carex.

R. *Chênehutte (rives de la Loire)* (Ret.). — *Avoise (Sarthe)* (Abot).

C. geographicus Gôze. Mai à octobre. Sur *Echium vulgare* L.

A. C. *Anjou* (Gall.). — *Lué ; Fontaine-Milon* (Perr.). — *Soulanger* (E. de I.). — *Anjou* (U. A.). — *Anjou* (I. C.).

C. crucifer Ol. Mai à octobre. Sur *Echium vulgare* L., et *Cynoglossum officinale*.

R. *Anjou* (Gall.).

C. litura F. Mai à septembre. Sur les Carduacées.

R. *Anjou* (Gall.). — *Les Ponts-de-Cé* (Br.).

C. trimaculatus F. Juin à septembre. Friches et terrains vagues. Sur diverses Carduacées.

A. R. *Baugé ; Sainte-Gemmes* (Gall.). — *Anjou* (I. C.).

C. suturalis F. Mars à novembre. Sur les fleurs, principalement d'Allium ; dans les mousses, au pied des arbres.

A. R. *Sainte-Gemmes ; Baugé (bords du Couasnon)* (Gall.). — *Lué* (Perr.). — *Anjou* (I. C.).

C. arquatus Herbst. Mai à août. Sur *Lycopus europaeus* L.

R. R. *Saint-Florent-le-Vieil* (Chevrolat).

C. campestris Gyll. Mai à juillet. Sur *Leucanthemun vulgare* Lam.

A. C. *Sainte-Gemmes ; Baugé* (Gall.). — *Lué* (Perr.). — *Le Lion-d'Angers ; Saint-Melaine* (Br.).

C. rugulosus Herbst. Toute l'année. Sur diverses Corymbifères ; l'hiver dans la mousse des arbres.

R. *Sainte-Gemmes* (Gall.).

C. denticulatus Schrank. Avril à octobre. Vit sur le *Papaver Rhœas* L., et circule dès le premier printemps.

R. *Sainte-Gemmes* (*bords de la Loire et de l'Authion*) (Gall.). — *Lué* (Perr.).

C. macula-alba Herbst. Avril à octobre. Sur *Papaver Rhœas* L.

A. R. *Anjou* (Mill. et Gall.). — *Mozé* (Pap.). — *Angers* (Abot).

C. pollinarius Forst. Avril à août. Sur *Urtica dioica* L.

A. R. *Anjou* (Mill. et Gall.). — *Cholet ; Chênehutte .(au Petit-Puits)* (Ret.). — *Angers (étang Saint-Nicolas) ; Chemillé ; Pruniers* (Br.).

C. pleurostigma Marsh. Toute l'année. Sur plusieurs genres de Crucifères ; l'hiver sous les mousses, les foins coupés.

C. *Anjou* (Gall.). — *Chênehutte (au Petit-Puits)* (Ret.). — *Lué* (Perr.). — *Anjou* (I. C.). — *Juigné-sur-Loire ; Angers* (Ven.). — *Angers ; Parcé (Sarthe)* (Abot).

C. Roberti Gyll. Mai à septembre. Sur les Crucifères.

R. R. *Parcé (Sarthe)* (Abot).

C. griseus Bris. Mars à octobre. Sur les Crucifères.

R. R. *Chênehutte (au Petit-Puits)* (Ret.).

C. Napi Gyll. Avril à septembre. Sur diverses Crucifères.

A. C. *Anjou* (Gall.). — *Cholet ; Chênehutte (au Petit-Puits)* (Ret.). — *Lué* (Perr.). — *Andard* (H. Baz.). —

C. syrites Germ. Juin, juillet. Dans les bois, sur fleurs diverses.

R. *Écouflant* (Br.). — *Saumur* (1 ex.) (Abot).

C. arator Gyll. Mai à septembre. Sur diverses Crucifères.

R. R. *Chênehutte (au Petit-Puits)* (Ret.).

C. assimilis Payk. Toute l'année. Bois et champs, sur les Crucifères ; l'hiver, dans les mousses et sous les écorces.

A. C. *Sainte-Gemmes* (Gall.). — *Lué* (Perr.). — *Angers ; Champtoceaux* (Br.). — *Angers ; Trèves-Cunault* (Ven.).

C. Cochleariæ Gyll. Avril à août. Sur les Crucifères.

A. C. *Cholet ; Chênehutte (au Petit-Puits) (Ret.). — Angers ; Écou-flant ; Saint-Georges-sur-Loire (étang de Chevigné) (Br.).*

C. atomus Boh. Mai à septembre. Sur les Crucifères.

R. *Angers ; Château-Gontier (Mayenne) (Br.).*

C. quadridens Panz. Avril à octobre. Sur les Borraginées.

R. *Anjou (I. C.). — Trélazé (bois de Verrières) ; Saint-Georges-sur-Loire (à Chevigné) (Br.).*

C. picitarsis Gyll. Mai à septembre. Sur les Crucifères.

R. *Saint-Georges-sur-Loire (à Chevigné) (Br.).*

C. sulcicollis Payk. Mai à septembre. Sur les Crucifères.

R. *Saint-Georges (à Chevigné) ; Saint-Laurent-du-Mottay (Br.).*

C. carinatus Gyll. Mai à septembre. Sur les Crucifères.

R. R. *Les Ponts-de-Cé (Ven.).*

C. Erysimi F. Toute l'année. Sur divers genres de Crucifères ; l'hiver, dans les mousses, les fagots, au pied des arbres.

A. R. *Anjou (Mill. et Gall.). — Lué ; Corné (Perr.). — Angers (Abot).*

C. contractus Marsh. Toute l'année. Sur divers genres de Cruci-fères ; l'hiver, dans les mousses, les fagots, au pied des arbres.

C. *Anjou (Gall.). — Chênehutte (au Petit-Puits) (Ret.). — Lué (Perr.). — Anjou (I. C.). — Angers (étang Saint-Nicolas) ; Beaupréau (Br.).*

C. chalybæus Germ. Avril à octobre. Sur les Crucifères.

R. *Sainte-Gemmes ; Baugé (Gall.).*

Poophagus Schônherr

P. Sisymbrii F. Avril à décembre. Bords des eaux. Sur *Roripa amphibia* Bess., *Roripa nasturtioides* Sphach. (*Sisymbrium amphibium*).

A. R. *Sainte-Gemmes (Gall.). — Anjou (I. C.). — Le Lion-d'Angers ; Les Ponts-de-Cé (Br.). — Angers (Abot).*

Tapinotus Schônherr

T. sellatus F. Mai, juin. Sur *Lysimachia vulgaris* L.

R. *Angers (bords de l'étang Saint-Nicolas) (Gall.). — Saint-Florent-le-Vieil (Br.).*

Orobitis Germar

! O. cyaneus L. Mai à septembre. Sur diverses plantes basses.

R. R. *Beaupréau (Br.).*

Coryssomerus Schônherr

C. capucinus Beck. Mai, juin. Sur divers genres de Corymbifères. La larve vit dans les racines d'*Achillea millefolium* L.

R. *Sainte-Gemmes* (Gall.).

Baris Germar

B. Artemisiæ Herbst. Mai à septembre. Sur *Artimisiae vulgaris*, près des racines, dans lesquelles vit la larve.

R. *Sainte-Gemmes* (Gall.). — *Anjou* (I. C.). — *Saumur* (Abot).

B. morio Boh. Mai à août. Sur *Reseda luteola*. La larve vit dans les racines de cette plante.

R. *Lué* (Perr.). — *Angers* (Br.).

B. laticollis Marsh. Mars à juillet. Sur diverses Crucifères, notamment *Sinapis arvensis* L., et les choux cultivés.

A. R. *Anjou* (Mill. et Gall.). — *Les Ponts-de-Cé* (Br.). — *Angers* (Abot).

B. timida Rossi. Avril à août. Sur diverses Crucifères. Plus spécial au Midi.

R. R. *Chênehutte (au Petit-Puits)* (Ret.).

B. prasina Boh. Mai à septembre. Sur diverses Crucifères. Insecte méridional, accidentel en Anjou.

R. R. *Saumur* (1 sujet) (Abot).

B. cuprirostris F. Mai à août. Sur les *Erysimum* et d'autres Crucifères.

R. *Anjou* (Gall.). — *Chênehutte (au Petit-Puits)* (Ret.).

B. Lepidii Germ. Mai à août. Sur *Nasturtium sylvestre et amphibium* et autres Crucifères.

R. *Sainte-Gemmes* (Gall.). — *Chênehutte (au Petit-Puits)* (Ret.). — *Dampierre* (Abot).

B. cœrulescens Scop. Toute l'année. Sur *Brassica Napus* et autres Crucifères ; sur les résédas.

A. R. *Anjou* (Mill.). — *Sainte-Gemmes* (Gall.). — *Angers ; Soulaire-et-Bourg* (Abot).

B. cœrulescens Scop. **ab. chloris** F. Toute l'année. Sur mêmes plantes que le type.

A. R. *Anjou* (Mill.). — *Sainte-Gemmes* (Gall.). — *Montrevault* (Br.).

B. picicornis Marsh. Juin à septembre. Sur les résédas.

R. *Lué* (Perr.).

? B. Villæ Comolli. Mai à août. Sur les *Nasturtium*. Espèce méridionale.

R. R. *Anjou* (Gall.).

B. chlorizans Germ. Mai à septembre. Sur *Raphanus*, les choux et diverses autres Crucifères.

A. R. *Anjou* (Gall.). — *Chênehutte (au Petit-Puits)* (Ret.). — *Anjou* (I. C.). — *Angers* (Ven.).

Limnobaris Bedel

L. T. album L. Toute l'année. Marais, sur les Cypéracées; hiverne dans les foins coupés.

A. C. *Anjou* (Mill. et Gall.). — *Chênehutte (au Petit-Puits)* (Ret.). — *Anjou* (I. C.). — *Allonnes (étang du Bellay)* (Abot). .

CALANDRINÆ

Sphenophorus Schônherr

S. piceus Pall. Mai à septembre. Au pied des joncs.

A. C. *Anjou* (Mill. et Gall.). — *Cholet ; Chênehutte (au Petit-Puits)* (Ret.). — *Env. d'Angers* (Surr.). — *Anjou* (U. A.). — *Louresse-Rochemenier* (Pap.). — *Angers (à la Baumette)* (Br.). — *Angers ; Saint-Barthélemy ; Dampierre* (Abot).

S. abbreviatus F. Mai à septembre. Sous les pierres, les détritus, au bord des chemins.

A. R. *Anjou* (Mill.). — *Sainte-Gemmes* (Gall.). — *Cholet ; Chênehutte (au Petit-Puits)* (Ret.). — *Anjou* (U. A.).

S. striatopunctatus Gôze. Mai à septembre. Sous les pierres, les détritus ; talus des routes.

R. *Lué ; La Chapelle-Saint-Laud* (Perr.). — *Sainte-Gemmes ; Les Ponts-de-Cé* (Br.). — *Les Ponts-de-Cé* (Ven.).

! S. meridionalis Gyll. Mai à septembre. Sous les détritus, les pierres, le long des routes. Méridional, absolument accidentel en Anjou.

R. R. *Sainte-Gemmes ; Angers (sur le Mail)* (Gall.).

Calandra Clairville

C. granaria L. Toute l'année. Dans les greniers à blé et à farine, les granges. La larve vit dans les grains des céréales.

C. C. *Partout répandu en Anjou.*

TYCHIINÆ

Balaninus Samouelle

B. elephas Gyll. Mai à septembre. Sur les chênes et les châtaigniers. La larve vit dans les glands et les châtaignes.

A. R. *Anjou* (Gall.). — *Chênehutte* (Ret.). — *Lué* (Perr.). — *Anjou* (U. A.). — *Avoise (Sarthe)* (Abot). —

B. pellitus Boh. Mai à septembre. Sur les chênes.

R. *Chênehutte (au Petit-Puits)* (Ret.). — *Lué ; Rou-Marson* (Perr.). — *Saint-Barthélemy (à Pignerolles) ; Château-Gontier (Mayenne)* (Br.).

B. venosus Grav. Avril à juillet. Sur les chênes.

C. *Anjou* (Gall.). — *Chênehutte (au Petit-Puits)* (Ret.). — *Env. d'Angers* (Surr.). — *Anjou* (U. A.). — *Mozé* (Pap.). — *Saumur* (Abot).

B. villosus F. Mars à octobre. Sur les chênes ; la larve vit dans les galles du chêne.

A. R. *Anjou* (Mill. et Gall.). — *Saint-Laurent-des-Autels (forêt de la Foucaudière* (E. de I.). — *Lué* (Perr.). — *Anjou* (I. C.). — *Saumur (3 ex.) ; Avoise (Sarthe) (1 ex.)* (Abot).

B. nucum L. Mai à octobre. Sur *Corylus avellana* L. La larve vit dans les noisettes.

C. *Anjou* (Mill.). — *Sainte-Gemmes* (Gall.). — *Cholet ; Chênehutte (au Petit-Puits)* (Ret.). — *Lué* (Perr..) — *Anjou* (I. C.). — *Mozé* (Pap.). — *Saumur ; Saint-Barthélemy* (Abot).

B. glandium Marsh. Avril à octobre. Sur les chênes.

C. *Anjou* (Gall.). — *Cholet ; Chênehutte (au Petit-Puits)* (Ret.). — *Env. d'Angers* (Surr.). — *Anjou* (U. A.). — *Anjou* (I. C.). — *La Possonnière* (Pap.). — *Angers ; Chemillé ; Saint-Barthélemy (à Pignerolles) ; Montfaucon-sur-Moine ; Soulaines* (Br.). — *Angers* (Ven.). — *Angers ; Ingrandes ; Sainte-Gemmes ; Parcé (Sarthe)* (Abot).

! **B. rubidus** Gyll. Mai à septembre. Sur les chênes et les coudriers. Espèce d'Europe centrale, peu sûre en Anjou.

R. R. *Chênehutte (au Petit-Puits)* (Ret.).

Balanobius Jekel

B. crux F. Avril à septembre. Sur les saules. La larve vit dans les cécidies de *Pontania proxima* Lep. ; *Pontania Salicis* Christ., et de *Cryptocampus venustus* Zadd.

A. R. *Sainte-Gemmes (bords de la Loire)* (Gall.). — *Anjou* (U. A.). — *Les Ponts-de-Cé* (Br.). — *Les Ponts-de-Cé* (2 ex.) (Abot).

B. salicivorus Payk. Avril à septembre. Sur les saules. La larve vit dans les cécidies de *Pontania proxima* Lep. ; *Pontania Carpentieri* Kon., et de *Pontania Salicis* Christ.

A. R. *Anjou* (Gall.). — *Chênehutte (au Petit-Puits)* (Ret.). — *Les Ponts-de-Cé ; Saint-Barthélemy (à Pignerolles)* (Br.).

B. pyrrhoceras Marsh. Mai à septembre. Sur les chênes.

A. C. *Chaumont ; Rou-Marson* (Gall.). — *Chênehutte (au Petit-Puits)* (Ret.). — *Lué* (Perr.). — *Anjou* (I. C.). — *Angers (bois de l'étang Saint-Nicolas) ; Saint-Florent-le-Vieil* (Br.). — *Angers ; Trèves-Cunault* (Ven.). — *Saint-Hilaire-Saint-Florent* (Abot).

Anthonomus Germar

A. Rubi Herbst. Toute l'année. Sur les *Rubus* et quelques autres Rosacées ; l'hiver, sous les mousses et les écorces.

C. *Anjou* (Mill. et Gall.). — *Cholet ; Chênehutte (au Petit-Puits)* (Ret.). — *Lué* (Perr.). — *Anjou* (I. C.). — *Les Ponts-de-Cé ; Champtoceaux* (Br.). — *Angers* (Ven.). — *Angers* (Abot).

A. inversus Bedel. Mai à septembre. Sur *Cratægus oxyacantha* L., sur les pommiers et diverses autres Rosacées.

R. *Chênehutte (au Petit-Puits)* (Ret.).

A. pedicularius L. Avril à septembre. Sur les fleurs de *Crataegus oxyacantha* L., sur les prunelliers.

C. *Anjou* (Mill. et Gall.). — *Cholet ; Chênehutte (au Petit-Puits)* (Ret.). — *Lué* (Perr.). — *Anjou* (U. A.). — *Anjou* (I. C.). — *Trélazé (bois de Verrières) ; Angers ; Soulaines ; Saint-Florent-le-Vieil* (Br.). — *Angers* (Ven.).

A. pedicularius L. **ab. distinguendus** Desbr. Mêmes époques et même habitat que le type.

R. *Juigné-sur-Loire* (Ven.).

A. Pruni Desbr. Avril à septembre. Sur *Prunus spinosa*, les aubépines.

R. *Anjou* (Gall.).

A. spilotus Redtb. Avril à août. Sur les pommiers.

R. *Chênehutte (au Petit-Puits)* (Ret.).

A. Pomorum L. Toute l'année. Sur les pommiers ; hiverne sous les écorces. La larve se transforme dans les boutons et les fleurs.

C. C. *Dans tout l'Anjou, où il est très nuisible aux pommiers.*

A. Pomorum L. **ab. Piri** Kollar. Toute l'année. Sur les poiriers ; hiverne sous les écorces. Nuisible aux poiriers.

C. *Anjou* (Gall.). — *Lué* (Perr.). — *Env. d'Angers* (Surr.).

A. humeralis Panz. Février à juin. Sur les cerisiers.

R. R. *Chênehutte (au Petit-Puits)* (Ret.).

A. undulatus Gyll. Mars à juillet. Sur les ormes.

R. R. *Chênehutte (au Petit-Puits)* (Ret.).

A. rectirostris L. Mars à mai. Sur les fleurs des cerisiers, *Cerasus avium* D. C. et *Cerasus Padus* D. C.

A. R. *Anjou* (Mill. et Gall.). — *Anjou* (U. A.). — *Cholet* (Br.). — *Saumur ; Parcé (Sarthe)* (Abot).

Bradybatus Germar

B. alongatulus Boh. Mars à juin. Sur les érables.

R. R. *Chênehutte (au Petit-Puits)* (Ret.).

[B. Kellneri Bach.]

B. Kellneri Bach. **var. subfasciatus** Gerst. Mars à juin. Sur les érables.

R. R. *Chênehutte (au Petit-Puits)* (Ret.). — *Avoise (Sarthe)* (Abot).

Brachonyx Schônherr

B. Pineti Payk. Toute l'année. Sur *Pinus sylvestrus* L. ou dans les mousses, sous les pins.

R. *Baugé* (Gall.).

Acalyptus Schônherr

A. Carpini Herbst. Mars à mai. Sur le charme, les saules.

R. *Anjou* (Mme de Buzelet et Gall.).

A. Carpini Herbst. **ab. sericeus** Gyll. Mêmes époques, sur mêmes arbres.

R. *Anjou* (I. C.).

A. Carpini Herbst. **ab. alpinus** Villa. Mêmes époques, sur mêmes arbres. Plus spécial aux montagnes.

R. *Anjou* (Gall.).

Elleschus Stephens

E. bipunctatus L. Février à juin. Sur les saules.

R. *Anjou* (I. C.).

E. infirmus Herbst. Février à juin. Sur les saules.

R. *Sainte-Gemmes* (Gall.).

Lignyodes Schônherr

L. enucleator Panz. Avril à juin. Sur les frênes, en fleur.

A. R. *Montreuil-Belfroy* (Raffray). — *Chênehutte* (*au Petit-Puits*) (Ret.). — *Soulaines* (Br.).

Tychius Germar

T. quinquepunctatus L. Avril à octobre. Sur diverses Viciées, dans les champs et à la lisière des bois.

C. *Anjou* (Gall.). — *Chênehutte* (*au Petit-Puits*) (Ret.). — *Lué* (Perr.). — *Env. d'Angers* (Surr.). — *Anjou* (U. A.). — *Anjou* (I. C.). — *Angers* (*étang Saint-Nicolas*) *; Trèves-Cunault ; Montfaucon-sur-Moine* (Br.). — *Dampierre ; Montsoreau* (Abot).

T. Schneideri Herbst. Avril à juillet. Sur *Anthyllis vulneraria*.

R. R. *Chênehutte* (*au Petit-Puits*) (Ret.).

T. flavicollis Steph. Mai à août. Sur *Lotus corniculatus* L.

R. *Lué* (Perr.). — *Parcé* (*Sarthe*) (Abot).

T. venustus F. Mai à août. Sur *Sarothamnus scoparius* K.

C. *Anjou* (Gall.). — *Chênehutte* (*au Petit-Puits*) (Ret.). — *Lué* (Perr.). — *Env. d'Angers* (Surr.). — *Anjou* (U. A.). — *Anjou* (I. C.). — *Trélazé* (*bois de Verrières*) *; Champtoceaux ; Soulaines ; Saint-Florent-le-Vieil* (Br.). — *Montreuil-sur-Loir ; Angers ; Juigné-sur-Loire* (Ven.). — *Avoise* (*Sarthe*) (Abot).

T. striatulus Gyll. Mars à août. Sur *Ononis natrix* et *O. arenaria*.

A. R. *Anjou* (Gall.). — *Env. d'Angers* (Surr.). — *Angers ; Trélazé* (*à La Paperie*) (Br.). — *Les Ponts-de-Cé* (Abot).

T. aureolus Kiesw. Mai à août. Sur les herbes des prairies.

R. R. *Trèves-Cunault* (Ven.).

! **T. hæmatopus** Gyll. Mai à août. Sur les Mélilots. Espèce surtout méridionale.

R. R. *Sainte-Gemmes* (Gall.). — *Lué* (Perr.).

T. junceus Reich. Mai à décembre. Sur les *Trifolium* et les *Lotus*; dans les mousses.

R. *Sainte-Gemmes* (Gall.).

T. tibialis Boh. Mai à septembre. Dans les prairies, sur les *Trifolium* et les *Lotus*.

R. *Anjou (bords de la Loire)* (Gall.). — *Trèves-Cunault* (Ven.). — *Mûrs* (1 ex. douteux) (Abot).

T. pusillus Germ. Mai à août. Bois de pins et prairies.

R. *Anjou (bords de la Loire et de l'Authion)* (Gall.). — *Angers* (Ven.).

T. tomentosus Herbst. Mai à septembre. Sur diverses Légumineuses.

A. R. *Anjou (bords de la Loire et de l'Authion)* (Gall.). — *Lué* (Perr.). — *Anjou* (I. C.). — *Les Ponts-de-Cé* (2 ex.) (Abot).

T. picirostris F. Mai à septembre. Sur les *Trifolium* et autres Légumineuses.

A. R. *Anjou* (I. C.).—*Les Ponts-de-Cé; Beaupréau* (Br.). — *Montreuil-sur-Loir; Angers* (Ven.).

T. cuprifer Panz. Mai à septembre. Sur diverses Légumineuses, dans les prés.

A. C. *Anjou (bords de la Loire et de l'Authion)* (Gall.). — *Lué* (Perr.). — *Beaupréau* (Br.). — *Angers* (Ven.). — *Les Ponts-de-Cé* (2 ex.) (Abot).

Sibinia Germar

S. sodalis Germ. Mai à septembre. Sur les herbes des prairies, et probablement sur *Arenaria setacea*.

R. *Anjou* (Gall.). — *Les Ponts-de-Cé; Saumur* (Abot).

S. signata Gyll. Toute l'année. Terrains secs, pelouses. Sur *Caryophyllées*; l'hiver dans les mousses au pied des arbres.

R. *Anjou (bords de la Loire et de l'Authion)* (Gall.). — *Lué* (Perr.). — *Anjou* (I. C.). — *Les Ponts-de-Cé; Avoise (Sarthe)* (Abot.)

S. signata Gyll. **ab. variata** Gyll. Toute l'année. Mêmes emplacements.

R. R. *Lué* (Perr.).

S. femoralis Germ. Toute l'année. Sur les herbes des prairies. Espèce indiquée surtout de l'Europe centrale.

R. R. *Anjou* (Gall.).

S. cana Herbst. Mai à juillet. Sur *Lychnis dioica* D. C.

A. C. *Sainte-Gemmes* (Gall.). — *Lué* (Perr.). — *Beaupréau ; Thorigné* (Br.). — *Mûrs ; Marcé* (Abot).

S. Viscariæ L. Avril à septembre. Sur diverses Caryophyllées.

A. R. *Sainte-Gemmes* (Gall.). — *Chênehutte (au Petit-Puits)* (Ret.). — *Sainte-Gemmes* (Abot).

S. Potentillæ Germ. Mai à septembre. Sur les potentilles ; terrains secs.

R. R. *Lué* (Perr.).

Anoplus Schônherr

A. plantaris Næzen. Avril à octobre. Sur les feuilles de *Betula alba* L.

R. R. *Anjou* (Gall.).

Orchestes Illiger

O. quercus L. Toute l'année. Sur les chênes ; hiverne dans les mousses et sous les écorces.

C. C. *Répandu dans tout l'Anjou.*

O. quercus L. ab. depressus Marsh. Toute l'année. Sur les chênes.

R. R. *Parcé (Sarthe)* (1 ex.) (Abot).

O. rufus Schrank. Toute l'année. Sur *Ulmus campestris* Sm. ; l'hiver sous les mousses des arbres et les écorces.

A. C. *Anjou* (Gall.). — *Cholet ; Chênehutte (au Petit-Puits)* (Ret.). — *Lué* (Perr.). — *Anjou* (U. A.). — *Beaupréau ; Saint-Georges-sur-Loire ; Angers (à La Paperie) ; Écouflant ; Château-Gontier (Mayenne)* (Br.).

O. Alni L. Toute l'année. Sur les feuilles des ormes et des aulnes et sous leurs écorces.

A. C. *Anjou* (Gall.). — *Cholet ; Chênehutte (au Petit-Puits)* (Ret.). — *Lué ; Cornillé ; Bauné* (Perr.). — *Env. d'Angers* (Surr.). — *Anjou* (U, A.). — *Anjou* (I. C.). — *Trélazé (bois de Verrières) ; Angers ; Champtoceaux ; Montfaucon-sur-Moine ; Château-Gontier (Mayenne)* (Br.). — *Angers* (Abot).

O. Alni L. ab. saltator Geoffr. Toute l'année. Sur les aulnes et les ormes.

A. R. *Chênehutte* (Ret.). — *Lué* (Perr.). — *Anjou* (I. C.). — *Angers* (Ven.). — *Avoise (Sarthe)* (Abot).

O. pilosus F. Toute l'année. Sur les chênes ; hiverne sous les mousses.

A. C. *Baugé* (Gall.). — *Chênehutte (au Petit-Puits)* (Ret.). — *Lué ; Jarzé* (Perr.). — *Anjou* (I. C.). — *Montrevault ; Montfaucon-sur-Moine ; Saint-Georges-sur-Loire* (Br.). — *Parcé (Sarthe)* (Abot).

O. sparsus Fahrs. Mai à septembre. Sur les chênes.

R. *Chaumont (étang de Malaguet)* (Perr.). — *Angers* (Abot).

O. erythropus Germ. Mai à octobre. Sur les chênes.

R. *Sainte-Gemmes* (Gall.). — *Anjou* (I. C.).

O. jota F. Mai à octobre. Sur les bouleaux et sur *Myrica gale*.

R. *Lué* (Perr.).

O. Fagi L. Toute l'année. Sur *Fagus silvatica* ; l'hiver sous les mousses et les écorces.

A. C. *Saint-Florent-le-Vieil* (Chevrolat). — *Forêt de Baugé* (Mill.). — *Chênehutte (au Petit-Puits)* (Ret.). — *Lué* (Perr.). — *Anjou* {I. C.). — *Avoise (Sarthe)* (Abot).

O. testaceus Müll. Toute l'année. Sur les Bétulinées ; hiverne sous les mousses et les écorces.

R. *Angers (étang Saint-Nicolas) ; Montfaucon-sur-Moine* (Br.). — *Saint-Barthélemy* (Abot).

O. testaceus Müll. **var. semirufus** Gyll. Toute l'année ; sur mêmes arbres.

O. Lониceræ Herbst. Mai à octobre. Sur le chèvrefeuille et *Lonicera Xylosteum*.

R. *Anjou* (Mill. et Gall.).

O. Rusci Herbst. Mai à octobre. Sur *Ruscus aculeatus* L.

R. R. *Anjou* (I. C.).

O. Avellanæ Donov. Mai à juillet. Sur les chênes, les coudriers.

A. R. *Anjou* (Gall.). — *Lué* (Perr.). — *Angers (étang Saint-Nicolas) ; Chemillé* (Br.). — *Mûrs* (Abot).

O. decoratus Germ. Mai à octobre. Sur les chênes.

R. R. *Anjou* (I. C.).

O. rufitarsis Germ. Mai à août. Sur *Salix caprea* L.; et sur *Populus Tremula* L.

R. *Sainte-Gemmes* (Gall.). — *Lué* (Perr.).

O. Salicis L. Toute l'année. Sur les saules ; hiverne quelquefois sous les écorces.

C. *Anjou (bords de la Loire)* (Gall.). — *Chênehutte (au Petit-Puits)* (Ret.). — *Lué* (Perr.). — *Anjou* (U. A.). — *Anjou* (I. C.). — *Chemillé* (Br.). — *Saumur* (Abot).

O. stigma Germ. Avril à septembre. Sur les Salicinées et les Bétulinées.

A. R. *Anjou* (Gall.). — *Saint-Melaine ; Saint-Sauveur-de-Landemont* (Br.). — *Les Rosiers-sur-Loire* (Abot).

O. Populi F. Mai à octobre. Sur les peupliers.

A. R. *Anjou* (Gall.). — *Chênehutte (au Petit-Puits)* (Ret.). — *Fontaine-Guérin* (Perr.). — *Juigné-sur-Loire ; Angers ; Les Ponts-de-Cé ; Ecouflant* (Br.).

O. foliorum Müll. Mai à septembre. Sur les saules.

R. *Sainte-Gemmes* (Gall.). — *Lué* (Perr.).

Rhamphus Clairville

R. pulicarius Herbst. Avril à octobre. Sur divers arbres et arbustes.

A. R. *Sainte-Gemmes* (Gall.). — *Lué* (Perr.). — *Trèves-Cunault* (Ven.).

R. subæneus Illig. Avril à octobre. Sur divers arbres et arbustes, tels que : chênes, épine blanche, poiriers sauvages, arbres fruitiers.

R. *Lué* (Perr.).

Mecinus Germar

M. janthinus Germ. Avril à juillet. Sur *Linaria vulgaris* Mœnch.

R. R. *Anjou* (Gall.).

M. longiusculus Boh. Mai. Sur *Linaria striata* D. C. et *Linaria supina* Desf.

R. R. *Sainte-Gemmes* (Gall.).

M. pyraster Herbst. Toute l'année. Sur *Plantago lanceolata* L. et *Plantago media* L. ; l'hiver sous les écorces et les mousses des arbres.

A. C. *Anjou* (Mill. et Gall.). — *Lué* (Perr.). — *Env. d'Angers* (Surr.). — *Anjou* (I. C.). — *Montfaucon-sur-Moine ; Les Ponts-de-Cé ; Champtoceaux* (Br.). — *Angers ; Sainte-Gemmes* (Abot).

M. circulatus Marsh. Avril à septembre. Sur *Plantago lanceolata* L.

R. *Anjou* (Gall.). — *Lué* (Perr.).

Gymnetron Schônherr

G. labile Herbst. Avril à septembre. Sur *Plantago lanceolata* L.
R. R. *Anjou* (Mill. et Gall.).

G. ictericum Gyll. Avril à septembre. Sur les herbes des prairies, surtout sur les *Plantago*.
R. R. *Sainte-Gemmes* (Gall.).

G. pascuorum Gyll. Toute l'année. Prairies et friches ; sur les *Plantago ;* l'hiver sous les écorces.
A. R. *Anjou* (Gall.). — *Anjou* (I. C.).

[**G. rostellum** Herbst.]

G. rostellum Herbst. **var. stimulosum** Germ. Mai à septembre. Sur les herbes en terrains humides, surtout sur les *Plantago*.
R. R. *Lué* (Perr.).

G. villosulum Gyll. Mai à août. Bords des ruisseaux et fossés humides, sur *Veronica Anagallis* L.
A. R. *Anjou* (Mill. et Gall.). — *Anjou* (I. C.).

G. Beccabungæ L. Mai à décembre. Lieux humides, sur plusieurs espèces de *Veronica*.
A. R. *Anjou* (Mill. et Gall.). — *Lué* (Perr.).

G. tetrum F. Juin à août. Terrains secs. Sur diverses Scrophulariées telles que *Antirrhinum majus* L.
A. C. *Anjou* (Mill. et Gall.). — *Chênehutte ; Saint-Martin-de-la-Place* (Ret.). — *Anjou* (I. C.). — *Soulanger* (E. de I.).

G. tetrum F. **var. subrotundatum** Reitt. Juin à août. En mêmes endroits que le type.
A. R. *Anjou* (Mill. et Gall.). — *Lué* (Perr.). — *Beaupréau* (Br.).

G. herbarum Bris. Juin à septembre. Sur les herbes des prairies.
R. R. *Angers* (Ven.).

G. antirrhini Payk. Mai à octobre. Terrains incultes, sur *Linaria vulgaris* Mœnch.
R. *Saint-Florent-le-Vieil* (Chevrolat). — *Dampierre* (2 ex.) (Abot).

G. netum Germ. Mai à octobre. Sur les Linaires.
R. R. *Lué* (Perr.). — *Parcé (Sarthe)* (2 ex.) (Abot).

G. thapsicola Germ. Mai à août. Sur les Verbascées.
R. R. *Chênehutte (au Petit-Puits)* (Ret.).

G. Linariæ Panz. Mars à juillet. Sur diverses *Linaria*.

A. C. *Saint-Florent-le-Vieil* (Chevrolat). — *Anjou* (Gall.). — *Anjou* (I. C.). — *Angers (étang Saint-Nicolas)* (Br.).

Miarus Stephens

M. plantarum Germ. Mars à septembre. Dans les prairies, sur les graminées, les Linaires, sur *Bellis perennis* L.

A. R. *Chênehutte ; Saint-Martin-de-la-Place* (Ret.). — *Lué* (Perr.).

M. Campanulæ L. Mars à juillet. Sur diverses Campanulacées.

A. R. *Anjou* (Gall.). — *Chênehutte ; Saint-Martin-de-la-Place* (Ret.). — *Anjou* (I. C.). — *Beaupréau* (Br.).

Cionus Clairville

C. tuberculosus Scop. Mai à septembre. Sur *Scrophularia nodosa* L., *Scrophularia aquatica* L. et les *Verbascum*.

A. C. *Anjou* (Gall.). — *Chênehutte* (Ret.). — *Lué* (Perr.). — *Anjou* (I. C.). — *Longué* (Br.). — *Avoise (Sarthe)* (Abot).

C. Scrophulariæ L. Mai à septembre. Sur les Scrophulariées, principalement *Scrophularia aquatica* L.

A. C. *Anjou* (Gall.). — *Lué* (Perr.). — *Anjou* (U. A.). — *Anjou* (I. C.).

C. Thapsi F. Mai à août. Sur diverses espèces de *Verbascum*.

A. C. *Sainte-Gemmes (bords de la Loire)* (Gall.). — *Chênehutte ; Saint-Martin-de-la-Place* (Ret.). — *Lué* (Perr.). — *Anjou* (I. C.).

C. olens F. Août. Sur *Verbascum floccosum* W. et K. et *Verbascum Thapsus* L.

R. *Anjou* (Mill. et Gall.). — *Anjou* (I. C.).

C. alauda Herbst. Toute l'année. Sur *Scrophularia aquatica* L., *Scrophularia nodosa* L. et sur *Scrophularia canina* L. ; l'hiver sous les écorces et les mousses.

A. C. *Anjou* (Mill. et Gall.). — *Lué* (Perr.). — *Anjou* (I. C.). — *Saint-Melaine* (Br.). — *Saumur* (Abot).

C. Solani F. Juin à août. Sur *Verbascum Thapsus* L., *Verbascum floccosum* W. et K., et sur la douce-amère.

R. R. *Anjou* (Mill. et Gall.).

C. Fraxini Degeer. Avril à septembre. Sur *Fraxinus excelsior* L.

A. C. *Anjou* (Mill. et Gall.). — *Chênehutte (au Petit-Puits)* ; *Saint-Martin-de-la-Place* (Ret.). — *Lué* ; *Sainte-Gemmes* ; *Grez-Neuville* (Perr.). — *Sainte-Gemmes* (Br.). — *Juigné-sur-Loire* (Ven.).

Nanophyes Schônherr

N. niger Waltl. Mai à septembre. Sur les bruyères.

R. R. *Marcé (à Chaloché)* (Gall.).

N. hemisphæricus Oliv. Mai à septembre. Sur le *Lythrum salicaria* L., et *Lythrum hyssopifolium* L.

R. *Anjou* ; *Sainte-Gemmes* (Gall.). — *Lué* (Perr.). — *Château-Gontier (Mayenne)* (Br.).

N. hemisphæricus Oliv. **ab. Ulmi** Germ. Mêmes époques et sur mêmes plantes. Est plutôt méridional.

R. *Sainte-Gemmes (bords de l'Authion)* (Gall.). — *Lué* (Perr.). — *Anjou* (I. C.).

N. gracilis Redtb. Mai à septembre. Sur *Lotus uliginosus* Schk. et *Erica cinerea* L.

R. R. *Lué* (Perr.).

N. nitidulus Gyll. Mai à septembre. Sur les herbes et plantes basses, dans les prairies.

R. R. *Saint-Florent-le-Vieil* (Br.).

N. marmoratus Gôze. Toute l'année. Lieux humides. Sur *Lythrum Salicaria* L. ; l'hiver, dans les mousses et les foins coupés.

C. *Sainte-Gemmes* (Gall.). — *Lué* (Perr.). — *Anjou* (U. A.). — *Anjou* (I. C.). — *Trèves-Cunault* ; *Saint-Barthélemy (à Pignerolles)* ; *Montfaucon-sur-Moine* ; *Saint-Melaine* (Br.). — *Les Ponts-de-Cé* (Ven.). — *Angers* (Abot).

Magdalis Germar

M. memnonia Gyll. Mai à juillet. Sur le pin maritime et le pin sylvestre.

R. R. *Lué* (Perr.).

M. rufa Germ. Mai à juillet. Sur les chênes.

R. R. *Juigné-sur-Loire* (Ven.).

M. violacea L. Mai à juillet. Sur les chênes.

R. *Chênehutte (au Petit-Puits)* (Ret.). — *Soulaines* (Br.).

M. nitida Gyll. Mai à juillet. Sur les chênes.

R. R. *Anjou* (I. C.).

M. armigera Geoffr. Mai à juillet. Sur les rameaux d'*Ulmus campestris* Sm.

A. C. *Cholet ; Chênehutte (au Petit-Puits)* (Ret.). — *Lué* (Perr.). — *Angers ; Champtoceaux* (Br.). — *Angers* (Ven.). — *Andard* (H. Baz.). — *Montsoreau* (Abot).

M. carbonaria L. Mai à juillet. Sur les arbres fruitiers et dans les buissons.

R. *Cholet ; Chênehutte (au Petit-Puits)* (Ret.).

M. Cerasi L. Mai à juillet. Sur Rosacées ; *Pirus, Cerasus, Malus, Crataegus,* etc.

A. C. *Chênehutte (au Petit-Puits)* (Ret.). — *Lué* (Perr.). — *Env. d'Angers* (Surr.). — *Anjou* (I. C.). — *Angers* (Ven.).

M. barbicornis Latr. Mai à juillet. Sur les Rosacées, arbres fruitiers.

A. C. *Chênehutte (au Petit-Puits)* (Ret.). — *Saumur* (Perr.). — *Saint-Florent-le-Vieil ; Beaulieu* (Br.). — *Angers* (Ven.).

M. ruficornis L. Mai à août. Sur les Rosacées arborescentes.

A. C. *Chênehutte (au Petit-Puits)* (Ret.). — *Lué* (Perr.). — *Env. d'Angers* (Surr.). — *Beaupréau* (Br.). — *Saumur* (Abot).

M. flavicornis Gyll. Mai à août. Sur les chênes.

A. R. *Anjou* (Perr.). — *Anjou* (I. C.). — *Angers* (Ven.).

(*Nota.* — Le Catalogue de J. Gallois ne mentionne aucunement le genre *Magdalis.*)

Apion Herbst

A. stolidum Germ. Mars à septembre. Dans les prairies, sur *Leucanthemum vulgare* Lam.

R. *Anjou* (Gall. et Perr.).

A. Carduorum Kirb. Toute l'année. Sur les Carduacées; l'hiver, sous les écorces, les mousses, les foins coupés.

C. *Anjou* (Gall.). — *Chênehutte (au Petit-Puits)* (Ret.). — *Lué* (Perr.) — *Ancenis (Loire-Inférieure)* (Abot).

A. Onopordi Kirb. Toute l'année. Sur les *Centaurea* ; l'hiver sous les feuilles mortes et dans les mousses.

A. R. *Sainte-Gemmes* (Gall.). — *Lué* (Perr.). — *Ingrandes* (Abot).

A. fuscirostre F. Juin. Sur *Sarothamnus scoparius* K.

A. C. *Anjou* (Gall.). — *Lué ; Rablay* (Perr.). — *Angers ; Montreuil-sur-Loir* (Ven.). — *Saint-Hilaire-Saint-Florent* (Abot).

A. Genistæ Kirb. Mai à septembre. Sur les genêts.

A. R. *Soucelles* (Gall.). — *Anjou* (.I C.). — *Saint-Florent-le-Vieil* (Br.).

A. Ulicis Forst. Avril à septembre. Sur *Ulex europaeus* L.

C. *Anjou* (Gall.). — *Lué ; Rablay* (Perr.). — *Château-Gontier (Mayenne)* (Br.). — *Montreuil-sur-Loir ; Trèves-Cunault* (Ven.). — *Parcé (Sarthe)* (Abot).

A. difficile Herbst. Mai à septembre. Sur *Genista tinctoria* L.

A. R. *Anjou* (Gall.). — *Lué* (Perr.).

A. ochropus Germ. Juillet, août. Sur *Vicia sepium* L., *Lathyrus tuberosus* L. et *Lathyrus pratensis* L.

A. C. *Anjou* (Mill. et Gall.). — *Lué* (Perr.). — *Angers ; Juigné-sur-Loire ; Montreuil-sur-Loir* (Ven.). — *Saint-Barthélemy ; Mûrs ; Ingrandes ; Parcé (Sarthe)* (Abot).

A. Pomonæ F. Toute l'année. Sur diverses Légumineuses. Sur les herbes, dans les buissons ; l'hiver, dans les mousses.

C. *Anjou* (Gall.). — *Chênehutte (au Petit-Puits) ; Cholet* (Ret.). — *Lué* (Perr.). — *Env. d'Angers* (Surr.). — *Château-Gontier (Mayenne)* (Br.). — *Angers ; Juigné-sur-Loire ; Montreuil-sur-Loir* (Ven.). — *Saint-Barthélemy ; Mûrs ; Parcé et Avoise (Sarthe)* (Abot).

A. Craccæ L. Février à octobre. Sur divers *Vicia*.

C. *Anjou* (Gall.). — *Chênehutte (au Petit-Puits)* (Ret.). — *Lué* (Perr.). — *Angers* (Ven.). — *Dampierre ; Sainte-Gemmes ; Mûrs ; Avoise (Sarthe)* (Abot).

A. cerdo Gerst. Mai à septembre. Sur les *Lotus*.

R. *Les Ponts-de-Cé ; Mûrs ; Parcé et Avoise (Sarthe)* (Abot).

A. opeticum Bach. Mai à octobre. Sur les *Orobus*.

R. *Sainte-Gemmes* (Gall.). — *Lué* (Perr.). — *Parcé (Sarthe)* (4 ex.) (Abot).

A. subulatum Kirb. Juin, juillet. Sur *Lathyrus pratensis* L. et *Lotus corniculatus* L.

A. R. *Anjou* (Gall.). — *Anjou* (Perr.). — *Saint-Barthélemy ; Parcé (Sarthe)* (Abot).

A. æneum F. Mai à septembre. Sur diverses Malvacées.

C. *Anjou* (Gall.). — *Chênehutte (au Petit-Puits)* (Ret.). — *Lué* (Perr.). — *Env. d'Angers* (Surr.). — *Champtoceaux* (Br.).

A. radiolus Kirb. Toute l'année. Sur diverses Malvacées ; l'hiver sous les feuilles mortes et dans les mousses.

C. *Anjou* (Gall.). — *Chênehutte (au Petit-Puits)* (Ret.). — *Lué* (Perr.). — *Anjou* (U. A.). — *Saint-Mathurin* (Br.). — *Angers* (Abot).

A. Urticarium Herbst. Avril à décembre. Sur *Urtica dioica* L.

C. *Anjou* (Gall.). — *Lué* (Perr.). — *Anjou* (U. A.). — *Anjou* (I. C.). — *Soulaines* (Br.).

A. flavofemoratum Herbst. Avril à octobre. Sur *Genista tinctoria* L.

R. *Sainte-Gemmes* (Gall.). — *Lué* (Perr.).

A. semivittatum Gyll. Mai à octobre. Sur *Mercurialis annua* L. R. R. *Lué* (Perr.).

! A. fulvirostre Gyll. Mai à octobre. Sur les Malvacées. Espèce méridionale.

R. *Chênehutte (au Petit-Puits)* (Ret.).

A. rufirostre F. Avril à septembre. Sur les Malvacées.

A. C. *Anjou* (Gall.). — *Chênehutte (au Petit-Puits)* (Ret.). — *Lué* (Perr.). — *Anjou* (U. A.). — *Anjou* (I. C.).

A. pubescens Kirb. Avril à novembre. Sur les saules, les plantes herbacées, dans les mousses.

A. R. *Sainte-Gemmes* (Gall.). — *Lué* (Perr.). — *Anjou* (I. C.). — *Saumur* (Abot).

A. seniculus Kirb. Toute l'année. Sur les *Trifolium*; hiverne dans les mousses, les foins coupés.

C. *Anjou* (Gall.). — *Lué* (Perr.). — *Anjou* (U. A.). — *Anjou* (I. C.). — *Angers; Soulaire-et-Bourg; Les Ponts-de-Cé; Montreuil-sur-Loir* (Ven.). — *Angers* (Abot).

A. flavimanum Gyll. Mai à octobre. Sur *Mentha rotundifolia* L. R. R. *Anjou* (Mill. et Gall.).

A. rubens Steph. Mai à septembre. Sur *Rumex acetosella* L.

R. *Cholet; Chênehutte (au Petit-Puits)* (Ret.). — *Juigné-sur-Loire* (Ven.).

A. sanguineum Deg. Mai à octobre. Sur les grands *Rumex*. La larve produit une cécidie sur les racines de ces plantes.

A. R. *Saumur; Sainte-Gemmes* (Gall.). — *Env. d'Angers* (Surr.). — *Anjou* (I. C.).

A. frumentarium Payk. Mai à octobre. Sur les *Teucrium* et les *Rumex*.

A. C. *Anjou* (Gall.). — *Chênehutte (au Petit-Puits)* (Ret.). — *Lué* (Perr.). — *Anjou* (U. A.). — *Anjou* (I. C.). — *Ecouflant; Angers (étang Saint-Nicolas); Saint-Mathurin* (Br.). — *Lasse; Saumur* (Abot).

A. miniatum Germ. Mai à octobre. Sur les *Rumex*.

A. C. *Anjou* (Gall.). — *Lué* (Perr.). — *Env. d'Angers* (Surr.). — *Anjou* (I. C.). — *Angers (étang Saint-Nicolas) ; Les Ponts-de-Cé* (Br.). — *Les Ponts-de-Cé* (Abot).

A. nigritarse Kirb. Toute l'année. Sur divers *Trifolium*.

A. C. *Anjou* (Gall.). — *Lué* (Perr.). — *Anjou* (I. C.). — *Angers ; Montreuil-sur-Loir ; Montrevault* (Ven.). — *Gennes ; Avoise (Sarthe)* (Abot).

A. flavipes Payk. Toute l'année. Sur *Trifolium repens* L. ; l'hiver dans les mousses.

A. R. *Lué* (Perr.). — *Anjou* (I. C.). — *Les Ponts-de-Cé ; Avoise (Sarthe)* (Abot).

A. dissimile Germ. Mai à septembre. Sur les trèfles.

R. *Angers* (Ven.).

A. difforme Germ. Toute l'année. Sur *Polygonum hydropiper* L. ; hiverne dans le mousses, les feuilles mortes.

R. *Anjou* (Gall.).

A. assimile Kirb. Mai à septembre. Sur les trèfles.

R. *Anjou* (Gall.).

A. pedale Muls. Mai à septembre. Sur les trèfles. Espèce surtout méridionale.

R. *Chênehutte ; Saint-Barthélemy ; Lasse* (Abot).

A. apricans Herbst. Toute l'année. Sur divers *Trifolium* ; hiverne dans les mousses, sous les feuilles mortes.

C. *Chênehutte (au Petit-Puits)* (Ret.). — *Lué* (Perr.). — *Anjou* (U. A.). — *Anjou* (I. C.). — *Angers ; Juigné-sur-Loire ; Montreuil-sur-Loir* (Ven.). — *Angers* (Abot).

A. varipes Germ. Toute l'année. Sur les *Trifolium* ; l'hiver dans les mousses et sous les feuilles mortes.

A. C. *Anjou* (Gall.). — *Anjou* (I. C.). — *Angers* (Ven.). — *Saumur* (Abot).

A. angusticolle Gyll. Toute l'année. Sur les *Trifolium*. Plus spécial au midi.

R. *Chênehutte (au Petit-Puits)* (Ret.). — *Marcé (à Chaloché) ; Ingrandes ; Arthezé (Sarthe)* (Abot).

A. æstivum Germ. Toute l'année. Sur les *Trifolium* ; l'hiver dans les moussse et sous les feuilles mortes.

C. *Anjou* (Gall.). — *Cholet ; Chênehutte (au Petit-Puits)* (Ret.). —

Lué (Perr.). — *Anjou* (I. C.). — *Angers ; Juigné-sur-Loire* (Ven.). — *Saumur ; Saint-Barthélemy ; Avoise (Sarthe)* (Abot).

A. lævicolle Kirb. Juin. Dans les bois, surtout sablonneux, sur les trèfles.

R. *Anjou* (Gall.). — *Anjou* (I. C.). — *Angers ; Juigné-sur-Loire* (Ven.).

A. Malvæ F. Juin à août. Sur diverses Malvacées.

C. *Anjou* (Gall.). — *Lué* (Perr.). — *Anjou* (U. A.). — *Anjou* (I. C.). — *Montfaucon-sur-Moine* (Br.). — *Saumur* (Abot).

A. aciculare Germ. Mai à septembre. Sur *Helianthemum vulgare* Gærtn.

R. *Lué* (Perr.).

A. curtirostre Germ. Toute l'année. Sur divers *Rumex*. Hiverne sous les mousses, dans les feuilles mortes, les foins coupés.

A. C. *Angers* (Gall.). — *Env. d'Angers* (Surr.). — *Anjou* (I. C.). — *Juigné-sur-Loire* (Ven.).

A. simum Germ. Juin à septembre. Clairières des bois, sur *Hypericum perforatum* L.

R. R. *Saumur* (1 sujet) (Abot).

A. brevirostre Herbst. Juin à septembre. Sur divers *Hypericum*. R. *Lué* (Perr.).

A. affine Kirb. Mai à août. Sur *Rumex acetosa* L., et sur les genêts.

R. *Anjou* (Gall.). — *Angers* (1 sujet) (Abot).

A. violaceum Kirb. Toute l'année. Sur divers *Rumex*. L'hiver sous les mousses, les feuilles mortes, les écorces, les foins coupés.

C. *Sainte-Gemmes* (Gall.). — *Cholet ; Chênehutte (au Petit-Puits)* (Ret.). — *Lué* (Perr.). — *Anjou* (U. A.). — *Anjou* (I. C.). — *Angers* (Ven.). — *Angers ; Sainte-Gemmes ; Avoise (Sarthe)* (Abot).

A. Chevrolati Gyll. Juin à septembre. Sur *Helianthemum guttatum* L. Surtout méridionale.

R. *Anjou* (Mill. et Gall.).

A. minimum Herbst. Juin à septembre. Sur les Salicinées.

R. *Lué* (Perr.).

A. Gyllenhali Kirb. Toute l'année. Sur *Vicia cracca* L. ; l'hiver dans les mousses, les feuilles mortes.

R. *Anjou* (Gall.). — *Anjou* (Perr.). — *Angers* (Ven.).

A. platalea Germ. Toute l'année. Sur *Vicia cracca* L.; l'hiver sous les mousses, les feuilles mortes.

A. R. *Sainte-Gemmes* (Gall.). — *Lué* (Perr.). — *Anjou* (I. C.).

A. Spencei Kirb. Mai à septembre. Sur *Vicia cracca* L.

R. *Anjou* (Perr.). — *Saumur* (1 ex.) (Abot).

A. vorax Herbst. Toute l'année. Sur les Viciées. Hiverne dans les mousses, les feuilles mortes.

A. C. *Anjou* (Gall.). — *Lué* (Perr.). — *Angers ; Montreuil-sur-Loir* (Ven.). — *Angers* (Abot).

A. Viciæ Payk. Toute l'année. Sur diverses Légumineuses, notamment sur *Vicia cracca* L., et *Vicia sepium* L. Hiverne dans les mousses et les feuilles sèches.

A. R. *Anjou* (Gall.). — *Lué* (Perr.). — *Angers ; Juigné-sur-Loire ; Montreuil-sur-Loir* (Ven.).

A. Pisi F. Toute l'année. Sur *Vicia sepium* L., les pois cultivés, et sur plusieurs espèces de Viciées ; l'hiver, sous les feuilles mortes, les mousses, les écorces.

A. C. *Anjou* (Gall.). — *Cholet ; Chênehutte (au Petit-Puits)* (Ret.). — *Lué* (Perr.). — *Angers* (Ven.). — *Angers ; Parcé et Avoise (Sarthe)* (Abot).

A. æthiops Herbst. Toute l'année. Sur *Vicia sepium* L. et *V. sativa* L. Hiverne sous les feuilles mortes, les mousses, les écorces.

R. *Anjou* (Gall.).

A. immune Kirb. Mai à septembre. Sur les genêts.

R. *Lué* (Perr.). — *Env. d'Angers* (Surr.).

A. striatum Kirb. Mai à septembre. Sur *Ulex* et *Genista*.

R. *Lué* (Perr.). — *Juigné-sur-Loire* (Ven.).

A. Ervi Kirb. Mai à octobre. Sur les Légumineuses, dans les prés humides.

R. *Lué* (Perr.).

A. simile Kirb. Juin à octobre. Clairières des bois. Sur *Betula alba* L.

R. *Lué* (Perr.).

A. Ononis Kirb. Mai à octobre. Sur divers *Ononis*.

R. *Anjou* (Gall.). — *Lué* (Perr.).

A. elegantulum Germ. Toute l'année. Sur *Trifolium medium* L.

et *Trifolium pratense* L. L'hiver, sous les mousses, les feuilles mortes.

A. R. *Anjou* (Mill.). — *Chênehutte (au Petit-Puits)* (Ret.). — *Lué* (Perr.).

A. Astragali Payk. Mai à septembre. Sur *Astragalus glycyphyllos* L.

R. R. *Anjou* (I. C.).

A. virens Hersbt. Toute l'année. Sur les *Trifolium ;* hiverne sous les mousses, les feuilles mortes.

A. R. *Lué* (Perr.). — *Anjou* (U. A.). — *Mûrs* (Abot).

A. tenue Kirb. Toute l'année. Sur diverses Trifoliées ; l'hiver, sous les mousses, les feuilles mortes.

A. C. *Sainte-Gemmes* (Gall.). — *Chênehutte (au Petit-Puits)* (Ret.). — *Lué* (Perr.). — *Béhuard* (Ven.). — *Saumur* (Abot).

A. Meliloti Kirb. Toute l'année. Sur *Melilotus officinalis* Lam. l'hiver, sous les mousss et les foins coupés.

R. *Baugé ; Saumur* (Mill.). — *Chênehutte (au Petit-Puits)* (Ret.). — *Anjou* (I. C.).

A. Loti Kirb. Toute l'année. Sur diverses Trifoliées, sur *Lotus corniculatus* L. L'hiver dans les mousses, les foins coupés.

R. *Anjou* (Gall).

A. scutellare Kirb. Juin à août. Sur *Ulex nanus* Sm.

R. *Soucelles* (Gall.).

RYNCHITINÆ

Rhynchites Schneider

R. Betulæ L. Toute l'année. Sur *Betula alba* L., hiverne sous les mousses et les écorces.

A. C. *Sainte-Gemmes* (Gall.). — *Lué* (Perr.). — *Anjou* (U. A.). — *Saint-Quentin-en-Mauges* (Pap.). — *Saint-Barthélemy (à Pignerolles)* (Br.). — *Angers ; Parcé et Avoise (Sarthe)* (Abot).

R. nanus Payk. Mai à août. Sur *Betula alba* L.

R. *Anjou* (Gall.). — *Saint-Laurent-des-Autels (forêt de la Foucaudière)* (E. de I.). — *Mouliherne* (de Joannis). — *Anjou* (I. C.).

R. tomentosus Gyll. Mai à juillet. Sur diverses Salicinées et sur l'aulne.

R. *Anjou* (Gall. et Perr.). — *Les Ponts-de-Cé ; Champtoceaux* (Br.).

R. olivaceus Gyll. Mai à juillet. Sur les chênes.

R. *Chênehutte (au Petit-Puits)* (Ret.). — *Forêt de Beaulieu* (Pap.). — *Angers* (Ven.).

R. cavifrons Gyll. Mai à août. Sur les jeunes pousses de chênes et et sur les aubépines en fleurs.

R. *Anjou* (Gall.). — *Anjou* (I. C.).

R. sericeus Herbst. Mai à juillet. Sur les jeunes pousses des chênes.

A. C. *Anjou* (Gall.). — *Saint-Laurent-des-Autels (forêt de la Foucaudière)* (E. de I.). — *Lué* (Perr.). — *Anjou* (U. A.). — *Soulaines ; Forêt de Beaulieu* (Pap.).

R. germanicus Herbst. Mai à juillet. Sur les jeunes taillis de chêne.

A. C. *Saint-Laurent-des-Autels (forêt de la Foucaudière)* (E. de I.). — *Maulévrier* (Br.). — *Angers ; Montreuil-sur-Loir* (Ven.). — *Parcé (Sarthe)* (Abot).

R. æneovirens Marsh. Mai à juillet. Sur les taillis de chênes.

A. R. *Cholet ; Chênehutte (au Petit-Puits)* (Ret.). — *Anjou* (I. C.). — *Trélazé (bois de Verrières)* (Br.). — *Angers* (Ven.).

R. æneovirens Marsh. **ab. Fragariæ** Gyll. Mars à août. Dans les bois, sur les bourgeons de chêne.

A. R. *Anjou* (Gall.). — *Saint-Florent-le-Vieil* (Chevrolat). — *Cholet ; Chênehutte (au Petit-Puits)* (Ret.). — *Lué* (Perr.). — *Saumur ; Parcé (Sarthe)* (Abot).

R. pauxillus Germ. Avril à septembre. Sur les Pomacées.

R. *Sainte-Gemmes* (Gall.). — *Lué* (Perr.). — *Montfaucon-sur-Moine ; Château-Gontier (Mayenne)* (Br.). — *Avoise (Sarthe)* (Abot).

R. æquatus L. Février à septembre. Sur les aubépines en fleur. Sous les écorces, et les mousses au pied des arbres.

C. *Anjou* (Gall.). — *Chênehutte (au Petit-Puits)* (Ret.). — *Lué* (Perr.). — *Anjou* (U. A.). — *Anjou* (I. C.). — *Trélazé (bois de Verrières)* (Br.). — *Saumur ; Mûrs ; Soulaire-et-Bourg ; Saint-Barthélemy ; Angers ; Avoise (Sarthe)* (Abot).

R. cupreus L. Avril à juin. Sur les sorbiers, les prunelliers, les pomacées.

R. *Anjou* (Mill. et Gall.). — *Chênehutte (au Petit-Puits)* (Ret.). — *Fontaine-Guérin* (Pap.).

R. cœruleus Deg. Toute l'année. Sur diverses Pomacées. Hiverne sous les écorces et dans les mousses.

C. C. *Partout en Anjou.*

R. pubescens F. Avril à juin. Sur les amandiers et sur le chêne.
R. *Chênehutte (au Petit-Puits)* (Ret.). — *Forêt de Soulaines* (Pap.).

R. auratus Scop. Avril à septembre. Sur *Prunus spinosa* L. et sur la vigne.
C. *Anjou* (Gall.). — *Cholet ; Chênehutte (au Petit-Puits)* (Ret.). — *Lué* (Perr.). — *Env. d'Angers* (Surr.). — *Anjou* (U. A.). — *Saint-Jean-de-la-Croix ; Gennes ; Fontaine-Guérin* (Pap.). — *Ecouflant ; Montre-vault* (Br.). — *Dampierre ; Saumur* (Abot).

!R. versicolor Costa. Mai à novembre. Sous les écorces des vieux pommiers. Est surtout une espèce méridionale.
R. R. *Chênehutte (au Petit-Puits)* (Ret.).

R. Bacchus L. Toute l'année. Sur divers arbres fruitiers. L'hiver, sous les écorces et dans la mousse au pied des arbres.
C. *Anjou* (Mill. et Gall.). — *Chênehutte (au Petit-Puits)* (Ret.). — *Lué* (Perr.). — *Anjou* (U. A.). — *Le Vieil-Baugé ; Fontaine-Guérin ; Saint-Quentin-en-Mauges* (Pap.). — *Angers* (Br.). — *Parcé (Sarthe)* (Abot).

Byctiscus Thomson

B. Populi L. Mai à octobre. Sur divers *Populus*, surtout *Populus Tremula* L.
C. *Sainte-Gemmes* (Gall.). — *Chênehutte (au Petit-Puits)* (Ret.). — *Lué* (Perr.). — *Anjou* (U. A.). — *Anjou* (I. C.). — *Forêt de Beaulieu ; Gesté ; Mozé* (Pap.).

B. Betulæ L. Avril à septembre. Principalement sur le bouleau ; aussi sur le charme, l'aulne, le noisetier, le hêtre et la vigne.
C. C. *Dans tout le département. Connu sous le nom de Cigarier.*

B. Betulæ L. **ab. violaceus** Scop. Dates et habitat, comme le type.
C. *Mozé* (Pap.).

B. Betulæ L. **ab. nitens** Marsh. Dates et habitat, comme le type.
C. *Mozé* (Pap.). — *Chênehutte* (Abot).

B. Belutæ L. **ab. cuprinus** Schilsky. Dates et habitat, comme le type.
A. C. *Mozé* (Pap.). — *Soulaire-et-Bourg ; Dampierre* (Abot).

Attelabus Linné

A. nitens Scop. Mai à août. Sur *Quercus pedunculata* Ehrh. et sur le châtaignier.
C. *Trélazé* (Mill.). — *Sainte-Gemmes* (Gall.). — *Chênehutte (au Petit-*

Puits) (Ret.). — *Lué* (Perr.). — *Env. d'Angers* (Surr.). — *Anjou* (U. A.). — *Anjou* (I. C.). — *Sermaise; Fontaine-Guérin* (Pap.). — *Angers (étang Saint-Nicolas)* (Br.). — *Saumur* (Abot).

A. nitens Scop. **var. atricornis** Muls. Comme pour le type. Surtout méridional.

R. *Lué* (Perr.).

Apoderus Olivier

A. Coryli L. Mai à septembre. Sur *Corylus avellana* L.; aussi sur l'aulne et autres arbustes; quelquefois l'hiver, dans les mousses.

A. C. *Anjou* (Gall.). — *Le Fief-Sauvin (forêt de Leppo)* (E. de I.). — *Chênehutte (au Petit-Puits)* (Ret.). — *Lué* (Perr.). — *Env. d'Angers* (Surr.). — *Anjou* (U. A.). — *Anjou* (I. C.). — *La Chaussaire ; Saint-Quentin-en-Mauges ; Le Pin-en-Mauges* (Pap.). — *Saint-Florent-le-Vieil* (Br.). — *Parcé et Avoise (Sarthe)* (Abot).

A. Coryli L. **ab. collaris** Scop. Mêmes époques et même habitat que le type.

A. R. *Lué* (Perr.). — *La Chaussaire* (Pap.). — *Gennes* (1 ex.) (Abot).

! **A. erythropterus** Zschach. Mai à septembre. Sur les noisetiers et sur *Sanguisorba officinalis* L.

R. *Chênehutte (au Petit-Puits)* (Ret.).

NEMONYCHIDÆ

Nemonyx Redtenbacher

N. lepturoides F. Mai à juillet. Vit sur le *Delphinium consolida* L. (pied d'alouette).

R. *Lué* (Perr.).

Rhinomacer Fabricius

R. attelaboides F. Mai à juillet. Sur les haies d'aubépines, de prunelliers, sur les fleurs des pins.

R. *Chênehutte* (Ret.). — *Grez-Neuville ; Château-Gontier (Mayenne)* (Perr.). — *Angers (étang Saint-Nicolas)* (Br.).

IPIDÆ

Eccoptogaster Herbst

E. Scolytus F. Mai à août. Sous l'écorce des vieux ormes.

A. R. *Sainte-Gemmes* (Gall.). — *Jarzé* (Perr.). — *Anjou* (I. C.). — *Parcé (Sarthe)* (Abot.)

E. Ratzeburgi Janson. Mai à août. Vit sous l'écorce des vieux ormes, des vieux bouleaux.

R. *Angers* (Mill.).

E. pygmæus F. Mai à août. Sur les vieux chênes et ormes cariés.

A. R. *Anjou* (Mill. et Gall.). — *Lué* (Perr.). — *Anjou* (I. C.).

E. Mali Bechst. Mai à septembre. Sous l'écorce de diverses Rosacées arborescentes, des arbres fruitiers.

A. R. *Anjou* (Mill. et Gall.). — *Chênehutte (au Petit-Puits)* (Ret.).

E. Mali Bechst. **ab. castaneus** Ratzeb. Même époque. Sous l'écorce des mêmes arbres et aussi du châtaignier.

R. *Anjou* (Mill. et Gall.).

E. Carpini Ratzeb. Mai à septembre. Sous les écorces des arbres fruitiers et du charme, du frêne.

R. *Chênehutte (au Petit-Puits)* (Ret.). — *Les Ponts-de-Cé* (Br.).

E. intricatus Ratzeb. Avril à juin. Sous l'écorce du chêne.

R. *Anjou* (Mill. et Gall.).

E. rugulosus Ratzeb. Juin à septembre. Sous l'écorce des branches de divers arbres fruitiers.

A. R. *Anjou* (Gall.). — *Lué* (Perr.). — *Thorigné* (Br.). — *Saumur* (Abot).

E. multistriatus Marsh. Mai à octobre. Sous l'écorce des vieux ormes, saules, chênes.

R. *Anjou* (Mill. et Gall.). — *Angers* (Abot).

Phlœotribus Latreille

P. scarabæoides Bernard. Mai à septembre. Sur le chêne, le troène, le lilas, le frêne.

A. C. *Sainte-Gemmes* (Gall.). — *Saint-Laurent-des-Autels (forêt de la Foucaudière)* (E. de I.). — *Lué* (Perr.).

Phlœophthorus Wollaston

P. rhododactylus Marsh. Mars à août. Sur le genêt à balai.

A. R. *Sainte-Gemmes* (Gall.). — *Angers (étang Saint-Nicolas) ; Trélazé (bois de Verrières) ; Soulaines* (Br.).

Phlœosinus Chapuis

P. Thujæ Perris. Avril à juin. Sur le lilas, le Thuia.

R. *Chênehutte (au Petit-Puits)* (Ret.).

Hylesinus Fabricius

H. crenatus F. Juin. Dans l'écorce des frênes abattus ou malades.
R. *Anjou* (Mill. et Gall.).

H. oleiperda F. Mai à juillet. Sur le lilas, le hêtre.
R. R. *Anjou* (Perr.).

H. Fraxini Panz. Toute l'année. Sous l'écorce des frênes.
C. *Anjou* (Mill. et Gall.). — *Angers* (Perr.). — *Anjou* (I. C.). — *Angers* (Br.). — *Sainte-Gemmes* (H. Baz.). — *Saumur* (Abot).

Pteleobius Reitter

P. vittatus F. Toute l'année. Sous l'écorce des ormes, chênes, tilleuls.
R. *Baugé* (Gall.). — *Lué* (Perr.).

P. Kraatzi Eichh. Toute l'année. Sous l'écorce des ormes, des chênes.
R. R. *Angers* (Br.).

Myelophilus Eichhoff

M. piniperda L. Mars à septembre. Sous l'écorce des pins abattus et dans la moelle des jeunes pousses des pins.
C. *Anjou* (Gall.). — *Chênehutte (au Petit-Puits)* (Ret.). — *Lué* (Perr.). — *Anjou* (I. C.). — *Saumur* (Abot).

M. minor Hartig. Mars à septembre. Sous l'écorce des pins, des *Epiceas*, des *Abies*.
A. C. *Anjou* (Mill. et Gall.). — *Chênehutte (au Petit-Puits)* (Ret.). — *Lué* (Perr.).

Hylastinus Bedel

H. obscurus Marsh. Mars à septembre. Sur le trèfle, le genêt et diverses autres Légumineuses.
R. *Anjou* (Gall.). — *Lué* (Perr.). — *Anjou* (I. C.).

Kissophagus Chapuis

K. Hederæ Schmidt. Mai à septembre. Dans les vieux lierres.
R. R. *Sainte-Gemmes* (Gall.).

Polygraphus Erichson

P. polygraphus L. Avril, mai. Dans l'aubier des pins et des sapins.
R. R. *Anjou* (Mill. et Gall.).

Hylurgus Latreille

H. ligniperda F. Avril à août. Sous l'écorce des troncs et des branches des pins.

R. *Anjou* (Mill. et Gall.). — *Le Fief-Sauvin (forêt de Leppo)* (E. de I.). — *Lué* (Perr.). — *Marans* (H. Baz.).

Hylastes Erichson

H. ater Payk. Mars à octobre. Sous l'écorce des pins. Hiverne souvent sous les mousses.

R. *Anjou* (Mill.). — *Baugé* (Gall.). — *Lué; Château-Gontier (Mayenne)* (Perr.). — *Saumur* (Abot).

H. linearis Er. Mars à octobre. Sous l'écorce des pins.

R. R. *Lué* (Perr.). — *Angers* (Abot.)

H. angustatus Herbst. Mars à août. Sous l'écorce et dans les fagots de pins et sous les mousses.

A. R. *Angers (étang Saint-Nicolas)* ; *Le Guédéniau (forêt de Chandelais)* (Gall.). — *Chênehutte (au Petit-Puits)* (Ret.). — *Lué* (Perr.).

H. palliatus Gyll. Mars à octobre. Sous l'écorce des pins.

R. R. *Baugé* (Gall.).

Crypturgus Erichson

C. pusillus Gyll. Mars à mai. Sous l'écorce des pins.

R. R. *Le Guédéniau (forêt de Chandelais)* (Gall.).

C. cinereus Herbst. Avril à octobre. Sous l'écorce des pins.

R. R. *Baugé* (Gall.).

Thamnurgus Eichhoff

T. Kaltenbachi Bach. Mai à juillet. Sous les écorces.

R. R. *Soulanger* (E. de I.).

Cryphalus Erichson

C. Fagi F. Mai à juillet. Sur les chênes et les hêtres ; dans les vieux fagots.

R. R. *Forêt de Monnoie* (Gall.).

C. Tiliæ Panz. Avril à juillet. Dans l'écorce du charme et du tilleul, surtout du *Tilia silvestris* Desf.

R. *Cholet ; Fontevrault* (Mill.).

Pityophthorus Eichhoff

P. ramulorum Perr. Avril à juin. Bois de chêne.
R. R. *Chênehutte (au Petit-Puits)* (Ret.).

Pityogenes Bedel

P. chalcographus L. Mai à juillet. Sur les chênes, mais de préférence sur les pins.
R. *Anjou* (Mill. et Gall.). — *Chênehutte (au Petit-Puits)* (Ret.). — *Lué* (Perr.).

P. bidentatus Herbst. Mai à octobre. Sous l'écorce des pins.
R. *Anjou* (Mill. et Gall.). — *Chênehutte (au Petit-Puits)* (Ret.).

Ips Degeer

I. sexdentatus Bœrner. Mai à juillet. Sur les pins morts.
R. *Anjou* (Gall.). — *Lué* (Perr.). — *Avoise (Sarthe)* (Abot).

I. typographus L. Mai à juillet. Sous l'écorce des pins.
R. *Anjou* (I. C.).

I. erosus Wollast. Mai à juillet. Sous l'écorce des pins.
R. *Lué* (Perr.).

I. Laricis F. Mai à juillet. Sous l'écorce des pins.
R. *Forêt de Baugé* (Gall.).

I. longicollis Gyll. Mai à juillet. Sous l'écorce des pins.
R. R. *Forêt de Baugé* (Gall.).

Taphrorychus Eichhoff

T. bicolor Herbst. Mai à juillet. Sous l'écorce du hêtre, du charme.
R. R. *Anjou* (Gall.).

Xylocleptes Ferrari

X. bispinus Duft. Mai à juillet. Vit dans *Clematis vitalba* L. et aussi dans les vieilles souches de vigne.
R. *Chênehutte (au Petit-Puits)* (Ret.). — *Lué* (Perr.). — *Anjou* (I. C.).

Dryocœtes Eichhoff

D. autographus Ratzeb. Mai à juillet. Sur les pins, les sapins, les épicéas.

R. *Angers* (Gall.).

D. villosus F. Juin, juillet. Sous l'écorce des peupliers, des chênes, des châtaigniers abattus.

A. R. *Anjou* (Gall.). — *Chênehutte (au Petit-Puits)* (Ret.). — *Lué* (Perr.). — *Saint-Barthélemy (à Pignerolles)* (Abot).

Xyleborus Eichhoff

X. Saxeseni Ratzeb. Toute l'année. Dans le bois d'essences diverses.

R. *Le Guédéniau (forêt de Chandelais)* (Gall.). — *Lué* (Perr.). — *Parcé (Sarthe)* (Abot).

X. dryographus Ratzeb. Mai à juillet. Sous les écorces de chêne et d'autres arbres forestiers ; dans les vieux ceps de vigne.

R. *Anjou* (Gall.). — *Chênehutte (au Petit-Puits)* (Ret.). — *Lué* (Perr.).

X. monographus F. Mai à juillet. Dans le chêne, le châtaignier et autres arbres forestiers.

R. *Anjou* (Gall.). — *Lué* (Perr.). — *Angers* (Br.).

X. dispar F. Mai à juillet. Dans le chêne, le charme, et autres arbres forestiers.

R. *Sainte-Gemmes* (Gall.). — *Champtoceaux* (Br.).

Platypus Herbst

P. cylindrus F. Mai à juillet. Sous les écorces des vieux chênes.

R. *Baugé* (Mill.). — *Chênehutte (au Petit-Puits)* (Ret.). — *Anjou* (I. C.).

LUCANIDÆ

Lucanus Linné

L. cervus L. Juin à août. Bois et jardins. Sous les feuilles ou au pied des arbres ; au vol, le soir, par les temps chauds. La larve vit dans le chêne, où elle se creuse de profondes galeries. Vulgairement nommé cerf-volant.

C. C. *Se rencontre partout dans le département.*

L. cervus L. **var. capreolus** Fuessl. En mêmes époques et en même habitat que le type.

A. C. *Chênehutte (au Petit-Puits)* (Ret.). — *Angers ; Lué* (Perr.). — *Anjou ; Pontigné* (Thu.). — *Montfaucon-sur-Moine ; Château-Gontier (Mayenne)* (Br.). — *Saumur ; Chênehutte ; Parcé (Sarthe)* (Abot).

Dorcus Mac Leay

D. parallelepipedus L. Juin à octobre. Vieux arbres, sur les chemins, sous les pierres. La larve vit dans le bois vermoulu des saules et de diverses autres espèces d'arbres,

C. C. *Dans l'étendue du département.*

Systenocerus Weise

S. caraboides L. Mai à juillet. Sur différents arbres et au vol.

A. C. *Angers* (Mill.). — *Sainte-Gemmes* (Gall.). — *Saint-Laurent-des-Autels (forêt de la Foucaudière)* (E. de I.). — *Lué* (Perr.). — *Anjou ; Pontigné* (Thu.). — *Saint-Georges-du-Bois ; forêt de Beaulieu* (Pap.). — *Trélazé* (H. Baz.). — *Dampierre ; Souzay ; Gennes ; Chênehutte ; Parcé (Sarthe)* (Abot).

S. caraboides L. **var rufipes** Herbst. Mêmes dates et en mêmes emplacements que le type.

A. C. *Landemont* (E. de I.). — *Cholet ; Chênehutte (au Petit-Puits)* (Ret.). — *Angers ; Lué* (Perr.). — *Anjou* (I. C.).

Sinodendron Hellwig

S. cylindricum L. Mai à août. Vit dans les parties mortes ou cariées du pommier, du hêtre, du frène et autres arbres.

R. *Angers (en Reculée)* (Mill.). — *Anjou ; Pontigné* (Thu.). — *Anjou* (I. C.).

Æsalus Fabricius

! **Æ. scarabæoides** Panz. Mai à août. Dans les troncs et bûches des chênes vermoulus.

R. R. *Anjou* (Mme de Buzelet, Mill.).

SCARABÆIDÆ

Trox Fabricius

T. perlatus Göze. Avril à juin. Dans les cadavres desséchés.
A. R. *Anjou* (Mill. et Gall.). — *Chênehutte* (Ret.). — *Lué* (Perr.).
— *Anjou* (I. C.). — *Saumur* (7 ex.) (Abot).

T. sabulosus L. Avril à juin. Sous les cadavres, les pierres ; au vol.
R. *Anjou* (Gall.). — *Fontaine-Guérin* (Pap.).

T. hispidus Laichart. Avril à octobre. Sous les cadavres.
A. R. *Anjou* (Mill. et Gall.). — *Chênehutte* (Ret.). — *Lué* (Perr.).
— *Anjou* (Thu.). — *Anjou* (I. C.). — *Fontaine-Guérin* (Pap.). — *Parcé
(Sarthe)* (Abot).

T. scaber L. Avril à octobre. Dans les fumiers, le terreau des couches, les détritus, les caves ; sous les feuilles mortes.
A. C. *Anjou* (Mill. et Gall.). — *Chênehutte* (Ret.). — *Lué* (Perr.).
— *Env. d'Angers* (Surr.). — *Anjou* (U. A.). — *Anjou* (I. C.). — *Angers*
(3 ex.) (Abot).

Psammobius Heer

P. sulcicollis Illig. Mai à juillet. Sur le sol ou enterré dans le sable humide.
R. *Anjou* (Mill. et Gall.). — *Lué ; Fontaine-Milon* (Perr.).

Rhyssemus Mulsant

R. asper F. Avril à juillet. Dans les sablonnières ; au pied des résédas ; dans les crottes de mouton, dans les détritus.
A. C. *Sainte-Gemmes* (Gall.). — *Cholet ; Chênehutte (au Petit-Puits)* (Ret.). — *Lué* (Perr.). — *Anjou* (Thu.). — *Sainte-Gemmes*
(Br.). — *Angers* (Abot).

Diastictus Mulsant

D. vulneratus Sturm. Avril à août. Sous les pierres et dans les détritus.
R. *Sainte-Gemmes (bords de l'Authion)* (Gall.). — *Lué* (Perr.).

Pleurophorus Mulsant

P. cæsus Panz. Mai à octobre. Sous les débris végétaux ; dans les couches à melons, les crottes de mouton.

A. C. *Sainte-Gemmes* (Gall.). — *Chênehutte (au Petit-Puits)* (Ret.). — *Lué* (Perr.). — *Anjou* (Thu.). — *Anjou* (I. C.). — *Montfaucon-sur-Moine ; Beaupréau* (Br.). — *Angers* (Abot).

Oxyomus Laporte

O. silvestris Scop. Février à novembre. Dans les détritus, les crottins, les bouses, les crottes de mouton, les excréments ; au vol.

C. *Sainte-Gemmes* (Gall.). — *Cholet ; Chênehutte (au Petit-Puits)* (Ret.). — *Lué* (Perr.). — *Anjou* (U. A.). — *Anjou* (Thu.). — *Anjou* (I. C.). — *La Possonnière* (Pap.). — *Beaupréau* (Br.). — *Sainte-Gemmes* (H. Baz.). — *Saumur* (Abot).

Aphodius Illiger

A. scrutator Herbst. Mars à octobre. Sous les fumiers, les détritus, les débris végétaux.

A. R. *Montilliers ; Beaulieu* (Mill.). — *Sainte-Gemmes* (Gall.). — *Cholet ; Chênehutte (au Petit-Puits)* (Ret.). — *Lué* (Perr.). — *Anjou* (U. A.). — *Anjou* (Thu.). — *Anjou* (I. C.). — *Beaulieu (à Pont-Barré)* (Pap.). — *Angers (à La Paperie)* (Br.). — *Marans* (H. Baz.).

A. erraticus L. Mai à septembre. Dans les bouses, les crottins, les excréments.

C. *Sainte-Gemmes (bords de la Loire et de l'Authion)* (Gall.). — *Cholet ; Chênehutte (au Petit-Puits)* (Ret.). — *Lué* (Perr.). — *Env. d'Angers* (Surr.). — *Anjou* (U. A.). — *Anjou* (Thu.). — *Anjou* (I. C.). — *La Possonnière* (Pap.). — *Angers (à La Paperie)* (Br.). — *Trélazé* (H. Baz.). — *Angers ; Les Ponts-de-Cé ; Chênehutte* (Abot).

A. subterraneus L. Mai à octobre. Dans les crottes de mouton, les bouses, les excréments.

C. *Sainte-Gemmes* (Gall.). — *Cholet ; Chênehutte (au Petit-Puits)* (Ret.). — *Lué* (Perr.). — *Env. d'Angers* (Surr.). — *Anjou* (U. A.). — *Anjou* (Thu.). — *Anjou* (I. C.). — *La Possonnière* (Pap.). — *Montfaucon-sur-Moine* (Br.). — *Saumur* (Abot).

A. fossor L. Avril à octobre. Dans les bouses, les crottins.

C. *Sainte-Gemmes (bords de la Loire et de l'Authion)* (Gall.). — *Cholet ; Chênehutte (au Petit-Puits)* (Ret.). — *Lué* (Perr.). — *Env.*

d'Angers (Surr.). — *Anjou* (U. A.). — *Anjou* (Thu.). — *Anjou* (I. C.).
— *La Possonnière* (Pap.). — *Saumur ; Les Ponts-de-Cé ; Parcé (Sarthe)*
(Abot).

A. fossor L. **ab. silvaticus** Ahr. Avril à octobre. Dans les bouses
et les crottins.

A. R. *Sainte-Gemmes (bords de la Loire et de l'Authion)* (Gall.). —
Lué (Perr.). — *Angers (à La Paperie)* (Br.). — *Angers* (Abot).

A. hæmorrhoidalis L. Mai à septembre. Dans les crottes de
mouton, les bouses.

A. C. *Sainte-Gemmes (bords de la Loire et de l'Authion)* (Gall.). —
Cholet ; Chênehutte (au Petit-Puits) (Ret.). — *Env. d'Angers* (Surr.).
— *Anjou* (Thu..) — *Anjou* (I. C.). — *Les Ponts-de-Cé* (Br.). — *Chêne-
hutte* (Abot).

A. fœtens F. Mai à septembre. Dans les bouses, les excréments,
les fumiers.

A. R. *Anjou* (Mill. et Gall.). — *Lué* (Perr.). — *Env. d'Angers* (Surr.).
— *Anjou* (U. A.). — *Anjou* (Thu.). — *Anjou* (I. C.). — *Mozé ; Soulaire-
et-Bourg* (Abot).

A. fimetarius L. Toute l'année. Dans les bouses, les fumiers, les
matières végétales en décomposition ; l'hiver, dans les mousses, au
pied des arbres ; dans les foins coupés.

C. C. *Répandu dans tout le département.*

A. scybalarius F. Mai à octobre. Dans les bouses, les crottins.

A. C. *Sainte-Gemmes (bords de la Loire)* (Gall.). — *Cholet ; Chênehutte (au Petit-Puits)* (Ret.). — *La Possonnière* (Pap.). — *Les Ponts-de-
Cé* (Br.). — *Angers* (Abot).

A. granarius L. Mars à octobre. Dans les bouses, les crottins, les
excréments, les champignons pourris, les charognes, les plaies d'orme.

C. C. *Dans toute l'étendue du département.*

A. granarius L. **ab. suturalis** Fald. Mêmes époques et en mêmes
places.

R. *Lué* (Perr.).

A. sordidus F. Mai à octobre. Dans les bouses, les excréments, les
crottins.

A. C. *Anjou* (Gall.). — *Lué* (Perr.). — *Anjou* (U. A.). — *Anjou*
(I. C.). — *Angers* (Abot).

A. rufus Moll. Mai à octobre. Dans les bouses, les excréments, les crottins.

R. *Anjou* (Mill. et Gall.). — *Lué* (Perr.). — *Anjou* (Thu.). — *Durtal* (Br.).

A. rufus Moll. **ab. arcuatus** Moll. Mêmes époques et même habitat.

R. R. *Angers* (*La Paperie*). — *Château-Gontier* (*Mayenne*) (Br.).

A. lugens Creutz. Mai à octobre. Dans les fumiers, les bouses, les crottins.

R. *Gennes* (*à Milly*) (Gall.). — *Chênehutte* (*au Petit-Puits*) (Ret.). — *Lué ; Fontaine-Milon* (Perr.). — *Chênehutte* (Abot).

A. nitidulus F. Mai à octobre. Dans les crottes de mouton, les bouses, les crottins, les cadavres, les excréments.

A. C. *Anjou* (Gall.). — *Gonnord* (E. de I.). — *Cholet ; Chênehutte* (*au Petit-Puits*) (Ret.). — *Lué* (Perr.). — *Anjou* (U. A.). — *Anjou* (I. C.). — *La Possonnière ; Mozé* (Pap.). — *Cholet* (Br.). — *Saumur ; Parcé* (*Sarthe*) (Abot).

A. immundus Creutz. Mai à septembre. Dans les bouses et les crottins.

A. C. *Anjou* (Mill.). — *Sainte-Gemmes* (Gall.). — *Lué* (Perr.). — *Env. d'Angers* (Surr.). — *La Possonnière* (Pap.). — *Montfaucon-sur-Moine* (Br.). — *Saumur* (Abot).

A. ater Deg. Mai à septembre. Dans les crottes de mouton, les bouses.

R. *Gennes* (Gall.). — *Chênehutte* (Ret.). — *Lué* (Perr.).

A. putridus Herbst. Mai à septembre. Dans les bouses et les crottins.

R. *Chênehutte* (*au Petit-Puits*) (Ret.).

A. lividus Oliv. Mai à septembre. Dans les bouses et les crottins.

R. *Lué* (Perr.).

A. varians Duftsch. Mai à août. Sous les bouses, surtout au bord de l'eau.

A. R. *Sainte-Gemmes* (Gall.). — *Chênehutte* (Ret.). — *Lué* (Perr.). — *Env. d'Angers* (Surr.). — *Anjou* (Thu.). — *Anjou* (I. C.). — *Chênehutte* (Abot).

A. varians Duftsch. **ab. ambiguus** Muls. Sous les bouses et les crottins. Mêmes époques.

R. *Sainte-Gemmes* (Gall.). — *Anjou* (I. C.). — *Les Ponts-de-Cé* (Br.).

A. plagiatus L. Mai à août. Sous les bouses et les crottins.

R. R. *Sainte-Gemmes* (Gall.).

A. niger Panz. Mai à septembre. Sous les bouses et les crottins.

R. R. *Sainte-Gemmes* (Gall.).

A. rhododactylus Marsh. Mai à septembre. Sous les bouses et les crottins.

R. *Lué* (Perr.).

A. merdarius F. Avril à octobre. Dans les bouses, les crottes de mouton, les crottins, les excréments.

A. C. *Anjou* (Mill. et Gall.). — *Cholet ; Chênehutte (au Petit-Puits* (Ret.). — *Lué* (Perr.). — *Anjou* (Thu.). — *Anjou* (I. C.). — *Fontaine-Guérin* (Pap.). — *Montfaucon-sur-Moine ; Beaupréau ; Les Ponts-de-Cé* (Br.).

A. scrofa F. Avril à octobre. Dans les crottins, les crottes de mouton ; souvent au vol.

A. R. *Lué* (Perr.). *Anjou* (Thu.). — *Longué* (Abot).

A. tristis Panz. Mai à septembre. Dans les bouses et les crottins.

A. R. *Sainte-Gemmes* (Gall.). — *Anjou* (I. C.). — *Beaupréau ; Le Lion-d'Angers* (Br.). — *Sainte-Gemmes ; Parcé (Sarthe)* (Abot).

A. pusillus Herbst. Avril à septembre. Dans les crottes de mouton,

A. C. *Lué* (Perr.). — *Anjou* (I. C.). — *Le Guédéniau (forêt de Chandelais)* (Br.). — *Longué* (Abot).

A. quadriguttatus Herbst. Avril à septembre. Dans les bouses et les crottins.

R. R. *Anjou ; Grez-Neuville* (Gall.). — *Anjou* (I. C.).

A. quadrimaculatus L. Mai à septembre. Dans les crottes de mouton, les bouses et les crottins. Endroits sablonneux.

R. *Anjou* (Mill.). — *Grez-Neuville* (Gall.). — *Anjou* (Thu.). — *Anjou* (I. C.).

A. biguttatus Germ. Mai à septembre. Dans les bouses, les crottins, les excréments.

R. R. *Lué* (Perr.).

A. porcus F. Juin à octobre. Dans les crottins et les bouses. Se tient en commensal à l'entrée des puits des Géotrupes.

R. *Lué* (Perr.). — *Angers* (Abot).

! **A. lineolatus** Illig. Mai à septembre. Sous les bouses et les crottins. Est plutôt méridional.

R. R. *Anjou* (U. A.).

A. sticticus Panz, Mai à septembre. Sous les bouses et les crottins, surtout dans les bois.

R. *Anjou* (Mill. et Gall.). — *Lué* (Perr.). — *Anjou* (I. C.).

A. conspurcatus L. Mai à septembre. Dans les fumiers, les bouses, les crottins, les crottes de mouton.

R. *Angers* (Mill. et Gall.). — *Cholet ; Chênehutte (au Petit-Puits)* (Ret.). — *Anjou* (Thu.).

A. melanostictus Schmidt. Mars à novembre. Dans les bouses, les excréments.

A. R. *Sainte-Gemmes* (Gall.). — *Lué* (Perr.). — *Anjou* (I. C.).

A. inquinatus Herbst. Mars à décembre. Dans les crottins, les bouses, les excréments.

C. *Anjou* (Gall.). — *Cholet ; Chênehutte (au Petit-Puits)* (Ret.). — *Lué* (Perr.). — *Anjou* (Thu.). — *Fontaine-Guérin* (Pap.). — *Angers ; Andard ; Trélazé* (H. Baz.). — *Saumur* (Abot).

A. inquinatus Herbst. **ab. nubilus** Panz. Mêmes dates et en même habitat.

R. *Longué* (Br.).

A. obliteratus Panz. Mai à novembre. Dans les bouses et les crottins.

R. *Chênehutte* (Ret.). — *Lué* (Perr.).

A. contaminatus Herbst. Mai à octobre. Dans les bouses, les crottins, les excréments.

A. C. *Anjou* (Mill. et Gall.). — *Lué* (Perr.). — *Anjou* (Thu.). — *Chemillé* (Br.). — *Angers ; Parcé (Sarthe)* (Abot).

A. prodromus Brahm. Toute l'année. Dans toutes les matières stercoraires ; souvent au vol.

A. C. *Chênehutte (au Petit-Puits)* (Ret.). — *Angers (route des Ponts-de-Cé) ; Lué* (Perr.). — *Montrevault ; Angers (étang Saint-Nicolas) ; Beaupréau* (Br.). — *Angers ; Sainte-Gemmes ; Avoise (Sarthe)* (Abot).

! **A. pubescens** Sturm. Mai à octobre. Dans les bouses et les crottins. Insecte surtout méridional.

R. R. *Anjou* (Thu.).

! **A. Guillebeaui** Reitt. Mai à octobre. Dans les bouses et les crottins. Espèce méridionale.

R. R. *Lué* (Perr.).

A. punctatosulcatus Sturm. Mai à octobre. Dans les bouses, les crottins.

R. *Lué* (Perr.). — *Longué ; Le Lion-d'Angers* (Br.). — *Parcé et Avoise (Sarthe)* (Abot).

A. consputus Creutz. Mai à octobre. Dans les bouses et les crottins.

A. C. *Anjou* (Mill. et Gall.). — *Chênchutte* (Ret.). — *Anjou* (Thu.). — *Le Lion-d'Angers* (Br.). — *Longué* (Abot).

A. Zenkeri Germ. Mai à octobre. Dans les bouses et les crottins.

R. R. *Chênehutte-les-Tuffeaux* (Ret.).

A. satellitius Herbst. Avril à juin. Dans les bouses des prairies.

A. C. *Anjou* (Mill. et Gall.). — *Chênehutte* (Ret.). — *Anjou* (U. A.). — *Anjou* (Thu.). — *Anjou* (I. C.). — *La Possonnière* (Pap.). — *Chênehutte* (Abot).

A. rufipes L. Juin à octobre. Dans les bouses et les crottins.

A. C. *Angers* (Gall.). — *Chênehutte* (Ret.). — *Lué* (Perr.). — *Anjou* (Thu.). — *Anjou* (I. C.). — *Saint-Florent-le-Vieil* (Br.).

A. luridus F. Mars à septembre. Dans les bouses, les crottins, les crottes de mouton, les excréments.

A. R. *Forêt de Baugé* (Gall.). — *Chênehutte* (Ret.). — *Lué* (Perr.). — *Anjou* (Thu.). — *Anjou* (Br.).

A. luridus F. **ab. nigripes** F. Même époque et mêmes lieux que le type.

R. *Forêt de Baugé* (Gall.). — *Lué* (Perr.). — *Anjou* (Thu.).

A. depressus Kugel. Mai à octobre. Dans les bouses et les crottins.

R. R. *Anjou* (U. A.).

Heptaulacus Mulsant

H. sus Herbst. Mai à août. Dans les crottes de mouton des terrains sablonneux arides.

R. *Sainte-Gemmes* (Gall.).

H. testudinarius F. Mai à septembre. Dans les crottins en terrains sablonneux arides.

R. *Saint-Martin-de-la-Place (dans l'île Boumois)* (Ret.). — *Anjou* (I. C.). — *Montfaucon-sur-Moine* (Br.).

Ægialia Latreille

? Æ. arenaria L. Mai à septembre. Dans les sables, sous les crottins. Est un insecte maritime.

R. R. *Saint-Martin-de-la-Place (dans l'île Boumois)* (Ret.).

Hybosorus Mac Leay

! H. Illigeri Reiche. Mai à octobre. Dans les fumiers et les crottins. Est un insecte méridional.

R. R. *Chênehutte (au Petit-Puits)* (Ret.).

Odontæus Klug

O. armiger Scop. Juin à septembre. Dans les champs, au vol, le soir.

R. *Avrillé* (Mill.). — *Saint-Cyr-en-Bourg* (Court.). — *Chênehutte* (Ret.). — *Lué* (Perr.). — *Anjou* (I. C.).

Ceratophyus Fischer

C. Typhæus L. Avril à septembre. Auprès des bois, et sur les chemins, dans les bouses et les crottins.

A. C. *Sainte-Gemmes* (Gall.). — *Chênehutte (au Petit-Puits)* (Ret.). — *Lué* (Perr.). — *Anjou* (Thu.). — *Anjou* (I. C.). — *Chaumont ; Fontaine-Guérin* (Pap.). — *Saumur* (Abot).

Geotrupes Latreille

G. mutator Marsh. Mars à novembre. Dans les bouses, les crottins, les excréments. Volé le soir.

C. C. *Partout en Anjou.*

G. spiniger Marsh. Mars à novembre. Dans les bouses, les crottins, les excréments. Vole le soir.

R. *Lué* (Perr.). — *Env. d'Angers* (Surr.).

G. stercorarius L. Mars à novembre. Dans les bouses, les crottins, les excréments. Vole le soir.

C. C. *Partout en Anjou.*

G. niger Marsh. Mai à octobre. Dans les bouses, les crottins, les excréments, en terrains sablonneux. Vole le soir.

A. R. *Anjou* (Mill. et Gall.). — *Anjou* (I. C.). — *La Chaussaire* (Pap.).

G. stercorosus Scriba. Mai à octobre. Dans les champignons, dans les bois et dans les excréments.

C. *Baugé* (Gall.). — *Cholet ; Chênehutte* (Ret.). — *Lué* (Perr.). — *Anjou* (U. A.). — *Anjou* (Thu.). — *Anjou* (I. C.). — *Le Guédéniau (forêt de Chandelais)* (Pap.). — *Angers (bois de l'étang Saint-Nicolas) ; Cholet ; Saint-Barthélemy (bois de Pignerolles) ; Saint-Georges-sur-Loire* (Br.). — *Angers ; Saint-Barthélemy ; Parcé et Avoise (Sarthe)* (Abot).

G. vernalis L. Mai à septembre. Bois, dans les crottins.

A. R. *Anjou* (Mill. et Gall.). — *Cholet ; Chênehutte (îles de la Loire)* (Ret.). — *Anjou* (U. A.). — *Anjou* (Thu.). — *La Chaussaire* (Pap.). — *Saumur* (Abot).

Scarabæus Linné

S. laticollis L. Mai à septembre. Se trouve dans les excréments de bovidés, mais surtout dans les crottes de mouton. C'est une espèce méridionale, fortuite en Anjou.

R. R. *Montreuil-Bellay ; Saint-Cyr-en-Bourg* (Mill.). — *Saint-Cyr-en-Bourg* (Court.). — *Saumur* (Perr.). — *Anjou* (I. C.).

Gymnopleurus Illiger

G. Mopsus Pall. Mai à septembre. Dans les bouses et les crottins. Espèce surtout méridionale.

R. R. *Meigné* (Bailliot). — *Saint-Hilaire-Saint-Florent (à Terrefort) ; Montreuil-Bellay* (Mill.). — *Anjou* (Thu.).

[**G. serratus** Fisch.]

G. serratus Fisch. **var. confusus** Muls. Mai à septembre. Dans les crottins et les bouses. Insecte méridional.

R. R. *Montreuil-Bellay ; Saint-Cyr-en-Bourg ; Saint-Hilaire-Saint-Florent (à Terrefort)* (Court.). — *Anjou* (Thu.).

Sisyphus Latreille

S. Schæfferi L. Mai à août. Sur les coteaux secs, dans les crottes de mouton, dans les excréments.

R. *Distré (à Pocé) ; Rou-Marson ; Saint-Hilaire-Saint-Florent ; Souzay ; Montreuil-Bellay* (Mill.). — *Anjou* (Thu.). — *Doué-la-Fontaine* (Pap.).

Oniticellus Serville

O. fulvus Gôze. Mai à septembre. Dans les bouses.

A. C. *Anjou* (Gall.). — *Cholet ; Chênehutte (au Petit-Puits)* (Ret.). — *Lué* (Perr.). — *Anjou* (U. A.). — *Anjou* (Thu.). — *Anjou* (I. C.). — *Montfaucon-sur-Moine* (Br.). — *Saumur ; Dampierre* (Abot).

Onthophagus Latreille

! **O. Amyntas** Oliv. Avril à août. Dans les bouses. Espèce méri-dionale.

R. R. *Anjou* (Gall.). — *Anjou* (Thu).

O. taurus Schreber. Mai à août. Dans les bouses, les excréments.

C. C. *Partout en Anjou.*

O. ovatus L. Mars à octobre. Dans les bouses, les crottes de mouton, les détritus, les champignons.

A. C. *Sainte-Gemmes* (Gall.). — *Chênehutte (au Petit-Puits)* (Ret.). — *Lué* (Perr.). — *Env. d'Angers* (Surr.). — *Anjou* (U. A.). — *Anjou* (I. C.). — *La Possonnière* (Pap.). — *Château-Gontier (Mayenne)* (Br.). — *Trélazé* (H. Baz.). — *Bagneux; Allonnes; Longué; Parcé (Sarthe)* (Abot).

O. furcatus F. Août à octobre. Dans les crottins. Espèce surtout méridionale.

R. *Anjou* (Mill.). — *Chênehutte (au Petit-Puits)* (Ret.). — *Anjou* (U. A.). — *Anjou* (I. C.). — *Durtal* (Br.). — *Saumur* (1 ex.) (Abot).

O. verticicornis Laich. Juin à septembre. Sous les bouses.

R. *Anjou* (Mill.). — *Chênehutte (au Petit-Puits)* (Ret.). — *Anjou* (Thu.). — *Le Fief-Sauvin* (Ven.).

O. fracticornis Presseyl. Avril à octobre. Dans les bouses, les fumiers, les excréments.

A. C. *Sainte-Gemmes* (Gall.). — *Cholet ; Chênehutte (au Petit-Puits)* (Ret.). — *Anjou* (U. A.). — *Anjou* (Thu.). — *Anjou* (I. C.). — *Saumur* (Abot).

O. cœnobita Herbst. Avril à novembre. Dans les champignons, les charognes, les bouses, les excréments.

C. *Anjou* (Gall.). — *Cholet; Chênehutte (au Petit-Puits)* (Ret.). — *Lué* (Perr.). — *Anjou* (U. A.). — *Anjou* (I. C.). — *Fontaine-Guérin ; Le Pin-en-Mauges ; La Chaussaire; Gesté* (Pap.). — *Sainte-Gemmes; Château-Gontier (Mayenne)* (Br.). — *Saumur* (Abot).

! O. maki Illig. Mai à septembre. Dans les bouses, les crottins, les excréments. Espèce méridionale, n'est qu'accidentelle en Anjou.

R. R. *Le Coudray-Macouard* (Juignet). — *Saumur* (1 ex.) (Abot).

O. lemur F. Avril à septembre. Dans les crottes de mouton, les bouses, les crottins.

A. R. *Sainte-Gemmes* (Gall.). — *Cholet* (Ret.). — *Lué* (Perr.). — *Anjou* (Thu.). — *Anjou* (I. C.).

O. vacca L. Avril à septembre. Dans les bouses et les excréments, les fumiers.

C. C. *Dans toute la région angevine.*

O. nuchicornis L. Avril à octobre. Dans les bouses, les excréments.

A. R. *Anjou* (Gall.). — *Anjou* (I. C.). — *Sainte-Gemmes ; Les Ponts-de-Cé* (Br.). — *Angers* (Abot).

? O. lucidus Sturm. Mai à septembre. Dans les bouses. Espèce tout-à-fait méridionale, improbable en Anjou.

R. R. *Sainte-Gemmes* (Gall.). — *La Possonnière* (Pap.).

Caccobius Thomson

C. Schreberi L. Mai à août. Dans les bouses et les crottins.

. A. C. *Sainte-Gemmes* (Gall.). — *Chênehutte (au Petit-Puits)* (Ret.). — *Lué* (Perr.). — *Env. d'Angers* (Surr.). — *Anjou* (U. A.). — *Anjou* (Thu.). — *Anjou* (I. C.). — *Angers ; Dampierre ; Parcé (Sarthe)* (Abot).

Copris Geoffroy

C. lunaris L. Avril à septembre. Dans les bouses et les crottins.

A. C. *Anjou (bords de la Loire)* (Gall.). — *Cholet ; Chênehutte (au Petit-Puits)* (Ret.). — *Lué* (Perr.). — *Env. d'Angers* (Surr.). — *Anjou* (U. A.). — *Anjou* (Thu.). — *Anjou* (I. C.). — *Angers ; Fontaine-Guérin* (Pap.). — *Saumur ; Sablé (Sarthe)* (Abot).

Serica Mac Leay

S. brunnea L. Mai à juillet. Sur les plantes basses ; au vol le soir.

A. C. *Angers (bois de la Haie) ; Saumur ; Forêt de Fontevrault* (Gall.). — *Chênehutte (au Petit-Puits)* (Ret.). — *Combrée* (abbé Rochard) — *Lué* (Perr.). — *Env. d'Angers* (Surr.). — *Anjou* (U. A.). — *Anjou* (Thu.). — *Anjou* (I. C.). — *Dampierre ; Parcé et Avoise (Sarthe)* (Abot).

Maladera Mulsant

M. holisericea Scop. Mai, juin. Terrains très arides ; parfois sur les luzernes.

R. *Anjou* (Gall.). — *Lué ; Fontaine-Milon* (Perr.). — *Anjou* (I. C.). — *Arthezé* (*Sarthe*) (Daniel). — *Andard* (H. Baz.). — *Dampierre ; Móntsoreau ; Saumur ; Avoise* (*Sarthe*) (Abot).

Homaloplia Stephens

H. ruricola F. Mai à juillet. Sur les plantes basses, près des bois. Vole le matin.

A. C. *Les Ponts-de-Cé* (*à Sorges*) *; Baugé* (Mill.). — *Anjou* (Gall.). — *Chênehutte* (*au Petit-Puits*) (Ret.). — *Saumur* (Perr.). — *Anjou* (U. A.). — *Anjou* (Thu.). — *Anjou* (I. C.). — *Gennes* (*à Milly*) (Pap.). — *Dampierre* (Abot).

Rhizotrogus Latreille

R. marginipes Muls. Mai à juillet. Bois ; au vol, le soir.

R. *Saumur ; Le Puy-Notre-Dame ; Soulanger* (Mill.). — *Anjou* (Gall.). — *Lué* (Perr.). — *Env. d'Angers* (Surr.). — *Angers* (Br.). — *Trélazé* (H. Baz.). — *Sainte-Gemmes ; Avrillé* (Abot).

R. æstivus Oliv. Mai, juin. Bois ; au vol, le soir.

C. *Anjou* (Gall.). — *Chênehutte* (*au Petit-Puits*) (Ret.). — *Lué* (Perr.). — *Env. d'Angers* (Surr.). — *Anjou* (U. A.). — *Anjou* (Thu.). — *Anjou* (I. C.). — *Baugé* (Pap.). — *Chênehutte* (Abot).

R. cicatricosus Muls. Mai, juin. Bois ; au vol, le soir.
R. R. *Lué* (Perr.).

Amphimallus Latreille

A. solstitialis L. Juin à août. Sur les arbres ; au vol, le soir.

C. *Anjou* (Gall.). — *Chênehutte* (*au Petit-Puits*) (Ret.). — *Lué* (Perr.). — *Env. d'Angers* (Surr.). — *Anjou* (U. A.). — *Anjou* (Thu.). — *Baugé ; Fontaine-Guérin* (Pap.). — *Angers ; Saumur ; Parcé* (*Sarthe*) (Abot).

A. solstitialis L. **var. ochraceus** Knoch. Mêmes dates et en mêmes places.
R. *Lué* (Perr.).

! **A. fuscus** Scop. Juin, juillet. Bois, des terrains calcaires surtout ; au vol. Cette espèce est signalée de l'Europe méridionale, dans les catalogues ; sa présence en Anjou, d'après cela, serait incertaine.
R. *Saumur* (Mill.). — *Env. d'Angers* (Surr.). — *Anjou* (U. A.).

A. ruficornis F. Mai à juillet. Vole en jour, au-dessus des moissons.

A. C. *Saumur* (Mill.). — *Sainte-Gemmes* (Gall.). — *Cholet ; Chênehutte (au Petit-Puits)* (Ret.). — *Lué* (Perr.). — *Anjou* (I. C.). — *Baugé ; Fontaine-Guérin* (Pap.).

A. majalis Razoum. Mai à août. Autour des arbres ou à la racine des plantes ; au vol, le soir.

A. C. *Sainte-Gemmes* (Gall.). — *Chênehutte (au Petit-Puits)* (Ret.). — *Lué* (Perr.). — *Env. d'Angers* (Surr.). — *Anjou* (U. A.). — *Anjou* (Thu.). — *Baugé ; Fontaine-Guérin* (Pap.). — *Saumur ; Le Guédéniau* (Abot).

Melolontha Fabricius

M. Hippocastani F. Juin à août. Sur le chêne Tozza, et sur les châtaigniers.

A. C. *Forêt de Baugé* (Gall.). — *Chênehutte (au Petit-Puits)* (Ret.). — *Lué* (Perr.). — *Anjou* (Thu.). — *Sermaise ; Fontaine-Guérin ; Le Pin-en-Mauges* (Pap.).

M. Hippocastani F. **var. nigripes** Comol. Même époque et en mêmes places.

R. *Lué* (Perr.).

M. Melolontha L. Mai à juillet. Partout sur les arbres. Vulgairement nommé hanneton ; et la larve : ver blanc, man ou turc.

C. C. *Trop répandu en Anjou.*

Polyphylla Harris

P. fullo L. Juillet, août. Endroits sablonneux, dans les herbes ; vole le soir. Se rencontre plus spécialement au bord de la mer.

R. R. *Saint-Martin-de-la-Place (buttes des Montaux)* (Ret.). — *Ingrandes* (Surr.).

Anoxia Laporte

A. villosa F. Juin, juillet. Vole autour des arbres.

C. *Sainte-Gemmes ; Saint-Jean-de-la-Croix ; Durtal ; Saumur ; Baugé* (Mill.). — *Anjou* (Gall.). — *Chênehutte (au Petit-Puits)* (Ret.). — *Lué ; Fontaine-Milon ; Cornillé ; Bauné* (Perr.). — *Env. d'Angers* (Surr.). — *Anjou* (U. A.). — *Anjou* (I. C.). — *Sermaise* (Pap.). — *Saumur ; Parcé (Sarthe)* (Abot).

Hoplia Illiger

H. philanthus Füssl. Mai à juillet. Sur les saules, les peupliers.

A. C. *Le Vieil-Baugé* (Gall.). — *Cholet ; Chênehutte* (Ret.). — *Lué* (Perr.). — *Env. d'Angers* (Surr.). — *Angers* (U. A.). — *Anjou* (Thu.). — *Anjou* (I. C.). — *Saint-Barthélemy (à Pignerolles)* (Br.). — *Seiches* (Abot).

H. cœrulea Drury. Juin, juillet. Prairies, sur les plantes basses.

C. *Sainte-Gemmes* (Gall.). — *Chênehutte* (Ret.). — *Env. d'Angers (bords de la Loire)* (Surr.). — *Anjou (bords de la Loire)* (Thu., U. A., I. C.). — *Juigné-sur-Loire ; Saint-Jean-de-la-Croix* (Pap.). — *Les Ponts-de-Cé* (Br.). — *Les Ponts-de-Cé ; Saumur ; Les Rosiers-sur-Loire ; Gennes* (Abot).

? H. farinosa L. Juin à août. Dans les prairies, sur les herbes. Espèce du centre, paraît bien douteuse pour l'Anjou.

R. R. *Anjou* (Mill.). — *Env. d'Angers* (Surr.).

Anomala Samouelle

A. Junii Duft. Mai à août. Dans les champs, sur les buissons. Plus spécialement méridional.

R. *Cholet ; Chênehutte (au Petit-Puits)* (Ret.). — *Anjou* (Thu.).

A. ænea Degeer. Mai à juillet. Sur les saules, au vol, le matin.

A. C. *Sainte-Gemmes* (Gall.). — *Chênehutte (au Petit-Puits)* (Ret.). — *Lué* (Perr.). — *Anjou* (U. A.). — *Champtoceaux* (Br.). — *Saumur Gennes* (Abot).

A. ænea Degeer. **ab. Frischi** F. Mêmes dates et en mêmes emplacements.

A. C. *Sainte-Gemmes* (Gall.). — *Env. d'Angers* (Surr.). — *Anjou* (Thu.). — *Anjou* (I. C.). — *Saint-Georges-du-Bois* (Pap.). — *Saumur ; Gennes* (Abot).

A. oblonga F. Juin, juillet. Sur les saules, les vignes, les moissons, surtout méridional.

A. R. *Sainte-Gemmes* (Gall.). — *Lué* (Perr.). — *Env. d'Angers* (Surr.). — *Anjou* (U. A.).

Phyllopertha Kirby

P. horticola L. Mai à septembre. Dans les bois et les champs, sur les herbes et les arbustes.

C. C. *Dans tout le département.*

Blitopertha Reitter

! B. campestris Latr. Mai à septembre. Sur les fleurs, dans les champs. Espèce méridionale, peu probable en Anjou.

R. *Anjou* (Mill.). — *Chênehutte (au Petit-Puits)* (Ret.).

Anisoplia Serville

? A. segetum Lap. Juin, juillet. Sur les graminées, les luzernes. Espèce du centre de l'Europe, bien douteuse pour l'Anjou.

R. *Sainte-Gemmes* (Gall.). — *Anjou* (U. A.).

A. agricola Poda. Mai à août. Sur les fleurs, principalement de la Tanaisie.

A. R. *Saint-Jean-de-la-Croix* (Mill.). — *Anjou* (Gall.). — *Chemillé* (Perr.). — *Env. d'Angers* (Surr.). — *Anjou* (U. A.). — *Anjou* (I. C.). — *Saint-Jean-de-la-Croix ; Beaulieu* (Pap.). — *Dampierre* (Abot).

? A. graminivora Dufour. Mai à août. Sur les graminées. Espèce méridionale, qui semble avoir été indiquée à tort d'Anjou.

R. *Anjou* (Mill.).

Oryctes Illiger

O. nasicornis L. Mars à juillet. Dans les tas de tan; dans les couches des jardins ; dans les vermoulures des vieux arbres.

A. C. *Angers ; Saumur ; Louerre* (Mill.). — *Anjou* (Gall.). — *Cholet ; Chênehutte* (Ret.). — *Env. d'Angers* (Surr.). — *Anjou* (U. A.). — *Anjou* (Thu.). — *Anjou* (I. C.). — *Baugé* (Pap.). — *Montfaucon-sur-Moine ; Durtal* (Br.). — *Saumur* (Abot).

Valgus Scriba

V. hemipterus L. Avril à juillet. Dans les vieilles souches et parfois sur les fleurs. Dévaste les clôtures en bois, dont il attaque les parties enterrées.

C. *Sainte-Gemmes* (Gall.). — *Cholet ; Chênehutte (au Petit-Puits)* (Ret.). — *Env. d'Angers* (Surr.). — *Anjou* (U. A.). — *Anjou* (Thu.). — *Anjou* (I. C.). — *Anjou* (Pap.). — *Saumur ; Dampierre ; Saint-Barthélemy* (Abot).

Osmoderma Serville

O. eremita Scop. Mai à août. Dans les vieux arbres cariés et dans la vermoulure des vieux troncs.

A. C. *Angers ; Saumur ; Baugé* (Mill.). — *Sainte-Gemmes* (Gall.). — *Cholet ; Chênehutte (au Petit-Puits)* (Ret.). — *Lué* (Perr.). — *Anjou* (U. A.). — *Anjou* (Thu.). — *Anjou* (I. C.). — *Saint-Georges-du-Bois ;*

Mozé (Pap.). — *Durtal* (Br.). — *Marans* (H. Baz.). — *Saumur ; Saint-Barthélemy ; Avoise (Sarthe)* (Abot).

Gnorimus Serville

G. variabilis L. Mai à août. Sur les fleurs des sureaux ; sa larve vit dans les vieux arbres.

R. *Environs de Segré* (Mill.). — *Anjou* (I. C.). — *Marans* (H. Baz.). — *Saint-Quentin-en-Mauges (à la Plinière)* (6 éch.) (Pap.).

G. nobilis L. Juin, juillet. Sur les fleurs en ombelle, les spirées, les roses, à proximité des vieux arbres, dans lesquels vit sa larve.

A. C. *Anjou* (Gall.). — *Cholet ; Chênehutte* (Ret.). — *Lué* (Perr.). — *Env. d'Angers* (Surr.). — *Anjou* (U. A.). — *Anjou* (Thu.). — *Anjou* (I. C.). — *La Chaussaire ; Mozé ; Le Pin-en-Mauges ; Saint-Quentin-en-Mauges* (Pap.). — *Angers ; Mozé* (Abot).

Trichius Fabricius

T. fasciatus L. Mai à juillet. Sur les fleurs, surtout en ombelle.

A. C. *Sainte-Gemmes* (Gall.). — *Cholet ; Chênehutte* (Ret.). — *Env. d'Angers* (Surr.). — *Anjou* (U. A.). — *Anjou* (Thu.). — *Anjou* (I. C.). — *Anjou* (Pap.). — *Angers (étang Saint-Nicolas)* (Br.). — *Angers ; Saumur ; Dampierre ; Distré* (Abot).

[**T. zonatus** Germ.]

T. zonatus Germ. **var. gallicus** Heer. Mai à juillet. Sur les fleurs les roses, les spirées, dans les jardins.

A. R. *Sainte-Gemmes* (Gall.). — *Lué* (Perr.). — *Anjou* (U. A.). — *Angers ; Dampierre ; Saumur ; Candes (Indre-et-Loire)* (Abot).

Tropinota Mulsant

T. squalida Scop. Mai à juillet. Sur les fleurs des champs et des prés.

C. *Anjou (bords de la Loire)* (Gall.). — *Lué* (Perr.). — *Anjou* (Thu.). — *Saumur ; Saint-Barthélemy ; Les Ponts-de-Cé* (Abot).

T. hirta Poda. Mai à juillet. Sur les fleurs des champs et des bois
C. C. *Répandu dans tout l'Anjou.*

Oxythyrea Mulsant

O. funesta Poda. Mai à août. Partout, sur les fleurs.
C. C. *Partout en Anjou.*

Cetonia Fabricius

C. aurata L. Mai à août. Partout, sur les fleurs, spirées, roses, sureaux, pivoines, etc. Vulgairement hanneton de rose.

C. C. *Partout en Anjou.*

Liocola Thomson

L. marmorata F. Mai à août. Sur les fleurs ; la larve vit dans les vieux arbres.

A. R. *Anjou* (Gall.). — *Cholet ; Chênehutte (au Petit-Puits)* (Ret.). — *La Chaussaire* (Pap.). — *Angers ; Saumur ; Avoise (Sarthe)* (Abot). — *Lué* (Perr.).

Potosia Mulsant

[P. cuprea F.]

P. cuprea F. var. **metallica** Herbst. Mai à août. Sur les fleurs: sureaux, roses, etc.

A. R. *Forêt de Fontevrault* (Mill.). — *Anjou* (Gall.). — *Cholet ; Chênehutte (au Petit-Puits)* (Ret.). — *Lué* (Perr.). — *Env. d'Angers* (Surr.). — *Anjou* (I. C.).

P. morio F. Mai à août. Sur les fleurs, surtout de sureau.

A. R. *Anjou* (Mill. et Gall.). — *Chênehutte* (Ret.). — *Angers* (Perr.) — *Env. d'Angers* (Surr.). — *Anjou* (U. A.). — *Anjou* (I. C.). — *La Chaussaire ; Beaulieu (à Pont-Barré) ; Sainte-Gemmes ; Botz* (Pap.). — *Angers* (Abot).

P. morio F. ab. **quadripunctata** F. Mêmes époques et en mêmes places que le type.

R. R. *Montfaucon-sur-Moine* (E. de I.).

TABLE DES GENRES

Angers, Société an. des Éditions de l'Ouest (imp. G. Grassin), 40, rue du Cornet — 10-28

Le tirage de cet ouvrage, qui ne sera pas réimprimé, a été limité à deux cents exemplaires, numérotés de 1 à 200, outre quelques exemplaires hors commerce, numérotés en chiffres romains, réservés à la famille et aux amis de l'auteur.

200